正誤表

令和6年版環境白書・循環型社会白書・生物多様性白書※について、下記のとおり誤りがありましたので、お詫びして訂正いたします。

※（令和6年6月7日閣議決定）

記

該当頁	該当箇所	本書記載内容	更新後
P.225	ア　環境基準の達成状況 本文3行目	2022年度の微小粒子状物質（PM₂.₅）の環境基準達成率は、一般環境大気測定局（以下「一般局」という。）が99.9%（有効測定局数855局）、自動車排出ガス測定局（以下「自排局」という。）が100%（有効測定局数235局）でした（表4-7-1、図4-7-1）。また、年平均値は、一般局8.8μg/m³、自排局9.2μg/m³でした。 修正箇所： 有効測定局数　235　局	2022年度の微小粒子状物質（PM₂.₅）の環境基準達成率は、一般環境大気測定局（以下「一般局」という。）が99.9%（有効測定局数855局）、自動車排出ガス測定局（以下「自排局」という。）が99.9%（有効測定局数236局）でした（表4-7-1、図4-7-1）。また、年平均値は、一般局8.8μg/m³、自排局9.2μg/m³でした。 修正箇所： 有効測定局数　236　局

本書記載内容

表 4-7-1　PM₂.₅の環境基準達成状況の推移

年度		2017	2018	2019	2020	2021	2022
有効測定局数	一般局	814	818	835	844	858	855
	自排局	224	232	238	237	240	235
環境基準達成局数	一般局	732 (89.9%)	765 (93.5%)	824 (98.7%)	830 (98.3%)	858 (100%)	854 (99.9%)
	自排局	193 (86.2%)	216 (93.1%)	234 (98.3%)	233 (98.3%)	240 (100%)	235 (100%)

更新後

表 4-7-1　PM₂.₅の環境基準達成状況の推移

年度		2017	2018	2019	2020	2021	2022
有効測定局数	一般局	814	818	835	844	858	855
	自排局	224	232	238	237	240	236
環境基準達成局数	一般局	732 (89.9%)	765 (93.5%)	824 (98.7%)	830 (98.3%)	858 (100%)	854 (99.9%)
	自排局	193 (86.2%)	216 (93.1%)	234 (98.3%)	233 (98.3%)	240 (100%)	236 (100%)

該当頁	該当箇所	本書記載内容	更新後
P.226	表 4-7-1 PM₂.₅の環境基準達成 状況の推移	（上記「本書記載内容」表参照） 修正箇所： 有効測定局数　自排局　の2022年度　235 環境基準達成局数　自排局　の2022年度　235	（上記「更新後」表参照） 修正箇所： 有効測定局数　自排局　の2022年度　236 環境基準達成局数　自排局　の2022年度　236

令和6年版

環境白書

循環型社会白書／生物多様性白書

自然資本充実と環境価値を通じた「新たな成長」による
「ウェルビーイング／高い生活の質」の充実
～第六次環境基本計画を踏まえ～

環境省 編

刊行に当たって

環境大臣

伊藤信太郎

令和6年版の環境白書をここに刊行します。

　昨年は、観測史上最高の世界年平均気温を記録しました。今、世界は、気候変動、生物多様性の損失、汚染という三つの危機に直面するとともに、国際的にはロシアのウクライナ侵略、イスラエルの軍事行動など、地政学等に大きな転機を迎えています。さらに、我が国は、世界に先駆けて人口が減少し、高齢化が進んでいることに加え、社会生活の維持に必要なエネルギー・資源・食料等を海外に依存しています。その依存度を下げ、環境の危機に対応することは、我が国の安全保障を考える上でも重要な課題です。本年5月に閣議決定した第六次環境基本計画では、地上資源基調の、無形の価値、心の豊かさをも重視した「循環・高付加価値型の経済社会システム」への転換を求めています。2030年頃までの10年間に行う選択や実施する対策は、現在から数千年先まで影響を持つ可能性が高く、今がその「勝負の10年」の真っ只中にあります。それらに対応するには、十分なスピードとスケールをもって、政府一体となって、本計画に基づく重点戦略等の施策を進めていく必要があります。個人、地域、企業、国、地球はいわば「同心円」の関係にあるのであり、国民一人ひとりがどのように意識し、行動するかが極めて重要となります。

　気候変動に関しては、我が国は先導的に世界全体のネットゼロや適応策の加速化に貢献するため、脱炭素先行地域の創出や、新たな国民運動「デコ活」を通じ、脱炭素化を図ることでウェルビーイングを実感できる「暮らし」の実現を進めてまいります。

　生物多様性に関しては、本年4月に成立した「生物多様性増進活動促進法」に基づき、企業等による自主的な取組を促進するとともに、本年3月に策定した「ネイチャーポジティブ経済移行戦略」に基づき、企業等におけるバリューチェーン全体での自然への負荷の最小化と自然への貢献の最大化を図り、それが評価される社会への移行を進めてまいります。

　資源循環に関しては、本年5月に成立した「資源循環の促進のための再資源化事業等の高度化に関する法律」に基づき、脱炭素化と再生資源の質と量の確保を一体的に進め、循環経済への移行を実現してまいります。併せて、本年元日に発生した令和6年能登半島地震での対応等を踏まえた災害廃棄物対策の強化、一般廃棄物処理施設の整備等を進めてまいります。

　東日本大震災・原発事故からの復興・再生の推進の推進に関しては、引き続き被災地の環境と、被災された方々の生活を取り戻すべく、特定帰還居住区域における除染等や、福島県内除去土壌等の中間貯蔵開始後30年以内の県外最終処分も含め、全力で取り組んでまいります。

　こうした取組を統合的に推進することにより、第六次環境基本計画の最上位の目標である現在及び将来の国民のウェルビーイングの向上に取り組んでまいります。

は　し　が　き

　この白書は、第213回国会に提出された以下に掲げる報告及び文書をまとめたものです。

1　環境基本法第12条の規定に基づく
　　(1)「令和5年度環境の状況」
　　(2)「令和6年度環境の保全に関する施策」

2　循環型社会形成推進基本法第14条の規定に基づく
　　(1)「令和5年度循環型社会の形成の状況」
　　(2)「令和6年度循環型社会の形成に関する施策」

3　生物多様性基本法第10条の規定に基づく
　　(1)「令和5年度生物の多様性の状況」
　　(2)「令和6年度生物の多様性の保全及び持続可能な利用に関する施策」

凡例

◆　年（年度）の表記は、原則として西暦を使用し、公的文書の引用等の場合は和暦を使用しています。

◆　「年」とあるものは暦年（1月から12月）を、「年度」とあるものは会計年度（4月から翌年3月）を指しています。

◆　単位の繰上げは、原則として、四捨五入によっています。単位の繰上げにより、内数の数値の合計と、合計欄の数値が一致しないことがあります。

◆　構成比（％）についても、単位の繰上げのため合計が100とならない場合があります。

◆　本白書に記載した地図は、我が国の領土を網羅的に記したものではありません。

◆　原典が外国語で記されている資料については、環境省仮訳が含まれます。

◆　企業名については、原則として「株式会社」の記述を省略しています。

環境省公式SNSのご案内

下記の2次元バーコードにアクセスしますと、環境省の日々の様々な活動や各種施策を簡単に閲覧することができます。

 / 環境省公式ホームページ ▶

 / 環境省X公式アカウント ▶

 / 環境省Facebook
公式アカウント ▶

 / 環境省LINE
公式アカウント ▶

 / @kankyosho ▶

令和6年版環境白書・循環型社会白書・生物多様性白書についての
ご意見・ご感想又はお問合せは、下記宛てにご連絡ください。

1ページから126ページまで 209ページから298ページまで 315ページから356ページまで	環境省大臣官房総合政策課環境計画室 （電話 03-3581-3351 内線6206） （E-mail：hakusho@env.go.jp）
159ページから208ページまで 309ページから314ページまで	環境省環境再生・資源循環局総務課循環型社会推進室 （電話 03-3581-3351 内線6808） （E-mail：junkan@env.go.jp）
127ページから158ページまで 299ページから308ページまで	環境省自然環境局自然環境計画課生物多様性戦略推進室 （電話 03-3581-3351 内線6664） （E-mail：NBSAP@env.go.jp）

目 次

第1部　総合的な施策等に関する報告

第2部　各分野の施策等に関する報告

第2章　生物多様性の保全及び持続可能な利用に関する取組　　127

第6章　各種施策の基盤となる施策及び国際的取組に係る施策　　252

令和6年度　環境の保全に関する施策
令和6年度　循環型社会の形成に関する施策
令和6年度　生物の多様性の保全及び持続可能な利用に関する施策

コラム・事例

第3章　持続可能な地域と暮らしの実現

第4章　東日本大震災・原発事故からの復興と環境再生の取組

第2部　各分野の施策等に関する報告

第1章　地球環境の保全

第2章　生物多様性の保全及び持続可能な利用に関する取組

第3章　循環型社会の形成

第4章　水環境、土壌環境、地盤環境、海洋環境、大気環境の保全に関する取組

第5章　包括的な化学物質対策に関する取組

第6章　各種施策の基盤となる施策及び国際的取組に係る施策

脱炭素

ネットゼロ、循環経済、ネイチャーポジティブ経済の統合的な実現に向けて

46% 削減

温室効果ガスを
2013年度から46%削減、
さらに50%の高みに向けて挑戦

代表的なアクション
▼

脱炭素先行地域を
少なくとも100か所創出

JCMにより累積1億トンCO₂程度の
国際的な排出削減・吸収量を確保
※クレジットはNDC達成に適切にカウント

2023年度の進捗・具体的なアクション
▼

73の脱炭素先行地域を選定

JCMパートナー国が29まで増加
250以上のJCM案件を組成
2,000万トンCO₂超の累積排出削減量を確保

自然共生	資源循環

30by30
サーティ・バイ・サーティ

陸と海の30%以上を保全

80兆円 以上

サーキュラーエコノミー
関連ビジネスの市場規模
80兆円以上を目指す

代表的なアクション ▼

**国立公園などの保護地域の
拡張と管理の質の向上**

**自然共生サイト等において、民間等が
生物多様性を増進する活動を促進**

代表的なアクション ▼

**プラスチック資源の回収量倍増
金属リサイクル原料の処理量倍増**

食品ロス量を半減

2023年度の進捗・具体的なアクション ▼

国立・国定公園の新規指定・拡張候補地
について、自然環境調査等を実施

30by30 アライアンス参加者 **732者**(R6.3)	自然共生サイトの 認定数 **184**サイト(R6.3)

- 自然共生サイトを支援する仕組みの試行
- 生物多様性増進活動促進法案を国会に
  提出し、2024年4月に成立

2023年度の進捗・具体的なアクション ▼

2022年4月に施行したプラスチック
資源循環法に基づき、製品プラを含めた
プラ資源の回収を促進

プラスチック・金属・再エネ関連製品等の
省CO_2型リサイクルプロセスの実証事業、
リサイクル設備の導入を支援

2021年度の食品ロス量は約**523**万トンと推
計される。(2030年度目標489万トン(2000
年度比半減))食品廃棄ゼロエリア創出等を
通じ、食品ロス削減を促進

4月15日-16日（札幌）
G7気候・エネルギー・環境大臣会合

資料：環境省

資料：環境省

7月13日
新国民運動の愛称（「デコ活」）発表会の様子

資料：環境省

7月28日（インド）
G20環境・気候持続可能性大臣会合

資料：環境省

2023

| 4月 | 5月 | 6月 | 7月 | 8月 | 9月 | 10月 |

4月15日-16日
G7札幌気候・エネルギー・
環境大臣会合

5月19日-21日
G7広島サミット

7月28日
G20環境・気候持続可能性
大臣会合

9月9日-10日
G20ニューデリー・
サミット

※一部略称表記

10月25日
自然共生サイト認定証授与式

資料：環境省

11月6日-7日
「循環経済及び資源効率性原則」に関する
G7及びB7合同ワークショップ

資料：環境省

11月30日-12月13日（UAE）
国連気候変動枠組条約第28回締約国会議（COP28）

資料：環境省

資料：環境省

2月1日
令和6年能登半島地震復旧・復興支援本部（第1回）

資料：首相官邸ホームページ

2024

| 11月 | 12月 | 1月 | 2月 | 3月 | 4月 | 5月 |

11月30日-12月13日
国連気候変動枠組条約
第28回締約国会議（COP28）

4月28日-30日
G7イタリア気候・エネルギー・
環境大臣会合

令和5年度

環境の状況

循環型社会の形成の状況

生物の多様性の状況

2023/24

第1部

総合的な施策等に関する報告

令和5年度

環境の状況
循環型社会の形成の状況
生物の多様性の状況

2023/24

第1章　第六次環境基本計画が目指すもの

　2024年5月に、第六次環境基本計画を閣議決定しました。環境基本計画は、環境基本法に基づく、政府全体の環境保全施策を総合的かつ計画的に推進するための計画です。個別分野の環境政策については地球温暖化対策計画、循環型社会形成推進基本計画、生物多様性国家戦略といった個別分野の計画においてより詳しく施策が記載されるので、環境基本計画の役割としては、環境・経済・社会の統合的向上など環境政策が全体として目指すべき大きなビジョンを示すとともに、今後5年間程度を見据えた施策の方向性を示すことが主といえるでしょう。

　環境基本計画は、1994年に策定されて以来、今回が第六次の計画となりますが、今回の計画の特徴は何でしょうか。

　まず、今回の計画は、気候変動、生物多様性の損失及び汚染という3つの危機への強い「危機感」に基づいています。現代文明は持続可能ではなく転換が不可避であり、化石燃料等の地下資源に過度に依存し物質的な豊かさに重きを置いた「線形・規格大量生産型の経済社会システム」から、地上資源を基調とする、無形の価値、心の豊かさをも重視した「循環・高付加価値型の経済社会システム」への転換が必要です。そのために目指すべき社会について、第五次計画に引き続き「循環共生型社会」と呼びつつ、「環境収容力を守り環境の質を上げることによって経済社会全体が成長・発展できる文明」と概念を発展させています。

　今回の一番の特徴は、環境基本計画が目指すべき最上位の目的として、「現在及び将来の国民一人一人の生活の質、幸福度、ウェルビーイング、経済厚生の向上」（以下「ウェルビーイング／高い生活の質」という。）を位置付けたことです。そして、将来にわたって「ウェルビーイング／高い生活の質」をもたらす「新たな成長」を実現していく、としています。

　第六次環境基本計画を紹介するに当たり、まず、第1節では、第六次環境基本計画の策定の背景にある、我々が直面する環境の危機と我が国における経済社会の構造的な問題について説明します。

　その上で、第2節では、今回の計画の特徴である、「ウェルビーイング／高い生活の質」をもたらす「新たな成長」とは何なのか、その狙い等について解説します。

第1節　直面する環境の危機と我が国における経済社会の構造的な課題

　2023年の世界の平均気温は、産業革命前（1850-1900年の平均気温）より1.45℃（±0.12℃）上昇し、観測史上最高となりました。世界の平均気温は上昇傾向にあり、1970年以降、過去2000年間のどの50年間よりも気温上昇は加速しています（図1-1-1）。

　G7広島首脳コミュニケ（2023年5月20日）において、「我々の地球は、気候変動、生物多様性の損失及び汚染という3つの世界的危機に直面している」と明確に述べられています。2023年7月には、国際連合のグテーレス事務総長は「地球温暖化の時代は終わり、地球沸騰の時代が到来した」と表明しました。世界の平均気温の上昇は、我が国も含め、極端な高温、海洋熱波、大雨の頻度と強度の増加を更に拡大させ、それに伴って、洪水、干ばつ、暴風雨による被害が更に深刻化することが懸念されています。まさに人類は深刻な環境危機に直面しているといえます。

また、生物多様性の観点からは、私たちが生きる現代は「第6の大量絶滅時代」ともいわれ、今回の大絶滅は過去5回発生した大絶滅より、種の絶滅速度は速く、その主な原因は人間活動による影響と考えられています。2019年に生物多様性及び生態系サービスに関する政府間科学-政策プラットフォーム（IPBES）により公表された「生物多様性と生態系サービスに関する地球規模評価報告書」によると、世界の陸地の約75%は著しく改変され、海洋の66%は複数の人為的な影響下にあり、1700年以降湿地の85%以上が消失するなど、人類史上かつてない速度で地球全体の自然が変化していると報告されています。

また、水、大気などの環境中の様々な媒体にまたがって存在する反応性窒素、マイクロプラスチックを含むプラスチックごみ、人為的な水銀排出や難分解性・高蓄積性・毒性・長距離移動性を有する有害化学物質によるグローバルな汚染が深刻化しており、水、大気、食物連鎖等を通じた健康影響や生態系への影響が懸念されています。

こうした環境の危機に的確に対応するため、新たな第六次環境基本計画では、環境を軸として、環境・経済・社会の統合的向上の高度化を図るとともに、経済社会システムをネット・ゼロ（脱炭素）で、循環型で、ネイチャーポジティブな経済へ転換してシナジー（相乗効果）を発揮し、現在及び将来の国民が、明日に希望を持って「ウェルビーイング／高い生活の質」を実現できる持続可能な社会を構築することを目指しています。第1章では、直面する環境の危機と我が国における経済社会の構造的な課題を概観するとともに、その解決に向けた道しるべとなる、第六次環境基本計画が目指す、持続可能な社会の方向性を解説します。

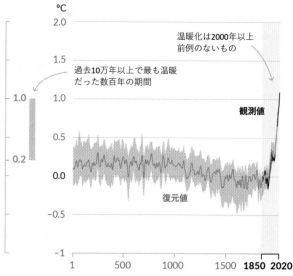

図1-1-1 1850年から1900年までを基準とした世界の平均気温の変化

資料：AR6 WG1 図 SPM.1 a)より環境省作成

1　2023年の異常気象と直面する環境の危機

（1）世界各地の気象災害と各地の異常気象

世界気象機関（WMO）や気象庁の報告によれば、2023年も世界各地で様々な気象災害が見られました。また、WMOは、2023年は、エルニーニョ現象と気候変動が重なり、6〜12月の全てで月間の最高平均気温を更新し、2023年が観測史上最も暑かった年であることを発表しました。

例えば、インド中部〜パキスタンでは6月から8月にかけて大雨があり、インド西部のベラーバルでは、6月の月降水量が439mm（平年比311%）、インド中部のアコラでは7月の月降水量が522mm（平年比248%）を観測しました（写真1-1-1）。リビアでは、9月の低気圧「Daniel」による大雨の影響で12,350人以上が死亡したと伝えられ、リビア北東部のベニナでは9月の月降水量が52mm（平年比963%）を観測しました。また、高温により、ブラジル南東部のアラスアイでは、11月19日に44.8℃の日最高気温を観測し、ブラジルの国内最高記録を更新したほか、トルコでは11月、12月の月平均気温がそれぞれの月としては1971年以降で最も高くなるなど、世界各地で月や年の平均気温の記録更新が報告されました。

さらに、世界各地で記録的な森林火災が発生しました。例えば、カナダでは1983年以降で最大となる約18.5万km²が焼失し（写真1-1-2）、ギリシャではEU加盟国の過去最大規模の面積が焼失しました。また、ハワイ州マウイ島の火災ではラハイナの中心市街地が壊滅的な被害を受け、アメリカの火災としては過去100年で最大の120名以上が死亡したと伝えられました。

我が国では、1946年の統計開始以降、夏として北日本と東日本で1位、西日本で1位タイの高温と

なり、5月から9月までの全国の熱中症救急搬送人員は、調査開始以降、2番目に多くなりました。また、6月から7月中旬にかけての梅雨期には各地で線状降水帯が発生するなどの大雨が発生し、これらによる河川氾濫や土砂災害の被害が発生しました。6月初めには、西日本から東日本の太平洋側を中心に大雨となり、複数地点で1時間降水量が観測史上1位の値を更新し、期間降水量の合計は平年の6月の月降水量の2倍を超えた地点がありました。また、6月末～7月中旬には、西日本から北日本にかけての広い範囲で大雨となり、期間中の総降水量は大分県、佐賀県、福岡県で1,200mmを超えたほか、北海道、東北、山陰及び九州北部地方（山口県を含む）で7月の平年の月降水量の2倍を超えた地点がありました（写真1-1-3）。このほか、9月には台風第13号によって関東甲信地方や東北太平洋側で大雨となり、東京都（伊豆諸島）、千葉県、茨城県及び福島県では1時間に80mm以上の猛烈な雨が降った所があり、これらの地域では1時間降水量が観測史上1位の値を更新した地点があったほか、7日から9日にかけての総降水量が400mmを超えた地点や平年の9月の月降水量を超えた地点もありました。

図1-1-2　近年の世界各地の異常気象

北極付近
海氷面積
2019年9月に、日あたり海氷面積が衛星観測記録史上2番目に小さい値を記録。
2021年8月中旬に、グリーンランド氷床の標高3,216mの最高点で初めて降雨を観測した。

北米
熱帯低気圧
2022年9月、米国南東部ではハリケーン「IAN」により100人以上が死亡したと伝えられた（欧州委員会）。米国のフロリダ州オーランドでは月降水量が570mm（平年比356%）となった。
高温
カナダでは、2023年に発生した森林火災により約18.5万平方キロメートルが焼失し、1983年以降で最大の焼失面積になったと伝えられた（カナダ省庁間森林火災センター）。

アフリカ
熱帯低気圧
2023年9月にリビアでは、9月の低気圧「Daniel」による大雨の影響で12,350人以上が死亡したと伝えられた（EM-DAT）。リビア北東部のベニナでは9月の月降水量52mm（平年比963%）。
2023年ソマリア～カメルーンでは、3～5、10～11月の大雨により3,710人以上が死亡したと伝えられた（EM-DAT）。

南米
高温
2023年11月19日、ブラジル南東部のアラスアイでは、44.8℃の日最高気温を観測し、ブラジルの国内最高記録を更新した（ブラジル国立気象研究所）。

ヨーロッパ
高温
2022年7月上旬から西部を中心に顕著な高温。スペイン南部のコルドバでは、7月12日、13日に最高気温43.6℃、フランス南部のトゥールーズでは、7月17日に最高気温39.4℃を観測。イギリス東部のコニングスビーでは、7月19日に暫定値で最高気温40.3℃を記録したと報じられ（イギリス気象局）、最高気温の記録を更新。

インド中部～パキスタン
大雨・洪水
2023年6～8月、アフガニスタン～インドでは、大雨により1,010人以上が死亡したと伝えられた（EM-DAT）。
インド西部：アーメダバードでは3～5月の3か月降水量81mm（平年比900%）、ベラーバルでは6月の月降水量439mm（平年比311%）。
インド中部：アコラでは7月の月降水量522mm（平年比248%）だった。

日本
高温
日本は春から秋にかけて気温の高い状態が続き、年平均気温は1898年以降で最高となった。
大雨
2023年6月から7月中旬にかけて各地で記録的な降水量を観測。

南極
高温
2020年2月、観測史上最高の18.4℃を記録。
海氷面積
2023年9月、冬季海氷面積として衛星観測史上最小値を記録。

-5　-3　-2　-1　-0.5　-0.25　0.25　0.5　1　2　3　5

1991 - 2020年の平均気温に対する2023年の平均気温の偏差

資料：「WMO Provisional State of Global Climate in 2023」、気象庁HP、JaxaHPより環境省作成

写真1-1-1　インドの大雨の洪水被害の様子

資料：AFP＝時事

写真1-1-2　カナダの森林火災被害の様子

資料：AFP＝時事

写真 1-1-3 福岡県の大雨の被害の様子

資料：AFP＝時事

> **コラム** 🌱 **地球温暖化が進行した将来の台風の姿**
>
> 環境省では、将来の気候変動影響を踏まえた適応策の実施に役立てるため、近年大きな被害をもたらした台風について、地球温暖化が進行した世界で同様の気象現象が発生した場合、どのような影響がもたらされるか評価する事業を実施しています。
>
> 令和元年東日本台風（台風第19号）及び平成30年台風第21号を対象とし、地球温暖化が進行した世界で同様の台風が襲来した場合の中心気圧や雨量、風速等の変化、洪水や高潮への影響についてスーパーコンピュータを用いたシミュレーションを実施しました。その評価結果を、「【パンフレット】勢力を増す台風～我々はどのようなリスクに直面しているのか～2023」として取りまとめ、2023年7月に公表しました。評価結果によると、地球温暖化が進行した世界では、台風がより発達した状態で上陸する可能性が示されました。例えば令和元年東日本台風の将来シミュレーションにおいては、気温が4℃上昇した場合、関東・東北地域の累積降水量が平均で19.8％増加し、河川の最大流量が平均23％上昇する結果となりました。また、平成30年台風第21号においては、風が強まることによる風害や、沿岸や河川の河口付近での高潮による浸水のリスクが高まることが示されました。
>
> 勢力を増す台風
>
>
>
> 資料：環境省

（2）地球温暖化による大雨や記録的な高温への影響

近年では、猛暑や大雨等の異常気象に地球温暖化がどの程度寄与しているか解明するため、「イベント・アトリビューション」と呼ばれる手法を活用した研究が進められています。文部科学省「気候変動予測先端研究プログラム」及び気象庁気象研究所の研究では、2023年の梅雨期の大雨について、地球温暖化によって6月から7月上旬の日本全国の線状降水帯の総数が約1.5倍に増加していたと見積もられたほか、2023年7月下旬から8月上旬にかけての記録的な高温は、地球温暖化がなければ発生し得ない事例であったことが分かったと報告されています。

コラム　ティッピング・ポイント

　2024年1月に開催されたダボス会議に合わせて、世界経済フォーラム（WEF）は、独自のリスク分析の下、世界が今後10年間で直面している最も重大なリスクを包括的に分析した「グローバルリスク報告書2024」を公表しました。同報告書では、今後10年で悪影響を及ぼすリスクの2番目として「地球システムの危機的変化」を掲げています。地球システムの危機的変化については、少しずつの変化が急激な変化に変わってしまう転換点であり、例えば、気候変動において人為起源の変化があるレベルを超え、気候システムにしばしば不可逆性を伴うような大規模な変化が生じる転換点であるティッピング・ポイントに達することが懸念されています。世界の平均気温の上昇が1.5℃を上回ると、グリーンランドの氷床崩壊、西南極大陸の氷床崩壊、熱帯サンゴ礁の枯死、永久凍土の突発的融解、ラブラドル海流崩壊などの複数のティッピング・ポイントが突破される可能性を指摘する研究事例もあります。

（3）生物多様性の現況

　IPBESが2019年に公表した「生物多様性と生態系サービスに関する地球規模評価報告書」では、人間活動の影響により、過去50年間の地球上の種の絶滅は、過去1,000万年平均の少なくとも数十倍、あるいは数百倍の速度で進んでおり、適切な対策を講じなければ、今後更に加速すると指摘されましたが、2023年12月に国際自然保護連合（IUCN）が公表した絶滅のおそれのある世界の野生生物のリスト「レッドリスト」の最新版では、「絶滅の危機が高い」とされる種数は、1年前から比較して約2,000種増加し、44,016種に及ぶという結果が示されています（図1-1-3、図1-1-4）。また、今回の更新では、世界の淡水魚種に関する初の包括的評価が行われ、14,898種の評価種のうち3,086種が絶滅の危機にあり、汚染、ダムや取水、乱獲、外来種や病気といった要因のほか、水位の低下や季節の変化といった気候変動の影響を受けていることが指摘されました。

図1-1-3　1500年以降の絶滅

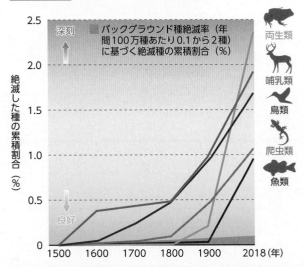

注：1500年以降の脊椎動物の絶滅種の割合。爬虫類と魚類の割合は全種評価に基づくものではない。
資料：IPBESの地球規模評価報告書政策決定者向け要約より環境省作成

図1-1-4　1980年以降の生存種の減少

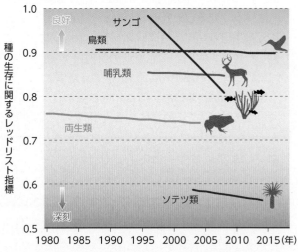

注：IUCNレッドリスト評価が2回以上行われた分類群の種の生存に関するレッドリスト指標（Red List Index）。全種が低懸念（Least Concern）区分の場合の値が1、全種が絶滅（Extinct）区分の場合の値が0。
資料：IPBESの地球規模評価報告書政策決定者向け要約より環境省作成

コラム	感染症による生物多様性への影響

　グローバリゼーションの進展等により、人獣共通感染症が国境を越えて国際社会全体に拡大し、2020年以降、世界は新型コロナウイルス感染症のパンデミックという危機に直面しました。これらの感染症は、人の健康や社会経済活動のみならず、生物多様性保全にも大きな影響を及ぼすおそれがあります。例えば、自然界には膨大な数のインフルエンザウイルスが存在し、そのコントロールは不可能に近いと考えられていますが、高病原性鳥インフルエンザについては、近年、国内では発生期間の長期化、海外では通年化が懸念されています。2022〜2023年において、鹿児島県出水平野では、高病原性鳥インフルエンザ等により、ナベヅル、マナヅル等の野鳥1,500羽以上が大量死しました。また、高病原性鳥インフルエンザにより、海外では鳥類に加え、哺乳類の大量死、人への感染事例も確認されています。その結果、希少な野生動物を保護する施設、動物園等においては、感染症に対する防疫体制の強化、関係する人々の公衆衛生の確保等、人と自然の適切な距離を確保するとともに、生物多様性保全の観点からも感染症に対応していくことが必要になっています。

出水平野で越冬するナベヅル

資料：環境省

出水平野で越冬するマナヅル

資料：環境省

2023年から2024年にかけての高病原性鳥インフルエンザによる野鳥の大量死事例

種	国	発生時期	報告（死亡）数
クロヅル	イスラエル	2024年1月	1,019
マユグロアホウドリ	フォークランド諸島	2023年11月〜2024年1月	1万数千
アメリカグンカンドリ	エクアドル（南部）	2023年11月	6,000
オニアジサシ	アメリカ	2023年7〜8月	1,700
野生生物	中国（チベット自治区）	2023年7月	5,182
ミツユビカモメ	ノルウェー	2023年7月	24,000
サンドイッチアジサシ	フランス	2023年6月	4,100
サンドイッチアジサシ	ベルギー	2023年6月	2,000
カモメ類	ロシア	2023年5〜7月	1,567
カモメ・アジサシ類	セネガル	2023年3〜4月	2,260
ユリカモメ	フランス	2023年1〜3月、5〜6月	2,409

注：国際獣疫事務局（WOAH）に1,000個体以上の死亡が報告された事例を抽出
資料：WOAH、USDA APHIS、ProMED、アルゼンチン政府公表、アルゼンチンの報道（BBC）、フォークランド諸島政府、The New York Timesより環境省作成

(4) 汚染の現状

ア　プラスチック

　プラスチックを含む海洋ごみは、生態系を含めた海洋環境の悪化や海岸機能の低下、景観への悪影響、船舶航行の障害、漁業や観光への影響等、国内外で様々な問題を引き起こしています。経済協力開発機構（OECD）の「グローバル・プラスチック・アウトルック：2060年までの政策シナリオ」によると、世界で排出されるプラスチック廃棄物の量は2019年の3億5,300万トンから2060年には10億1,400万トンと、ほぼ3倍に膨れ上がり、プラスチック廃棄物の環境への漏出量は2060年には年間4,400万トンに倍増し、湖、河川、海洋に堆積されるプラスチック廃棄物の量は3倍以上に増加すると予測されています。また、同シナリオによるとプラスチック廃棄物のうち、リサイクルされる割合は2019年の9%から2060年には17%に上昇すると予測されていますが、焼却と埋め立てに回る割合は引き続きそれぞれ18%と50%を占め、管理されていない廃棄物集積場、露天での焼却、陸域・水域環境への漏出に行き着くプラスチックの割合は、22%から15%に減少すると予測されています（図1-1-5）。

図1-1-5　年間のプラスチック廃棄物量（予測）

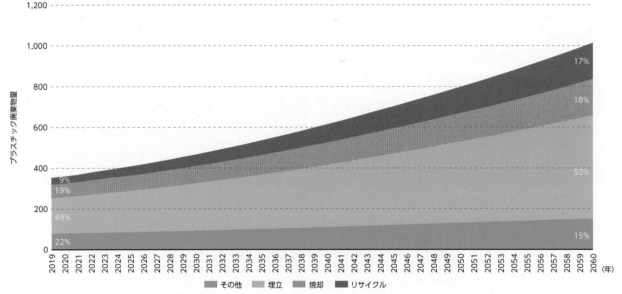

資料：OECD「Global Plastics Outlook：Policy Scenarios to 2060」より環境省作成

イ　水不足・水質汚染

　人口の増加、水使用量の増加とともに、水質汚染、気候変動の影響等により、世界的に水不足が深刻化しています。気候変動に関する政府間パネル（IPCC）第六次評価報告書統合報告書では、気象と気候の極端現象の増加によって、何百万人もの人々が急性の食料不安にさらされ、水の安全保障が低下しているとされています。ユニセフの報告書によれば、6億6,300万人もの人々が、安心して飲める水が身近になく、池や川、湖、整備されていない井戸等から水を汲んでおり、その半数近くが、サハラ以南のアフリカ諸国に集中しています。多くの途上国では、水汲みは子供たちの仕事であり、サハラ以南のアフリカ諸国だけでも、330万人を超える子供たちが、水の重さに耐えながら、毎日遠い道のりを歩き続けています。汚れた水を主原因とする下痢で命を落とす乳幼児は、年間30万人、毎日800人以上にものぼります。

コラム　🌱　バーチャルウォーター

バーチャルウォーターとは、穀物、肉、工業製品等を輸入している国において、仮にそれらの物品等を自国で生産・製造した場合に必要とされる水資源の量を推定した概念です。例えば、1kgのトウモロコシを生産するには、灌漑用水として1,800ℓの水が必要です。また、牛は穀物を大量に消費しながら育つため、牛肉1kgを生産するには、その約2万倍もの水が必要です。我が国に投入されるバーチャルウォーターの大部分は、米国及び豪州からトウモロコシや牛肉、小麦、大豆として輸入されています。つまり、我が国は海外から食料を輸入することによって、その生産に必要な分だけ他国の水を消費しています。今後、地球温暖化等による世界的な水不足の影響は我が国にも及ぶ可能性があります。我が国に輸入されたバーチャルウォーター量は、2005年は約800億m³となっており、我が国で消費される水利用の国外依存度は1,000%を超え、世界で最も高くなっています。

消費のための水利用の国外依存度

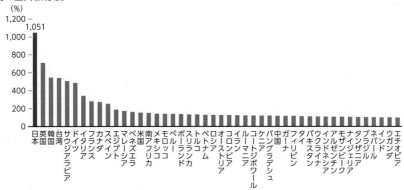

注：水利用の国外依存度＝（消費ベース水利用量）÷（自国の消費のための自国での水利用量）
資料：環境省「自然環境部会 生物多様性国家戦略小委員会（第3回）」（令和4年1月）、参考資料7「基礎データ集」

(5) 環境収容力の現状（エコロジカル・フットプリント）

人間活動が地球環境に与える影響を示す指標の一つに、「エコロジカル・フットプリント」があります。エコロジカル・フットプリントは、私たちが消費する資源を生産したり、社会経済活動から発生するCO_2を吸収したりするのに必要な生態系サービスの需要量を地球の面積で表した指標です。世界のエコロジカル・フットプリントは年々増加し、1970年代前半に地球が生産・吸収できる生態系サービスの供給量（バイオキャパシティ）を超え、2022年時点で世界全体のエコロジカル・フットプリントは地球1.7個分に相当します（図1-1-6）。現在の私たちの豊かな生活は、将来世代の資源（資産）を先食いすることによって成り立っているといえます。

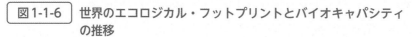

図1-1-6　世界のエコロジカル・フットプリントとバイオキャパシティの推移

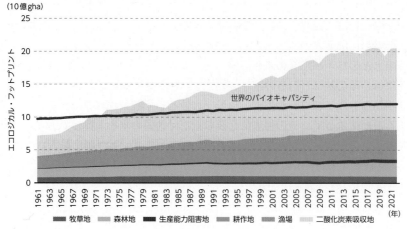

資料：グローバル・フットプリント・ネットワークより環境省作成

2　人の命と健康を守る環境行政の不変の原点「水俣」

　水俣病対策については、公害健康被害の補償等に関する法律（及びその前身である公害に係る健康被害の救済に関する特別措置法）に基づく認定・補償や1995年及び2009年の二度の政治解決による救済が行われるとともに、医療・福祉の充実や地域づくりの取組も進められてきたものの、現在もなお認定申請や訴訟は継続しており、水俣病問題は終わっていません。「水俣病被害者の救済及び水俣病問題の解決に関する特別措置法」（平成21年法律第81号。以下「水俣病被害者救済特措法」という。）等を踏まえ、すべての被害者の方々や地域の方々が安心して暮らしていけるよう、関係地方公共団体等と協力して、補償や医療・福祉対策、地域の再生・融和等を進めていきます。

　我が国においては、各地において公害の甚大な被害を経験しており、1970年のいわゆる「公害国会」において多数の公害関連法が制定され、1971年に環境庁が設置されるなど対策が急速に講じられつつあった一方で、1956年に公式確認され環境行政の原点とも言われる水俣病問題については、その原因を発生させた企業に対して長期間にわたり適切な対応をすることができず、被害の拡大を防止できなかったという経験は、時代的・社会的な制約を踏まえるにしてもなお、初期対応の重要性や、科学的不確実性のある問題に対して予防的な取組方法の考え方に基づく対策も含めどのように対応するべきかなど、現在に通じる課題を投げかけています。

　水俣病の発生地域では、環境汚染に加えて、被害者の救済問題や偏見、差別など様々な問題が発生しました。このような状況下で、地域の絆の再生を目指し、1990年から1998年の間に熊本県と水俣市の共同で「環境創造みなまた推進事業」が進められ、水俣再生へ向けた市民の意識づくりが行われました。水俣市は1992年に全国に先駆けて「環境モデル都市づくり」を宣言して以降、ごみの高度分別やリサイクルの活動を始めとする様々な取組を地域ぐるみで推進してきました。2001年には国からエコタウンの認証を、2008年には環境モデル都市の認定を受けるとともに、「水俣病被害者の救済及び水俣病問題の解決に関する特別措置法の救済措置の方針」（2010年4月閣議決定）において「環境に対する高い市民意識や蓄積された環境産業技術、美しい自然や豊富な地域資源などを積極的に生かして、エコツーリズムを始め、環境負荷を少なくしつつ、経済発展する新しい形の地域づくりを積極的に進めます」との方針が示されたことも踏まえて、2012年より国、熊本県、水俣市等が連携して「環境首都水俣」創造事業を立ち上げ、現在も環境を軸にした持続可能なまちづくりに積極的に取り組んでいます。そして、2020年にはSDGs未来都市の認定を受けています。また、環境を通じた国際協力も積極的に行っており、2000年以降JICAを通じてアジア各国からの研修生を受け入れて水俣病の経験と教訓に基づく研修を行っているほか、2013年には熊本市及び水俣市で水銀に関する水俣条約の外交会議及び

その準備会合が開催され、水銀等の人為的な排出から人の健康及び環境を保護することを目的とする水銀に関する水俣条約を採択しました。

　水俣病発生地域における「もやい直し」は、地域の環境再生と復興、そしてその先にある「ウェルビーイング／高い生活の質」の実現、また、それらの過程における「参加」の重要性や、更には地域の土台としてのコミュニティが果たす役割の大きさ、政府（国、地方公共団体等）、市場（企業等）、国民（市民社会、地域コミュニティを含む。）の共進化の重要性などについて、今日の我々に重要な示唆をしており、引き続き水俣病発生地域における地域循環共生圏の実現を支援するとともに、他地域への参考としていくことが必要です。

3　経済、社会、環境の状況

　WEFが公表した「グローバルリスク報告書2024」では、今後10年間に直面する最も深刻な10のリスクのうち、異常気象、地球システムの危機的変化、生物多様性の損失、天然資源の不足、汚染の5つの環境関連のリスクが占めており、環境問題が人類の「経済」「社会」の最も重大なリスクになると分析しています（図1-1-7）。

　近年の環境危機の顕在化は、自然資本（環境）の基盤の上に経済社会活動が成立しており、自然資本を消費し尽くすだけでは、経済社会活動は持続可能ではないという認識を世界的に定着させました。2015年9月の国連総会において採択された「持続可能な開発のための2030アジェンダ」では、国際社会全体の普遍的な目標として「持続可能な開発目標（SDGs）」の17のゴールが設定されました。「SDGsのウェディングケーキモデル」では、「経済」は「社会」に、「社会」は「（自然）環境」に支えられて成り立つという考え方を示しており、パートナーシップで環境・経済・社会の課題に統合的に取り組み、持続可能な社会への変革を目指すことの必要性を示しています（図1-1-8）。

　1.5℃目標達成を目指し、2050年ネット・ゼロの実現に向けた世界の取組が進む中、環境と経済成長や産業競争力との関連性は急激に強まっています。例えば、米国では、財政赤字の削減によるインフレ減速を狙いつつ、その成果を前例のない規模で、再生可能エネルギー等、脱炭素分野に多額の投資を促すインフレ抑制法等の仕組みを導入しています。我が国においても、2050年カーボンニュートラル宣言を機に、脱炭素成長型経済構造への円滑な移行の推進に関する法律（令和5年法律第32号）に基づき、産業革命以来の化石エネルギー中心の産業構造・社会構造をクリーンエネルギー中心へ転換するグリーントランスフォーメーション（GX）関連の施策の導入・実施が加速化し、今後10年間で150兆円超のGX投資を官民で実現

| 図1-1-7 | 2014年と2024年の報告書における今後10年間のグローバルリスクの重要度ランキング |

ランキング	2014年	2024年
1位	財政危機	異常気象
2位	気候変動の緩和と適応の失敗	地球システムの危機的変化（気候の転換点）
3位	水供給危機	生物多様性の損失と生態系の崩壊
4位	構造的な失業及び不完全雇用	天然資源不足
5位	重要情報インフラの故障	誤報と偽情報
6位	異常気象	AI技術がもたらす悪影響
7位	生物多様性の喪失と生態系の崩壊	非自発的移住
8位	所得格差	サイバー犯罪やサイバーセキュリティ対策の低下
9位	サイバー攻撃	社会の二極化
10位	深刻な社会的不安定	汚染（大気、土壌、水）

注：■：環境関連のリスク
注：10年後に起こりうる影響（深刻さ）の上位10項目
資料：2014年 World Economic Forum「Global Risks Report 2014」（2014年1月）、2024年 World Economic Forum「Global Risks Report 2024」（2024年1月）より環境省作成

| 図1-1-8 | SDGsのウェディングケーキモデル |

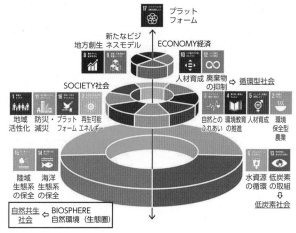

資料：Stockholm Resilience Centre の図に環境省が追記

していくこととしています。

　さらに、企業においても、ESG投資の拡大、気候関連財務情報開示タスクフォース（TCFD）、自然関連財務情報開示タスクフォース（TNFD）等の取組が浸透し、気候変動や生物多様性の損失等はリスクであるとともに、ビジネスチャンスあるいは国際的なビジネスを成功させるための必須条件であるという認識が広がり、環境問題を含む社会課題の解決を企業価値の創造につなげていく動きが活発化しており、経済活動において環境問題は切り離せない問題となっています。環境への取組を通じてどのように経済・社会を統合的に向上させていくかを考える前提として、社会・経済の状況や、環境と経済・社会相互の関連について見てみましょう。

（1）人口の推移

　世界の人口は、2022年に80億人、2050年には97億人に達することが予測され、その結果、食料、水、資源等の不足を招き、貧困や経済格差が拡大することが懸念されています。その一方で、我が国の人口は、近年減少局面を迎え、2020年の1億2,615万人から2050年には18％減少すると推計されています（図1-1-9）。65歳以上の高齢者の総人口に占める割合を国際的に比較すると、2023年では我が国は、29.1％と世界で最も高く、2100年には40％と世界の主要国の中で最高の水準になると推計されています（図1-1-10）。また、2001年から2100年までの人口の増減率の国際比較では、2022年において主要国の多くは増加傾向を維持していますが、2001年以降我が国は減少傾向にあり、主要国の中で減少率が大きく、さらにその傾向が継続することが推計されています（図1-1-11）。

　我が国は、世界の人口が拡大する中で、世界に先駆けて高齢化、人口減少しており、高齢化し、人口減少が進む社会において経済社会を維持する独自のモデルを構築することが必要になっています。

図1-1-9　世界と日本の人口推移と推計

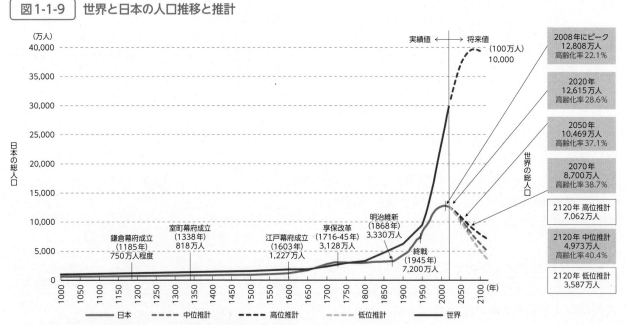

資料：世界の総人口　国立社会保障・人口問題研究所「人口統計資料集　2023年改訂版」（2023年4月）
　　　日本の総人口　700-1915年　国土庁「日本列島における人口分布の長期時系列分析」（1974年）、1920-2020年　総務省統計局「人口推計」、2020-2120年　国立社会保障・人口問題研究所「日本の将来推計人口（令和5年推計）」（2023年4月）より環境省作成

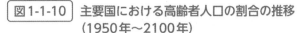

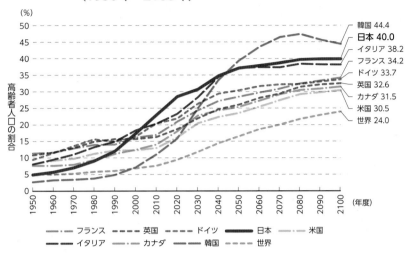

図1-1-10　主要国における高齢者人口の割合の推移
（1950年～2100年）

韓国 44.4
日本 40.0
イタリア 38.2
フランス 34.2
ドイツ 33.7
英国 32.6
カナダ 31.5
米国 30.5
世界 24.0

資料：国立社会保障・人口問題研究所「人口統計資料集　2023年改訂版」（2023年4月）より環境省作成

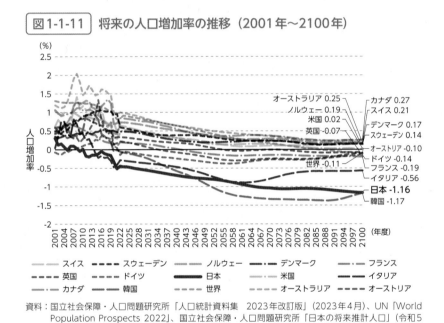

図1-1-11　将来の人口増加率の推移（2001年～2100年）

オーストラリア 0.25
ノルウェー 0.19
米国 0.02
英国 -0.07
世界 -0.11
カナダ 0.27
スイス 0.21
デンマーク 0.17
スウェーデン 0.14
オーストリア -0.10
ドイツ -0.14
フランス -0.19
イタリア -0.56
日本 -1.16
韓国 -1.17

資料：国立社会保障・人口問題研究所「人口統計資料集　2023年改訂版」（2023年4月）、UN「World Population Prospects 2022」、国立社会保障・人口問題研究所「日本の将来推計人口」（令和5（2023）年4月の中位推計値）より環境省作成

　また、2050年までに、全国の居住地域のうち約2割の地域が無居住化し、それらも含め、約半数の地域で人口が50%以上減少するなど、過疎化が更に進展すると予測[※1]されています。こうした人口減少・過疎化の進展により、地域において利用・管理されてきた道路、上下水道、農地、森林等の維持管理が困難となる可能性があります。また、人口減少や高齢化の影響により手入れ不足になった森林では、防災・減災等、森林の多面的機能が十分発揮されないことが懸念されます。更に、里地里山の利用が縮小しており、耕作放棄地や利用されない里山林等が鳥獣の生息に好ましい環境となることにより鳥獣被害の深刻化も懸念されるなどの社会的な問題に加え、里地里山等に生息・生育する動植物で絶滅の危機に瀕するものが発生するなど、国内の生物多様性の損失の要因の一つとなっています。

※1：国土交通省「メッシュ別将来人口推計（平成30年度推計）」

（2）働き方の状況

　（1）で述べたように、特に高齢化、人口減少を迎えている我が国において、持続可能な社会を構築するには、長期的な視点に立った国民の本質的なニーズに基づき、経済社会システム、ライフスタイル、科学技術等における広範なイノベーションを実現することが必要になります。また、そうした経済社会システムの変革、さらに国民のウェルビーイングを実現するためにも、国民一人一人の働き方をどのように変えていくべきか、どうあるべきかを考えることはとても重要です。

　世界各国の一人当たりの年間平均労働時間は、OECDがまとめた調査結果[2]によると、近年減少傾向にあり、特に2020年は新型コロナウイルス感染症拡大による行動制限や世界的な感染拡大による景気減退の影響から経済活動が停滞し、大幅に減少しています（図1-1-12）。

　我が国では、「日本再興戦略改訂2014」（平成26年6月閣議決定）において、「働き過ぎ防止のための取組強化」が盛り込まれ、また、同年の過労死等防止対策推進法の成立、「働き方改革実行計画」（平成29年3月働き方改革実現会議決定）の策定等により、多様で柔軟な働き方を選択可能なものとして、ワーク・ライフ・バランスや労働生産性を向上させる取組が進められています。こうした取組の進展を背景として、我が国の労働者一人当たりの年間総実労働時間は、長期的に減少し、欧米並の平均労働時間に近づきつつあります。ただし、減少要因として、パートタイム労働者の構成割合の増加も寄与していることに留意[3]する必要があります。

| 図1-1-12 | 主要国における年平均労働時間の推移 |

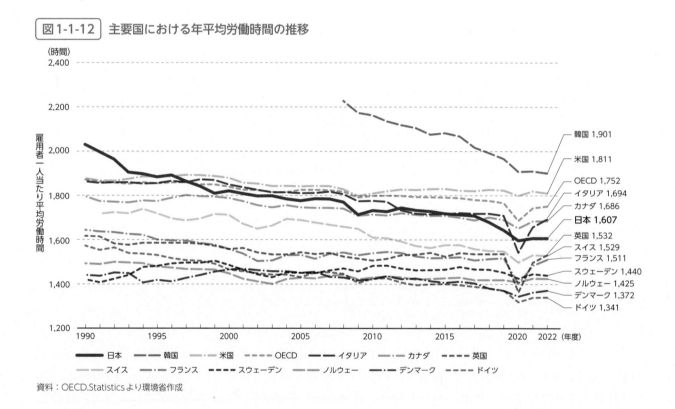

資料：OECD.Statisticsより環境省作成

　また、週49時間以上働く労働者の割合は、特にアジアの国々において、ここ10年間減少する傾向にあります（図1-1-13）。我が国においても、2010年23.1％から2023年15.2％に減少しましたが、それでも欧州と比較すると多い一方、アジアの中では少ない傾向にあります。

※2：OECD「2021年_年間労働時間（2022年7月）」

※3：日本のパートタイム労働者比率は、過去、2019年まで一貫して上昇しており、2020年には新型コロナウイルス感染症の影響を受けて低下したが、2021年には上昇に転じ、2022年も引き続き上昇して31.60％と過去最高水準を更新している。

図1-1-13 諸外国における週49時間以上働く労働者の割合の推移

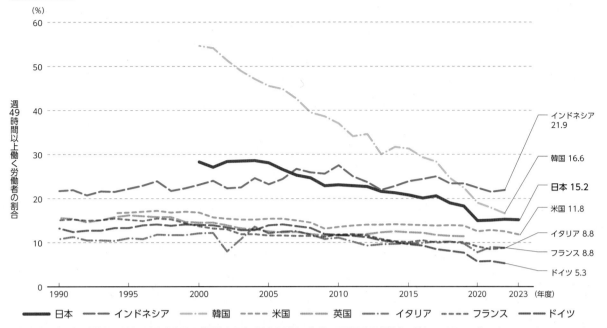

(%)

週49時間以上働く労働者の割合

インドネシア 21.9
韓国 16.6
日本 15.2
米国 11.8
イタリア 8.8
フランス 8.8
ドイツ 5.3

1990　1995　2000　2005　2010　2015　2020　2023 (年度)

━ 日本　‐‐ インドネシア　‐・‐ 韓国　‐‐‐ 米国　━ 英国　‐・‐ イタリア　‐‐‐ フランス　━ ドイツ

資料：日本の長時間労働者の割合　総務省統計局「労働力調査（基本集計）」、海外の国別長時間労働者の割合　ILOSTAT「Employment by sex and weekly hours actually worked」 より環境省作成

　近年の働き方の特徴として、2020年の新型コロナウイルス感染症の拡大後、テレワークの導入が急速に進みました。我が国において、テレワークを導入している企業は新型コロナウイルス感染症への対応等を目的として2021年からは50％を超えています（図1-1-14）。その一方で、日本・米国・中国・ドイツの国民にテレワーク・オンライン会議の利用状況についてアンケート調査した結果では、利用したことがあると回答した割合は、米国・ドイツでは50％を、中国では70％を超える一方、我が国では30％程度にとどまっており、導入している企業は増加していますが、その利用は諸外国と比較して少なく、一部の職員に限定されている可能性があります（図1-1-15）。

図1-1-14 テレワーク導入企業の割合の推移

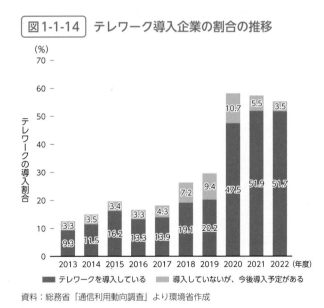

(%)

テレワークの導入割合

	2013	2014	2015	2016	2017	2018	2019	2020	2021	2022 (年度)
導入していないが、今後導入予定がある	3.3	3.5	3.4	3.3	4.3	7.2	9.4	10.7	5.5	3.5
テレワークを導入している	9.3	11.5	16.2	13.3	13.9	19.1	20.2	47.5	51.9	51.7

■ テレワークを導入している　■ 導入していないが、今後導入予定がある

資料：総務省「通信利用動向調査」より環境省作成

図1-1-15 テレワーク・オンライン会議の利用状況（国際比較）

回答割合（%）

日本	15.6	16.8	11.0	6.1	7.9	42.6
米国	25.6	24.8	9.0	4.0 6.3		30.2
ドイツ	29.4	25.2	7.3	4.6	9.8	23.7
中国	45.6	27.3	9.4	2.9 6.7		8.1

■ 生活や仕事において活用している　　■ 利用したことがある
■ 今後利用してみたい　　　　　　　　■ 利用したいが困難
■ 利用する気になれない　　　　　　　■ 生活や仕事において、必要ない

資料：総務省「国内外における最新の情報通信技術の研究開発及びデジタル活用の動向に関する調査研究」（2023年3月）より環境省作成

(3) 平均賃金の状況

　現在、円安の進行や輸入原材料の価格の高騰に伴う物価上昇がみられることから、環境を軸に、環境、経済、社会の統合的向上を図る観点からも、従来「コスト」と認識されてきた賃金を「未来への投資」と再認識し、人への投資を促進していくことが重要になります。各国の平均賃金について、

OECDが公表しているデータをドル建てで換算して比較すると、世界の主要国は緩やかな上昇傾向が多いですが、日本は1990年代から大きな変化はありません（図1-1-16）。この要因として、「令和5年版労働経済の分析－持続的な賃上げに向けて－（令和5年9月厚生労働省）」において、[1] 長期的な成長見通しの低さを踏まえ、リスク回避の観点から、企業は事業の利益を人件費等に回すのではなく、「現金・預金」等の資産としての内部留保を増加させていること、[2] 企業の集中度が高い労働市場ほど賃金水準が低く、また労働組合加入率が低いほど賃金水準が低い傾向があること、[3] 相対的に労働時間が短いパートタイム労働者が増加するなど、雇用者の構成割合が変化したことなどについて、分析しています。

また、男女間の賃金差異については、OECD平均では、フルタイム労働者において、女性賃金の中央値は男性賃金の中央値の約9割ですが、我が国では、2021年で約8割と差異が大きく生じています（図1-1-17）。この要因として、男性の割合が大きい正規雇用労働者と、女性の割合が大きい非正規雇用労働者の間に賃金差があることに加え、同じ雇用形態でも男女間に賃金差があることが挙げられます。我が国の男女間賃金差異は年々改善されつつありますが、高齢化や人口減少が進んでいる我が国において、仕事と家庭の両立、女性活躍のための環境整備が重要になっています。

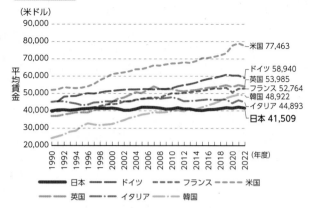

図1-1-16 主要国の平均賃金の推移

資料：OECD Statisticsより環境省作成

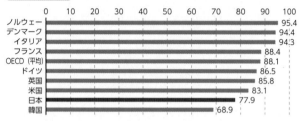

図1-1-17 男女間賃金差異の国際比較（2021年）

資料：OECD Statisticsより環境省作成

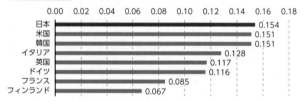

図1-1-18 主要国の相対的貧困率（2021年）

注：ドイツのみ2020年の値。
資料：日本の相対的貧困率　厚生労働省「国民生活基礎調査」、日本以外の相対的貧困率　OECD Statisticsより環境省作成

さらに、各国の相対的貧困率を比較すると、我が国は先進国の中で最も高くなっており（図1-1-18）、特に若年層の貧困問題は、教育格差を拡大させ、その格差により将来の所得に影響を与えるなど、自らの能力で経済格差を是正できない状態は、国民の労働意欲等を低下させるなどの社会全体の損失にもつながることから、格差の是正、賃金の向上等は重要な課題となっています。

(4) GDP、労働生産性、炭素生産性の現状

世界経済は、2008年9月に米国で発生したリーマン・ショックの後、世界規模で拡大した金融危機、2009年10月にギリシャ債務問題が顕在化した欧州債務危機で深刻な危機に陥り、その後は、緩やかに回復しましたが、2020年の新型コロナウイルス感染症拡大による行動制限や世界的な感染拡大による景気減退の影響から経済活動が停滞しました。各国のGDP（国内総生産）にもこうした影響を与えています。我が国の実質GDPは、1990年代半ば頃までは他の主要先進国と比べて成長率に大きな差はないものの、その後は顕著な差が表れ、他国と比較して成長は緩やかなものにとどまっています（図1-1-19）。その背景は、我が国の就業者一人当たり労働時間が減少し、総労働時間が人口減少のテンポを上回って減少してきたことが指摘されています。今後、時間当たり労働生産性を更に高めていくとともに、子育て支援や働き方改革等により労働参加を促し、総労働時間を確保していくことが重要となります（図1-1-20、図1-1-21）。

労働生産性は、従業員一人当たりのGDPをいい、労働の効率性を計る尺度です。主要国は，労働生産性を向上させている中、我が国は主要国と比較して、1995年時点ではその上位にありましたが、それ以降は労働生産性を向上させることができず低迷しており、デジタル化のより一層の推進等も含め、労働の現場における生産性を向上させるための投資等が求められています（図1-1-22）。

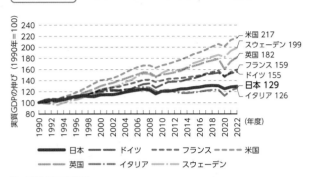

図1-1-19　主要国における実質GDPの推移

米国 217
スウェーデン 199
英国 182
フランス 159
ドイツ 155
日本 129
イタリア 126

注：実質GDPを使用。
資料：OECD Statisticsより環境省作成

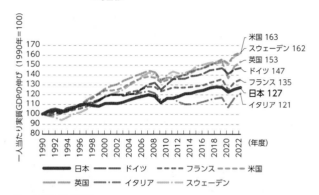

図1-1-20　主要国における一人当たりの実質GDPの推移

米国 163
スウェーデン 162
英国 153
ドイツ 147
フランス 135
日本 127
イタリア 121

注：実質GDPを使用。
資料：OECD Statisticsより環境省作成

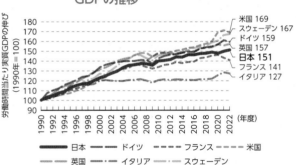

図1-1-21　主要国における労働時間当たりの実質GDPの推移

米国 169
スウェーデン 167
ドイツ 159
英国 157
日本 151
フランス 141
イタリア 127

注：実質GDPを使用。
資料：OECD Statisticsより環境省作成

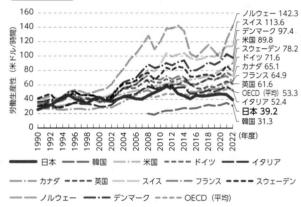

図1-1-22　主要国における労働生産性の推移

ノルウェー 142.3
スイス 113.6
デンマーク 97.4
米国 89.8
スウェーデン 78.2
ドイツ 71.6
カナダ 65.1
フランス 64.9
英国 61.6
OECD（平均）53.3
イタリア 52.4
日本 39.2
韓国 31.3

注：名目GDPを用いて労働生産性を算出。
資料：OECD Statisticsより環境省作成

炭素生産性は、温室効果ガスの排出量に対するGDPの割合であり、低炭素化の尺度となります。我が国は1990年代半ばでは世界最高水準でしたが、2000年頃から順位が低下し、世界のトップレベルの国々から大きく差が開いた状況となっており、現在も主要国の中でも低い水準にあります（図1-1-23）。その背景として、先進国の一部の国が、経済成長しながら温室効果ガスの削減を進める中で、我が国の温室効果ガス排出量は民生部門で大きく増加したことなどに伴い1990年代から2013年頃にかけて増加又は横ばいの状況が続いたこと、我が国のGDPが他国と比べて伸び悩んだことが挙げられます。そのほか、当該年為替による名目GDPを分析しているため排除できない為替の変動や東日本大震災後の原子力発電所の稼動

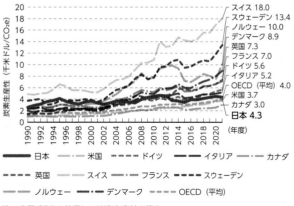

図1-1-23　主要国における炭素生産性の推移

スイス 18.0
スウェーデン 13.4
ノルウェー 10.0
デンマーク 8.9
英国 7.3
フランス 7.0
ドイツ 5.6
イタリア 5.2
OECD（平均）4.0
米国 3.7
カナダ 3.0
日本 4.3

注：名目GDPを使用して炭素生産性を算出。
資料：OECD Statisticsより環境省作成

停止の影響も含まれます。今後、低炭素化に向けた取組の加速化が必要となります。

　今後、人口減少、高齢化が進む我が国においては、労働力を確保し、生産性を向上させるための人への投資とともに、低炭素化に移行するための投資を行うことが、持続可能な社会を構築する上で、より一層重要となっています。

(5) エネルギー、資源、食料等の海外への依存がもたらす問題
ア　安全保障上の課題

　国際社会は、新型コロナウイルス感染症の世界的まん延、ロシアによるウクライナ侵略等、歴史的な転換期とも言えるような状況を迎える中で、国際的なエネルギー・資源・食料価格の上昇、供給の途絶、混乱への懸念といった世界の安定に影響を及ぼすリスクが増大しており、特にエネルギー安全保障、食料安全保障、経済安全保障の重要性が指摘されています。

　我が国においては、エネルギー自給率は約13％、カロリーベースの食料自給率は約38％と、依然としてエネルギー・資源・食料の多くを海外に依存しています。また、木材については我が国の森林蓄積量は人工林を中心に増加しているにもかかわらず、木材の約6割を輸入しているほか、食料生産に必要な肥料原料、半導体等の先端技術に不可欠なレアメタル等は、特に一部の国に偏在しており、ほぼ輸入に依存しています。

　こうしたエネルギー、資源、食料の生産・調達・運搬は、外交・安全保障上の重要な課題であるとともに、環境問題と深く関わっています。さらに2000年代以降、気候変動が人類の存在そのものに関わる安全保障上の問題であるとの認識、いわゆる「気候安全保障」の認識が浸透しています。IPCC第6次評価報告書統合報告書は、「気候変動は、食料安全保障を低下させるとともに水の安全保障に影響を与え、持続可能な開発目標を達成するための取組を妨げている」としています。また、気候変動がもたらす異常気象や海面上昇等は、自然災害の多発・激甚化、災害対応の増加、食料問題の深刻化、国土面積や排他的経済水域の減少、北極海航路の利用の増加、それら事象に伴う地政学的な変化等、我が国の安全保障に様々な形で重大な影響を及ぼす可能性があります。

イ　資源利用の持続可能性（環境収容力：我が国のエコロジカル・フットプリント）

　我が国の国民一人当たりのエコロジカル・フットプリントは近年減少傾向にありますが、2022年においては世界平均の約1.6倍に当たります（図1-1-24）。これは、世界の人々が日本人と同じ生活をした場合、地球が2.7個必要になることを意味します。また、我が国のエコロジカル・フットプリントは、国内のバイオキャパシティと比べてエコロジカル・フットプリントが大きい特徴があり、このことは、私たちが国内で消費する資源の多くを海外からの輸入

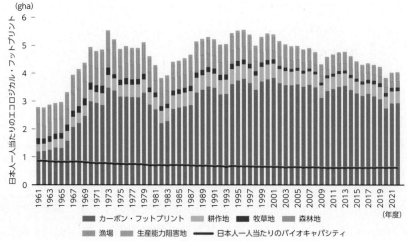

図1-1-24　日本人一人当たりのエコロジカル・フットプリントとバイオキャパシティの推移

凡例：■カーボン・フットプリント　■耕作地　■牧草地　■森林地　■漁場　■生産能力阻害地　━日本人一人当たりのバイオキャパシティ

資料：グローバル・フットプリント・ネットワークより環境省作成

に頼っており、そのことを通じて、海外の生態系サービスにも影響を与えていることを意味しています。

　我が国は、明治以降化石燃料を始めとする地下資源を大量に利用することで産業革命を実現し、現在の繁栄をもたらしましたが、それは地下資源に依存して、我が国の経済社会を維持してきたことを意味します。我が国がこうした現状にある中、我が国を含め世界は地球規模の環境危機に直面しています。

今後、再生可能エネルギーやデジタル等この百数十年間で生まれた様々なイノベーションを活用して、再び地上資源を基調とした新たな循環型の経済社会システムの構築が不可欠となっています。これまで多くの地下資源に依存してきた我が国のような先進国が率先して経済社会システムの大変革を行う責任があるといえます。

第2節　第六次環境基本計画が目指すもの～「ウェルビーイング／高い生活の質」をもたらす新たな成長～

第1節で述べたような状況認識を踏まえ、第2節では、第六次環境基本計画のポイントについて解説します（図1-2-1）。

図1-2-1　第六次環境基本計画の基本的な考え方（第一部）

環境危機、様々な経済・社会的課題への対処の必要性

目的	「環境保全」を通じた、「現在及び将来の国民一人一人の生活の質、幸福度、ウェルビーイング、経済厚生の向上」、「人類の福祉への貢献」

循環共生型社会
環境収容力 を守り環境の質を上げることによって成長・発展できる文明

ビジョン	**循環（≒科学）** ●炭素等の元素レベルを含む自然界の健全な物質循環の確保 ●地下資源依存から「地上資源基調」へ ●環境負荷の総量を削減し、更に良好な環境を創出	**共生（≒哲学）** ●我が国の伝統的自然観に基づき、人類が生態系の健全な一員に ●人と地球の健康の一体化（プラネタリー・ヘルス） ●一人一人の意識・取組と、地域・企業等の取組、国全体の経済社会の在り方、地球全体の未来が、同心円

将来にわたって ウェルビーイング / 高い生活の質 市場的価値 ＋ 非市場的価値 をもたらす 新たな成長

方針	「変え方を変える」6つの視点の提示	①ストック	②長期的視点	③本質的ニーズ	④無形資産・心の豊かさ	⑤コミュニティ・包摂性	⑥自立・分散の重視

●ストックである自然資本（環境）を維持・回復・充実させることが「新たな成長」の基盤
●無形資産である「環境価値」の活用による経済全体の高付加価値化等

政策展開	科学に基づく取組のスピードとスケールの確保（「勝負の2030年」へも対応）	ネット・ゼロ、循環経済、ネイチャーポジティブ等の施策の統合・シナジー	政府、市場、国民（市民社会・地域コミュニティ）の共進化	「地域循環共生圏」の構築による「新たな成長」の実践・実装

※こうした基本的な方向性を踏まえ、6分野（マクロ経済、国土、地域、暮らし、イノベーション、国際）にわたる重点戦略、個別環境政策の重点、環境保全施策の体系等を記述。

環境基本法第1条

環境の保全に関する施策を総合的かつ計画的に推進し、もって現在及び将来の国民の健康で文化的な生活の確保に寄与するとともに人類の福祉に貢献することを目的とする。

同心円のイメージ

地球 / 国 / 地域・企業など / 個人

※地域・企業などには、地方公共団体、地域コミュニティ、企業、NPO・NGO等の団体を含む。

政府・市場・国民の共進化

国民 / 政府 / 市場 / 共進化

資料：環境省

1 「ウェルビーイング／高い生活の質」を最上位の目標に

第六次環境基本計画の特徴は、「環境の保全を通じて、現在及び将来の国民一人一人の生活の質、幸福度、ウェルビーイング、経済厚生の向上」（以下「ウェルビーイング／高い生活の質」という。）を最上位の目的としていることです。

第1節でも述べたように、環境の状況や環境対策の在り方は、経済・社会の在り方と密接に関連し、その度合いはより一層増してきています。環境政策として、環境の保全に取り組むことは当然ですが、温室効果ガスの排出量や水・大気の環境基準といった環境面の指標を見ているだけでは、見落としてしまう重要な要素が多くあります。

先述したとおり、現下の環境危機を克服するためには、文明の転換、経済社会システムの変革が必要です。環境・経済・社会面を統合的・同時解決的に対応することによって、より的確かつ効果的な環境政策となることが期待されます。環境政策を起点として、経済・社会的な課題も統合的に改善していくため、「ウェルビーイング／高い生活の質」を最上位の目標として掲げたわけです。

これは、環境基本法第1条が、「環境の保全に関する施策を総合的かつ計画的に推進し、もって現在及び将来の国民の健康で文化的な生活の確保に寄与するとともに人類の福祉に貢献することを目的とする」と規定していることとも同じ趣旨です。

また、ここで、環境・経済・社会を統合する概念として、「ウェルビーイング／高い生活の質」としたことには、長年続いてきた構造的問題に対して、現在及び将来の国民のニーズに直接的に応えるという「変え方を変える」発想の下、環境政策を通じて、現在及び将来の国民が、地球や我が国の明日に希望を持てるようにしていきたい、という願いも込められています。

コラム 経済協力開発機構（OECD）におけるウェルビーイング調査

　経済協力開発機構（OECD）では、生活の質や幸福度等を示す指標として、2011年に「OECDウェルビーイング指標の概要」を公表するなど、早くからウェルビーイングを国際的な調査に活用しています。ウェルビーイングは、OECDにおいて生活の様々な側面、例えば、所得、住宅、雇用、労働環境、健康、知識、生活満足度、環境の質（緑地へのアクセス等）、安全（殺人事件の発生頻度等）、市民参画（投票率）等の複数の指標群において多数の要素から評価するための包括的な枠組みとし、「How's Life? 2020 Well-being Measuring」として、世界各国のウェルビーイングを調査しており、その結果、我が国は図のとおり評価されています。

日本の幸福度

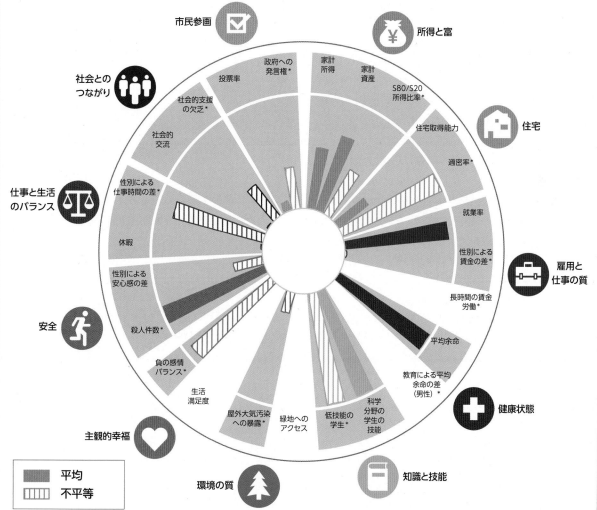

注：このグラフは、各幸福度指標について他の OECDメンバー国と比べた相対的な日本の強みと弱みを示している。線が長い項目ほど他国より優れている（幸福度が高い）ことを、線が短いほど劣っている（幸福度が低い）ことを示す（アスタリスク＊がつくネガティブな項目は反転スコア）。不平等（上位層と下位層のギャップや集団間の差異、「剥奪」閾値を下回る水準の人々など）はストライプで表示され、データがない場合は白く表示されている。
資料：OECD「How's Life in Japan?」（2020年）より環境省作成

富山県は、2022年2月に策定した「富山県成長戦略」の中心にウェルビーイング（well-being）を据え、「幸せ人口1000万～ウェルビーイング先進地域、富山～」のビジョンを掲げています。県民のウェルビーイング向上はもとより、ウェルビーイングを感じられる富山県に多様な人材が集まり、交流・出入りが活性化して新たな産業や価値が創出され、更に富山県のウェルビーイングが向上するという、ウェルビーイングの向上と経済成長の好循環を目指しています。

このウェルビーイングの現状を捉えるため、県民意識調査とその結果分析を行い、独自の「富山県ウェルビーイング指標」を策定しています。県民の主観的なウェルビーイングを、多面的・持続的な実感、人や地域とのつながりから捉えるもので、[1] 総合、[2] 分野別（なないろ）、[3] つながりの3つの区分、10の指標から構成されています。

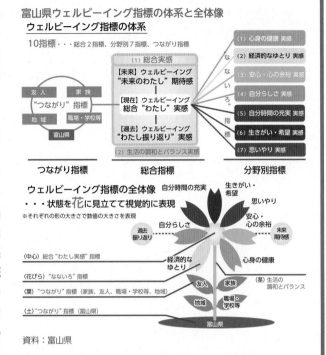

富山県ウェルビーイング指標の体系と全体像

資料：富山県

指標は多様な県民意識を可視化するとともに、県民に「自分事」として意識してもらえるよう、ウェルビーイングのイメージの共有や、コミュニケーションツールとするため、全体像を花に見立てて視覚的に表現し、特設サイト等で発信しています。

また、指標及びそのデータを政策立案や効果検証等に組み入れた、政策形成プロセスの確立を目指しています。（指標の策定等の取組は、Data StaRt Award～第8回地方公共団体における統計データ利活用表彰～の最高賞である総務大臣賞を受賞）

富山県では、この指標を政策の羅針盤として、各種統計等のデータや継続的に調査するウェルビーイングのデータを活用し、県民一人ひとりに寄り添ったきめの細かな政策展開に繋げることとしています。

2 将来にわたって「ウェルビーイング／高い生活の質」をもたらす「新たな成長」

「ウェルビーイング／高い生活の質」には、市場を通じた価値（賃金、GDP、金融資産等）と非市場的価値（健康、快適さ、主観的幸福感等）の双方が含まれます。第六次環境基本計画は、「ウェルビーイング／高い生活の質」について、市場的価値と非市場的価値の双方を引き上げていくような「新たな成長」を目指す、としています。

これだけでは抽象的でわかりにくいのですが、その実現のための重要な視点として、第六次環境基本計画は以下の6点を挙げています。

[1] ストック重視：GDPに代表されるフローだけでなく、自然資本などのストックの充実が不可欠。

[2] 長期的視点：企業にとって、目先だけでなく、長期的視点に立った投資も重要。将来世代への配慮を始めとした利他的な視点も必要。

[3] 国民の本質的ニーズの重視：企業が自らのシーズ（自社の持つ技術やノウハウ等）に過度にこだわることなく、将来のあるべき、ありたい姿を踏まえた現在及び将来の国民の本質的なニーズに対応していくことが必要。

[4] 無形資産重視：物質的な豊かさのみならず、心の豊かさも重視。経済活動においても、量より質

の向上、環境価値を含む無形資産を活用した高付加価値化の視点が重要。

[5] コミュニティ重視：ウェルビーイングの向上には社会関係資本（ソーシャルキャピタル）も重要であり、その基盤としてのコミュニティの充実が必要。

[6] 自立・分散型：東京一極集中、大規模集中型の社会経済システムから、自律分散型・水平分散型の国土構造、経済社会システムへの移行の視点が重要。

このような、ストックとしての自然資本の重視、長期的視点、無形資産重視等の観点を取り入れながら、安心安全の確保、雇用拡大・賃金上昇、GDPの増加、健康、快適さ、地域活性化、自然とのふれあいによる喜びといった、市場的・非市場的価値を通じた、「ウェルビーイング／高い生活の質」を目指そうという考え方です（図1-2-2）。

図1-2-2 「ウェルビーイング／高い生活の質」を目的とした「新たな成長」のイメージ

資料：環境省

3 鍵となるのは「自然資本の維持・回復・充実」

「自然資本」は、森林、土壌、水、大気、生物資源等、自然によって形成される資本（ストック）です。いわゆる「SDGsウェディングケーキモデル」が表現しているように、自然資本が基盤となり、その上に社会・経済が成り立っています。

WEFの「The Future of Nature and Business（2020）」によれば、世界のGDPの半分に相当する44兆ドルが自然資本に直接的に依存しているとされています。自然資本が過度に損なわれれば、そ

もそも人類の存続・生活や社会経済活動の基盤を失うおそれがあります。我々の暮らしは、自然の恵みの上に成り立っているといえます。このため、環境負荷の総量を抑えて自然資本がこれ以上損なわれることを防ぎ、気候変動、生物多様性及び汚染の危機を回避するとともに、良好な環境を創出し、持続可能な形で利用することによって、「ウェルビーイング／高い生活の質」に結び付けていくことが必要です（図1-2-3）。

図1-2-3 自然資本・環境負荷とウェルビーイング・生活の質との関係（イメージ）

環境負荷を低減し、ストックとしての自然資本を充実させることが Well-being の向上につながると考えられる。

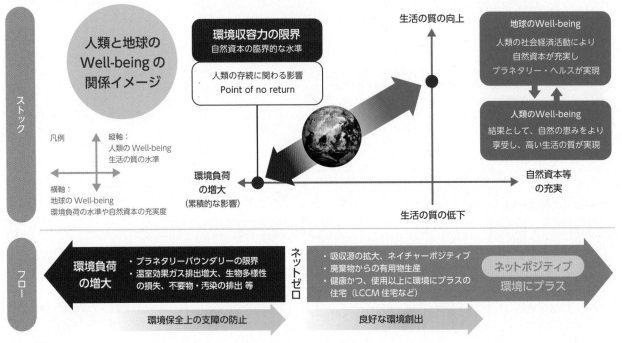

資料：環境省

　自然資本を維持・回復・充実させていくためには、それに寄与するような有形・無形の資本（人工資本、人的資本等）やシステムについて、長期的な視点に立ち、あるべき状態・ありたい状態に向け拡充・整備していくことが必要です。

　例えば、省エネ・創エネ効果の高いZEB（ゼブ）・ZEH（ゼッチ）は、快適・健康な労働・居住環境を提供します。地域環境と調和しながら導入された再生可能エネルギー設備は、温室効果ガスの排出削減と共に、海外の化石燃料依存を低減し、エネルギー安全保障に資するとともに、災害時にも役立ちます。自動車走行量等の低減に必要なコンパクト・プラス・ネットワークの都市構造は、歩いて暮らせる高齢者にも優しい生活空間を提供します。環境負荷の少ない「質」重視の経済社会システムに不可欠な人的資本等の無形資産の充実は、生産性の向上を促し賃金の上昇に寄与する可能性があります。

　システムとしては、例えば、カーボンプライシングなど市場メカニズムを活用したシステム、省エネや排出削減のための制度、国土・都市構造や土地利用に関する制度等があります。

　「自然資本」や「自然資本を維持・回復・充実させる資本・システム」は、「ウェルビーイング／高い生活の質」に貢献するものですが、同時に、国民がどのような「ウェルビーイング／高い生活の質」を真に欲するかをよく考え、そのためにあるべき、ありたい状態の「自然資本」や「自然資本を維持・回復・充実させる資本・システム」の実現に向けて行動していくことが重要です。両者は、お互いにポジティブな影響を与えながら、共に進化をしていく、いわば「共進化」ともいえる関係となることが望ましい、といえます（図1-2-4）。

図1-2-4 自然資本を軸としたウェルビーイングをもたらす「新たな成長」のメカニズム

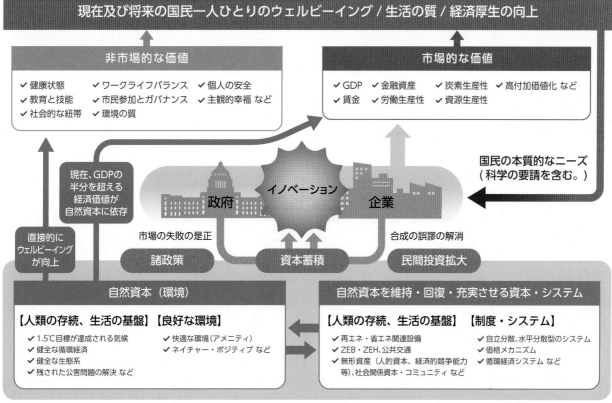

資料：環境省

　持続可能な社会の実現のためには、社会を構成するあらゆる主体が、当事者意識を持ち、対等な役割分担の下でパートナーシップを充実・強化していくこと、さらに、自主的、積極的に環境負荷の低減や良好な環境の創出を目指していくことが必要です。

　その上で、環境・経済・社会の統合的向上を実現するためには、政府（国、地方公共団体等）、市場（企業等）、国民（市民社会、地域コミュニティを含む。）が、持続可能な社会を実現する方向で相互作用、すなわち共に進化（共進化）していく必要があります。例えば、環境意識が高い国民は、政府の環境施策の推進（市場の失敗の是正を含む。）を支持し、それを促すとともに、消費者、生活者としての国民が環境に配慮した商品やサービスを選択し、消費することが、企業のグリーンイノベーションを促進して、結果としてグリーンな市場、グリーンな経済社会システムへの転換へ促進する方向に作用します。その実現のためには、政府において、国民の環境意識の向上のための働きかけ、環境価値を適切に判断・評価するための情報の提供、行動変容を促す環境教育やESDの推進、国民相互のコミュニケーションの充実、政策決定過程への国民参画、その成果の可視化がより重要になります。一方的な普及啓発ではなく、あらゆる主体が環境に配慮した社会づくりへの参加を通じて共に学びあうという視点が求められます。また、その学びあい等により、国民一人一人、市民社会、地域コミュニティの対応力や課題解決能力を高めていく（エンパワーされる）ことも可能となります。

　さらに、世代間衡平性を確保する観点から、若い世代の参加を促進するなど将来世代の「ウェルビーイング／高い生活の質」を確保することも重要です。また、気候変動影響等の環境問題は、社会的経済的に脆弱な立場にいる人々により大きな影響を与える可能性があることから、環境政策においては誰もが公平に参画できること、長期的な視点をもって将来世代にも配慮することが必要です。その際、環境情報の充実、誰もがアクセスできるような情報公開が前提であり、その情報に基づき現状や課題に関する認識を共有して、「ありたい未来」であるビジョン、またそれに向けた取組の進展を評価し、共有することが必要となります。その上で、自主的、積極的な活動に加えて、取り残されそうになっている人々を包摂する活動を通じて、全員参加型で環境負荷の低減や良好な環境の創出を推進していく必要があります（図1-2-5）。

図1-2-5 政府・市場・国民の共進化によるウェルビーイング実現のイメージ

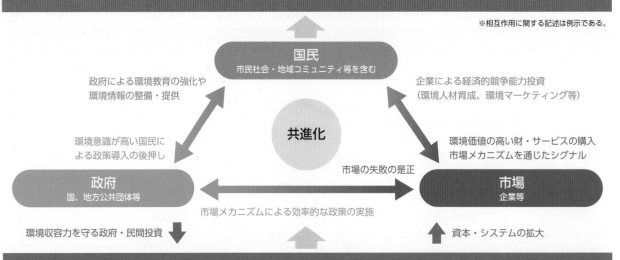

現在及び将来の国民一人ひとりのウェルビーイング／生活の質／経済厚生の向上

※相互作用に関する記述は例示である。

国民
市民社会・地域コミュニティ等を含む

政府による環境教育の強化や
環境情報の整備・提供

企業による経済的競争能力投資
（環境人材育成、環境マーケティング等）

共進化

環境意識が高い国民に
よる政策導入の後押し

環境価値の高い財・サービスの購入
市場メカニズムを通じたシグナル

政府
国、地方公共団体等

市場の失敗の是正

市場
企業等

市場メカニズムによる効率的な政策の実施

環境収容力を守る政府・民間投資

資本・システムの拡大

自然資本（環境）、自然資本を維持・回復・充実させる資本・システム

資料：フィリップ・アギヨン、セリーヌ・アントニン、サイモン・ブネル（著）、村井章子（翻訳）「創造的破壊の力―資本主義を改革する22世紀の国富論」（2022年11月）、ラグラム・ラジャン（著）、月谷真紀（翻訳）「第三の支柱―コミュニティ再生の経済」（2021年7月）など参考に環境省作成

事例 🌲🌳🌲 **行政、市民、企業等を含む市場の共進化でプラごみゼロのまちへ（京都府亀岡市）**

　保津川下りやトロッコ列車で有名な保津川渓谷を有す京都府亀岡市では、使い捨てプラスチックごみゼロを目指す環境先進都市の実現に向けたまちづくりに取り組んでいます。

　そのきっかけは2004年、2人の船頭によって始まった川のごみ拾いでした。大切な自然資源である保津川の美しさを守る行動は次第に市民活動やNPO法人の立ち上げにつながり、2012年に、亀岡市は「海ごみサミット2012亀岡保津川会議」を開催し、内陸部から海ごみを無くしていくことの重要性を示しました。そして、2018年12月に2030年までに使い捨てプラスチックごみゼロのまちを目指す「かめおかプラスチックごみゼロ宣言」をし、エコバッグ持参率100％などの目標を設定しました。

　さらに、企業や各種団体、市民などが集まる協議会で徹底的に議論を行い、2020年3月に全国で初となる「亀岡市プラスチック製レジ袋の提供禁止に関する条例」を制定し、2021年1月から施行しました。その結果、2019年4月には約54％だった市内のエコバッグ持参率は2021年3月には約98％になりました。

　また、亀岡市で盛んに行われているパラグライダーの使用済みの帆の生地をアップサイクルする

亀岡市プラスチック製レジ袋の提供禁止に関する条例がもたらした効果

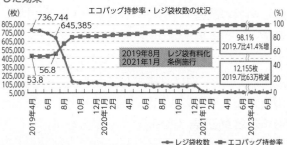

資料：亀岡市

HOZUBAG（ホズバッグ）

資料：亀岡市

エコバッグ「HOZUBAG（ホズバッグ）」は、市内の古民家を改造した工場で生産し、国内外で販売されることで、新たな収益や雇用を生み出しています。さらに、プラスチック製ショッピングバッグを廃止し、有料紙袋に切り替えたユニクロが亀岡市内の中学校で環境学習を実施するなど、環境保全に取り組む亀岡市だからこそ、意識の高い市民から受け入れられて、全国に先駆けた取組も生み出されます。

　このように、市民のごみ拾いから取組が始まり、さらに行政、市民、企業等が徹底的に話し合うことで社会のルールを行政が変えた結果、地域の大切な自然資源は守られ、さらに先進的な環境保全の取組が進展し、地域の経済も活性化するなど、まさしく行政、市民、企業等を含む市場が共進化しているといえます。

4 環境価値を活用した経済全体の高付加価値化など「新たな成長」の経済成長への貢献

　「自然資本を維持・回復・充実させる資本」とは、自然資本の充実に貢献することを通じて、「ウェルビーイング／高い生活の質」に貢献する資本であり、さらには「環境対策につながるような資本」です。後者の資本には、再生可能エネルギー、省エネルギー、資源循環の関連設備、ZEB・ZEH、コンパクト・プラス・ネットワーク型の都市構造等に対する有形資産のほか、人的資本、市場調査、ブランド構築等の無形資産が含まれます。これらの資本には、あるべき、ありたい状態に向け、巨大な投資が必要であり、これらへの投資は、市場を通じてGDPを増加させるほか、脱炭素に向けた取組が世界で進む中、電動車・蓄電池、水素等の脱炭素に関連するビジネスは今後とも拡大することが想定され、そこでの優位性の確保は、雇用・賃金、産業競争力、GDP等を一層増加させます。

　これまで市場において必ずしも評価されていなかった「環境価値」が、市場において評価され、環境価値の高い製品・サービスが消費者に選択されるようになれば、そうした製品・サービスの高付加価値化を通じ、経済成長につながることも期待されます（非市場的価値の内部化）。企業においても、環境投資を行い、環境価値を有するに至った製品・サービスが、消費者により市場において評価されることで、自然資本改善のためのサイクルに持続的に取り組むことが可能となります。これもまた、共進化の一形態といえるでしょう。第六次環境基本計画を機に、「環境価値を活用した経済全体の高付加価値化」を進めるため、政府において、環境価値の見える化・情報提供、消費者の意識・行動変革、グリーン購入等の需要創出、さらには、必要に応じ、カーボンプライシング、支援、規制等の政策措置を講じ、市場のみに任せておいた場合に生ずる不都合（市場の失敗）を是正し、自然資本を改善する投資を促進していくことが必要になります。

　こうした取組により、自然資本を改善し、1.5℃目標が達成される気候、健全な水・大気環境、豊かな生態系といった自然資本（環境）を維持・回復・充実させることを目指します。例えば、自然資本を改善する資本であるZEHは、省エネ・創エネになるとともに、暮らしの快適さやヒートショック防止などの健康にもつながります。再生可能エネルギービジネスが、地域経済の活性化や地域コミュニティの促進、地域雇用の創出、災害時のエネルギー源確保につながっている場合もあることでしょう。

　こうした自然資本は、先に述べたように、世界のGDPの半分が自然資本に依存しているとの報告もあるとおり、社会経済活動、さらには「ウェルビーイング／高い生活の質」のベースとなるものです。また、こうした自然資本は、自然とのふれあいを通じた喜び、快適な水・大気環境の享受、巨大な風水害の回避等といった直接的な便益をもたらします。

　このように、自然資本を維持・回復・充実させる資本・システムは、投資や雇用の拡大等の市場的な価値を通じ、また、改善された自然資本（環境）を通じた自然とのふれあいや快適な環境の享受等の非市場的価値の双方を通じて、「ウェルビーイング／高い生活の質」に貢献しつつ、非市場的な価値も含めたより幅広い豊かな意味において、社会を「新たな成長」に導いていくのです（図1-2-6）。

図1-2-6 環境価値を活用した経済全体の高付加価値化に向けた取組の例

「環境価値」が市場において評価され、環境価値の高い製品・サービスが消費者に選択されるようにすることで、「経済全体の高付加価値化」を通じた、「新たな成長」を目指す。そのための施策として、例えば下記のとおり。

❶ 環境価値の見える化・情報提供
- 機器の省エネ性能、有機農産物、森林認証等の表示
- 住宅・建築物の販売・賃貸時の省エネルギー性能表示の強化
- カーボンフットプリントガイドラインを踏まえたCFPの取組促進
- GX価値の算定・表示ルールの形成（国際的に調和されたルール形成を追求）
- プラスチック資源循環促進法に基づく製品の環境配慮設計の認定

❷ 消費者等の意識・行動変革
- 脱炭素につながる新しい豊かな暮らしを創る国民運動
- 国民の本質的ニーズを把握し、環境価値を浸透させるためのマーケティング、ブランディング、人材育成等の無形資産投資の促進
- 食と農林水産業の持続可能な生産消費を進める「あふの環」プロジェクト

❸ 需要創出
- 政府・自治体等のグリーン購入
- 脱炭素先行地域や重点対策を通じた地域における需要創出
- 魅力的な自然環境を活用した感動と学びの経験と、利用拠点磨き上げによる、国立公園利用の高付加価値化

❹ インセンティブ
- 導入初期段階等における支援（住宅断熱、高効率給湯器、電動車、ZEB・ZEH等）
- その際、補助スキームにおいて、GX価値等を評価することを検討

❺ カーボンプライシング
- 成長志向型カーボンプライシングによるGX関連製品・事業の相対的競争力向上

❻ 規制・制度
- 住宅・建築物への省エネ基準適合義務化と段階的な引き上げ
- 省エネ法のトップランナー制度による機器の省エネ性能向上

資料：環境省

コラム 環境価値：グリーンスチールを例として

　グリーンスチールとは、生産時のCO_2等の排出量を削減した鉄鋼です。鉄鋼の製造工程において鉄鉱石の還元に石炭由来のコークスを用いることなどにより、多くのCO_2が排出されます。ネット・ゼロに向けた重要な取組の一つとして、鉄鉱石を還元する高炉で用いるコークスの一部を水素に転換する技術の開発や、水素だけで鉄鉱石を還元する直接水素還元技術の開発などが、政府のグリーンイノベーション基金の支援を受けつつ、製鉄会社等により進められています。

鉄鉱石の還元プロセスの脱炭素化の取組例

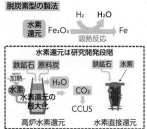

資料：日本製鉄（株）資料を基に環境省作成

　グリーンスチールは、生産時の環境負荷を削減した鉄鋼製品であり、環境価値の高い製品といえます。また、製鉄会社からみると、多額の研究開発・設備投資などコストアップを伴うものです。一方で、需要家・消費者の側からみると、生産時の環境負荷がどうであれ、使用する際の「鉄」としての機能が同様であり、市場においてグリーンスチールの環境価値を広く受け入れられるとは限りません。

　ネット・ゼロ実現に重要なグリーンスチールの取組が進むためには、その環境価値が市場において受け入れられ、投資回収が可能な形となっていくことが必要です。企業に対しバリューチェーン全体の温室効果ガス排出削減が求められる中、鉄を製品材料として使う需要家側の企業にとっても、バリューチェーン排出量の削減につながるグリーンスチールの環境価値を受け入れる素地はできつつあります。

　あわせて、こうした環境価値について、需要家・消費者に対し、わかりやすく「見える化」して情報提供していくことも重要です。

　また、グリーンスチールは幅広い概念で、上述の水素を活用した高度な技術の商用化は2040年頃以降と見込まれる一方で、それまでの移行期において、環境価値を求める需要家等にグリーンスチールを提供するためには、鉄鋼メーカーの追加性ある取組による削減効果を一部の製品に割り当てるマスバランス方式の活用も一つの有効な方策と考えられ、その普及に向け、ルールの標準化等が求められます。そのために、カーボンフットプリントとあわせて、削減実績量を評価するためのルールづくりの検討が進められています。

5 目指すべき社会の姿：循環共生型社会

上記のように、第六次環境基本計画は、「将来にわたって『ウェルビーイング／高い生活の質』をもたらす『新たな成長』」というコンセプトを打ち出しつつ、それを踏まえた社会像としては、「循環共生型社会」と記載しています。では、この「循環共生型社会」というのはどういう社会でしょうか。

「循環共生型社会」という概念は、第五次環境基本計画においても提示されていますが、今回、それを更に発展させ、「環境収容力を守り環境の質を上げることによって成長・発展できる文明」としています。

環境は、大気、水、土壌、生物等の間を物質が光合成・食物連鎖等を通じて循環し、地球全体又は特定の系が均衡を保つことによって成り立っており、人間もまたその一部です。しかしながら、人間はその経済社会活動に伴い、環境の復元力を超えて資源を採取し、また、環境に負荷を与える物質を排出することによってその均衡を崩してきました。この均衡の崩れが気候変動、生物多様性の損失及び汚染の形で顕在化しています。

その解決のため、「循環を基調とした経済社会システム」の実現が必要です。環境収容力（環境を損なうことなく受け入れることのできる範囲内の人間の活動・汚染物質の量）を守ることができるよう、いわゆる「地上資源」[※4]を基調とし、資源循環を進め、化石燃料等からなる地下資源への依存度を下げ、新たな資源投入を可能な限り低減していくことを目指していきます。また、相乗効果やトレードオフといった分野間の関係性を踏まえ、環境負荷の総量を減らしていくことも重要です。さらに、人類の存続の基盤である環境・自然資本の劣化を防ぎ、環境収容力を十分に余裕を持って守れる水準で維持するのみならず、森里川海の連環を回復するなど「循環」の質を高め、ネイチャーポジティブを始めとする自然資本の回復・充実と持続可能な利用を積極的に図っていきます。このようにして、「環境の保全上の支障の防止」及び「良好な環境の創出」からなる環境の保全を実現していきます。

ここでいう「共生」とは、人は環境の一部であり、また、人は生きものの一員であり、人・生きもの・環境が不可分に相互作用している、すなわち、人が生態系・環境において特殊な存在ではなく、健全な一員となっている状態を意味します。私たち日本人は、豊かな恵みをもたらす一方で、時として脅威となる荒々しい自然を克服・支配する発想ではなく、自然に対する畏敬の念を持ちながら、試行錯誤を重ねつつ、自然資本を消費し尽くさない形で自然と共生する智恵や自然観を培ってきました。しかし、現在、日本人を含めた人類が、生態系あるいは環境において特殊な存在となっています。「共生」を実現するためには、人類の活動が生態系を毀損しないだけでなく、人類の活動によって、むしろ生態系が豊かになるような経済社会に転換することが望ましいといえます。

また、国民一人一人が、どのような意識を持ち、どう行動するかが、地域や企業等の集合体としての取組、我が国全体の経済社会の在り方、さらには地球全体の未来につながっていくものです。個人、地域、企業、国、地球は、いわば「同心円」の関係にあるともいえます。

第六次環境基本計画においては、「循環共生型社会」を実現するため、これまで述べた、「将来にわたって『ウェルビーイング／高い生活の質』をもたらす『新たな成長』」の視点を踏まえ、以下の6つの分野について、重点戦略を記載しています。

[1]「新たな成長」を導く持続可能な生産と消費を実現するグリーンな経済システムの構築
　　自然資本を維持・回復・充実させる有形・無形の資本への投資拡大、環境価値の活用による経済全体の高付加価値化

※4：再生可能な資源・エネルギーを象徴するものとして使用しており、地下に賦存する再生可能な地熱等を否定しているわけではない。

[2] 自然資本を基盤とした国土のストックとしての価値の向上

　　自然資本を維持・回復・充実させるための国土利用、自立・分散型の国土構造、「ウェルビーイング／高い生活の質」が実感できる都市・地域の実現

[3] 環境・経済・社会の統合的向上の実践・実装の場としての地域づくり

　　地域の自然資本を最大限活用した持続可能な地域（地域循環共生圏）づくり、地域の自然資本の維持・回復・充実

[4] 「ウェルビーイング／高い生活の質」を実感できる安全・安心、かつ、健康で心豊かな暮らしの実現

　　「ウェルビーイング／高い生活の質」を実感できる安全・安心な暮らしの実現、良好な環境の創出

[5] 「新たな成長」を支える科学技術・イノベーションの開発・実証と社会実装

　　本質的なニーズを踏まえた、環境技術の開発・実証と社会実装、グリーンイノベーションの実現、科学的知見の集積・整備

[6] 環境を軸とした戦略的な国際協調の推進による国益と人類の福祉への貢献

　　海外の自然資本に依存する我が国として、環境を軸とした国際協調を戦略的に推進

 コラム　希望が持てる未来に向けての将来世代との意見交換

　第六次環境基本計画では、「ウェルビーイング／高い生活の質」実現のための視点の一つとして、長期的な視点、世代間衡平性を挙げています。そうした観点からも、将来を担う若者世代の意見は重要です。

　第六次環境基本計画の議論において、将来世代の若い人たちの意見を聞くため、中央環境審議会総合政策部会と高校生からユース世代の各団体との意見交換を行いました。

　また、こども家庭庁の事業である、こども若者★いけんぷらすの「いけんひろば」においても、小学生から大学生に向けてアンケート調査やオンラインでの意見交換を行いました。

　主な声として、熱中症や集中豪雨等で地球温暖化や気候変動により生活が脅かされていると感じていること、30年後の世界の環境は地球温暖化が進行していたり、環境に配慮した規制が増えて国民の生活が窮屈になったりするのではないかなどの不安があること、持続可能な社会づくりに向けて人々が環境への興味を持つきっかけづくりが重要で、現状を作った大人たちだけでなく若者も一緒に頑張っていきたい、若者が政策決定の過程に意見だけでなく評価等の先のステップまで継続的に参加したい、若者を起点として次の世代、さらにその次の世代の消費活動を変えていくということを環境基本計画に盛り込んでほしい、といった意見がありました。これらの大切な意見は、希望ある持続可能な社会づくりにつながるエッセンスとして、第六次環境基本計画やその後の政策を検討、議論する中でも活かされていきます。

第2章 自然再興・炭素中立・循環経済の統合に向けて

2023年の世界の年平均気温は、観測史上最高となり、世界規模で異常気象が発生し、大規模な自然災害が増加するなど、気候変動問題への対応は今や人類共通の課題となっています。我が国においても、2023年は史上最高の年平均気温を観測したことに加え、農産物の品質の低下、熱中症のリスク増加など、気候変動の影響が全国各地で現れており、気候変動問題は、人類や全ての生き物にとっての生存基盤を揺るがす「気候危機」とも言われる状況です。現下の危機を克服し、循環共生型社会、「新たな成長」を実現していくためには、利用可能な最良の科学的知見に基づき、「勝負の2030年」にも対応するためには、取組の十全性（スピードとスケール）の確保を図り、複合する危機に対応し、諸課題をカップリングして解決するための諸政策の統合・シナジー（相乗効果）を推進することが不可欠です。

2023年のG7広島首脳コミュニケ、G7札幌気候・エネルギー・環境大臣会合コミュニケにおいて、気候変動、生物多様性の損失及び汚染という3つの世界的危機に対し、ネット・ゼロ（脱炭素）で、循環型で、ネイチャーポジティブな経済システムへ転換する旨、また、課題の相互依存性を認識してシナジーを活用する旨が盛り込まれています。さらに、第6回国連環境総会（UNEA6）においても我が国より提案したシナジー推進決議が採択されました。我が国でも3つの世界的危機を克服するため、相互に関連するこれら問題の相乗効果（シナジー）を拡大し、トレードオフを最小化する取組を我が国が主導して進めることにより、ネット・ゼロで、循環型で、ネイチャーポジティブな経済の実現を目指す必要があります。経済、社会、政治、技術全てにおける横断的な社会変革は、生物多様性損失を止め、反転させ、回復軌道に乗せるネイチャーポジティブに必要であり、資源循環を促進することで、資源の採掘、運搬、加工から製品の製造、廃棄、リサイクルに至るライフサイクル全体における温室効果ガスの低減につながりネット・ゼロに資するなど、相互の連携が大変有効であるといえます。第2章では、国際的な動向を踏まえ、ネイチャーポジティブ、ネット・ゼロ、循環経済の同時達成に向けたそれぞれの取組を見ていきます。

第1節　国際的な動向

エネルギー危機、食料危機も相まって、世界は未曾有の複合的な危機に直面しています。国境のない地球規模の環境問題においては、国際社会が誓約した2030年までの目標達成に向け、先進国・途上国の区分を超えて、分断ではなく、共に取り組む「協働」の重要性がかつてなく高まっています。また、経済安全保障の観点からも、厳しい国際情勢を踏まえ、熾烈化する国際競争に対し、環境を軸として十全に対処する必要があります。天然資源の争奪を巡っては、世界全体の持続可能性の向上に向けた取組の強化が喫緊の課題です。

我が国としては、ポストSDGsの議論をにらみつつ、シナジーを最大化しながら、これらを実現するための具体的な好事例を示すなどして国際議論を主導していく必要があります。我が国のこれまでの公害問題への対策や、伝統的な自然共生やものを大切にする価値観は、持続可能な経済社会システムの構築に当たって有用で、地域循環共生圏の創造を始めとした環境課題と社会・経済的課題との同時解決を目指し、誰一人取り残さない、「ウェルビーイング／高い生活の質」の向上とパッケージとなった取組

を実施するとともに、G7、G20等を通じてこれを国際的に発信・展開していくことが重要です。

1 G7、G20の結果について

2024年4月のG7トリノ気候・エネルギー・環境大臣会合では、気候変動、生物多様性の損失及び汚染という3つの世界的な危機に対処するために、必要な取組間のシナジーの推進が重要であることを確認しました。また、削減対策の進捗を確認し、1.5℃に整合した、全経済分野・すべての温室効果ガス（GHG）を対象とした総量削減目標を含むNDCを期限内に提出することを誓約するとともに、主要経済国を含む全ての国に同様のNDCを提出することを要請しました。さらに、昨年のG7広島サミットの成果に盛り込まれた循環経済原則、重要鉱物の国際リサイクル、ネイチャーポジティブ経済、侵略的外来種対策、プラスチック汚染対策等を更に推進することを確認しました。

新興国を含むG20でも、2023年9月のG20ニューデリー・サミットにおいて、環境・気候問題への統合的な対処へのコミットや、パリ協定及びその気温目標の完全かつ効果的な実施の強化等を確認しました。

2 国連気候変動枠組条約第28回締約国会議（COP28）

COP28では、パリ協定下の世界全体の気候変動対策の進捗状況を評価するグローバル・ストックテイクが初めて実施されました。2030年までの野心に係る年次ハイレベル閣僚級ラウンドテーブルや様々な二国間会談等で日本が主張してきた、1.5℃目標達成のための全ての国による緊急的な行動の必要性が強調されたほか、2025年までの世界全体の排出量ピークアウト、全ての温室効果ガスを対象とした排出削減目標策定、世界全体での再エネ3倍・エネルギー効率改善率2倍、エネルギーシステムにおける化石燃料からの移行、持続可能なライフスタイルへの移行等が決定されました（写真2-1-1）。これらの成果を踏まえつつ、2025年までに次期NDCを策定することを予定しています。

| 写真2-1-1 | 2030年までの野心に係る年次ハイレベル閣僚級ラウンドテーブルで発言する伊藤信太郎環境大臣 |

資料：環境省

第2節　自然再興（ネイチャーポジティブ）

「ネイチャーポジティブ：自然再興」とは、「自然を回復軌道に乗せるため、生物多様性の損失を止め、反転させる」ことで、生物多様性国家戦略2023-2030における2050年ビジョン「自然と共生する社会」の達成に向けた2030年ミッションとして掲げられています。これは、いわゆる自然保護だけを行うものではなく、社会・経済全体を生物多様性の保全に貢献するよう変革させていく考え方であり、愛知目標をはじめとするこれまでの目標が目指してきた生物多様性の損失を止めることから一歩前進させ、損失を止めるだけではなく回復に転じさせるという強い決意が込められたものです。2021年にイギリスで開催されたG7コーンウォール・サミットの首脳コミュニケの附属文書である「G7・2030年自然協約」に使われたことから、国際的にも認知され始めました。なお、2022年12月に生物

多様性条約第15回締約国会議（COP15）で採択された昆明・モントリオール生物多様性枠組の2030年ミッションにも、この考え方が反映されています。また、これまでの生物多様性保全施策に加えて、気候変動対策や資源循環等の様々な分野の施策と連携することも求められます。2023年10月から開始した「2030生物多様性枠組実現日本会議」（J-GBF、会長：経団連十倉雅和会長）による「ネイチャーポジティブ宣言」発出の呼びかけ等を通じた自治体、企業、団体等の行動変容の促進やネイチャーポジティブのイメージキャラクター「だいだらポジー」の公表等により、ネイチャーポジティブの実現に向けた更なる機運の広がりが期待されています。

1　生態系の健全性の回復に向けて

（1）30by30目標の達成に向けて

　2030年までに、陸と海の30%以上を健全な生態系として効果的に保全しようとする、いわゆる「30by30目標」は、「ネイチャーポジティブ」実現のための鍵となる目標の一つです。我が国では、2023年1月時点で、陸地の約20.5%、海洋の約13.3%が国立公園等の保護地域に指定されています。国土全体の生態系の健全性を高めていくためには、里地里山のように人が手を入れることによって維持されてきた自然環境や、生物多様性に配慮した持続的な産業活動が行われている地域を活かしていくことも重要です。このため、国立公園等の保護地域の拡充とともに、保護地域以外で生物多様性の保全に資する地域（Other Effective area-based Conservation Measures、以下「OECM」という。）を設定・管理し、民間の取組と連携した取組を推進しています。

（2）OECM・自然共生サイト（インセンティブの検討含む）

　OECMの設定・管理に関する取組として、民間の取組等によって生物多様性の保全が図られている区域を「自然共生サイト」として認定する仕組みを2023年度から開始しています。例えば、企業の水源の森や都市の緑地、ナショナルトラストやバードサンクチュアリ、里地里山、藻場、干潟など、企業、団体・個人、地方公共団体が所有又は活動する多様な場所が対象になります。2023年度においては、184か所を認定し、認定された区域は、保護地域との重複を除きOECMとして国際データベースに登録していきます。さらに、2022年度に立ち上げた「30by30に係る経済的インセンティブ等検討会」において、より多くの民間資金や人的資源が自然共生サイトにおける活動の質の維持・向上に活用されるような仕組みの検討等を進めています。

事例　🌳🌲🌲　自然共生サイトの取組

　本田技研工業が所有/ホンダモビリティランドにて管理をしている「モビリティリゾートもてぎ」は、栃木県芳賀郡茂木町にあり、2023年10月に自然共生サイトとして認定されました。ここは、落葉広葉樹からなる二次林、針葉樹、棚田、草地等がモザイク状に広がる里地、里山であり、在来動植物の保全を目的に、外来植物の防除、森林整備、棚田の再生、稲作、冬期湛水等、地元の教育機関と連携した環境教育、動植物の調査等が行われています。環境省レッドリストに掲載されている、ゲンゴロウ、サシバ等の希少種も確認されています。

里山の明るい森林

資料：モビリティリゾートもてぎ

棚田における稲刈りの様子

資料：モビリティリゾートもてぎ

(3) 国立・国定公園

　国立・国定公園については、2022年の「国立・国定公園総点検事業」のフォローアップにおいて選定した全国14か所の国立・国定公園の新規指定・大規模拡張候補地について、自然環境や社会条件等の詳細調査及び関係機関との具体的な調整を実施し、2030年までに順次国立・国定公園区域に指定・編入することを目指しています。2023年度においては、11の候補地において自然環境調査や関係機関との具体的な調整等を実施しました。

(4) 民間活動を促進する「法制度の検討」

　生物多様性が豊かな場所における活動に加え、管理放棄地等において生態系を回復又は創出するものも含めて民間等による自主的な活動を更に促進するため、自然再興の実現に向けた民間等の活動促進につき今後講ずべき必要な措置について、2024年1月に中央環境審議会からの答申がなされました。これを踏まえ、民間等が生物多様性を保全・創出する優れた活動を国が認定する制度等を設ける「地域における生物の多様性の増進のための活動の促進等に関する法律案」を2024年3月に閣議決定し、第213回国会に提出しました。

(5) 侵略的外来種をめぐる国際的な議論と国内対策の強化

　侵略的外来種は、生物多様性及び生態系サービスに関する政府間科学-政策プラットフォーム（IPBES）が公表した「生物多様性と生態系サービスに関する地球規模評価報告書」において、生物多様性の損失を引き起こす5つの主要な直接要因の一つと指摘されており、2022年12月に採択された「昆明・モントリオール生物多様性枠組」においても、侵略的外来種に関する目標（ターゲット6）が掲げられています。また、2023年9月にIPBES総会第10回会合において承認された「侵略的外来種とその管理に関するテーマ別評価報告書」の政策決定者向け要約において、その対策に関しては、侵入後に防除を行うよりも、未然に侵入を防ぐ措置を十分に行う方が、費用対効果が高いと指摘されています。さらに、同月に発表されたTNFD（自然関連財務情報開示タスクフォース）の枠組みにおいても、侵略的外来種に関する指標が提案されました。このように、侵略的外来種は近年、国際的な議論において、大きな課題の一つとなっています。

　国境を越えた侵略的外来種の意図的・非意図的な移動の増加に対処するためには、国際的な情報共有を始めとした国際協力の強化が重要であり、2023年に開催された「G7札幌 気候・エネルギー・環境大臣会合」の成果文書には、昆明・モントリオール生物多様性枠組の外来種目標の実施を加速するため、IPBES報告書の科学的情報を基に行動すること、及び、侵略的外来種に関するG7ワークショップを開催することが位置付けられました。我が国はこれを受け、一連の国際イベントを主催し、またその総括として開催した「侵略的外来種に関するG7ワークショップ」の成果として、G7各国等と共に「侵

第2章

略的外来種に関するG7声明：侵略的外来種及びその影響の管理に向けた国際協力の強化」（仮訳）を取りまとめました。また、国内においては、このような国際的な議論及び外来生物法の令和4年改正内容等を踏まえて、国の外来種対策の中期的な総合戦略である「外来種被害防止行動計画」の見直しに着手しました。2030年までの侵略的外来種による負の影響の軽減に向けて、当該計画等に基づき、引き続き我が国への定着が非常に危惧されている段階で緊急的な対策が必要な生物に関する水際対策・防除、広く飼育され野外個体数が多い生物に関する適正管理等の拡充、飼養動物の終生飼養の推進や管理の適正化等を推進します。

コラム **IPBES 侵略的外来種とその管理に関するテーマ別評価報告書**

侵略的外来種は、生物多様性、生態系サービス、持続可能な開発、人間の福利に対する重大な脅威とされています。2023年8月28日から同年9月2日にドイツ・ボンで開催されたIPBES総会第10回（IPBES10）会合で「侵略的外来種とその管理に関するテーマ別評価」報告書の政策決定者向け要約が承認されました。同報告書は、侵略的外来種の現状や傾向について科学的な評価を行うとともに、世界各国の政府・企業・市民社会が侵略的外来種に対処する方法を決定する際の重要な情報源となることが期待されています。

本評価の実施には、日本からの専門家4名を含む、世界各国から86名の専門家が関わってきました。また、日本は当該評価報告書作成を支援する「IPBES侵略的外来種評価技術支援機関」を公益財団法人地球環境戦略研究機関（IGES）内に設置し、報告書作成を支援してきました。IPBES10の閉会全体会合においては、同報告書の共同議長、執筆者、技術支援機関のメンバーに加え、これまでの日本政府の貢献とホスト機関であるIGESに対する謝意が述べられました。

同報告書では、主に次の点等がキーメッセージとして取りまとめられました。

「Thematic Assessment Report on Invasive Alien Species and their Control」

資料：IPBESより

- 侵略的外来種は世界で3,500種以上が記録されており、生物多様性や生態系に加え、経済や食料・水確保、人間の健康等に対する大きな脅威となっている。
- 外来種の侵入[1]による全世界の年間経済的コスト（2019年）は4,230億米ドルを超えると推定される。
- 世界的に、侵略的外来種とその影響は急速に増加しており、今後も増加し続けると予測される。
- 侵略的外来種とその悪影響は、効果的な管理によって予防・軽減することが可能であり、最も費用対効果の高い管理手法は、侵入予防及び早期対応の体制整備である。
- 外来種の侵入管理は可能であり、その野心的な進歩は、戦略的行動を通じた統合的ガバナンスによって達成することができる。戦略的行動には、国際的・地域的メカニズム間の調整と協力の強化、国家実施戦略の策定、多様な関係主体やセクターの参画推進等が含まれる。

1：意図的・非意図的を問わず、生物種を人為的に自然分布域外の新たな地域に移動・導入するプロセスを指す。このプロセスを通じて移動・導入された種は、自然分布域外において定着・分布拡大する可能性がある。

---

(6) 鳥獣保護管理の強化
ア ニホンジカ・イノシシの半減目標

中山間地域における人口減少・高齢化による人間活動の低下により、耕作放棄地や利用されない里山林等が鳥獣の生息にとって好ましい環境となることなどにより、ニホンジカ、イノシシ、クマ類等の分布域が拡大し、生態系や農林業、生活環境に深刻な被害を及ぼしています。

環境省と農林水産省は、ニホンジカとイノシシについて、2023年度までに2011年度の個体数から半減させることを目標として捕獲対策を強化してきました。その結果、イノシシについては、これまで

の捕獲の効果等により、個体数が順調に減少しています。一方で、ニホンジカ（本州以南）の個体数については、未だ高い水準にあり、2023年度の目標達成は難しい状況にあります。このため、環境省と農林水産省では、目標の期限を2028年度まで延長することを決定し、ニホンジカの集中的な捕獲対策等の取組を進めていきます。

イ クマ被害増加

クマ類については、秋の堅果類の結実量の影響等を受け、数年おきに大量出没を繰り返しており、特に2023年度は統計のある2006年度以降最も多い人身被害件数を記録するなど、人の生活圏にクマ類が侵入し、国民の安全・安心を脅かしています。そのため、環境省ではクマ類の専門家による検討会を設置し、科学的知見に基づき、クマ類の出没や被害の発生要因を分析するとともに、被害防止に向けた総合的な対策の方針を取りまとめました。本方針では、クマ類の地域個体群を維持しつつ、人の生活圏への出没防止によって人とクマ類の空間的なすみ分けを図るため、「ゾーニング管理」、「広域的な管理」、「順応的な管理」の3つの管理を推進する方向性が示されました。また、鳥獣の保護及び管理並びに狩猟の適正化に関する法律（平成14年法律第88号）に基づく指定管理鳥獣に、絶滅のおそれのある四国の個体群を除いたクマ類を指定し、集中的かつ広域的な管理を図る必要性が示されました。他方で、クマ類は、既に指定管理鳥獣に指定されているニホンジカ・イノシシとは、繁殖力、個体数の水準、被害の状況が異なることから、クマ類の個体数等の調査・モニタリング、人の生活圏への出没防止対策、人材育成等、捕獲に偏らない総合的な対策が必要と指摘されています。環境省では、本方針を受けて、2024年4月に四国の個体群を除くクマ類を指定管理鳥獣に指定し、関係省庁と共に策定した「クマ被害対策施策パッケージ」を着実に実施することで、クマ類の地域個体群を維持しながら、効果的な被害防止策を推進していきます。

2 自然再興を実現する経済に移行するための戦略

(1) G7ネイチャーポジティブ経済アライアンス

ネイチャーポジティブ経済の実現のためには、生物多様性・自然資本への配慮が事業活動に十分に組み込まれた経済社会への移行が必要です。このため、G7札幌 気候・エネルギー・環境大臣会合において、ネイチャーポジティブ経済に関する知識の共有や情報ネットワークの構築の場として、「G7ネイチャーポジティブ経済アライアンス（G7ANPE）」（G7ANPE：G7 Alliance on Nature Positive Economies）」が新たに設立されました。2023年には、自然関連情報開示に関する視点共有を目的としたワークショップを行い、自然関連情報開示に関するディスカッションペーパーを公開したほか、ネイチャーポジティブに資する技術・ビジネスモデル等に関する事例共有のための国際ワークショップが開かれました。これらの成果を12月に開催されたCOP28にて発表しました。2024年以降は、G7議長国がテーマを決定し、プロジェクトを実施していきます。

(2) TNFD、SBTs for Natureの動き （これらに対応した施策も含む）

気候変動分野でのTCFD（Task Force on Climate-Related Financial Disclosures；気候関連財務情報開示タスクフォース）の提言に基づく開示の進展と並行して、自然分野に関しても、民主導でTNFD（Taskforce on Nature-Related Financial Disclosures；自然関連財務情報開示タスクフォース）が立ち上がり、2023年9月には「提言」を含む自然関連財務情報の開示に関する一連の枠組みが示されました。

また、気候変動分野でのSBT（Science Based Targets）の動きに対し、その自然版であるScience Based Targets（SBTs）for Natureの基準策定が進んでいます。SBTs for Natureは、淡水・生物多様性・土地・海洋の4分野に関して、企業が生物多様性等の関連する国連の条約やSDGsに沿った行動ができるようにするための目標を設定する枠組みです。2023年5月に淡水を含む一部の目標設定手法

が公表されたのち、その他の分野を含め開発が継続されています。

　今後、先進的な企業を始めとした取組が進むことで、こうしたTNFD提言を参照した開示の事例や、SBTs for Natureにのっとった目標設定の事例が増加していくことが見込まれるところ、環境省では、2023年度より、事業者向けに気候関連財務情報開示及び自然関連財務情報開示に関して解説するワークショップを開催しています。本ワークショップでは、TNFD等の自然資本に関する情報開示に活用可能なツールの実践等を通し、企業の情報開示の実施・高度化を支援・促進しています。

コラム 自然資本を巡る情報開示と目標設定の潮流

　企業等の環境活動に関する情報開示や目標設定の歴史は古く、1992年リオで開催された地球環境サミットで採択されたアジェンダ21を契機に、各国や各組織において行動計画を作成し公表する動きが始まりました。また1996年にISO14001（環境マネジメントシステム）が発行された結果、企業の環境活動が経営と一体となりシステム化され、これに伴い行動計画としての目標の設定と計画や結果を環境報告書やサステナビリティ報告書として公開する動きが加速されました。活動の内容は3Rから気候変動対策、GHG削減へと変化し、今日では、生物多様性・自然資本に関する活動へと広がっています。その間、情報開示や目標設定の枠組みも国際的に進化し、気候変動では財務情報の開示の枠組みとしてTCFDが、科学的知見に基づく目標設定の枠組みとしてSBTが公開され、多くの企業がこれらの枠組みを活用しています。さらに、自然に関する枠組みとしてTNFDが2023年9月に提言を公開し、SBTs for Natureが目標設定に関するガイダンスを2020年から順次発行しています。この中で、情報開示の目的は、顧客や近隣住民のための開示から、投資家や従業員のための開示へと広がってきました。また目標設定も定性的な目標設定から科学的な知見に基づく効果的でかつ定量的な目標設定へと高度化しています。企業にとっては、自身の目的に沿って、これら進化している情報開示や目標設定の枠組みを活用することが重要ですが、これまで活用している環境マネジメントシステムや情報公開GRIの枠組みを最大限活用し、効率的に整合をとることが重要です。さらに今後は、気候変動、資源循環、生物多様性といった環境問題を統合的に捉えることが必要ですが、最も重要なのは、活動自体の中身であることには変わりがありません。

目標設定・情報開示の新たな枠組みと環境マネジメントとの関係

財務情報開示（TCFD）	財務情報開示（TNFD）
科学的目標設定（SBT）	科学的目標設定（SBTs for Nature）
気候変動対策	生物多様性の保全

環境マネジメントシステム（ISO14001、エコアクション21等）
・環境方針、体制　　　　　・目的設定（優先順位付け）
・目標設定、施策・活動計画　・情報開示、見直し

2015年の改定
・生物多様性に関する記述
・「組織が環境に与える影響」に「環境が企業に与える影響」を追加

資料：環境省

（3）ネイチャーポジティブ経済移行戦略

　我が国が直面する数々の社会課題に対しては、課題ごとの個別対応ではなく、政府の多様な政策と環境政策との統合や、ネイチャーポジティブ、炭素中立、循環経済という環境政策間の統合による「統合的アプローチ」が有効です。例えば、リサイクルの推進等、資源効率性を高めることで、新たな原材料調達による自然への負荷を低減するという循環経済とネイチャーポジティブの間のシナジーにつながる可能性があります。また再生可能エネルギー発電設備の導入に伴う気候変動対策と森林等の自然資本への負荷とのトレードオフの関係も考えられます。

このため、ネイチャーポジティブ経済への移行に取り組むに当たっても、それに単独で取り組むのではなく、炭素中立や循環経済の実現を含めた相互作用を明確に考慮し、企業の統合的・一体的な取組を後押しすることで、シナジーを最大化し、トレードオフや人間社会と自然環境の双方に有害な影響を最小化していく取組が必要です。

環境省としては、ネイチャーポジティブ経済への移行に向けた国際的な動勢を踏まえ、企業による積極的な取組を後押しするとともに、国際的な議論と整合しつつ、ネイチャーポジティブの実現に資する経済社会構造への転換を促すため、関係省庁と共に、2024年3月に「ネイチャーポジティブ経済移行戦略」を策定しました。企業において自然資本の保全の概念を経営に組み込み、自然資本に関するリスクへの対応や新しいビジネス機会の創出を進めてもらうため、国の施策によるバックアップを進めていきます。

3 国立公園における保護と利用の好循環に向けて

(1) 国立公園のブランドプロミスの決定

国立公園満喫プロジェクトの取組実績を踏まえ、国立公園のブランディングを更に強化するため、2023年6月に国立公園のブランドプロミス（国立公園が来訪者・地域に約束すること）として、「感動的な自然風景」「サステナビリティへの共感」「自然と人々の物語を知るアクティビティ」「感動体験を支える施設とサービス」の4項目を定めました。今後、環境省や地域・関係者がこれを国立公園のブランド戦略の根幹として共通の理解を持ち、日本の国立公園が世界からのデスティネーション（目的地）となることを目指したブランド化の取組を一層進めていくこととしています。

(2) 国立公園における滞在体験の魅力向上

インバウンドが急速に回復する中、観光立国推進基本計画も踏まえ、満喫プロジェクトの新たな展開として、国立公園における滞在体験の魅力向上に向けて、美しい自然の中での感動体験を柱とした滞在型・高付加価値観光を推進するため、民間提案を取り入れつつ、国立公園利用拠点の面的な魅力の向上に取り組みます。このため、2023年6月に策定した「宿舎事業を中心とした国立公園利用拠点の面的魅力向上に向けた取組方針」に基づき、同年8月に十和田八幡平国立公園十和田湖地域、中部山岳国立公園南部地域、大山隠岐国立公園大山蒜山地域、やんばる国立公園の4か所を先端モデル事業の対象に選定しました。これらの国立公園で利用の高付加価値化に向けた基本構想の検討に取り組んでおり、2024年3月には、集中的に取り組む利用拠点の第一弾として十和田八幡平国立公園の休屋・休平地区を選定しました。今後、国立公園満喫プロジェクトを全34国立公園に展開していく中で、得られた知見を最大限活用し、国立公園のブランド化を進め、国内外からの誘客を促進するとともに、地域の経済活性化や環境保全への再投資を促すことで、国立公園の保護と利用の好循環を実現します。

コラム 🌱 **国立公園オフィシャルパートナー×ネイチャーポジティブ**

近年拡大している国立公園オフィシャルパートナー企業等によるネイチャーポジティブにつながる取組の一部を紹介します。

○登山道保全活動

阿蘇くじゅう国立公園・杵島岳の登山道整備と草原再生に向け、ヤマップがアプリユーザーの参加促進、クラウドファンディング支援を実施しました。また、ゴールドウインは、富士箱根伊豆国立公園内の登山道整備への参加や近自然工法による登山道補修に関する、地域関係者向け勉強会の開催をサポートしています。

○保全活動への寄付の仕組み作り

イオンリテールが発行する電子マネーWAONにおいて「日本の国立公園WAONカード」を作成し、国立公園の認知拡大とともに、カードの利用額の一部を国立公園内で活動する保全団体に寄付する仕組みを構築しました。

○木道を再利用した商品による保全への循環

　三条印刷は、尾瀬国立公園において廃棄される木道が無駄なく資源として再利用されている尾瀬木道ペーパーを使用し「循環型印刷商品（OZE BOARDWALK project）」を販売。その収益の一部を尾瀬の環境保全に寄付する取組を実施しています。

○観光自動車道における脱炭素化

　国立・国定公園に多く存在する観光自動車道（道路運送法に基づいて民間事業者が運営する一般自動車道）が加盟する一般社団法人日本観光自動車道協会と、日産自動車が連携協定を締結し、同協会に加盟する観光自動車道におけるEV優遇施策を実施しています。

杵島岳の登山道整備の様子

資料：環境省

第3節　　炭素中立（ネット・ゼロ）

　1.5℃目標の達成を目指し、炭素中立型経済社会への移行を加速することは重要といえます。我が国は、1.5℃目標と整合的な形で、「2050年カーボンニュートラル」「2030年度46％削減、さらに50％の高みに向けて挑戦を続ける」という目標を掲げており、2022年度時点で2013年度比22.9％削減と着実に実績を積み重ねてきています。目標達成に向けて、2035年までの電力部門の完全又は大宗の脱炭素化というG7の合意も踏まえつつ、地球温暖化対策計画、さらにはGX推進戦略等に基づき、徹底した省エネルギーの推進、再生可能エネルギーの最大限導入など脱炭素電源への転換を進めるとともに、脱炭素成長型経済構造移行債（以下「GX経済移行債」という。）を活用した20兆円規模の先行投資支援をはじめとする成長志向型カーボンプライシング構想の速やかな実現・実行等、引き続きあらゆる施策を総動員していきます。

　一方、2050年ネット・ゼロ実現に向け、気候変動対策が世界全体として着実に実施され、世界の気温上昇が1.5℃程度に抑えられたとしても、熱波のような極端現象や大雨等の変化は避けられないことから、現在生じている、又は将来予測される被害を回避・軽減するため、気候変動への適応や気候変動の悪影響に伴う損失及び損害（ロス＆ダメージ）への対応についても、緩和策と同様に喫緊の課題として取り組むことが必要です。このため、多様な関係者の連携・協働の下、気候変動適応法及び気候変動適応計画を礎として気候変動適応策を着実に推進していきます。

　我が国が有する技術・ノウハウを活用し、官民で連携しながら、世界規模でのネット・ゼロの実現に貢献するとともに、新たな市場・需要を創出し、我が国の産業競争力を強化することを通じて、経済を再び成長軌道に乗せ、将来の経済成長や雇用・所得の拡大につなげることが求められています。

1 温室効果ガスの状況

（1）世界の温室効果ガス排出量

　UNEP（国連環境計画）が公表する「Emissions Gap Report 2023」によれば、2022年の世界の温室効果ガス総排出量は、前年から1.2％増加し、全体でおよそ574億トンCO_2となり、過去最高に達しました（図2-3-1）。この増加率は、2000年代の年平均増加率であった2.2％に比べ

図2-3-1　世界の人為起源の温室効果ガス排出量（1990-2022年）

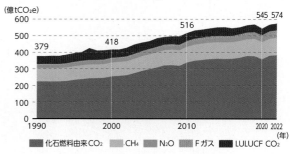

（億tCO_2e）

化石燃料由来CO_2　　CH_4　　N_2O　　Fガス　　LULUCF CO_2

資料：UNEP「Emissions Gap Report 2023」より環境省作成

ると鈍化傾向ですが、COVID-19パンデミック前の10年間（2010～2019年）の年平均増加率0.9%をわずかに上回っています。大気中の温室効果ガス濃度は上昇が続いており、1.5℃目標達成のためには、速やかで持続的な排出削減が必要であり、特に今後10年間の対策が重要であると述べています。

(2) 我が国の温室効果ガス排出・吸収量

　我が国の2022年度の温室効果ガス排出・吸収量（温室効果ガス排出量から吸収量を引いた値）は、10億8,500万トンCO_2換算であり、2021年度から2.3%（2,510万トンCO_2換算）減少しています（図2-3-2）。その要因としては、産業部門、業務その他部門、家庭部門における節電や省エネ努力等の効果が大きく、全体では、エネルギー消費量が減少したこと等が挙げられます。また、2013年度からは22.9%（3億2,210万トンCO_2換算）減少し、オントラック（2050年ネット・ゼロに向けた順調な減少傾向）を継続しています。

図2-3-2　我が国の温室効果ガス排出・吸収量

（百万トンCO_2換算）

資料：環境省

　2022年度の森林等からの吸収量は、5,020万トンCO_2換算で、2021年度比6.4%の減少となりました。これは、人工林の高齢化による成長の鈍化等が主な要因と考えられます。

　なお、2022年度の温室効果ガス排出・吸収量の国連への報告においては、世界で初めて、ブルーカーボン生態系の一つである海草藻場及び海藻藻場の吸収量を合わせて算定し、約35万トンCO_2の値を報告したほか、環境配慮型コンクリートについても、同じく世界で初めて吸収量（CO_2固定量）を算定し、約17トンCO_2の値を報告しました。

コラム　多様な価値を持つブルーカーボン生態系

　海草や海藻といった沿岸及び海洋の生態系は、光合成を行う際に二酸化炭素を吸収・固定することができるため、「ブルーカーボン生態系」という名称で、地球温暖化対策の新たな切り札の一つとして注目されています。

　ブルーカーボン生態系の生育は、海水を通じた二酸化炭素の吸収・固定につながるだけでなく、水質の改善、生態系の保全、地域ぐるみの環境教育の場としての活用、漁場環境の維持・改善等、多面的な価値を有しています。

　我が国は、2050年ネット・ゼロ（温室効果ガス排出の実質ゼロ）、循環経済（サーキュラーエコノミー）、自然再興（ネイチャーポジティブ）という3つの統合的推進を目指しており、ブルーカーボンに関する取組は、まさにこの統合的推進に向けた非常に重要な取組として、政府を挙げて推進していくこととしています。

ブルーカーボン生態系

マングローブ林　　　　　藻場（海草・海藻）　　　　潮汐湿地（塩性湿地・干潟）

資料：UNEP報告書「Blue Carbon：The Role of Healthy Oceans in Binding Carbon」、環境省

2　GXの実現に向けて

　GXの実現を通して、2030年度の温室効果ガス46％削減や2050年ネット・ゼロの国際公約の達成を目指すとともに、安定的で安価なエネルギー供給につながるエネルギー需給構造の転換の実現、さらには、我が国の産業構造・社会構造を変革し、将来世代を含む全ての国民が希望を持って暮らせる社会を実現すべく、官民の持てる力を総動員し、GXという経済、社会、産業、地域の大変革に挑戦していきます。

　将来にわたってエネルギー安定供給を確保するためには、エネルギー危機に耐え得る強靱なエネルギー需給構造への転換が必要です。そのため、化石エネルギーへの過度な依存からの脱却を目指し、エネルギーの安定供給の確保を大前提として、徹底した省エネの推進、再エネの主力電源化、原子力の活用等に取り組んでいきます。

　また、国際公約達成と、我が国の産業競争力強化・経済成長の同時実現に向けては、様々な分野で投資が必要となります。その規模は、一つの試算では今後10年間で150兆円を超えるとされ、この巨額のGX投資を官民協調で実現するため「成長志向型カーボンプライシング構想」を速やかに実現・実行していく必要があります。具体的には、「成長志向型カーボンプライシング構想」の下、「GX経済移行債」等を活用した20兆円規模の大胆な先行投資支援（規制・支援一体型投資促進策等）を行っていくとともに、カーボンプライシング（排出量取引制度・炭素に対する賦課金）によるGX投資先行インセンティブ及び新たな金融手法の活用の3つの措置を講ずることとされています。

　これらの早期具体化及び実行に向けて、「脱炭素成長型経済構造への円滑な移行の推進に関する法律案（GX推進法案）」、「脱炭素社会の実現に向けた電気供給体制の確立を図るための電気事業法等の一部を改正する法律案（GX脱炭素電源法）」が2023年5月に成立し、同年7月には、GX推進法に基づいて「脱炭素成長型経済構造移行推進戦略」（GX推進戦略）を閣議決定しました。また、同年10月には、東京証券取引所において、カーボン・クレジット市場が開設され、J-クレジットを対象とした売買が開始されました。さらに、同年12月、「GX経済移行債」を活用した「投資促進策」の具体化に向けて、重点分野ごとのGXの方向性や投資促進策等を示した、分野別投資戦略を取りまとめました。2024年2月には、GX経済移行債の個別銘柄であるクライメート・トランジション利付国債の初回入札が行われました。調達された約1.6兆円は、令和4年度補正予算及び令和5年度当初予算の該当事業に充当される予定です。今後も、これらの「成長志向型カーボンプライシング構想」の実行により、官民協調でのGX投資を促進するなど、我が国のGXへの取組を加速していきます。

3　地域の脱炭素移行

（1）脱炭素先行地域づくり

　2050年ネット・ゼロの実現に向けて、特に地域の取組と密接に関わる「暮らし」や「社会」分野での施策を中心に取りまとめた「地域脱炭素ロードマップ」（2021年6月国・地方脱炭素実現会議決定）に基づき、脱炭素先行地域の実現を進めています。脱炭素先行地域とは、民生部門（家庭部門及び業務その他部門）の電力消費に伴うCO_2排出の実質ゼロを実現し、運輸部門や熱利用等も含めてそのほかの温室効果ガス排出削減についても、我が国全体の2030年度目標と整合する削減を地域特性に応じて実現する地域であり、全国で脱炭素の取組を展開していくためのモデルとなる地域です。2025年度までに少なくとも100か所選定し、脱炭素に向かう地域特性等に応じた先行的な取組実施の道筋をつけ、2030年度までに取組を実行します。これにより、農村・漁村・山村、離島、都市部の街区など多様な地域において、地域課題を同時解決し、地方創生に貢献します。2023年度までに4回の募集により73の脱炭素先行地域を選定しています（写真2-3-1、写真2-3-2、写真2-3-3、図2-3-3）。

写真2-3-1 伊藤信太郎環境大臣の松本尼崎市長（第1回脱炭素先行地域）と久須阪神電気鉄道社長（共同提案者）との対談（経過報告）の様子

資料：環境省

写真2-3-2 八木哲也環境副大臣による脱炭素先行地域（真庭市：第1回脱炭素先行地域）の視察の様子

資料：環境省

写真2-3-3 第4回脱炭素先行地域選定証授与式の様子

資料：環境省

図2-3-3 脱炭素先行地域の選定状況

脱炭素先行地域（73提案）

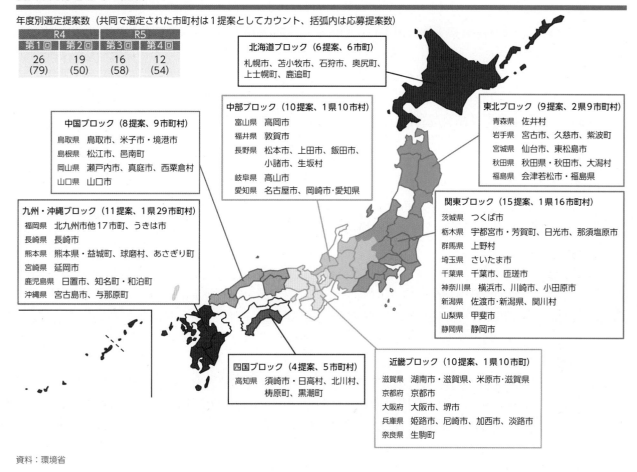

年度別選定提案数（共同で選定された市町村は1提案としてカウント、括弧内は応募提案数）

R4		R5	
第1回	第2回	第3回	第4回
26 (79)	19 (50)	16 (58)	12 (54)

北海道ブロック（6提案、6市町）
札幌市、苫小牧市、石狩市、奥尻町、上士幌町、鹿追町

中部ブロック（10提案、1県10市村）
富山県 高岡市
福井県 敦賀市
長野県 松本市、上田市、飯田市、小諸市、生坂村
岐阜県 高山市
愛知県 名古屋市、岡崎市・愛知県

東北ブロック（9提案、2県9市町村）
青森県 佐井村
岩手県 宮古市、久慈市、紫波町
宮城県 仙台市、東松島市
秋田県 秋田県・秋田市、大潟村
福島県 会津若松市・福島県

中国ブロック（8提案、9市町村）
鳥取県 鳥取市、米子市・境港市
島根県 松江市、邑南町
岡山県 瀬戸内市、真庭市、西粟倉村
山口県 山口市

九州・沖縄ブロック（11提案、1県29市町村）
福岡県 北九州市他17市町、うきは市
長崎県 長崎市
熊本県 熊本県・益城町、球磨村、あさぎり町
宮崎県 延岡市
鹿児島県 日置市、知名町・和泊町
沖縄県 宮古島市、与那原町

関東ブロック（15提案、1県16市町村）
茨城県 つくば市
栃木県 宇都宮市・芳賀町、日光市、那須塩原市
群馬県 上野村
埼玉県 さいたま市
千葉県 千葉市、匝瑳市
神奈川県 横浜市、川崎市、小田原市
新潟県 佐渡市・新潟県、関川村
山梨県 甲斐市
静岡県 静岡市

四国ブロック（4提案、5市町村）
高知県 須崎市・日高村、北川村、梼原町、黒潮町

近畿ブロック（10提案、1県10市町）
滋賀県 湖南市・滋賀県、米原市・滋賀県
京都府 京都市
大阪府 大阪市、堺市
兵庫県 姫路市、尼崎市、加西市、淡路市
奈良県 生駒町

資料：環境省

(2) 脱炭素の基盤となる重点対策の全国実施

　「地域脱炭素ロードマップ」に基づくもう一つの施策の柱が、脱炭素の基盤となる重点対策の全国展開です。2030年度目標及び2050年ネット・ゼロの実現に向けては、脱炭素先行地域だけでなく、全国各地で、地方公共団体・企業・住民が主体となって、排出削減の取組を進めることが必要です。あらゆる対策・施策を脱炭素の視点をもって取り組むことが肝要ですが、特に、屋根置きなど自家消費型の太陽光発電の導入、住宅・建築物の省エネルギー性能の向上、ゼロカーボン・ドライブの普及等の脱炭素の基盤となる重点対策の複合実施について、国も複数年度にわたって包括的に支援しながら各地の創意工夫を凝らした取組を横展開し、全国津々浦々で実施していくことにしています。2023年度までに、「地域脱炭素移行・再エネ推進交付金」にて、110の地方公共団体における脱炭素の基盤となる重点対策の加速化を支援しました。

(3) 地域脱炭素のための国の積極支援

　地域の脱炭素化に向けて、国は、人材、情報・技術、資金の面から積極的に支援していく方針です。
　人材面では、環境省において、地域の脱炭素を進める人材育成のための研修を行っているほか、地方公共団体と企業のネットワークを構築するためのマッチングイベントの開催、地方公共団体への「脱炭素まちづくりアドバイザー」の派遣を行っています。また、内閣府において、地方創生人材支援制度によりグリーン専門人材の派遣を行うほか、総務省と環境省において、自治大学校の協力を得て地方公共団体職員向けの地域脱炭素に係る研修を行うなど、関係省庁と連携して、人的な支援を行っています。
　情報・技術面では、再生可能エネルギー情報提供システム（REPOS）により、地域再生可能エネルギーの案件形成の基盤として、自治体支援に向けたサイト改修を行うとともに、地域経済循環分析ツー

ルを提供し、再生可能エネルギーなど地域資源を活用し、地域のお金がどうしたら地域で循環するかという地域経済循環の考え方を普及させ、地方公共団体による地域に貢献する脱炭素事業の計画を促進しています。

資金面では、2022年度当初予算に創設した脱炭素先行地域づくりや脱炭素の基盤となる重点対策を支援する「地域脱炭素移行・再エネ推進交付金」を増額するとともに、脱炭素先行地域において民間裨益型自営線マイクログリッドを構築する地域における排出削減効果の高い主要な脱炭素製品・技術の導入を支援するために2023年度に創設された「特定地域脱炭素移行加速化交付金」も増額を行い、それらを合わせ「地域脱炭素推進交付金」として2024年度当初予算に計上しており、民間と共同して意欲的に脱炭素に取り組む地方公共団体を支援していきます。また、総務省において2023年度に創設した脱炭素化推進事業債について、再生可能エネルギーの地産地消を一層推進するため、2024年度から地域内消費を主たる目的とする場合、第三セクター等に対する補助金を対象に追加することとしました。加えて、地域における再エネの最大限の導入を促進するため、地方公共団体による脱炭素社会を見据えた計画の策定等を補助する「地域脱炭素実現に向けた再エネの最大限導入のための計画づくり支援事業」を実施しています。

国の積極支援に当たっては、地域の実施体制に近い立場にある国の地方支分部局（地方農政局、森林管理局、経済産業局、地方整備局、地方運輸局、地方環境事務所等）が水平連携し、各地域の強み・課題・ニーズを丁寧に吸い上げて機動的に支援を実施します。具体的には、各府省庁が持つ支援ツールと支援実績・実例等の情報を共有し、協同で情報発信や地方公共団体等への働きかけを行います。また、複数の主体・分野が関わる複合的な取組に対しては各府省庁の支援ツールを組み合わせて支援等に取り組みます。さらに、2022年度から、地方環境事務所に地域脱炭素創生室を創設することで、こうした関係府省庁との連携も通じた脱炭素先行地域づくりについて、地方公共団体が身近に相談できる窓口体制を確保し、相談対応や案件の進捗状況を地方支分部局間で共有しながら連携して対応しています。

(4) 地域脱炭素化促進事業、再エネ促進区域

地域の脱炭素化を進めていく上では、再生可能エネルギーの利用の促進が重要ですが、一部の再エネ事業では環境への適正な配慮がなされず、また、地域との合意形成が十分に図られていないことなどに起因した地域トラブルが発生し、地域社会との共生が課題となっています。脱炭素社会に必要な水準の再エネ導入を確保するためには、再エネ事業について適正に環境に配慮し地域における合意形成を促進することが必要です。

このため、地球温暖化対策の推進に関する法律の一部を改正する法律（令和3年法律第54号）により、再エネの利用と地域の脱炭素化の取組を一体的に行うプロジェクトである地域脱炭素化促進事業が円滑に推進されるよう、市町村が再エネ促進区域の設定や、再エネ事業に求める環境保全・地域貢献の取組を自らの地方公共団体実行計画に位置付け、適合する事業計画を認定する仕組みが2022年4月に施行されました。2023年10月1日時点で全国16か所の市町村で促進区域が設定されるとともに、環境保全と地域経済への発展等を考慮した地域脱炭素化促進事業計画の認定も始まるなど、広がりを見せつつあります。

さらに、2023年4月から「地域脱炭素を推進するための地方公共団体実行計画制度等に関する検討会」を開催し、地域脱炭素化促進事業制度の施行状況等を踏まえ、地域共生型再エネの推進（5.（2）地域共生型再エネの導入　参照）を中心に、地域脱炭素施策を加速させる地方公共団体実行計画制度等の在り方について議論を行い、2023年8月にとりまとめを公表しています。

このとりまとめ等も踏まえて、地域共生型再エネの導入促進に向けて、都道府県の関与強化による地域脱炭素化促進事業制度の拡充を含む「地球温暖化対策の推進に関する法律の一部を改正する法律案」を2024年3月に閣議決定し、第213回国会に提出しました。国は今後も、地方公共団体における再生可能エネルギーの導入計画の策定や、再エネ促進区域の設定等に向けたゾーニング等を行う取組への支援等とともに促進事業に向けた事業者の支援を行い、地域共生型再エネ導入を促進していきます。

（5）株式会社脱炭素化支援機構、地域金融機関を通じた支援

　ネット・ゼロ実現のためには、国の支援と合わせて、民間金融機関や機関投資家等による積極的なファイナンスが必要です。2022年10月に、脱炭素事業に意欲的に取り組む民間事業者等を集中的、重点的に支援するため、財政投融資を活用した株式会社脱炭素化支援機構が設立されました。地域共生・地域貢献型の再エネ事業、食品・廃材等バイオマス利用など様々な脱炭素事業やスタートアップに、株式会社脱炭素化支援機構が資金供給を行うことで、民間資金の「呼び水」につなげることが可能となります。脱炭素に必要な資金の流れを太く、速くし、経済社会の発展や地方創生への貢献、知見の集積や人材育成等、新たな価値の創造に貢献します。2024年3月末までに株式会社脱炭素化支援機構より、15件の支援決定の公表を行っています（図2-3-4）。さらに、株式会社脱炭素化支援機構の出資者である地域の金融機関を核とし、株式会社脱炭素化支援機構と連携した地域コンソーシアム形成等を通じた脱炭素事業の組成を支援する取組を進めます。

　地域経済を資金面から支える地域金融機関は、地域の持続可能性が自らの経営に直結する存在でもあり、経済社会構造がネット・ゼロに向かっていく中で、取引先の企業と共に具体的な対応を考えていくことが期待されています。そのため、地域の脱炭素化にとって、地域の主体、とりわけ地域金融機関との連携は極めて重要です。地域金融機関が地域内企業のハブとなって脱炭素社会への移行を推進していくことで、投融資先を皮切りに企業行動を変革していくことが可能となります。実際、これまでに選定された脱炭素先行地域の共同提案者として地域金融機関が加わっている事例が複数あります。

　環境省では、「地域におけるESG金融促進事業」において、先進的な地域金融機関による取組を伴走支援することで、地域課題の解決や、地域資源を活用したビジネス構築のモデルづくりを推進しています。また、気候変動対応に関する情報開示の枠組みであるTCFD提言に基づく情報開示に関して、専門的知見の提供等を通じて地域金融機関による課題解決の取組を支援しています。さらに、地域脱炭素に資する設備投資向け貸出の利子や、脱炭素機器のリース導入にかかる総リース料について、それらの一部を環境省が負担する補助金制度を通じて企業の資金調達コスト・投資コストを低減し、地域金融機関による企業の脱炭素化の後押しを図っています。

　加えて、企業の脱炭素に向けた取組に関して専門的なアドバイスを行う人材に対するニーズの高まりを踏まえ、人材の育成に資する民間資格制度について認定を行う枠組みを設けています。2023年3月末には温室効果ガスの排出量計測や削減対策支援、情報開示に関する知識やノウハウ等に関して、資格制度が提供すべき学習プログラムの要件をまとめた「脱炭素アドバイザー資格制度認定ガイドライン」を公表しました。本ガイドラインに基づき、2023年10月には「環境省認定制度　脱炭素アドバイザーベーシック」の類型について、5社の認定付与を行っています（図2-3-5）。

図2-3-4　株式会社脱炭素化支援機構の概要

脱炭素に資する多様な事業への投融資（リスクマネー供給）を行う官民ファンド
「株式会社　脱炭素化支援機構」設立

（地球温暖化対策推進法に基づき2022年10月28日に設立）

組織の概要

【設立時出資金】204億円

○民間株主（82社、102億円）：
　・金融機関：日本政策投資銀行、3メガ銀、
　　　　　　　地方銀行など57機関
　・事業会社：エネルギー、鉄鋼、化学など25社

○国（財政投融資（産業投資）、設立時102億円）
　・R4：最大200億円（設立時資本金102億円含む）
　・R5：最大400億円＋政府保証（5年未満）200億円

支援対象・資金供給手法

○再エネ・蓄エネ・省エネ、資源の有効利用等、
　脱炭素社会の実現に資する幅広い事業領域を対象。

○出資、メザニンファイナンス（劣後ローン等）、
　債務保証等を実施。

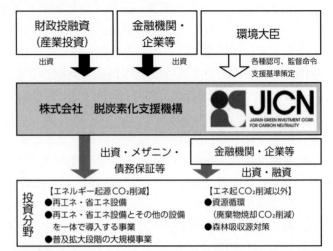

（想定事業イメージ例）
・地域共生・裨益型の再生可能エネルギー開発・プラスチックリサイクル等の資源循環
・火力発電のバイオマス・アンモニア等の混焼・森林保全と木材・エネルギー利用　等

脱炭素に必要な資金の流れを太く・早くし、地方創生や人材育成など価値創造に貢献

資料：環境省

図2-3-5　脱炭素アドバイザー資格制度の認定事業

■企業が自社の温室効果ガス排出量を計測し、それに基づく削減対策を進めるためには、**企業の内部人材または外部の適切なアドバイザーが相応の知識を持った上で対応を進めることが必要。**
■脱炭素に関する人材育成促進を目的として、**環境省による「脱炭素アドバイザー」資格制度の認定事業を創設**し、ガイドラインに適合した適切な民間資格の取得を促す。
■**企業内部でサステナビリティや脱炭素等の対応を行う担当者や、金融機関の営業職、自治体の職員、経営コンサル業の方々**など、幅広い業種における脱炭素人材育成をサポートしていく。

脱炭素アドバイザー資格制度の認定スキーム

3段階の資格類型と期待されるスキル・役割

環境省認定制度 脱炭素アドバイザー　ベーシック	企業に対し、気候変動対応の必要性を説明でき、脱炭素経営・排出量削減に関する企業からの相談内容を正しく把握できること
環境省認定制度 脱炭素アドバイザー　アドバンスト	企業に対し、脱炭素の経営上の重要性（リスク・機会）、GHG排出量の計測方法や企業共通の削減手法を説明できること
環境省認定制度 脱炭素シニアアドバイザー	企業の脱炭素経営に対し、包括的なアドバイス（GHG排出量計測の方法、削減手法の例示、削減による排出コストの低減と移行措置コストの考え方など）を提供できること

資料：環境省

(6) 地域の中小企業の脱炭素化支援

　我が国の企業数の圧倒的多数を占め、従業員数でも全国の7割を占める中小企業の脱炭素化も、地域の脱炭素化を進めていく上で重要です。

2050年ネット・ゼロ社会実現に向けた取組は、自社の温室効果ガス（GHG）排出量削減に留まらず、サプライチェーン全体へと広がっています。この広がりは、中小企業にも及んでおり、サプライチェーン内の中小企業に対するGHG排出量の開示や削減を促す動きが広がっています。先行して脱炭素の視点を織り込んだ企業経営（脱炭素経営）に取り組む中小企業では、優位性の構築、光熱費・燃料費の低減、知名度・認知度向上、社員のモチベーションアップ、好条件での資金調達といったメリットを獲得しています。

環境省では、2020年度から3か年、中小規模事業者に対し、GHG排出量削減目標設定支援モデル事業（計22事業者）の実施及び「中小規模事業者向けの脱炭素経営導入ハンドブック」等の公表を進めてきました。引き続き地域ごとに多様性のある事業者ニーズを踏まえて、[1] 地域ぐるみでの支援体制の構築、[2] 算定ツールの提供等による見える化支援、[3] 削減目標・計画の策定、脱炭素設備投資に取り組んでいきます。

具体的には、普段から中小企業との接点を持っている地域金融機関・商工会議所等の経済団体等と地方公共団体が連携し、地域内の中小企業の脱炭素経営普及を目指す、地域ぐるみでの支援体制構築に向けたモデル事業において、2023年度は全国16件のモデル地域を採択し、各地域特性を活かして支援体制構築に向けた取組を推進しています。また、事業者に対するGHG排出量の算定ツールの提供ならびに算定したGHG排出量を公表するプラットフォームのリリース、削減計画策定支援（モデル事業やガイドブック等）、脱炭素化に向けた設備更新への補助、ESG金融の拡大等による支援を実施していきます。

事例　地域ぐるみでの脱炭素経営支援体制構築モデル事業

神奈川県川崎市は、脱炭素社会の実現と産業競争力の維持・強化の両立を図る施策の一つとして、中小企業の脱炭素化を推進しており、2023年9月には川崎市、川崎商工会議所、川崎市産業振興財団、金融機関等が連携し、「川崎市脱炭素経営支援コンソーシアム」を創設しました。本コンソーシアムでは、参画団体の人材育成と事業者支援に取り組むこととしており、2023年度に開催した2回の全体会では、中小企業の脱炭素経営を支援する人材の育成やGHG排出量削減計画の策定を支援する事業等の展開について議論しました。

兵庫県尼崎市は、地域資源や人のつながりを活かした環境のまちづくり活動を、尼崎市、尼崎信用金庫、尼崎商工会議所、尼崎経営者協会、（協）尼崎工業会、（公財）尼崎地域産業活性化機構による通称「AG6」という連携体で実施しています。2023年12月、脱炭素経営をテーマとする地域一体型オープンファクトリー「あまがさきエリア モノづくりパビリオン」を開催し、中小企業が実践する具体的な方法を学ぶきっかけとして、2日間で641人が脱炭素経営に取り組む地元企業を訪問しました。脱炭素経営にチャレンジする市内企業の魅力発信と地域産業の活性化を通じて、その輪を広げています。

川崎市脱炭素経営支援コンソーシアム 第1回全体会（2023年9月）

資料：神奈川県川崎市

あまがさきエリア ものづくりパビリオン（2023年12月）

資料：兵庫県尼崎市

<table>
<tr><td>事例</td><td>脱炭素都市づくり大賞</td></tr>
</table>

　環境省及び国土交通省は、優れた脱炭素型の都市の開発事業を表彰し、都市部における脱炭素型の都市づくりを促進することを目的として、2023年度「脱炭素都市づくり大賞」を創設しました。

　環境大臣賞を受賞した「イオンモール豊川」は、延べ床面積10万m²以上の施設として初めてZEB Ready認証を受けており、商業施設の脱炭素のモデルといえる高い省エネ性能を有しています。また、資源循環の観点で、オンサイト型バイオガス発生設備及びコージェネレーション設備を設置し、施設内で出る食品残渣を電力・温水として活用し、廃棄物を大幅に抑制しています。さらに、自宅の再エネで充電したEVから建屋内へ放電を行うことを目的と

イオンモール豊川

資料：イオンモール株式会社

したV2B設備を導入し、対価としてショッピングに利用できるポイントを付与することにより、EVを媒体とした地域内再エネ融通を促進しており、EV保有者の行動変容に大きく寄与しています。

　これらの観点から、総合的に特に優れた取組であるとして高く評価されました。

4　住宅・建築物、物流・交通の脱炭素移行

(1) ZEH・ZEB

　地球温暖化対策計画の中では、2030年度において、家庭部門は2013年度比で66%、業務部門では2013年度比で51%のエネルギー起源CO_2を削減する野心的な目標が設定されています。住宅・建築物は一度建築されるとストックとして長期にわたりCO_2排出に影響することから、2050年ネット・ゼロに向けて、今から住宅・建築物の脱炭素化に取り組むことが不可欠です。

　新築の住宅及び建築物に関しては、建築物のエネルギー消費性能の向上等に関する法律（平成27年法律第53号。）を改正し、省エネルギー基準適合義務の対象外である住宅及び小規模建築物の省エネルギー基準への適合を2025年度までに義務化するとともに、2030年度以降新築される住宅及び建築物についてZEH（ネット・ゼロ・エネルギー・ハウス）・ZEB（ネット・ゼロ・エネルギー・ビル）基準の水準の省エネルギー性能の確保を目指し、整合的な誘導基準の引上げや、省エネルギー基準の段階的な水準の引上げを遅くとも2030年度までに実施することとしています。これらの制度的措置に加え、新築される住宅及び建築物のZEH・ZEB化に対する補助事業を実施しています。

　また、全国に既に存在する住宅の約8割、ビルや学校等の建築物の約6割が現行の省エネルギー基準を満たしていません。これら膨大な数の住宅・建築物ストックの脱炭素化改修への投資は、新たな市場を創出し、経済成長にも資するものです。このため、経済産業省、国土交通省及び環境省では、GX予算も一部活用しつつ、既存の住宅及び建築物の省エネ性能向上のための補助事業を実施しています。特に既存住宅に関しては、経済産業省、国土交通省及び環境省の住宅の省エネリフォームのための補助事業をワンストップで利用可能（併用可）とし、利便性の向上に努めることで、より一層の省エネリフォームの促進を図っています。

事例 🌳🌲 リニューアルZEB(ゼブ)

環境省では、脱炭素社会実現に向けて、窓・壁等と一体になった太陽光発電システムの実用化や性能向上、既存建築物の省エネ改修等の技術開発・実証を実施しています。2022年度に採択された大成建設の事業では、カラーガラスを使用した高意匠・高性能な建材一体型太陽光発電システム、業務用マルチエアコンを用いた省エネ制御システム、人検知センサによる空調照明制御システムリニューアル工事用及び再エネ活用マネジメントシステム（EMS）の開発を行っています。また、既存建築物のZEB(ゼブ)化モデルについて、リニューアルZEB(ゼブ)化工事を実施した大成建設横浜支店ビルを活用して実証し、普及拡大を目指します。

建材一体型太陽光発電設備を活用したリニューアルZEB実証
（大成建設株式会社横浜支店）

通常ガラス｜Blue Green｜Blue｜Grey｜Bronze｜Brass

資料：大成建設

（2）ゼロエミッション船等の建造促進

内航海運からの二酸化炭素排出量は、運輸部門の5.3%、日本全体の0.98%を占めています。また、国際海運からの二酸化炭素排出量は、世界全体の二酸化炭素排出量のうち1.9%を占めており、造船国である我が国は、国際海運の二酸化炭素排出量の削減への貢献が期待されています。ネット・ゼロの実現には、水素・アンモニア燃料等を使用するゼロエミッション船等の普及促進が必要であることから、エンジン等の生産基盤の構築・増強及びそれらの設備を搭載（艤装）する設備整備のための投資等を支援し、ゼロエミッション船等の供給体制の整備を図ります。

（3）商用車の電動化

運輸部門は日本全体の二酸化炭素排出量の約2割を占め、そのうちトラック等の商用車の排出量は約4割を占めていることから、商用車の脱炭素移行は不可欠です。GX実現に向けた基本方針では、商用車について、8トン以下の車両は2030年までに新車販売に占める電動車（EV、PHEV、FCV等）の割合を20～30%とする、8トン超の車両は2030年までに電動車を5,000台先行導入するという目標を設定しています。2050年ネット・ゼロに向けて、当面はこの目標の達成を目指して商用車の電動化を進め、運輸部門の二酸化炭素排出量削減に取り組みます。

コラム 🌱 公共交通の活用と「持続可能な都市モビリティ計画（Sustainable Urban Mobility Plans（SUMP））」について

鉄道は、輸送量当たりの二酸化炭素の排出量が自家用自動車の約2割程度と他の交通機関より少なく、列車の運転事故に係る死者数は2022年で道路交通事故の死者数の約7.6%（乗客の死亡数はゼロ）と、安全性が高い特長を有しています。

我が国の三大都市圏と地方都市圏の平日における交通手段構成比を比較すると、鉄道利用者の割合は、三大都市圏で14.2%に対し、地方都市圏で3.7%しかありません。地方都市圏においては、人口減少とモータリゼーションの進展（都市のスプロール化に伴い日常生活において自動車の利用が前提となる地域に住む人が増加したことも一つの原因と考えられ

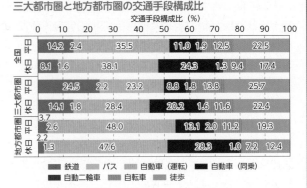

三大都市圏と地方都市圏の交通手段構成比

資料：国土交通省「令和3年度全国都市交通特性調査集計結果」（令和5年11月28日）より環境省作成

ます。）によって、地域公共交通の利用者が減少することにより、交通事業者の経営状況が圧迫され、路線を廃止せざるを得ないなど、維持が困難な状況にあります。その結果、さらに自家用車依存を高め、高齢者が自ら自家用自動車を運転せざるを得ないなど、地方における生活の質の低下をもたらし、過疎化を進行させるなどの悪循環を招く可能性があります。

一方、欧州委員会においては、交通及びモビリティに関する持続可能で統合的な計画である「持続可能な都市モビリティ計画（SUMP）」の策定を推奨し、そのガイドラインを公表しています。本計画では、地球温暖化問題や社会的公平性を考慮しながら、「どのような都市にしたいのか」というビジョンを定め、そこからバックキャストする形で施策を講じることで、アクセシビリティと人々の生活の質（QOL）を向上させることを目指しています。その際には、公共交通と自転車、徒歩の交通手段分担率を高めることが一つの主要な目標となります。各地域の実情に合わせて、目標達成のための具体的な施策が、例えば以下のように計画されます。

・公共交通、徒歩、自転車、シェアモビリティを統合することによる移動の利便性向上
・徒歩、自転車の移動の推奨による利用者の健康等の改善
・バスやタクシーの電動化による大気環境の改善、温室効果ガス排出削減
・公共交通の利用料の無料化・低廉化による利用促進
・交通手段の統合、土地利用計画や他のセクターの各種計画（環境、健康、経済対策）との統合

---

5 再生可能エネルギーの最大限の導入

（1）公共施設における太陽光発電の導入

2050年ネット・ゼロや2030年度温室効果ガス削減目標の達成に向けては、公共部門の率先した取組が重要です。特に太陽光発電については、2021年10月に改定した「政府実行計画」において、2030年度までに設置可能な政府保有の建築物の約50%以上に設置することを目指しており、各府省庁において導入に向けた取組を進めています。地球温暖化対策計画において、地方公共団体についても、地球温暖化対策推進法に基づく「地方公共団体実行計画」を策定し、政府実行計画に準じた取組を進めることとされており、こうした取組を促進するために、レジリエンス強化型のZEBの普及促進に向けた支援や公共施設への太陽光発電設備・蓄電池等の導入支援等を行っています。また、自治体職員向けに、初期費用及びメンテナンスが不要であり、設備設計も民間提案とすることが可能である「第三者所有モデル」による導入についての手引きや事例集、公募要領のひな型等を公表しています。

公共部門の太陽光発電導入等に関する必要な検討や取組の円滑な実施を図るため、「公共部門等の脱炭素化に関する関係府省庁連絡会議」を2023年9月に設置し、各府省庁が連携して取組を進めること

としています。

　また、次世代型太陽電池（ペロブスカイト）については、需要創出の観点も含め、公共施設における導入に向けた取組を進めます。

(2) 地域共生型再エネの導入

　再生可能エネルギーの最大限導入に当たっては、環境に適正に配慮し、地域に貢献する、地域共生型の再エネ事業を進めることが重要です。そのため、脱炭素と地方創生の同時実現を目指す脱炭素先行地域、地域共生・地域裨益型再エネの立地等の重点対策を始めとした地域主導の脱炭素の取組を、財政・人材・情報等の面から支援します。また、地域脱炭素化促進事業制度も活用しながら、再生可能エネルギー促進に向けたゾーニングを推進し、地域企業の脱炭素化支援を含めて地域共生型再エネの利活用を促進します（「3.　地域の脱炭素移行」参照）。さらに、環境影響評価法に基づく環境影響評価制度により、地域の声を踏まえた適正な環境配慮が確保されるよう取り組んでまいります。

(3) 自家消費型太陽光の導入

　初期費用ゼロでの自家消費型の太陽光発電設備・蓄電池の導入支援等を通じて、太陽光発電設備・蓄電池の価格低減を促進しながら、ストレージパリティ（太陽光発電設備の導入に際して、蓄電池を導入しないよりも蓄電池を導入したほうが経済的メリットがある状態）の達成を目指します。また、窓・壁や営農地等これまで活用が進まなかった場所に対して太陽光発電等の新たな設置手法の活用を促進していきます。

(4) 浮体式洋上風力の利活用

　遠浅の海域の少ない我が国では、水深の深い海域に適した浮体式洋上風力の導入拡大が重要です。長崎県五島市の実証事業において風水害にも耐え得る浮体式洋上風力が実用化されたことを活かし、確立した係留技術・施工方法等を基に普及啓発を進めています。浮体式洋上風力の導入に当たっては、環境保全・社会受容性の確保や、維持管理や使用後の破棄など多様な観点からの検討が不可欠です。今後も、脱炭素化と共に自立的なビジネス形成が効果的に推進されるよう、エネルギーの地産地消を目指す地域における浮体式洋上風力発電の導入計画策定の支援や漁業関係者等の理解醸成に資する海洋生態系観測システムの実証に取り組みます。

(5) 風力発電に係る環境影響評価制度の適正な在り方

　再生可能エネルギーの最大限の導入に向けて、地域における合意形成を図り環境への適正な配慮を確保することが重要であり、環境影響評価制度の重要性はますます高まっています。再生可能エネルギーの中でも今後の導入拡大が期待される風力発電のうち、とりわけ洋上風力発電については、再生可能エネルギーの主力電源化の切り札として推進していくことが期待され、海洋再生可能エネルギー発電設備の整備に係る海域の利用の促進に関する法律（平成30年法律第89号。以下「再エネ海域利用法」という。）により洋上風力発電の導入促進が図られています。他方、再エネ海域利用法と環境影響評価法（平成9年法律第81号）の両方の法律が並行して適用されることにより、複数の課題が指摘されています。

　こうした状況を踏まえ、2023年9月、環境大臣から中央環境審議会に対し、風力発電に係る環境影響評価の在り方について諮問がなされ、当該諮問に対する一次答申として、まずは、再エネ海域利用法に基づき実施される洋上風力発電（排他的経済水域で実施されるものも含む。）に係る適正な環境配慮を確保するための新たな制度の在り方として、両法律が適切に接続できる仕組みが示されました。

　具体的には、

・環境大臣が実施する調査の結果に基づき事業実施区域が選定されることによって、より適正な環境配慮の確保が可能になること

・事業者が実施する環境影響評価手続については、一部の手続を適用除外とした上で、環境大臣の調

査結果等を考慮し、残りの手続を実施すること

などが示されました。

この結論を踏まえ、「海洋再生可能エネルギー発電設備の整備に係る海域の利用の促進に関する法律の一部を改正する法律案」を2024年3月に閣議決定し、第213回国会に提出しました。

また、陸上風力発電についても、2022年度に取りまとめた新制度の大きな枠組みを基礎とし、適正な環境配慮を確保しつつ、地域共生型の事業を推進する観点から、地域の環境特性を踏まえた効率的・効果的な環境影響評価が可能となるよう、環境影響の程度に応じて必要な環境影響評価手続を振り分けることなどを可能とする新たな制度の検討を進めてまいります。

コラム 　洋上風力発電による鳥類への影響をモニタリングするための新たな技術開発

環境省では、レーダー等を用いて鳥類の飛翔軌跡をモニタリングする技術の実証事業を、千葉県いすみ市で実施しています。陸域において風力発電による鳥類への影響を評価する場合は、目視による定点観察等により、生息状況や生息範囲の把握が可能であり、鳥類の衝突（バードストライク）のリスクを評価するための情報を取得することが可能です。一方、海域の場合には、調査範囲が広いため、船舶や航空機による調査が一般的ですが、これらの調査手法は調査頻度や調査範囲に限界があるため、バードストライクのリスクを評価するための情報の取得が課題となっています。今回用いるレーダーは、昼夜を問わずに通年で広範囲の鳥類を同時に追尾することができるため、観測が難しかった洋上での鳥類の飛行軌跡、飛行状況を把握する手法として期待されています。

レーダーで取得した鳥類の飛翔軌跡データ例

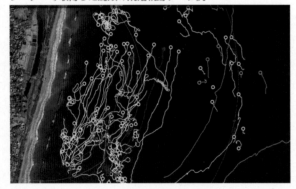

資料：環境省

千葉県いすみ市に設置したレーダー

資料：環境省

（6）自然と調和した地域共生型の地熱開発に向けて

地熱発電は、発電量が天候等に左右されないベースロード電源となり得る再生可能エネルギーであり、我が国は世界第3位の地熱資源量を有すると言われていることなどから、積極的な導入拡大が期待されています。しかし、地下資源の開発はリスクやコストが高いこと、地熱資源が火山地帯に偏在しており適地が限定的であること、自然環境や温泉資源等への影響懸念等の課題もあります。このような状況を踏まえて、守るべき自然は守りつつ、地域での合意形成を図りながら、自然環境と調和した地域共生型の地熱利活用を促進する観点から、2021年4月に「地熱開発加速化プラン」を発表し、9月に自然公園法及び温泉法の運用見直しを行いました。引き続き同プランに基づき、地球温暖化対策推進法に基づく促進区域の設定の促進、温泉モニタリング等の科学的データの収集・調査を行うことによって、

地域調整を円滑化し、全国の地熱発電施設数の2030年までの倍増と最大2年程度のリードタイムの短縮を目指しています。

(7) 太陽光パネル等の廃棄・リサイクル

　太陽光パネル等の廃棄・リサイクルについては、経済産業省及び環境省は、2023年4月に、「再生可能エネルギー発電設備の廃棄・リサイクルのあり方に関する検討会」を立ち上げて、太陽光発電設備や風力発電設備等の再生可能エネルギー発電設備の廃棄・リサイクルに関する対応の強化に向けた具体的な方策について検討を行い、2024年1月には、「再生可能エネルギー発電設備の廃棄・リサイクルのあり方に関する検討会中間取りまとめ」を公表しました。これを踏まえ、使用済太陽光発電設備のリサイクル等を促進するための新たな仕組みの構築に向けて、引き続き検討を進めていきます。

6　持続可能な社会への移行に必要なイノベーション、スタートアップ支援

　2020年1月に策定された「革新的環境イノベーション戦略」を受け、環境・エネルギー分野の研究開発を進める司令塔として、2020年7月から「グリーンイノベーション戦略推進会議」が開催され、関係省庁横断の体制の下、戦略に基づく取組のフォローアップを行ってきました。

　また、第203回国会での2050年カーボンニュートラル宣言を受け、2020年12月に「2050年カーボンニュートラルに伴うグリーン成長戦略」（以下「グリーン成長戦略」という。）が報告され、2021年6月には、更なる具体化が行われました。

　グリーン成長戦略においては、技術開発から実証・社会実装までを支援するための2兆円のグリーンイノベーション基金やネット・ゼロに向けた投資促進税制等の措置のほか、重要分野における実行計画が盛り込まれています。

　具体的には、洋上風力・太陽光・地熱産業（次世代再生可能エネルギー）、水素・燃料アンモニア産業等のエネルギー関連産業に加え、自動車・蓄電池産業、半導体・情報通信産業等の輸送・製造関連産業の他に、資源循環関連産業やライフスタイル関連産業等の家庭・オフィス関連産業に係る現状と課題、今後の取組方針等が位置付けられました。

　また、環境省において、高品質GaN（窒化ガリウム）基板の製造からGaNパワーデバイスを活用した超省エネ製品の商用化に向けた要素技術の開発及び実証、低コスト化を達成するための技術開発等、先端技術の早期実装・社会実装に向けた取組を推進しているほか、次世代エネルギーの社会実装に向け、地域資源を活用して製造した水素を地域で使う地産地消型のサプライチェーンを構築する実証を実施しています。

　また、環境省、国立環境研究所、JAXAの共同ミッションとして実施している温室効果ガス観測技術衛星GOSATは、2009年の打上げ以降、二酸化炭素やメタンの濃度を全球にわたり継続的に観測してきました。2018年には、観測精度向上のための機能を強化した後継機GOSAT-2が打ち上げられ、現在、これらのミッションを発展的に継承したGOSAT-GWの開発を進めています。GOSATシリーズから得られるデータを利用して、大規模排出源の特定やパリ協定に基づく各国の排出量報告の透明性の確保を推進し、脱炭素社会への移行を目指しています。

　また、資源循環関連産業に係る取組として、バイオプラスチックの利用拡大に向け、2021年1月に「バイオプラスチック導入ロードマップ」を策定し、バイオプラスチックの現状と課題を整理するとともに、ライフサイクル全体における環境・社会的側面の持続可能性、リサイクルを始めとするプラスチック資源循環システムとの調和等を考慮した導入の方向性を示しました。バイオプラスチックの導入促進に向け、技術開発・実証や設備導入の支援を実施し、社会実装を推進しています。

　また、二酸化炭素の貯留事業に関する法整備を進めるとともに、CCUS／カーボンリサイクルの早期社会実装に向け、CO_2の分離・回収から輸送、貯留までの一貫した技術の確立や、廃棄物処理施設から出る排ガスのCO_2を利用して化学原料を生成する実証事業等に取り組みます。

また、持続可能な社会の実現に向けては、自然再興・炭素中立・循環経済の各分野及びこれらの統合的推進のための様々な技術的課題等を解決するイノベーションの創出と社会実装を行うスタートアップ（以下「環境スタートアップ」という。）に対する支援が重要です。環境省では、科学技術・イノベーション創出の活性化に関する法律（平成20年法律第63号）に基づくSBIR（Small/Startup Business Innovation Research）制度等を踏まえ、環境スタートアップの成長ステージに応じた、研究開発・事業化支援、表彰、信用付与や株式会社脱炭素化支援機構による投融資等のシームレスな環境スタートアップ事業支援を行っています。

 コラム　モンゴルにおけるGOSATを活用したCO$_2$排出量の推計

　モンゴル政府は、我が国の支援によりGOSATの観測データを活用して推計したCO$_2$排出量と、モンゴル政府が2023年11月に国連に提出した第二回隔年更新報告書（BUR2）における報告値とが、高い精度で一致することを確認しました。この結果は、同国が国連気候変動枠組条約へ提出する排出量報告書へ世界で初めて掲載されることとなりました。環境省は、他の途上国における本推計手法の活用を支援することで、排出量報告の透明性の向上に一層貢献するとともに、この排出量推計技術の国際標準化を目指します。

GOSATを活用して排出量推計を行ったモンゴル国のウランバートル市

資料：2011-2023 AvaxNews

7　電力部門の脱炭素化に向けた取組

　電力部門におけるCO$_2$排出係数が大きくなることは、産業部門や業務その他部門、家庭部門における省エネの取組（電力消費量の削減）による削減効果に大きく影響を与えます。このため、電力部門の取組は、脱炭素化に向けて非常に重要です。

　2050年ネット・ゼロ実現に向けて、火力発電から大気中に排出されるCO$_2$を実質ゼロにしていくことが必要です。特に、石炭火力発電は安定供給性と経済性に優れていますが、CO$_2$排出係数は最新鋭のものでも天然ガス火力発電の約2倍となっています。一方で、火力発電は、東日本大震災以降の電力の安定供給や電力レジリエンスを支えてきた重要な供給力であるとともに、現時点の技術を前提とすれば、再生可能エネルギーを最大限導入する中で、再生可能エネルギーの変動性を補う調整力としての機能も期待されることを踏まえ、安定供給を確保しつつ、その機能をいかにして脱炭素電源に置き換えていくかが鍵となります。

　このため、2030年度の温室効果ガス削減目標の達成に向けては、安定供給の確保を大前提に、石炭火力発電の発電比率を可能な限り引き下げることが重要です。G7による、国内の排出削減対策が講じられていない石炭火力発電のフェーズアウト加速の合意を受け、COP28では、我が国のネット・ゼロへの道筋に沿って、エネルギーの安定供給を確保しつつ、排出削減対策の講じられていない新規の国内石炭火力発電所の建設を終了していく旨を表明しました。また、COP28においてはエネルギーシステムにおける化石燃料からの移行も決定されました。

　電力部門の脱炭素化に向けた取組として、具体的には、非効率な石炭火力発電について、省エネ法の規制強化により最新鋭のUSC（超々臨界）並みの発電効率（事業者単位）をベンチマーク目標として新たに設定するとともに、バイオマス等について、発電効率の算定時に混焼分の控除を認めることで、

脱炭素化に向けた技術導入の促進につなげていくほか、容量市場においては、2025年度オークションから、一定の稼働率を超える非効率な石炭火力発電に対して、容量市場からの受取額を減額する措置を導入するなど、規制と誘導の両面から措置を講じることにより非効率の石炭火力発電のフェードアウトを着実に推進していきます。また、発電事業者はフェードアウト計画を毎年度作成し経済産業大臣に届出するとともに、経済産業省は全事業者を統合した形で2030年に向けたフェードアウトの絵姿を公表することとしています。

さらに、2050年ネット・ゼロに向けては、グリーンイノベーション基金等も活用して、水素・アンモニアの混焼・専焼化やCO_2回収・有効利用・貯留（CCUS／カーボンリサイクル）の技術開発・実装を加速化し、脱炭素型の火力発電に置き換える取組を推進していくこととしています。

なかでも、我が国では、2023年3月に取りまとめられた「CCS長期ロードマップ」において、2030年までに事業開始に向けた事業環境を整備し、2030年以降に本格的にCCS事業を展開することを目標としています。環境省では商用規模の火力発電所におけるCO_2分離回収設備の建設・実証により、CO_2を分離回収する場合のコストや課題の整理、環境影響の評価等を行うとともに、経済産業省と連携し、CCS導入に必要なCO_2の貯留可能な地点の選定のため、大きな貯留ポテンシャルを有すると期待される地点を対象に、地質調査や貯留層総合評価等を実施しています。さらに、化石燃料等の燃焼に伴う排ガス中のCO_2を原料とした化学物質を社会で活用するモデル構築等を通じ、CCUS／カーボンリサイクルの早期社会実装のため、商用化規模の早期の技術確立を目指し、普及に向けた取組を加速化していきます。

8 ESG金融

持続可能な社会の実現に向けて産業・社会構造の転換を促すには、巨額の資金が必要であり、民間資金の導入が不可欠です。また、持続可能な社会の構築は、金融資本市場や金融主体自身にとっても便益をもたらすものであり、ESG金融（環境（Environment）・社会（Social）・企業統治（Governance）といった非財務情報を考慮する投融資）に係る取組が自らの保有する投融資ポートフォリオ全体のリスク・リターンの改善につながる効果があるとも期待されます。さらに、ESG要素を投融資の判断に組み込むことは、ESGに係る投融資先のリスクの低減や、新しい投資機会の発見にもつながります。こうした背景から、脱炭素社会への移行や持続可能な経済社会づくりに向けたESG金融を始めとしたサステナブルファイナンスの推進は、SDGsを達成し持続可能な社会を構築する上で鍵となり、世界各国でも政策的に推進され、欧米から先行して普及・拡大してきました。このような持続可能な社会を実現するための資金の流れは、我が国においても近年急速に拡大しています。

環境省では、金融・投資分野の各業界トップと国が連携して、ESG金融に関する意識と取組を高めていくための議論を行い、行動する場として2019年2月より「ESG金融ハイレベル・パネル」を開催しています。2024年3月に開催された第7回では、我が国のESG金融の進展状況及びESG金融の深化に向けた展望をテーマに議論が行われました。前半では、グリーン関係の投融資の動向や金融市場をめぐる気候変動対応の現状について、各種調査結果等を基にしたファクトや金融機関における具体的な取組事例の紹介等を踏まえ、金融機関の取組の更なる普及・進展やレベルの引き上げを図る上での課題等について議論が交わされました。また、後半では、グリーン関係の投融資のアウトカム評価や投融資先へのエンゲージメントに関する先進的な取組、グローバルなイニシアチブによる関連取組等を踏まえ、こうした取組を幅広い業態で推進していく上での課題や気づき等、ESG金融の深化に向けた展望について議論が交わされました。

さらに、再生可能エネルギー、グリーンビルディング、資源循環、生物多様性・自然資本等、グリーンプロジェクトに対する投資を資金使途としたグリーンボンドについて、環境省では2017年より国際資本市場協会（ICMA）が作成している国際原則に基づき国内向けのガイドラインの策定等により国内への普及に向けた取組を進めています。また、世界の市場では、特に気候変動分野を中心に、いわゆる

「グリーンウォッシュ」への対応など品質確保の観点が課題となっており、EUにおけるタクソノミー規制の策定を始めとして、各国による政策的な対応も進んでいます。このような国内外の動静や国際原則の改定を踏まえ、我が国のサステナブルファイナンス市場を更に健全かつ適切に拡大していく観点から、環境省では「グリーンファイナンスに関する検討会」を設置し、2022年7月に「グリーンボンド及びサステナビリティ・リンク・ボンドガイドライン2022年版」、「グリーンローン及びサステナビリティ・リンク・ローンガイドライン2022年版」を策定しました。これらのガイドラインにおいては、今後大きな拡大が期待されるサステナビリティ・リンク・ボンドのガイドラインを新規策定したほか、グリーン性の判断基準の明確化や、資金調達者による市場・投資家向け説明の強化等を行い、利便性向上とグリーンウォッシュ防止の双方に対応しています。加えて、2023年8月には、「グリーンファイナンスに関する検討会」の下に「グリーンリストに関するワーキンググループ」を設置し、グリーンな資金使途等を例示したガイドラインの付属書1別表について、内容の拡充に係る検討を進めています。また、炭素中立型の経済社会実現のためには巨額の投資が必要とされており、我が国においては、クリーンエネルギー戦略中間整理において、今後10年間に官民で150兆円超の投資が必要と試算されています。企業の気候変動対策投資とそれへの資金供給を更に強化するためには、[1] 企業や金融機関がグリーン、トランジション、イノベーションへの投資を行う際の環境整備を図ること、[2] 金融資本市場等において、排出量の多寡のみならず、GXへの挑戦・実践を行う企業への新たな評価軸を構築することや、[3] マクロでの気候変動分野への資金誘導策を検討することが必要です。金融庁、経済産業省、環境省では、2022年8月に「産業のGXに向けた資金供給の在り方に関する研究会（GXファイナンス研究会）」を設置し、GX分野における民間資金を引き出していくための第一歩として、同年12月に施策パッケージを取りまとめました。

9 企業の脱炭素経営や環境情報開示

(1) 気候関連財務情報開示タスクフォース（TCFD）

気候関連財務情報開示タスクフォース（TCFD）は、各国の財務省、金融監督当局、中央銀行からなる金融安定理事会（FSB）の下に設置された作業部会です。投資家等に適切な投資判断を促すため、気候関連財務情報の開示を企業等に求めることを目的としています。2017年6月に、自主的な情報開示のあり方に関する提言（TCFD報告書）を公表し、2023年9月末時点で、世界で4,831の機関（金融機関、企業、政府等）、うち我が国では世界第1位の1,454の機関がTCFDへの賛同を表明しています（図2-3-6）。環境省、金融庁及び経済産業省も、報告書を踏まえた企業の取組をサポートしていく姿勢を明らかにするため、TCFDへの賛同を表明しています。

図2-3-6 国・地域別TCFD賛同企業数（上位10の国・地域）

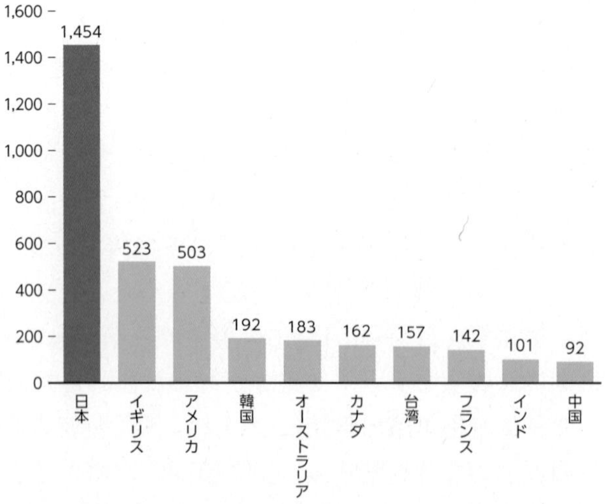

資料：TCFDホームページ　TCFD Supporters
(https://www.fsb-tcfd.org/tcfd-supporters/) より環境省作成

(2) パリ協定に整合した科学的根拠に基づく中長期の温室効果ガス削減目標（SBT）

パリ協定の採択を契機に、協定に整合した科学的根拠に基づく中長期の温室効果ガス削減目標（SBT）を企業が設定し、それを認定するという国際的なイニシアティブが大きな注目を集めています。2024年3月末時点で、認定を受けた企業は世界で5,100社、我が国でも既に1,001社が認定を受けています（図2-3-7）。

サプライチェーンにおける温室効果ガスの排出は、燃料の燃焼や工業プロセス等による事業者自らの直接排出（Scope1）、他者から購入した電気・熱の使用に伴う間接排出（Scope2）、事業の活動に関連する他社の排出等その他の間接排出（Scope3）で構成されます。取引先がサプライチェーン排出量の目標を設定すると、自社も取引先から排出量の開示・削減が求められます。SBT認定を取得している日本企業の中でも、主要サプライヤーにSBTと整合した削減目標を設定させるなど、サプライヤーに排出量削減を求める企業が増加しており、大企業だけでなく、サプライチェーン全体での脱炭素化の動きが加速しています。また、金融庁では、まずは東京証券取引所プライム上場企業ないしはその一部を対象に、温室効果ガス排出量（Scope3を含む）について、国際基準と同等の国内基準に基づいた開示を義務付ける方向で、有識者会議を設置し、検討を行っています。

環境省は、SBT目標等の設定支援やその達成に向けた削減行動計画の策定支援、さらには、脱炭素経営に取り組む企業のネットワークの運営等を行いました。

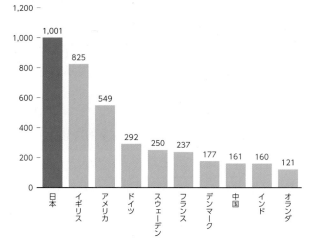

図2-3-7 国別SBT認定企業数（上位10か国）

資料：Science Based Targetsホームページ　Companies Take Action
(http://sciencebasedtargets.org/companies-taking-action/) より
環境省作成

（3）国際的イニシアティブ「RE100」

RE100とは、企業が自らの事業活動における使用電力を100％再生可能エネルギー電力で賄うことを目指す国際的なイニシアティブであり、各国の企業が参加しています。

2024年3月末時点で、RE100への参加企業数は世界で426社、うち我が国の企業は87社にのぼります（図2-3-8）。日本企業では、建設業、小売業、金融業、不動産業など様々な業界の企業において、再生可能エネルギー100％に向けた取組が進んでいます。RE100に参加することにより、脱炭素化に取り組んでいることを対外的にアピールできるだけではなく、RE100参加企業同士の情報交換や新たな企業とのビジネスチャンスにもつながります。

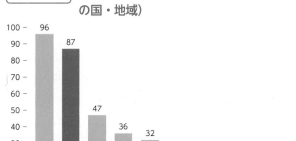

図2-3-8 国・地域別RE100参加企業数（上位10の国・地域）

資料：RE100ホームページ（http://there100.org/）より環境省作成

なお、中小企業・自治体等向けの我が国独自の枠組みである「再エネ100宣言RE Action」は、2024年3月末時点での参加団体数は360にのぼります。各団体は遅くとも2050年までの再生可能エネルギー100％化達成を目指しています。

環境省では、2018年6月に、公的機関としては世界で初めてのアンバサダーとしてRE100に参画し、環境省自らも使用する電力を2030年までに100％再生可能エネルギーで賄うことを目指す取組を実施しています。

（4）カーボンフットプリント（CFP）

カーボンフットプリントとは、製品・サービスのライフサイクル（原材料調達、生産、流通・販売、使用・維持管理、廃棄・リサイクル）における温室効果ガス排出量を算定し、表示するものです。

温室効果ガス排出量を「見える化」することにより、企業は、自社のサプライチェーンにおける排出量削減に向けた施策検討及び製品のブランディングに活用することができ、さらに消費者に対して、脱炭素の実現に貢献する製品やサービスを選択するために必要な情報を提供することができます。

環境省では、カーボンフットプリントの普及に向けて、経済産業省と共に算定の方針をガイドラインとして示すとともに、算定・表示・削減に取り組む企業を支援するモデル事業を実施しています。

事例　モデル事業等を通じたカーボンフットプリントの算定・表示

環境省では、国民が脱炭素に貢献する製品・サービスを選択できる社会の実現に向けて、カーボンフットプリントの算定・表示を通じ、排出削減の取組とビジネス成長を両立させる先進的なロールモデルとなる企業の創出を目指すモデル事業を2022年度より実施しています。モデル事業では、カーボンフットプリント算定における基礎的な要件[1]を満たしつつ、他の製品・サービスとの比較を目的としない、自社ルールによる算定に取り組んでいただきました。モデル事業を通じて得られた知見を踏まえ、「CFP実践ガイド」において、カーボンフットプリントについての具体的な取組方法を整理しています。

店頭掲出POPでのCFP表示の例

資料：株式会社ユナイテッドアローズ

店頭掲出POP

資料：株式会社ユナイテッドアローズ

1：ISO 14067:2018等の国際的な基準を参照。

10　二国間クレジット制度（JCM）、環境インフラ海外展開

我が国は、途上国等に対して優れた脱炭素技術やインフラ等を導入することにより排出削減に貢献する「二国間クレジット制度（JCM）」を展開しています。2023年度には、JCMパートナー国として新たに4か国が加わり29か国まで拡大するとともに、これまで250件以上の再エネや省エネの技術導入等の脱炭素プロジェクトを実施してきています。2021年10月に閣議決定された「地球温暖化対策計画」においては、JCMについて、「官民連携で2030年度までの累積で、1億トン-CO$_2$程度の国際的な排出削減・吸収量の確保」を目標として掲げています。2023年12月に東京で開催されたアジア・ゼロエミッション共同体（AZEC）首脳会合において採択された共同声明には、JCMを含むクレジット制度の推進及び実施の重要性が盛り込まれました（写真2-3-4）。また、我が国のNDCに活用するJCMクレジットの発行手続き等を円滑かつ確実に実施するための体制強化等に向け、「地球温暖化対策の推進に関する法律の一部を改正する法律案」を2024年3月に閣議決定し、第213回国会に提出しました。引き続きJCMの拡大を進めることで、世界の脱炭素化に貢献するとともに、脱炭素市場の創出を通じ日本企業が関与する優れた脱炭素技術の海外展開を促進していきます。

また、パリ協定第6条に沿ったJCMを含む市場メカニズム、いわゆる「質の高い炭素市場」の構築のため、COP27において我が国が主導して立ち上げた「パリ協定6条実施パートナーシップ」（2024年3月31日現在、76か国、125機関が参加）においては、COP28にて、各国の実施体制の構築等に向けた「6条実施支援パッケージ」を公表しました（写真2-3-5）。これにより、世界各国でJCMを含む市場メカニズムの活用の機会が広がり、脱炭素市場がますます拡大していくことが期待されています。今後も国際的な連携を更に強化しながら、各国の6条実施に対する支援を拡大していきます。

　また、官民連携の枠組みとして、2020年9月に設立した環境インフラ海外展開プラットフォーム（JPRSI）を活用し、環境インフラの海外展開に積極的に取り組む民間企業の活動を後押ししていきます。具体的な活動として、現地情報へのアクセス支援、日本企業が有する環境技術等の海外発信、タスクフォース・相談窓口の運営等を通じた個別案件形成・受注獲得支援を行っています。

　さらに、2021年度から、再生可能エネルギー由来水素の国際的なサプライチェーン構築を促進するため、再生可能エネルギーが豊富な第三国と協力し、再生可能エネルギー由来水素の製造、島嶼国等への輸送・利活用の実証事業を実施しています。また、2023年度には、これまでJCMを通じた事業化の実績のない先進的な技術導入を目的とした実証事業を新たに開始しました。

　これらの取組を通じて、世界の脱炭素化、特に、アジアの有志国からなるプラットフォームを構築し、地域の特性を踏まえながら、脱炭素化と経済成長を目指す「アジア・ゼロエミッション共同体」構想の実現にも貢献し、気温上昇を1.5℃に抑制するために、できるだけ早く、できるだけ大きな削減を実現できるよう支援していきます。

写真2-3-4 ｜ AZEC首脳会合に参加する岸田文雄内閣総理大臣や朝日健太郎環境大臣政務官

資料：内閣広報室

写真2-3-5 ｜ COP28「6条実施支援パッケージ」公表イベントに参加する伊藤信太郎環境大臣

資料：環境省

第4節　循環経済（サーキュラーエコノミー）

　循環型社会の形成に向けて資源生産性・循環利用率を高める取組を一段と強化するためには、従来の延長線上の取組を強化するのではなく、経済社会システムそのものを循環型に変えていくことが必要です。具体的には、大量生産・大量消費・大量廃棄型の経済・社会様式につながる一方通行型の線形経済から、持続可能な形で資源を効率的・循環的に有効利用する循環経済（サーキュラーエコノミー）への移行を推進することが鍵となります。

　国際的な議論では、循環経済は、資源（再生可能な資源を含む。）や製品の価値を維持、回復又は付加することで、それらを循環的に利用する経済システムであるとされています。この経済システムでは、例えば、環境配慮設計や修理等により製品等の長寿命化、再利用、リサイクル等が促進され、資源が可能な限り効率的かつ循環的に利用され、天然資源利用や廃棄物が減少します。その結果として、資

源の採掘、運搬、加工から製品の製造、廃棄、リサイクルに至るライフサイクル全体での環境負荷低減や、世界的な資源需要の増加への対策にもつながります。資源循環を促進することで、ライフサイクル全体での温室効果ガスの低減につながり、ネット・ゼロに資するだけでなく、生物多様性の損失を止め、反転させ、回復軌道に乗せる「ネイチャーポジティブ」の実現に資するなど、経済・社会・政治・技術の全てにおける横断的な社会変革を実現する上ではネット・ゼロ・循環経済・ネイチャーポジティブ相互の連携が重要となります。

　気候変動・生物多様性損失・汚染という主要な環境問題に加え、欧州等での製品への再生材使用の義務化の動き、少子高齢化に伴う地域経済の縮小は、我が国にとって大きな課題です。これに対し、循環経済への移行を進めることで、輸入した鉱物・食料等の資源の循環利用等を通じた資源確保による経済安全保障の強化、循環配慮設計を含む環境配慮設計の推進並びに再生材の質と量の確保及び利用拡大等による企業の国際的な産業競争力の強化や、循環資源等を活用した製品等の製造と廃棄物等の再資源化を通じた地場産業の振興等による地方創生に貢献できます。

　そのため、循環経済への移行等に向けて関係者が一丸となって取組を進めるべく、循環型社会の形成に向けた政府全体の施策を取りまとめた国家戦略として第五次循環型社会形成推進基本計画を2024年夏頃に策定する予定です。また、「成長志向型の資源自律経済戦略」（2023年3月経済産業省策定）を踏まえた取組も進めます。

1 第五次循環型社会形成推進基本計画の策定のポイント

(1) 資源循環のための事業者間連携によるライフサイクル全体での徹底的な資源循環

　製造業・小売業等を担う動脈産業と廃棄物処理・リサイクル業等を担う静脈産業との連携を通じてこれまで培われてきた高い技術力を一層効果的に活用することで市場に新たな価値を生み出す動静脈連携は、我が国の新たな成長の鍵です。

　製造業・小売業等の企業と廃棄物処理・リサイクル業等の企業が連携し、求められる品質・量の再生材を確実に供給できるよう、環境配慮設計や再生材利用率の向上、使用済製品等の解体・破砕・選別等のリサイクルの高度化等を推進するとともに、各種リサイクル法に基づく取組を着実に進めることで、循環経済工程表で示した素材・製品ごとの今後の方向性等に基づき、ライフサイクル全体での徹底的な資源循環を推進します。

(2) 多種多様な地域の循環システムと地方創生の実現

　地方公共団体がコーディネーター役として地域の市民、企業、NPO・NGO等の主体間の連携・協働を促進し、リデュースの意識を高め取組を促進するとともに、各資源に応じた最適な規模で地域の資源を効率的に循環させるシステムを構築してリユース・リサイクル・リペア・メンテナンス・シェアリング・サブスクリプション等を推進します。これにより、地域の循環資源や再生可能資源を活用し、再生材として新たな製品等の原料としたり、肥飼料の原料としたりすることで地域に新たな付加価値や雇用を創出して地域経済を活性化させるとともに、廃棄物として処理する量を減らすことで歳出削減にも貢献します。

　また、地域において、リユース品や修理サービス、各地域での資源循環の取組により生産された循環資源や再生可能資源を用いた製品等、環境価値に関する表示等を伴った多様な選択肢の提供を推進することで、消費者がその意識を高め実際の行動に移していけるようライフスタイルの転換を促進し、質の高い暮らしを実現していきます。

(3) 適正な国際資源循環体制の構築と循環産業の海外展開の推進

　我が国が3Rを含む循環経済・資源効率性の施策や資源循環に関する国際合意、再資源化可能な廃棄物等の適正な輸出入、プラスチック汚染対策に関する議論及び国際的な資源循環に関する議論をリード

するとともに、国際機関や民間企業等と連携して国際的なルール形成をリードすることで、国内外一体的な資源循環施策を促進します。また、日ASEANのパートナーシップやG7で合意された重要鉱物等の国内及び国際的な回収・リサイクルの強化等に基づき、国際的な資源循環体制を構築します。さらに、資源循環に関する我が国の優れた制度・人材育成・システム・技術等をパッケージとしてASEANを始めとする途上国等へ海外展開することで、適正な廃棄物管理及び資源循環の強化を図り、環境汚染等の低減に貢献し、世界の資源制約を緩和します。

2 廃棄物・資源循環分野の脱炭素化

（1）静脈産業の脱炭素型資源循環システムの構築

循環経済への移行は、ネット・ゼロのみならず、経済安全保障や地方創生など社会的課題の解決に貢献でき、あらゆる分野で実現する必要があります。また、欧州を中心に世界では、再生材の利用を求める動きが拡大しており、対応が遅れれば成長機会を逸失する可能性が高く、我が国としても、再生材の質と量の確保を通じて資源循環の産業競争力を強化することが重要です。

このような状況を踏まえ、2023年7月から中央環境審議会循環型社会部会静脈産業の脱炭素型資源循環システム構築に係る小委員会において、脱炭素化と資源循環の高度化に向けた取組を一体的に促進するための制度的対応について議論し、2024年2月に中央環境審議会から「脱炭素型資源循環システム構築に向けた具体的な施策のあり方について」が意見具申されました。

この意見具申も踏まえ、脱炭素化と再生材の質と量の確保等の資源循環の取組の一体的な促進を目指し、再資源化の取組の高度化を促進する「資源循環の促進のための再資源化事業等の高度化に関する法律案」を2024年3月に閣議決定し、第213回国会に提出しました。同法律案においては、基本方針の策定、廃棄物処分業者の判断の基準となるべき事項の策定、再資源化事業等の高度化に係る認定制度の創設等の措置を講ずる内容としています。

3 プラスチック資源循環の促進

（1）プラスチック資源循環促進法の施行状況について

2022年4月に施行された「プラスチックに係る資源循環の促進等に関する法律（令和3年法律第60号）」は、プラスチック使用製品の設計から廃棄物処理に至るまでのライフサイクル全般にわたって、3R＋Renewableの原則にのっとり、あらゆる主体におけるプラスチック資源循環の取組を促進するための措置を講じています。2024年3月時点までに、市区町村による再商品化計画は14件の認定を行ったほか、製造・販売事業者等による自主回収・再資源化事業計画について3件、及び排出事業者による再資源化事業計画について計3件の認定を行いました。

（2）海洋環境等におけるプラスチック汚染に関する法的拘束力のある国際文書（条約）の策定について

2022年2月から3月にかけて開催された国連環境総会において、海洋環境等におけるプラスチック汚染に関する法的拘束力のある国際文書（条約）の策定に向けた政府間交渉委員会（INC：Intergovernmental Negotiating Committee）を立ち上げる決議が採択されました。同決議は2024年末までに作業を完了する野心を持って2022年後半からINCを開始することを求め、2022年5月から6月にかけてセネガルにおいて開催された公開作業部会を経て、2022年11月から12月にかけてウルグアイにおいて第1回政府間交渉委員会が開催され、正式に条約交渉が開始されました。その後、条約の要素等について議論を行った2023年5月から6月のフランスにおける第2回会合、条約の素案（ゼロドラフト）等について議論を行った2023年11月のケニアにおける第3回会合、条文案の改定版を基に交渉等を行った2024年4月のカナダにおける第4回会合が開催されています。第5回会合は2024年11月から12月にかけて韓国において開催される予定です。我が国は2019年のG20大阪サミットに

おいて「大阪ブルー・オーシャン・ビジョン」を提唱し、2023年のG7広島サミットにおいてプラスチック汚染に関する野心への合意を主導するなどプラスチック汚染対策に積極的に取り組んできており、プラスチックの大量消費国・排出国を含む多くの国が参画する実効的かつ進歩的な国際枠組みの構築に向けて、引き続き積極的に議論に貢献していきます。

4 成長志向型の資源自律経済戦略の具体化

「成長志向型の資源自律経済戦略」（2023年3月経済産業省策定）に基づき、[1] 規制・ルールの整備、[2] 政策支援の拡充、[3] 産官学連携の取組強化を進めています。

規制・ルールの整備については、「資源循環経済小委員会」において動静脈連携の加速に向けた制度整備に関する議論を実施しています。今後、循環資源の質と量の確保、循環の可視化による価値創出、製品の効率的利用やCEコマースの促進等についての議論を深め、3R関連法制の拡充・強化についての検討を進めます。

また、政策支援の拡充については、資源循環市場の確立を通じた循環経済の実現に向けて、研究開発から実証・実装までを面的に支援していきます。具体的には、2023年12月に公表した「分野別投資戦略」において、資源循環分野で今後10年で官民合わせて2兆円超の規模の投資の実現を目指すこととし、令和6年度以降の3年間では300億円の支援を実施します。

さらに、産官学連携の取組強化については、2023年9月に立ち上げた「サーキュラーパートナーズ」（サーキュラーエコノミーに関する産官学のパートナーシップ。以下、「CPs」という。）」の枠組みを活用し、循環経済に野心的・先駆的に取り組む、国、自治体、大学、企業・業界団体、関係機関・関係団体等の関係主体における市場のライフサイクル全体での有機的な連携を促進し、循環経済の実現に必要となる施策についての検討を実施します。CPsには、2024年3月末時点で400者が参画しています。

第**3**章　持続可能な地域と暮らしの実現

　私たちの暮らしは、森里川海からもたらされる自然の恵み（生態系サービス）に支えられています。かつて我が国では、自然から得られる資源が地域の衣・食・住を支え、資源は循環して利用されていました。それぞれの地域では、地形や気候、歴史や文化を反映した、多様で個性豊かな風土が形成されてきました。そして、地域の暮らしが持続可能であるために、森里川海を利用しながら管理する知恵や技術が受け継がれ、自然と共生する暮らしが営まれてきました。我が国の文化は、自然との調和を基調とし、自然とのつきあいの中で日本人の自然への感受性が培われ、伝統的な芸術文化や高度なものづくり文化が生まれてきました。しかし、戦後のエネルギー革命、工業化の進展、流通のグローバル化により、地域の自然の恵みにあまり頼らなくても済む暮らしに変化していく中で、私たちの暮らしは物質的な豊かさと便利さを手に入れ、生活水準が向上した一方で、人口の都市部への集中、開発や環境汚染、里地里山の管理不足による荒廃、海洋プラスチックごみ、気候変動問題等の形で持続可能性を失ってしまいました。さらに、海外への資源依存や急速な都市化の進展、人口減少・高齢化等によって、人と自然、人と人とのつながりが希薄化し、従来のコミュニティが失われつつあります。

　国全体で持続可能な社会を構築するためには、各々の地域が持続可能であることが必要です。各地域において、その鍵となる地域循環共生圏の実装を進め、経済社会システム、ライフスタイル、技術といったあらゆる観点からのイノベーションを創出しつつ、新たな成長を実現していきます。私たちの消費行動を含むライフスタイルやワークスタイルにおいても、価格重視ではなく環境価値の適切な評価を通じ、相対的に環境負荷が低い製品やサービスの積極的な選択や、より環境に配慮した製品やサービスの創出を促進し、新たな需要を生む好循環を形成することが重要です。また、限られた資源を有効活用することで、天然資源の利用及び加工による環境負荷の削減を実現し、大量生産・大量消費・大量廃棄型の生産や消費に代わる、持続可能で健康的な食生活やサステナブルファッションなど持続可能な消費に基づくライフスタイル、ウェルビーイングの在り方を示すことが重要です。さらに、地域ならではの自然とそこに息づく文化・産業を活かした持続的な地域づくり等を推進する中で、各地域の自然が有する価値を再認識し、人と自然のつながりの再構築、人間性及び感受性の回復、健康増進、子どもの健全な発育等を推進することも重要です。

　第3章では、地域やそこに住んでいる人々の暮らしを、環境をきっかけとして豊かさやウェルビーイングにもつなげ得る取組をご紹介します。

第1節　　地域循環共生圏の実践・実装

1　地域循環共生圏

　地域循環共生圏は、地域資源を活用して環境・経済・社会を良くしていく事業（ローカルSDGs事業）を生み出し続けることで地域課題を解決し続け、自立した地域を作るとともに、地域の個性を活かして地域同士が支え合うネットワークを形成する「自立・分散型社会」を示す考え方です。地域の主体性を基本として、パートナーシップの基で、地域が抱える環境・社会・経済課題を統合的に解決していくことから、ローカルSDGsともいいます（図3-1-1）。

図3-1-1　地域循環共生圏の概念

地域循環共生圏＝自立・分散型の持続可能な社会

地域の主体性:オーナーシップ　　地域内外との協働:パートナーシップ　　環境・社会・経済課題の同時解決

自立した地域
自ら課題を解決し続け、
地域づくりを持続できる地域

**地域資源の持続的活用による
ローカルSDGs事業の創出**

**事業を生み出し続ける
地域プラットフォーム**

分散型ネットワーク

人・モノ・資金の循環
・食料、水、木材、再生可能エネルギー
　（自然資源、生態系サービス）
・関係・交流人口、技術の提供・支援
・地域産品の消費、エコツーリズムへの参加
・クラウドファンディング、企業版ふるさと納税　など

自立した地域

自立した地域

社会・経済を支える森・里・川・海＝豊かな自然環境

資料：環境省

（1）地域循環共生圏づくりプラットフォーム

　地域循環共生圏を創造していくためには、地域のステークホルダーが有機的に連携し、環境・社会・経済の統合的向上を実現する事業を生み出し続ける必要があります。環境省は2019年度より、「環境で地域を元気にする地域循環共生圏づくりプラットフォーム事業」を行い、ステークホルダーの組織化を支援する「環境整備」と、事業の構想作成を支援する「事業化支援」を行っています。さらにこの事業の中で、地域循環共生圏に係るポータルサイトの運用も行っており、「しる」「まなぶ」「つくる」「つながる」機会等を提供することで、全国各地におけるローカルSDGsの実践を一層加速させています。

**製炭による、捨てない経済循環と働きやすいシステムづくり
（地域価値協創システム）**

事例

　北海道オホーツク地域で活動する地域価値協創システムは、多様な人々が安心して働き暮らせる、分散型の自然共生社会を実現するため、連携した社会福祉NPOが核となり、地元の廃棄農作物や間伐材などの未利用資源を活用した製炭事業に取り組んでいます。作業には障がい者を雇用し、できあがったバイオ炭は農地にすき込んで土壌改良と炭素固定を図るなど、農業、環境、福祉の関係者がネットワークを形成しながら協働して取り組んでいます。さらに「SDGs実践セミナー」や「地域価値エコシステムセミナー」を開催して情報を発信し、地域循環共生圏づくりの輪を広げています。このように、今まで形成してきたネットワークを活用して金融機関、高校、商工会議所、行政といった多様な方を巻き込みながら、社会福祉と環境保全が融合した新たな地方創生ビジネスモデルで活動人口を増やすと共に、地域経済の活性化を目指しています。

製炭炉での製炭作業風景

資料：地域価値協創システム

廃棄野菜を炭化させたもの（＝バイオ炭）

にんじん　ごぼう　じゃがいも　たまねぎ

資料：地域価値協創システム

里山整備副産物を利用した海洋資源保全に関するコンソーシアムの構築（ローカルSDクリエーション）

事例

　福井県丹南地域は豊かな山と海があり、環境保全やそれらを活用した交流体験活動が盛んです。ローカルSDクリエーションは、個々の小さな活動団体同士が互いに補完し合いながら、地域の自然資源を基盤に活動を持続していけるようなプラットフォームづくりを行っています。

　荒廃竹林の整備では、「エコ・グリーンツーリズム水の里しらやま」が中心となり、不要になった竹を用いて魚礁を製作し、ダイビングショップと連携して海に設置、その効果をシュノーケリングにより観察するなど、里山から里海へフィールドを超えたつながりを形成します。あわせて、旅行会社などの協力を得ながら、一連の活動にアウトドアクッキング等も取り入れた「えちぜん里山体験ツアー」といった形で収益化することで環境活動として持続させることに繋げています。

竹林整備体験の様子

資料：エコ・グリーンツーリズム水の里しらやま

竹魚礁の設置風景

資料：ローカルSDクリエーション

事例 🌳🌲 人々の心と暮らしを支える水縄連山SDGs（田主丸・未来創造会議）

　福岡県久留米市田主丸町は、水縄連山と筑後川を有する豊かな自然に囲まれ、神事・伝統行事などの日本文化が色濃く残る地域です。田主丸・未来創造会議は、多彩な農業とその暮らし・文化に愛着や誇りが持てる地域を目指しています。田主丸財産区と連携し、J-クレジットを活用して森林の価値向上を図ったり、神事・伝統行事の継承と活用（地域活性化や観光）のために、久留米市「筑後川遺産」への登録、動画「語る、田主丸。」の公開、ツアープログラムの試行をするなど、地域が抱える課題の解決を通した経済の活性化を目的に活動しています。また、同会議のオブザーバーでもある「くるめすたいる」は地域情報誌の発行により、同会議の活動を広く発信しています。

　その一方で、令和5年7月の豪雨により田主丸町が大規模な土石流災害に見舞われたことを受け、同年11月に「里山とともに生きる暮らし～災害を体験して、300年前の教訓に学ぶ～」と題し、災害や里山について語り合う災害復興シンポジウムを開催しました。このシンポジウムでは、田主丸の災害の歴史を交えた里山と人のつながりについて講演が行われたほか、地元の方々が語り合う場が設けられ、被災時の心境だけでなく、これからの田主丸町について想いを共有する機会となりました。

災害復興シンポジウム「里山とともに生きる暮らし～災害を体験して、300年前の教訓に学ぶ～」

資料：くるめすたいる

シンポジウムでの語り合いの場の様子

資料：くるめすたいる

(2) グッドライフアワード

　環境省が主催するグッドライフアワードは、日本各地で実践されている「環境と社会によい暮らし」に関わる活動や取組を募集し、表彰することによって、活動を応援するとともに、優れた取組を発信するプロジェクトです。国内の企業・学校・NPO・地方公共団体・地域・個人を対象に公募し、有識者の選考によって「環境大臣賞」「実行委員会特別賞」が決定されます。受賞取組を様々な場面で発信、団体間等のパートナーシップを強化することで、地域循環共生圏の創造につなげていきます。

持続可能な地域を未来へつなぐ「菜の花エコプロジェクト」の取組（愛のまちエコ倶楽部）

202件の応募から第11回グッドライフアワード環境大臣最優秀賞に輝いたのはNPO法人愛のまちエコ倶楽部です。「菜の花エコプロジェクト」は1998年に滋賀県東近江市から始まった、びわ湖のせっけん運動をルーツとしています。菜の花栽培を含む菜たね油の製造、そして、廃食油を回収しバイオディーゼル燃料の精製を行う、廃食油の地域内資源循環の取組です。2005年には、本プロジェクトの拠点である「あいとうエコプラザ菜の花館」が建設され、指定管理者であるNPO、市民、行政、専門家の協働で25年にわたって事業を継続しています。

菜の花栽培から精製された菜種油「菜ばかり」

資料：NPO法人愛のまちエコ倶楽部

おむすびを通じてお米の消費を拡大し、日本の農業に貢献する取組（イワイ）

1999年創業、環境負荷の軽減に配慮した「環境保全型農業」で栽培されたお米のみを使用しています。契約農家とは、変動する市場価格にとらわれず継続してお米を作れるよう固定価格で買取り、店内で手むすびしたおむすびを販売しています。また、定期的にお米の生産地域の子供たちに食育教室を実施し、日本の食事情や環境問題とともに、身近な地域のお米がおむすび権米衛を通じて世界中で高く評価されていることを伝えています。

特別栽培・無農薬米のみ使用した美味しいおむすびとして「おむすび権米衛」をブランディング

資料：イワイ

第3章

コラム 温泉で石油ゼロ！熱をフル活用するSDGs温泉旅館の取組（鈴の宿 登府屋旅館）

2010年に導入したヒートポンプは大浴場であふれた排湯を貯めて、熱交換により加温したものを館内の暖房や給湯へ供給することにより、石油の使用量がゼロになりました。また、2014年には車椅子ユーザー向けの館内バリアフリー化にも積極的に取り組んでいます。2023年からは捨てられていたユーカリや、温泉熱を活かしたサウナが完成するなど、温泉と旅館をSDGsの観点で見つめなおし、活動しています。

ヒートポンプ導入により温泉熱を活用している図

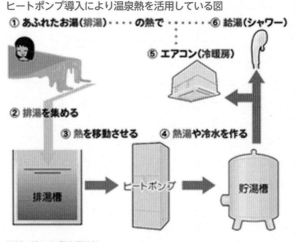

資料：鈴の宿 登府屋旅館

コラム 昔の暮らしにならい、環境になるべく影響を及ぼさず生きる －それを「現実的な選択肢」とする取組（そこそこ農園）

昔の暮らしにならい、できるかぎり生活全体が環境に影響を及ぼさないよう意識しながら、山里の古民家に住み、田畑を耕作し、他所からなるべく持ち込まず他所になるべく捨てず、近隣住民と協力しながら小さく生活しています。現代日本で波及するよう、究極を目指すのではなく「そこそこ」に誰にでもできる、難しい技術の要らない、楽しく無理のないところを目指し、こんな生活を選ぶ人が増えるようにと、体験希望者や取材を随時受け入れています。

昔の暮らしにならった「そこそこの暮らし」の素晴らしさを実践し発信中

資料：そこそこ農園

事例 農業×観光×生物多様性保全で磨き上げる脱炭素型農村モデルづくり（福岡県うきは市）

2030年度までにネット・ゼロ実現を目指す脱炭素先行地域の一つ福岡県うきは市では、特産のフルーツ栽培を軸に脱炭素に取り組んでいきます。果樹剪定枝や放置竹林を木質バイオマスボイラーの燃料に活用するほか、バイオ炭を製造して農地の土壌改良と炭素貯留に活用します。また、「みどりの食料システム戦略推進交付金」を活用して有機農業・減化学肥料栽培の普及にも取り組み、農業の脱炭素化と併せて付加価値を高めることで他産地との差別化や持続可能な農業の振興を図っていきます。観光農園や道の駅では太陽光発電と蓄電池を導入し、観光用車両や農業用運搬車のEV化を進めます。新設する地域エネルギー商社（仮称）が再エネの調達や供給の中心を担うとともに、利益は省エネ診断事業等の地域課題解決や、生物多様性を学び保全する仕組みづくりに活用する計画です。

福岡県うきは市のいちごや梨等の観光農園の様子

いちごや梨等の観光農園の様子

資料：福岡県うきは市

事例 環境教育を通じた高校生による地域循環共生圏づくり（山口県立周防大島高等学校）

周防大島にある唯一の高校である山口県立周防大島高等学校では、島全体を学びの場とする「島じゅうキャンパス」のコンセプトの下、学校独自教科「地域創生」を設定し、多様なステークホルダーと連携しながら地域循環共生圏づくりに取り組む授業を展開しています。このうち普通科の科目「フィールドワークⅡ」では、「政策アイデアコース」の生徒が地域の魅力を活かしつつ地域経済活性化等の課題解決を目指すエコツーリズム企画の考案や、島の環境資源であるニホンアワサンゴの保全を目指したクラウドファンディングの実施など、持続可能な地域づくりについて学習・実践しました。このように、学校自体がその地域づくりの中間支援機能を発揮しています。また、こうした取組も評価され、2026年4月（予定）に山口県立大学の附属高等学校となることが決まりました。

周防大島町 地域循環共生圏づくりプラットフォーム事業（イメージ）

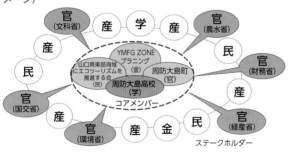

資料：山口県立周防大島高等学校

島じゅうキャンパス（イメージ）

資料：山口県立周防大島高等学校

ニホンアワサンゴの飼育の様子

資料：山口県立周防大島高等学校

考案した企画案を関係者等に発表している様子

資料：山口県立周防大島高等学校

事例 🌳🌲🌲 **再生可能エネルギーを活用した地域振興について（山形県酒田市）**

山形県酒田市には、県内の年間電力消費量の6割程度を発電する火力発電所が酒田港に立地しており、その周辺には、風力、太陽光、バイオマス等の多様な再生可能エネルギーの発電施設が整備されています。山形県沖は風況がよく、洋上風力発電の立地に適していることから、酒田港が洋上風力発電整備のための基地港湾として、また、運用や維持管理の際の港として活用されることや、再生可能エネルギー由来の電源を求める製造業等の誘致による地域振興も期待されています。2050年カーボンニュートラルに向けて、再生可能エネルギーの導入を進める一方で、地域の基幹産業である火力発電所の在り方は、

エネルギー供給拠点を担う酒田港

資料：国土交通省東北地方整備局酒田港湾事務所

関連産業を含めた経済活動や雇用に与える影響が大きいため注目されています。地域における持続可能な経済活動と脱炭素化の両立の実現にあっては、今後、地域の関係者がこれまで培った経験を活かした事業形態変更による新たな事業展開やリスキリング等の研修も含めて雇用機会を確保するなど、公正な移行を図ることが重要な鍵となり、そのモデルケースの一つになる可能性を秘めています。

事例 🌳🌲 **文化を継承し、新たな文化を創り出す〜「銘仙」着物のアップサイクル〜（Ay）**

群馬県前橋市にあるAyは、創業者が大学生であった2020年に設立され、群馬県の文化や歴史を発信するという思いの下、群馬県の名産品である「伊勢崎銘仙」の着物をアップサイクルし、洋服や小物等の製品の企画、生産、販売を行っています。

銘仙は、発色の良さや抽象柄・幾何学模様等のモダンな柄が特徴の絹織物で、現在は職人の高齢化や市場の縮小等により、地域によっては生産が途絶えるなど、衰退の一途を辿っています。

銘仙の特徴を活かしたAyのアップサイクル製品は、製造工程を全て地元群馬県の工場で行い、また銘仙以外の生地も天然素材やサステナブルな素材を使用するなど、製品のライフサイクルにおける環境負荷への配慮だけでなく、製糸・織物業が基幹産業であった群馬県の歴史と産業の発信にもつながっています。

産業の衰退・生産者の減少等により、銘仙の生地の量は有限であるため、現在は銘仙の柄のデータ化等を行い、オリジナルの生地を開発して雑貨や現代風の浴衣を生産するなど、文化の保存と継承を超えて新たな

文化を創り出し、発信することに挑戦しています。

伊勢崎銘仙

アップサイクル製品の写真

資料：Ay　　　　　　　　　　　　　資料：Ay

2 ESG地域金融

　地域の金融機関には、地域資源の持続的な活用による地域経済の活性化を図るとともに、地域課題の解決に向けて中心的な役割を担うことが期待されています。このような環境・経済・社会面における課題を統合的に向上させる取組は、地域循環共生圏の創造につながるものであり、地域金融機関がこの取組の中で果たす役割を「ESG地域金融」として推進することにより、取組を深化させていくことが重要です。

(1) ESG地域金融実践ガイド3.0
　環境省では、地域の持続可能性の向上や環境・社会へのインパクト創出等に資する地域金融機関の取組を支援し、事業の実施を通じて得られた知見や具体的な事例について取りまとめ、2024年3月に「ESG地域金融実践ガイド3.0」として公表しました。このガイドは、金融機関としてのESG地域金融に取り組むための体制構築や事業性評価の事例をまとめるとともに、事例から抽出された実践上の留意点や課題等について分析したもので、地域金融機関が参照しながら自身の取組を検討・実践する助けとなる資料となっています。

(2) 地方銀行、信用金庫、信用組合等との連携
　地域金融機関は地域循環共生圏の創造に向けて中心的な役割が期待されることもあり、地域の様々なセクターとの積極的な連携が図られています。地域金融機関との頻繁な意見交換や勉強会の開催のほか、TCFD（気候関連財務情報開示タスクフォース）提言に基づく情報開示の支援等を含めて各種の事業を通じて実際の案件形成・地域の課題解決をサポートしています。環境省は、2020年12月に一般社団法人第二地方銀行協会と「ローカルSDGsの推進に向けた連携協定」を締結しました。さらに、2022年6月には、一般社団法人全国信用金庫協会及び信金中央金庫と「持続可能な地域経済社会の実現に向けた連携協定書」を締結しました。こうした連携協定等に基づき、地域金融機関との連携の下で、地域脱炭素を始めとした施策を推進しています。

　我が国は2050年までにネット・ゼロ、すなわち温室効果ガスの「排出量」から、森林吸収源等による「吸収量」を差し引いて、合計を実質的にゼロにすることを宣言しました。ネット・ゼロ達成のためには、国や地方公共団体、企業等という構成単位に加えて私たち生活者一人一人も、今までの慣れ親しんだライフスタイルを変える必要があります。我が国の温室効果ガス排出量を消費ベースで見ると、全体の約6割が家計によるものという報告があり、その必要性が明らかと言えます（図3-2-1）。

　今までの「大量生産・大量消費・大量廃棄」型のライフスタイルが、私たちの衣食住を支える「自然」がもたらす様々な恵みである「生態系サービス」を劣化させていると言われています。グリーン社会実現のためには、「住まい」「移動」「食」「ファッション」の側面から、温室効果ガスの排出量を減らし、廃棄物を減らして3R＋Renewableによる資源循環や自然資源を大事にする視点でライフスタイルを変えていく必要があります。

　環境省では、2022年に、環境配慮製品・サービスの選択等の消費者の環境配慮行動に対し、企業や地域等がポイントを発行する取組を支援する、食とくらしの「グリーンライフ・ポイント」推進事業を開始し、日常生活の中で環境配慮に取り組むインセンティブを実感できるような環境を醸成し、消費者の行動変容を促すことで、脱炭素・循環型へのライフスタイルの転換を加速させていきます（図3-2-2）。2021年度補正予算の食とくらしの「グリーンライフ・ポイント」推進事業について、これまで合計で48の事業者が推進事業を実施しました。本事業では事業者自らポイント発行を3年間継続することとしており、こうした取組を通じて、消費者の環境配慮行動に対するポイント発行を今後も拡大していきます。

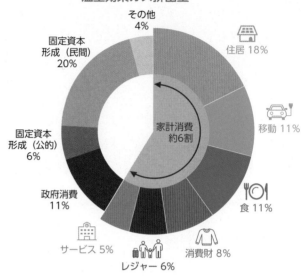

図3-2-1　消費ベースでの日本のライフサイクル温室効果ガス排出量

資料：南斉規介（2019）産業連関表による環境負荷原単位データブック（3EID）（国立環境研究所）、Nansai et al.（2020）Resources, Conservation & Recycling 152 104525、総務省（2015）平成27年産業連関表に基づき国立環境研究所及び地球環境戦略研究機関（IGES）にて推計
※各項目は、我が国で消費・固定資本形成される製品・サービスごとのライフサイクル（資源の採取、素材の加工、製品の製造、流通、小売、使用、廃棄）において生じる温室効果ガス排出量（カーボンフットプリント）を算定し、合算したもの（国内の生産ベースの直接排出量と一致しない。）。

図3-2-2　対象となる"グリーンライフ"のイメージ

対象となる"グリーンライフ"のイメージ

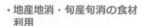

食
・地産地消・旬産旬消の食材利用
・販売期限間際の食品の購入
・食べ残しの持帰り（mottECO）　など

住
・高性能省エネ機器への買換え
・節電の実施
・再エネ電気への切替え　など

循環
・プラ製使捨てスプーン・ストローの受取辞退
・ばら売り、簡易包装商品の選択
・リユース品の購入
・リペア(修理)の利用　など

衣
・ファッションロス削減への貢献
・サステナブルファッションの選択
・服のサブスクの利用　など

移動
・カーシェアの利用
・シェアサイクルの利用　など

資料：環境省

1 「デコ活」（脱炭素につながる新しい豊かな暮らしを創る国民運動）

2050年ネット・ゼロ及び2030年度削減目標の実現に向けては、暮らし、ライフスタイル分野でも大幅なCO_2削減が求められます。そこで、環境省では、国民・消費者の行動変容、ライフスタイル転換を促すため、2022年10月に新しい国民運動（脱炭素につながる新しい豊かな暮らしを創る国民運動）を開始し、2023年7月に「デコ活[1]」を愛称として決定しました。

デコ活では、衣食住・職・移動・買い物など、生活全般にわたる国民の将来の暮らしの全体像「脱炭素につながる新しい豊かな暮らしの10年後」を提案し、自治体・企業・団体等とも連携しながら、国民の脱炭素につながる豊かな暮らし創りに向けた取組を展開しています（図3-2-3）。

図3-2-3　新しい豊かな暮らしの提案内容

資料：環境省

また、デコ活の開始と同時に発足した官民連携協議会（デコ活応援団[2]）に参画いただいている自治体・企業・団体等とも連携しながら、国民の豊かな暮らし創りを後押しすることで、ライフスタイル転換と併せて新たな消費・行動の喚起と国内外での製品・サービスの需要創出を推進しており、この取組を更に加速させるため、環境省内のネット・ゼロを始めとした暮らしに関わる予算をデコ活関係予算として取りまとめ、令和5年度補正予算及び令和6年度当初予算には3,000億円弱を計上しています。

デコ活の具体的な取組の一つとして、新設したWEBサイトにおいて、自治体・企業・団体等より登

※1：二酸化炭素（CO_2）を減らす（DE）脱炭素（Decarbonization）と、環境に良いエコ（Eco）を含む"デコ"と活動・生活を組み合わせた新しい言葉。
※2：2024年3月時点のデコ活応援団参画者数：1,201主体（304自治体・614企業・286団体等）

録いただいた情報を以下の4つの切り口で発信することにより、国民の豊かな暮らし創りを後押ししています。

[1] デジタルも駆使した、多様で快適な働き方・暮らし方の後押し（テレワーク、地方移住、ワーケーション等）

[2] 脱炭素につながる新たな豊かな暮らしを支える製品・サービスの提供・提案

[3] インセンティブや効果的な情報発信（気づき、ナッジ。消費者からの発信も含め）を通じた行動変容の後押し

[4] 地域独自の（気候、文化等に応じた）暮らし方の提案、支援

（2024年3月時点の掲載数：[1] デジタル関係：39件、[2] 製品・サービス関係：197件、[3] インセンティブ関係：125件、[4] 地域関係：35件、計396件（複数カテゴリにまたがるものも有））

　さらに、国民の暮らしを豊かにより良くする取組として、[1] デ・コ・カ・ツにちなんだ"まずはここから"4アクションを筆頭に、[2] "ひとりでにCO$_2$が下がる"3アクション、[3] "みんなで実践"する6アクションの計13アクションを決定し、日常における一人ひとりのデコ活の実践の呼びかけを行っています（図3-2-4）。

図3-2-4 「デコ活アクション」について

分類			アクション
まずはここから	住	デ	**電気も省エネ　断熱住宅**（電気代をおさえる断熱省エネ住宅に住む）
	住	コ	**こだわる楽しさ　エコグッズ**（LED・省エネ家電などを選ぶ）
	食	カ	**感謝の心　食べ残しゼロ**（食品の食べ切り、食材の使い切り）
	職	ツ	**つながるオフィス　テレワーク**（どこでもつながれば、そこが仕事場に）
ひとりでにCO$_2$が下がる		住	高効率の給湯器、節水できる機器を選ぶ
		移	環境にやさしい次世代自動車を選ぶ
		住	太陽光発電など、再生可能エネルギーを取り入れる
みんなで実践		衣	クールビズ・ウォームビズ、サステナブルファッションに取り組む
		住	ごみはできるだけ減らし、資源としてきちんと分別・再利用する
		食	地元産の旬の食材を積極的に選ぶ
		移	できるだけ公共交通・自転車・徒歩で移動する
		買	はかり売りを利用するなど、好きなものを必要な分だけ買う
		住	宅配便は一度で受け取る

※デコ活アクションの詳細については、https://ondankataisaku.env.go.jp/decokatsu/action/ から確認を。（今後随時追加更新予定）

資料：環境省

　このほか、「デコ活」の普及浸透のため、組織（自治体・企業・団体）、個人単位で「デコ活宣言[※3]」を呼びかけるとともに、日々のデコ活の取組を「#デコ活」としてSNS等で発信し、広めていただくこともお願いしているほか、従業員・職員含む個人・自治体・企業・団体の方から「私の／私たちの／我が社の／我が町のデコ活アクション」標語を考えていただき、各部門の中から環境大臣賞を選定・表彰する「デコ活アクション大喜利大会」を開催するなど、様々な施策を展開しています（図3-2-5）。

　今後は、2024年2月に公表した「くらしの10年ロードマップ[※4]」に基づき、国民の生活全般における行動変容・ライフスタイル転換に向けた課題・ボトルネックの構造的な解消のため、「デコ活関係予

※3：2024年3月時点のデコ活宣言数：1,977件（国・自治体249件、企業585件、団体163件、個人980件）
※4：国民・消費者の行動変容・ライフスタイルの転換を促進し、脱炭素につながる新しい豊かな暮らしと、我が国の温室効果ガス削減目標を実現するために必要な方策・道筋を示すロードマップ

算」等も活用しながら、官民連携の取組を効果的に促進するなど、あらゆる機会を捉えてデコ活を推進していきます。

図3-2-5　デコ活アクション大喜利大会

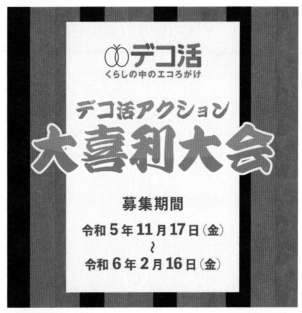

資料：環境省

事例　🌲🌳　時間帯別CO₂排出係数とEV昼充電ナッジについて

　ナッジ（nudge：そっと後押しする）とは、行動科学の知見の活用により、「人々が自分自身にとってより良い選択を自発的に取れるように手助けする政策手法」です。環境省のナッジ事業の一環として、電力シェアリングは、時間帯別に電力のCO_2排出係数を算定する自社特許技術を用いて、電力の使用に伴うCO_2排出量及びその削減量を精緻に計算し、家庭ごとに環境配慮を評価する技術を開発しました。その技術を活用し、節電に加え、再生可能エネルギー比率の高い時間帯での電力の使用や電気自動車の充電を促す実証実験に取り組んでいます。

　ある実験では、スマートフォンのアプリを用いて日々の電気自動車の充電状況を記録しました。そして、火力発電の割合が相対的に高くなることでCO_2排出係数が大きくなる夜間と比較して、昼間に充電した場合のCO_2削減量の提示や、同じアプリのユーザー間でのCO_2削減量に基づくランキングの表示、CO_2削減量に応じた少額の金銭報酬（ポイント）の付与等のナッジにより、昼間のCO_2排出量の少ない時間帯に電気自動車を充電する割合が統計的有意に増加することが実証されました。

　再生可能エネルギーの発電量は、時間帯によって大きく変動するため、時間帯別に分かりやすく示すことで、再生可能エネルギーの有効活用を促すことが可能になります。

スマートフォンのアプリ画面のイメージ

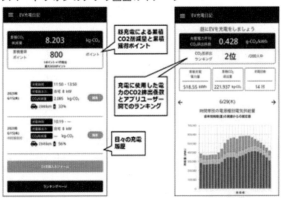

資料：電力シェアリング

2　住居

　消費ベースで見た我が国の温室効果ガスの排出量において、生活者の住まいからの排出は全体の18％を占め（図3-2-1）、民間の固定資本形成に次いで高いとの報告があり、2050年ネット・ゼロを目指す上で生活者の住まい、中でもエネルギーの利用の見直しは必要です。

(1) 3省連携による住宅の省エネリフォームへの支援強化

　2030年度目標の達成、及び2050年ネット・ゼロの実現に向けては、特に既存住宅の省エネ化を後押ししていくことが重要です。そこで、前述の通り、経済産業省、国土交通省及び環境省は連携して省エネリフォームに対する補助を実施しています。中でも、環境省は、既存住宅の断熱性能を早期に高めるため、断熱性能の高い窓への改修を支援しています。

(2)「省エネライフキャンペーン」

　「省エネライフ」とは、太陽光発電設備、断熱リフォーム、高効率給湯器、省エネ家電、節水機器を設置・工事いただくことで、ご自宅の住環境を快適にするだけでなく、月々の光熱費を削減することができ、さらにはCO_2排出削減にも貢献できる暮らしのことです。

　環境省では、2023年10月から「省エネライフキャンペーン」を展開しています。本キャンペーンでは、デコ活アクションの中でも、家庭の省エネ対策としてインパクトの大きい、ZEH化・断熱リフォーム、省エネ家電への買換え等を補助金情報やデコ活に賛同する企業等の情報と併せて呼び掛け、国民一人一人の行動変容を促していくことにより、脱炭素で快適、健康、お得な新しいライフスタイルを提案しています。

(3) 再生可能エネルギー電力への切替え

　家庭での再生可能エネルギー使用には、太陽光発電設備等を自宅に設置する以外にも、家庭で使用する電力を再生可能エネルギー由来のものにする方法があります。

　現在、全国では、複数の小売電気事業者が太陽光や風力等の再生可能エネルギー由来の電力メニューを一般家庭向けに提供しています。また、電力需要が比較的少なくなる季節の昼間に太陽光等の再生可能エネルギーの出力が抑制される問題が各地で次第に顕在化する中、一部の小売電気事業者では、昼間に電力需要のピークをシフトする世帯に料金割引やポイント等のインセンティブを付与する取組を開始しています。再生可能エネルギー由来の電力メニューを選択する家庭が増えることにより、家庭部門からの排出削減に加え、再生可能エネルギーに対する需要が高まり、市場の拡大を通じて再生可能エネルギーの更なる普及拡大につながることが期待されます。

　再生可能エネルギー電力を選択する家庭を増やすための地方公共団体による支援も広がっています。電力切替え希望者を広く募ってまとめて発注したり、競り下げ方式の入札で契約事業者を決定したりすることで、個別の契約よりも安い料金で契約できる取組等も行われています。

事例 先進的窓リノベ事業

先進的窓リノベ事業は、既存住宅における断熱性能の高い窓への改修費用の一部を補助する事業です。住宅では、熱の出入りの約6～7割が窓等の開口部で起きています。窓の断熱性能を高めることによって冷暖房の使用量を抑え、光熱費の軽減や、家庭部門におけるCO_2排出の削減に貢献できます。さらに、結露やヒートショック等の防止による住環境の改善や健康面への好影響も期待されます。

窓の改修には、内窓設置、外窓交換等の工法がありますが、工法によっては、数時間で工事が終わるものもあり、即効性の高い省エネリフォームを行うことができます。

また、補助事業を通じた断熱性能が高い窓の普及の促進により、断熱性能がより高い窓の開発や製造コストの低減等が図られ、関連産業の競争力の強化等につながることが期待されます。

補助対象工事の例

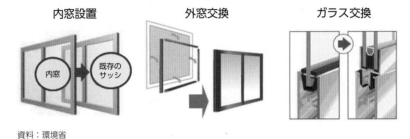

資料：環境省

3 移動

消費ベースで見た我が国の温室効果ガス排出量において、生活者の移動時に伴う温室効果ガスの排出は我が国全体の11％を占めるとの報告があり（図3-2-1）、グリーン社会を目指す上で住まいと同様、対策が必要な分野と言えます。世界ではガソリン車の販売禁止が加速しており、脱炭素社会に向けた新たな競争が始まっています。このような、世界的な電動化の流れに乗り遅れることがないよう、我が国でも自動車産業の電動化を後押しするとともに、私たち一人一人のライフスタイルの転換を進めていくことが大切です。日常生活を送る上で必ず伴う移動手段はとかく習慣・固定化しがちです。中でも乗物の利用時にはCO_2排出度合いを考慮することも重要です。

再生可能エネルギー電力と電気自動車（EV）等を活用したドライブを「ゼロカーボン・ドライブ（ゼロドラ）」と名付け、家庭や地域、企業におけるゼロドラの取組を応援しています（図3-2-6）。

図3-2-6 ゼロドラのロゴマーク

「あなたのドライブから、脱炭素の未来へ」

資料：環境省

4 食

　私たちが毎日口にしている食べ物は自然の恵みで作られており、私たちは「食」のために自然資源を毎日消費しているともいえます。限りある自然資源を未来につなげるために、毎日自分が消費する食べ物がどのように作られたのか、食した後の結果等にも関心を払い、食べ物の選択や食べ残しを減らすライフスタイルを意識することが重要です。

　2023年度には、「経済財政運営と改革の基本方針2023」（令和5年6月閣議決定）において、食品の寄附等を促進するための法的措置やフードバンク団体の体制強化、賞味期限の在り方の検討を含む食品ロス削減目標達成に向けた施策パッケージを2023年末までに策定することが盛り込

写真3-2-1　第8回食品ロス削減推進会議に参加する滝沢求環境副大臣

資料：消費者庁

まれたことを受け、同年12月の「第8回食品ロス削減推進会議」において「食品ロス削減目標達成に向けた施策パッケージ」の案が了承され、関係省庁（消費者庁、農林水産省、環境省、こども家庭庁、法務省、文部科学省、厚生労働省及び経済産業省）において同パッケージが取りまとめられました（写真3-2-1）。

(1)「てまえどり」

　食品産業から発生する食品ロスを削減するためには、食品事業者における取組のみならず、消費者による食品ロス削減への理解と協力が不可欠です。消費者が買い物をする際、購入してすぐに食べる場合などは、商品棚の手前にある商品等、販売期限の迫った商品を選ぶ「てまえどり」をすることは、販売期限が過ぎて廃棄される食品ロスを削減する効果が期待できます。

図3-2-7　てまえどり

資料：【写真左側】消費者庁、農林水産省、環境省【写真中央】環境省【写真右側】一般社団法人日本フランチャイズチェーン協会

　環境省は、消費者庁、農林水産省、一般社団法人日本フランチャイズチェーン協会と連携して、食品ロス削減月間（10月）に合わせて「てまえどり」の呼びかけを行いました（図3-2-7）。また、2022年12月にはユーキャン新語・流行語大賞トップ10に選出されるなど「てまえどり」の普及・認知が進んでいます。

(2) 様々な食品ロス削減の工夫

　本来食べられるにもかかわらず廃棄されている食品、いわゆる「食品ロス」の量は2021年度で約523万トンでした。食品ロス削減のため、環境省は、消費者庁、農林水産省及び全国おいしい食べきり運動ネットワーク協議会と共に、2023年12月から2024年1月まで、「おいしい食べきり」全国共同キャンペーンを実施し、食品ロス削減の普及啓発を行いました。外食時には、残さず食べきることが大切ですが、どうしても食べきれない場合には自己責任の範囲で持ち帰る「mottECO（モッテコ）」に取り組む活動の普及啓発を実施しています（図3-2-8）。

　環境省では、2023年1月にmottECOの実践を通して得られた課題や対応策を共有すべく、mottECOを実践している地方公共団体・事業者等による取組事例の紹介とともに、地域や業態を超えたmottECOの普及拡大をテーマにオンラインセミナーを実施しました。

第3章

また、環境省、消費者庁では、食品ロスの削減に先駆的に取り組み、国民運動をけん引する団体等を対象に「令和5年度食品ロス削減推進表彰」を実施しました。企業、団体、学校、個人など様々な主体から計93件の応募があり、環境大臣賞にはmottECO普及コンソーシアム2023による「自治体・事業者連携による『mottECO（モッテコ）』導入、普及推進事業」、内閣府特命担当大臣（消費者及び食品安全）賞にはオイシックス・ラ・大地による「『畑』『流通』『食卓』『他社』までを巻き込み、サプライチェーン全体で資源循環に貢献」が選ばれました。

図3-2-8 mottECO のロゴ

資料：環境省

5 ファッション

ファッション産業は、世界全体で水を大量に消費し、温室効果ガスを大量に排出するなど、近年、環境負荷が大きい産業と指摘されるようになりました。

また、生産過程における労働環境の不透明性も課題とされています。経済産業省の「2030年に向けた繊維産業の展望（繊維ビジョン）」によると、我が国の衣料品の約98％が輸入であり、このような環境負荷と労働問題の大部分が海外で発生しています。2022年度に環境省が実施した調査では、1年間に新たに国内に供給される量の約92％が使用後に手放され、約64％はリユースもリサイクルもされずに廃棄されています。このような現状を変革するため、サステナブルファッションの推進が求められています。我が国においても、適正な在庫管理とリペア・アップサイクル等による廃棄の削減、回収から製品化までのリサイクルの仕組みづくり等の企業の取組が進んでいます。2021年8月に消費者庁、経済産業省、環境省による「サステナブルファッションの推進に向けた関係省庁連携会議」を立ち上げ、政府一丸となって取り組む体制を構築、連携をしています。消費者庁は消費者向けの啓発及び人材育成、経済産業省は繊維リサイクル等の技術開発の支援及び環境配慮設計の在り方の検討、環境省は企業と家庭から排出される衣類の量及び回収方法の現状把握、使用済み衣類回収のシステム構築に関するモデル実証事業の実施等、各省庁の視点から関連する取組を進めています。

さらに、経済産業省と環境省は、2023年1月に「繊維製品における資源循環システム検討会」を立ち上げ、国内における繊維製品の回収方法、回収した繊維製品の選別・リサイクル技術の開発、設計・製造時の環境配慮設計、販売時における生活者への理解促進等についての課題と取組の方向性を議論し、同年9月にその報告書を取りまとめました。また、経済産業省では、2024年3月に「繊維製品の環境配慮設計ガイドライン」を策定しました。

(1) ファッションと環境の現状

ア 海外で生まれ我が国で消費される服の一生

我が国で売られている衣料品の約98％は海外からの輸入品です。海外で作られた衣料品は我が国に輸送され、販売・利用されて、回収・廃棄されます。こうした原材料の調達、生地・衣服の製造、そして輸送から廃棄に至るまで、それぞれの段階で環境に負荷が生じています。海外における生産は、数多くの工場や企業によって分業されているため、環境負荷の実態や全容の把握が困難な状態となっています。

イ 生産時における産業全体の環境負荷（原材料調達から店頭に届くまで）

　私たちが店頭で手に取る一着一着の洋服、これら服の製造プロセスではCO_2が排出されます。また、原料となる植物の栽培や染色等で大量の水が使われ、生産過程で余った生地等の廃棄物も出ます。服一着を作るにも多くの資源が必要となりますが、大量に衣服が生産されている昨今、その環境負荷は大きくなっています。

ウ 一人当たり（年間平均）の衣服消費・利用状況

　手放す枚数よりも購入枚数の方が多く、一年間一回も着られていない服が一人当たり35着もあります。

エ 手放した後の服の行方

　生活者が手放した服がリユース・リサイクルを通じて再活用される割合の合計は約34%となっており、年々その割合は高まってきていますが、さらにリユース・リサイクルを推進する必要があります。

オ 捨てられた服の行方

　家庭から服がごみとして廃棄された場合、再資源化される割合は5%ほどでほとんどはそのまま焼却・埋め立て処分されます。その量は年間で約44.5万トン。この数値を換算すると大型トラック約120台分を毎日焼却・埋め立てしていることになります。

（2）ファッションと環境へのアクション

　サステナブルファッションを実現していくためには、環境配慮製品の生産者を積極的に支援するとともに、生活者も一緒になって、「適量生産・適量購入・循環利用」へ転換させていくことが大切です（図3-2-9）。具体的には、以下の5つのアクションが挙げられます。まずはできることからアクションを起こしていくことが大切です。

[1] 服を大切に扱い、リペアをして長く着る
[2] おさがりや古着販売・購入などのリユースでファッションを楽しむ
[3] 可能な限り長く着用できるものを選ぶ
[4] 環境に配慮された素材で作られた服を選ぶ
[5] 店頭回収や資源回収に出して、資源として再利用する

図3-2-9　サステナブルファッションの取組

資料：環境省

コラム　2025年日本国際博覧会

　2025年日本国際博覧会（大阪・関西万博）では、「いのち輝く未来社会のデザイン」をメインテーマとし、ポストコロナ時代の新たな社会像を提示していくことを目指しています。また、「未来社会の実験場」というコンセプトの下、会場を多様なプレイヤーによる共創の場とすることにより、イノベーションの誘発や社会実装を推進しようとしています。

　本コンセプトの具体化に向け、各府省庁の予算要求等を踏まえた現時点の取組・検討状況についてまとめた、「2025年大阪・関西万博アクションプランVer.5」が2024年1月に公表されました。同アクションプランにおいては、再エネ水素を使ったメタネーション実証事業の実施、ネット・ゼロに向けた地域脱炭素の取組の発信、会場内での資源循環に関する支援や展示、海洋プラスチックごみ対策の発信、日本の国立公園の魅

力の発信、ネイチャーポジティブの発信、福岡館と連携した環境にまつわるバーチャルコンテンツの展示などといった取組が盛り込まれています。環境省では引き続き、大阪・関西万博に向け、環境分野の取組について発信してまいります。

第3節　人の命と環境を守る

　公害の防止や自然環境の保護を扱う機関として誕生した環境省にとって、人の命と環境を守る基盤的な取組は、原点であり使命です。その原点は変わらず、時代や社会の変化と人々のライフスタイルに応じた政策に取り組んでいます。

1　熱中症の深刻化と対策の抜本的強化

（1）熱中症の深刻化

　我が国の熱中症による救急搬送人員や死亡者数は高い水準で推移しており、2023年5月から9月までの救急搬送人員は約9万1千人、2018年から2022年までの死亡者数の5年移動平均は1,313人となりました。熱中症による死亡者数は増加傾向が続いており、近年では年間1,000人を超える年が頻発するなど、自然災害による死亡者数を上回る状況にあります。

　今後、地球温暖化が進行すれば、極端な高温の発生リスクが増加することが見込まれる中、我が国における熱中症対策は喫緊の課題となっています（図3-3-1）。

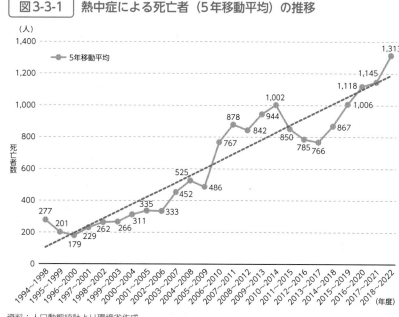

図3-3-1　熱中症による死亡者（5年移動平均）の推移

資料：人口動態統計より環境省作成

（2）対策の抜本的強化

　熱中症対策の更なる推進を図るため、2023年4月に気候変動適応法及び独立行政法人環境再生保全機構法の一部を改正する法律（令和5年法律第23号）が第211回国会で可決・成立しました。同法により、政府がより一層連携して対策を推進するべく既存の熱中症対策行動計画が法定の閣議決定計画に格上げされるとともに、熱中症警戒アラートが熱中症警戒情報として法に位置付けられ、また、重大な健康被害が発生するおそれのある場合には、その一段上の熱中症特別警戒情報を発表することとされました。また、冷房設備を有するなどの要件を満たす施設を熱中症特別警戒情報の発表時に住民等に開放する指定暑熱避難施設（クーリングシェルター）として、また、熱中症対策の普及啓発等に取り組む民間団体等を熱中症対策普及団体として、それぞれ市町村長が指定できる制度が創設されました。同年5月には気候変動適応法（平成30年法律第50号）に基づく「熱中症対策実行計画」を閣議決定し、熱中症による死亡者数（5年移動平均死亡者数）を現状から半減することを中期的な目標（2030年）として位置付けるとともに、関係府省庁における対策の強化を盛り込みました（図3-3-2）。

図3-3-2 熱中症予防行動ポスター

資料：熱中症対策推進会議関係府省庁

2 化学物質対策

　化学物質の審査及び製造等の規制に関する法律（昭和48年法律第117号）では、第一種特定化学物質の製造・輸入等を原則禁止しています。POPs条約で廃絶等の対象となり、近年、国内においても局所的に比較的高濃度で検出された地域があることなどにより注目されているペルフルオロオクタンスルホン酸（PFOS）は2010年に、ペルフルオロオクタン酸（PFOA）は2021年に、それぞれ第一種特定化学物質に指定され、必要な措置が講じられています。さらに、ペルフルオロヘキサンスルホン酸（PFHxS）についても、2024年2月に第一種特定化学物質に指定され、今後、必要な措置が講じられる予定です。

コラム 🌱 **表現としての水俣**

　水俣病については、小説「苦海浄土」（石牟礼道子著）を始めとする数多くの書籍や、土本典昭監督の「水俣－患者さんとその世界」に代表される記録映画、多くの写真家による記録写真、その他絵画、音楽、演劇・芝居、能、浪曲、朗読など、これまで様々な形で表現活動が行われてきました。そして、それらは水俣病の歴史と教訓を国内外の多くの人たちに伝え、また多くの人たちがこの問題について考えるに当たって重要な役割を担ってきました。現在でも、石仏を彫って水俣湾のエコパークに安置する活動が続けられていたり、水俣病の記録を保存して後世に残す取組が進められていたり、新たな映像作品が発表されたりするなど、様々な形で水俣病に関する表現が行われています。2026年の水俣病公式確認70年を迎えるに当たって水俣病問題が私達一人一人に何を問いかけているのかを考えるに当たっても、また現在の水俣の姿を国内外に発信するに当たっても、「表現としての水俣」は重要なテーマです。

石仏が置かれたエコパークから臨む水俣湾と恋路島

資料：環境省

水俣の海に生息する「ヒメタツ」

資料：水俣ダイビングサービスSEAHORSE

※美しく豊かな環境を取り戻した現在の水俣。ぜひ実際に現地を訪れて水俣の今の姿を感じてみてください。

第4節　令和6年能登半島地震への対応

　2024年1月1日16時10分に石川県能登地方の深さ約15kmでマグニチュード7.6の地震が発生しました。この地震により石川県輪島市や志賀町で最大震度7を観測したほか、北海道から九州地方にかけて震度6強～1を観測し、石川県を中心に、多数の家屋倒壊、土砂災害等により甚大な被害が発生しました。

1　災害廃棄物への対応

　発災直後、新潟県、富山県、石川県の3県で避難所数は約480か所、約3万人が避難し（1月3日6時時点）、避難所には、食料・衣料等に加えて簡易トイレ等の生活必需品や、仮設トイレ等の避難所環境整備に必要な資材がプッシュ型支援により届けられました。使用済みの簡易トイレや、仮設トイレから回収したし尿については、廃棄物処理施設が被災し稼働を停止したため、収集運搬については、地元の廃棄物処理業者に加え、他の都道府県の自治体職員や廃棄物処理業者の応援を受けながら、広域処理が行われました。

　今回の地震による被災家屋からの片付けごみ、全壊・半壊建物の解体に伴う災害廃棄物発生量は石川県内だけでも約244万トンと推計されています。損壊家屋の早期解体を進めるため、「公費解体・撤去マニュアル」を策定・公表し、被災自治体に周知しました。また、災害廃棄物の知見・経験を有する環境省職員や、災害廃棄物処理支援員（環境省の「災害廃棄物処理支援員制度」に登録された自治体職員）等により技術的支援を行うとともに、応援自治体職員派遣により、公費解体の申請受付等の支援を行っています。また、被災市町村の災害廃棄物処理を支援する「災害等廃棄物処理事業費補助金」について、損壊家屋等の解体・撤去において全壊家屋に加えて半壊家屋を特例的に財政支援の対象とするとともに、国庫補助の地方負担に対して95%の交付税措置を講じるほか、被災市町村の財政力に鑑みて災害廃棄物処理の財政負担が特に過大となる場合に、県が設置する基金を活用して地方負担額を特例的に軽減することにより、円滑・迅速な災害廃棄物処理に向けた支援を行っています。

　また、今回の地震では浄化槽に関しても多数の被害が見られており、復旧に向けた財政的・技術的支援を行っています。

2 ペットを飼養する被災者の支援

環境省では、東日本大震災、熊本地震等での経験を踏まえ、2018年3月に「人とペットの災害対策ガイドライン」を策定し、災害時のペットの同行避難や避難所でのペットの受入れ体制の検討及び整備を推奨してきました。

能登半島地震では、ペットを飼養する被災者の救護・支援のため、避難所等での対策、被災ペットの一時預かり、仮設住宅での対策の3つを中心に対応を行いました。避難所等での対策については、避難所へのトレーラーハウス設置によるペット飼育スペースの確保等を行いました。被災ペットの一時預かりについては、石川県獣医師会が中心となって実施した、被災者のペットの一時預かりの体制構築や、ペットとはぐれた飼い主のための保護された犬猫の情報サイトを民間企業と連携して立上げるなどの支援を行いました。仮設住宅での対策については、石川県や市町に対し、ペット同居可能な仮設住宅の設置についての依頼や助言を行い、2024年2月から仮設住宅へのペット連れの入居が始まっています。

コラム 令和6年能登半島地震における小規模分散型水循環システムによる被災地支援（WOTA）

2024年の元日に発生した令和6年能登半島地震では上下水道が多大な被害を受けました。断水と避難所生活の長期化が見込まれる中、WOTAは、個室での温かいシャワー浴を実現する「WOTA BOX」と、清潔な手洗いを実現する「WOSH」といった小規模分散型水循環システムの展開と避難所での自律運用支援活動を行っています。

「WOTA BOX」や「WOSH」は、複数のフィルターを通し、塩素や深紫外線で殺菌処理することで一度使った水の98％以上をその場で再生して循環利用することを可能にするシステムです。また、WOTA独自開発の水処理自律制御技術により、水質を常時管理・監視することが可能です。砂漠や森、断水状況下にある被災地のような、上下水道へのアクセスが困難な場所であっても、電源と少量の種水さえあれば水を自由に使える暮らしをもたらします。

令和6年能登半島地震においては、WOTA及びそのパートナーである民間企業や地方公共団体等によって、能登半島全域の避難所や医療・福祉施設等にWOTAのシステムが展開されています。

そのほか、静岡県藤枝市による被災地支援として、避難所以外の公民館や駐車場等の場でも近隣の被災者の方が使えるよう、「WOTA BOX」を乗せた多目的支援車による温水シャワーの提供を行い、被災地支援を行っています。

令和6年能登半島地震に伴い、環境省は、し尿やがれき等の災害廃棄物処理支援者のために、活動拠点の確保支援を行いました。いくつかの活動拠点には、WOTAが提供する可搬・小型の自律分散型水循環システム「WOTA BOX」が設置され、入浴の提供が行われました。「WOTA BOX」は、被災者や様々な復旧・復興従事者にも提供されました。

WOTAに対しては、2023年3月に株式会社脱炭素化支援機構（JICN）より出資を行っており、同機構の出資1号案件になっています。WOTAの「小規模分散型水循環システム」は、気候変動に伴う世界的な水不足への適応とともに、既存の大規模集中型水インフラの上下水道管等の敷設・更新に比べて、GHG排出を含めた環境負荷を削減できる等の気候変動の緩和の面等でも期待できるとJICNより評価されています。

WOTA BOX＋屋外シャワーキット

資料：WOTA

水循環システムの概要

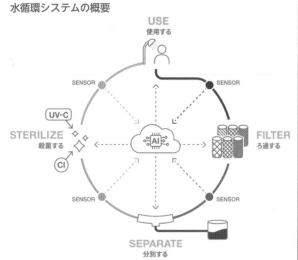

資料：WOTA

シャワー提供風景（「WOTA BOX」）：矢田郷コミュニティセンター（石川県七尾市）

資料：WOTA

能登総合病院での手洗い支援（「WOSH」）

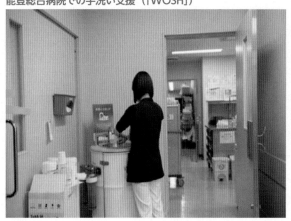

資料：WOTA

第4章　東日本大震災・原発事故からの復興と環境再生の取組

2011年3月11日、マグニチュード9.0という日本周辺での観測史上最大の地震が発生しました。

この地震により引き起こされた津波によって、東北地方の太平洋沿岸を中心に広範かつ甚大な被害が生じるとともに、東京電力福島第一原子力発電所（以下「福島第一原発」という。）の事故によって大量の放射性物質が環境中に放出されました。また、福島第一原発周辺に暮らす多くの方々が避難生活を余儀なくされました。

環境省ではこれまで、除染や中間貯蔵施設の整備、特定廃棄物の処理、帰還困難区域における特定復興再生拠点区域の整備等、被災地の復興・再生に向けた事業を続けてきました（図4-1-1）。

図4-1-1　事故由来放射性物質により汚染された土壌等の除染等の措置及び汚染廃棄物の処理等のこれまでの歩み

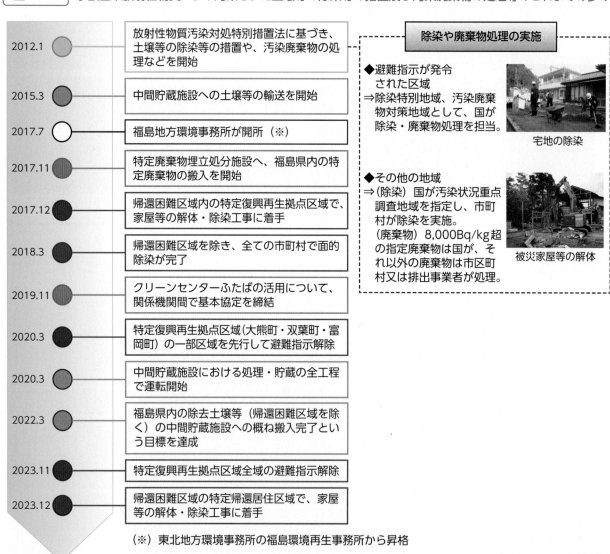

- 2012.1　放射性物質汚染対処特別措置法に基づき、土壌等の除染等の措置や、汚染廃棄物の処理などを開始
- 2015.3　中間貯蔵施設への土壌等の輸送を開始
- 2017.7　福島地方環境事務所が開所（※）
- 2017.11　特定廃棄物埋立処分施設へ、福島県内の特定廃棄物の搬入を開始
- 2017.12　帰還困難区域内の特定復興再生拠点区域で、家屋等の解体・除染工事に着手
- 2018.3　帰還困難区域を除き、全ての市町村で面的除染が完了
- 2019.11　クリーンセンターふたばの活用について、関係機関間で基本協定を締結
- 2020.3　特定復興再生拠点区域（大熊町・双葉町・富岡町）の一部区域を先行して避難指示解除
- 2020.3　中間貯蔵施設における処理・貯蔵の全工程で運転開始
- 2022.3　福島県内の除去土壌等（帰還困難区域を除く）の中間貯蔵施設への概ね搬入完了という目標を達成
- 2023.11　特定復興再生拠点区域全域の避難指示解除
- 2023.12　帰還困難区域の特定帰還居住区域で、家屋等の解体・除染工事に着手

除染や廃棄物処理の実施

◆避難指示が発令された区域
⇒除染特別地域、汚染廃棄物対策地域として、国が除染・廃棄物処理を担当。

宅地の除染

◆その他の地域
⇒（除染）国が汚染状況重点調査地域を指定し、市町村が除染を実施。
（廃棄物）8,000Bq/kg超の指定廃棄物は国が、それ以外の廃棄物は市区町村又は排出事業者が処理。

被災家屋等の解体

（※）東北地方環境事務所の福島環境再生事務所から昇格

資料：環境省

放射性物質汚染からの環境回復の状況については、2023年11月時点の福島第一原発から80km圏内

の航空機モニタリングによる地表面から1mの高さの空間線量率は、引き続き減少傾向にあります（図4-1-2）。

図4-1-2 東京電力福島第一原子力発電所80km圏内における空間線量率の分布

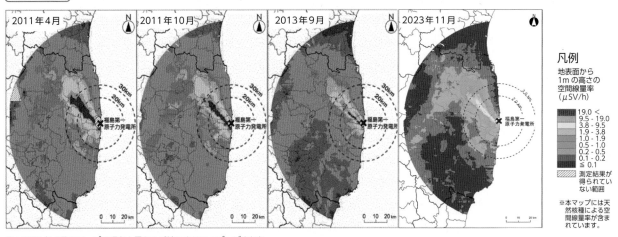

注：2011年4月のマップは現在と異なる手法によりマッピングされた。
資料：原子力規制庁

　また、福島県及び周辺地域において環境省が実施しているモニタリングでは、河川、沿岸域の水質及び地下水からは近年放射性セシウムは検出されておらず、同地域の湖沼の水質について、2022年度は164地点のうち2地点のみで検出されました。

　他方、東日本大震災からの復興・再生に向けて、引き続き取り組むべき課題が残っています。福島県内除去土壌等の県外最終処分の実現に向けた取組を始め、環境再生の取組を着実に進めるとともに、脱炭素・資源循環・自然共生といった環境の視点から地域の強みを創造・再発見する未来志向の取組を推進していきます。

　第4章では、主に帰還困難区域の復興・再生に向けた取組、福島県内除去土壌等の最終処分に向けた取組、復興の新たなステージに向けた未来志向の取組、ALPS処理水に係る海域モニタリング、リスクコミュニケーションの取組を概観します。

第1節　帰還困難区域の復興・再生に向けた取組

　福島第一原発の事故後、原発の周辺約20〜30kmが警戒区域又は計画的避難区域として避難指示の対象となりました。避難指示区域は、2011年12月以降、空間線量率等に応じて、三つの区域（避難指示解除準備区域、居住制限区域、帰還困難区域）に再編され、このうち、避難指示解除準備区域及び居住制限区域では、順次、除染等の事業が進められ、2017年3月までに面的な除染が完了し、2020年3月までには全域で避難指示が解除されました。帰還困難区域については、将来にわたって居住を制限することを原則とする区域とされ、立入が厳しく制限されてきましたが、空間線量率が低減してきたことなどを受けて、2017年に福島復興再生特別措置法（平成24年法律第25号）が改正され、帰還困難区域内に特定復興再生拠点区域を設定し、除染や避難指示解除を進められるようにする制度が整えられました。

　そして環境省では、2017年12月から特定復興再生拠点区域の除染や家屋等の解体を進めてきました。特定復興再生拠点区域における除染は概ね完了しており（2024年3月末時点）、また、家屋等の解体の進捗率（申請受付件数比）は約86％です（2024年2月末時点）（図4-1-3）。

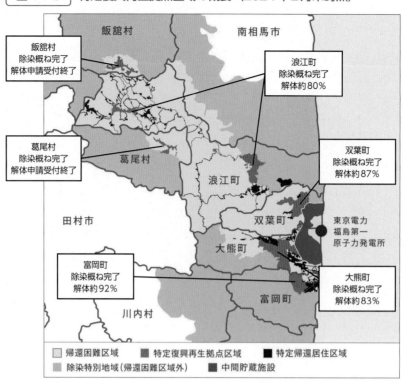

図4-1-3 特定復興再生拠点区域の概要（2024年2月末時点）

飯舘村
南相馬市

飯舘村
除染概ね完了
解体申請受付終了

浪江町
除染概ね完了
解体約80%

葛尾村
除染概ね完了
解体申請受付終了

葛尾村

浪江町

双葉町
除染概ね完了
解体約87%

田村市

双葉町

東京電力
福島第一
原子力発電所

大熊町

富岡町
除染概ね完了
解体約92%

大熊町
除染概ね完了
解体約83%

川内村

富岡町

□ 帰還困難区域　■ 特定復興再生拠点区域　■ 特定帰還居住区域
■ 除染特別地域（帰還困難区域外）　■ 中間貯蔵施設

資料：環境省

　これらの取組を踏まえ、2023年11月までに6町村（葛尾村、大熊町、双葉町、浪江町、富岡町、飯舘村）における特定復興再生拠点区域全域の避難指示が解除されました（図4-1-4）。さらに、特定復興再生拠点区域外についても、2021年8月に「特定復興再生拠点区域外への帰還・居住に向けた避難指示解除に関する考え方」が原子力災害対策本部・復興推進会議で決定され、2020年代をかけて、帰還意向のある住民が帰還できるよう帰還に必要な箇所を除染し、避難指示解除の取組を進めていくこととしています。この政府方針を実現するため、「福島復興再生特別措置法の一部を改正する法律案」を2023年6月に改正し、特定避難指示区域の市町村長が避難指示解除による住民の帰還及び当該住民の帰還後の生活の再建を目指す「特定帰還居住区域」を設定できる制度を創設しました。

図4-1-4 特定復興再生拠点区域の除染等の取組

町村名	認定日	区域面積	着工日	避難指示解除年月
双葉町	2017年9月15日	約555ha	2017年12月25日	2022年8月30日
大熊町	2017年11月10日	約860ha	2018年3月9日	2022年6月30日
葛尾村	2018年5月11日	約95ha	2018年11月20日	2022年6月12日
浪江町	2017年12月22日	約661ha	2018年5月30日	2023年3月31日
富岡町	2018年3月9日	約390ha	2018年7月6日	2023年11月30日
飯舘村	2018年4月20日	約186ha	2018年9月28日	2023年5月1日

●農地除染
（大熊町）

除染前

除染中

除染後

●施設の除染
（浪江町、陶芸の杜おおぼり）

除染後

●学校の除染
（双葉町、双葉南小学校）

除染前

除染中

除染後

●道路の除染
（富岡町、夜の森地区）

除染後

資料：環境省

第2節　福島県内除去土壌等の最終処分に向けた取組

　除去土壌等の最終処分については、中間貯蔵・環境安全事業株式会社法（平成15年法律第44号）において、中間貯蔵に関する国の責務として、福島県内除去土壌等の中間貯蔵開始後30年以内に福島県外で最終処分を完了するために必要な措置を講ずることが規定されています。県外最終処分の実現に向けては、2016年4月に取りまとめた「中間貯蔵除去土壌等の減容・再生利用技術開発戦略」及び「工程表」に沿って取組を進めています（図4-2-1）。

　これらに沿って、福島県飯舘村長泥地区における実証事業について、順次栽培試験等を実施し、2020年度、2021年度に栽培した作物の放射能濃度は一般食品の基準値を大きく下回りました（写真4-2-1）。農地造成については2021年4月に着手した除去土壌を用いた盛土が、2022年度末までに概ね完了しました。2023年度は水田試験等を実施し、水田等に求められる機能をおおむね満たすことを確認しました（図4-2-2）。これまでに実証事業で得られたモニタリング結果からは、施工前後の空間線量率に変化がないこと、農地造成エリアからの浸透水の放射性セシウム濃度はおおむね検出下限値（1ベクレル／ℓ）未満であることなどの知見が得られています。

　また、道路整備での再生利用について検討するため、2022年10月に着工した中間貯蔵施設内における道路盛土の実証事業については、2023年10月に工事を完了しました。モニタリング結果からは、施工前後の空間線量率に変化がないこと、作業者の追加被ばく線量が1ミリシーベルト／年以下であることなどの知見が得られています。こうした福島県内の実証事業で得られた知見から、再生利用を安全に実施できることを確認しています。

　減容等技術の開発に関しては、2023年度も、福島県大熊町の中間貯蔵施設内に整備している技術実

証フィールドにおいて、中間貯蔵施設内の除去土壌等も活用した技術実証を行いました。また、2023年度は福島県双葉町の中間貯蔵施設内において、2022年度に引き続き、仮設灰処理施設で生じる飛灰の洗浄技術・安定化技術に係る基盤技術の実証試験を実施しています。

また、福島県内除去土壌等の県外最終処分の実現に向け、減容・再生利用の必要性・安全性等に関する全国での理解醸成活動の取組の一つとして、2021年度から全国各地で開催してきた対話フォーラムについて、第9回を東京都内で開催しました（写真4-2-2）。

さらに、2023年度も引き続き、一般の方向けに、飯舘村長泥地区の現地見学会を開催しています。このほか、大学生等への環境再生事業に関する講義、現地見学会等を実施するなど、次世代に対する理解醸成活動も実施しました。

また、中間貯蔵施設に搬入して分別した土壌の表面を土で覆い、観葉植物を植えた鉢植えを、2020年3月以降、総理官邸、環境大臣室、新宿御苑、地方環境事務所等の環境省関連施設や関係省庁等に設置しています。鉢植えを設置した前後の空間線量率はいずれも変化はなく、設置以降1週間～1か月に1回実施している放射線のモニタリングでも、鉢植えの設置前後の空間線量率に変化は見られていません（写真4-2-3）。今後とも、除去土壌の再生利用の推進に関する理解醸成の取組を進めていきます。

図4-2-1　中間貯蔵除去土壌等の減容・再生利用技術開発戦略の概要

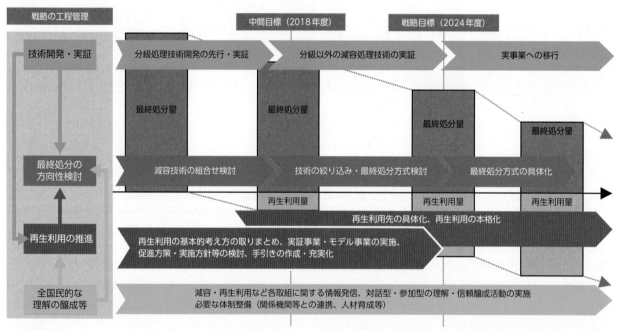

資料：環境省

写真4-2-1　飯舘村長泥地区を視察する西村明宏環境大臣（当時）

資料：環境省

図4-2-2　飯舘村長泥地区事業エリアの遠景

資料：環境省

写真4-2-2 西村明宏環境大臣（当時）や有識者や著名人等が参加した東京での第9回対話フォーラム

資料：環境省

写真4-2-3 総理官邸に設置している鉢植え

資料：環境省

コラム 🌱 除去土壌の再生利用等に関する国際原子力機関（IAEA）専門家会合

　環境省は国際原子力機関（IAEA）に要請を行い、2023年度に5月、10月、2月の計3回、除去土壌の再生利用等に関するIAEA専門家会合が開催されました。

飯舘村長泥地区を視察するIAEA専門家

資料：環境省

　この専門家会合は、福島県内の除染で発生した除去土壌等の県外最終処分の実現に向けて、除去土壌の再生利用及び最終処分に係る取組等について、国際社会と共有し、科学的かつ客観的な見地からの国際的な評価や助言等をいただくことを目的にIAEAが実施したものです。
　専門家会合では、飯舘村長泥地区や中間貯蔵施設等、福島県内の現地視察を実施したほか、除去土壌の再生利用と最終処分に関する安全性や基準の考え方や、住民等とのコミュニケーションの在り方、国際的な情報発信の在り方等について、専門家等により議論が行われました。
　環境省は、専門家会合を通じて得た科学的かつ客観的な見地からの国際的な評価・助言を活かしながら、県外最終処分・再生利用に係る全国的な理解醸成に取り組んでいきます。

第3節　復興の新たなステージに向けた未来志向の取組

　環境省では、福島県内のニーズに応え、環境再生の取組のみならず、脱炭素、資源循環、自然共生といった環境の視点から地域の強みを創造・再発見する「福島再生・未来志向プロジェクト」を推進しています。本プロジェクトでは、2020年8月に福島県と締結した「福島の復興に向けた未来志向の環境

施策推進に関する連携協力協定」も踏まえ、福島県や関係自治体と連携しつつ施策を進めていくこととしています。

脱炭素に向けた施策としては、環境、エネルギー、リサイクル分野での新たな産業の定着を目指した実現可能性調査を2018年度から継続して実施し、2023年度は水素の多様な利活用方法や、水素以外の再エネを導入した際の最適化されたエネルギーマネジメントの検討等を含むSHOWCASE（水素×ライフスタイルに係る多様なユースケースを体験することが可能な地域施設を想定）の可能性調査等3件の調査を採択しました。また、福島での自立・分散型エネルギーシステム導入に関する重点的な財政的支援を「脱炭素×復興まちづくり」推進事業として2021年度から継続して実施しており、2023年度は、計画策定補助を1件、設備導入補助を10件採択しました。さらに、2023年3月に設立した「脱炭素×復興まちづくりプラットフォーム」では、各テーマに応じた個別ワーキンググループを設置し、復興まちづくりと脱炭素社会の同時実現に向けた検討を開始しました。

また、福島に対する風評払拭や環境先進地へのリブランディングにつなげるため、福島の未来に向けてチャレンジする姿を発信する表彰制度「FUKUSHIMA NEXT」におけるこれまでの受賞者の優れた取組を様々なメディアを通じて発信しました。また、全国から集まった学生等が復興の現状や福島県が抱える課題を見つめ直し、次世代の視点から情報を発信することを目的に、「福島、その先の環境へ。」次世代ツアーを開催するとともに、福島の復興や環境再生の取組を世界に発信することを目的に、COP28にてブース展示を実施しました。

加えて、福島・環境再生の記憶の継承・風化対策として、未来を担う若い方々と一緒になって福島の未来を考えることを目的とした表彰制度「いっしょに考える『福島、その先の環境へ。』チャレンジ・アワード」を2020年度から引き続き実施しました（写真4-3-1）。

さらに、2019年4月に福島県と共同策定した「ふくしまグリーン復興構想」を踏まえ、2021年7月に磐梯朝日国立公園満喫プロジェクト推進に向けた地域協議会を立ち上げ、2022年3月に磐梯朝日国立公園満喫プロジェクト磐梯吾妻・猪苗代地域ステップアッププログラム2025を策定するなど、国立公園等の魅力向上に関する取組を進めています。

2024年3月には「福島、その先の環境へ。」シンポジウムを実施しました（写真4-3-2）。引き続き、福島県との連携をより一層強化しながら、未来志向の環境施策を推進していきます。

写真4-3-1 いっしょに考える「福島、その先の環境へ。」チャレンジ・アワードの表彰状授与式の様子（2023年11月）

資料：環境省

写真4-3-2 国定勇人環境大臣政務官も参加した「福島、その先の環境へ。」シンポジウムの様子

資料：環境省

第4節　ALPS処理水に係る海域モニタリング

2023年8月に、多核種除去設備等処理水（以下「ALPS処理水」という。）の海洋放出が開始されました。ALPS処理水の海洋放出に当たっては、トリチウム以外の放射性物質について、安全基準を確実に下回るまで浄化されていることを確認し、取り除くことが困難なトリチウムの濃度については、安全基準を十分に満たす濃度（1,500ベクレル/ℓ未満）まで海水で大幅に希釈した上で、処分を行うこととしています。

環境省では、環境中の状況を把握するため、「総合モニタリング計画」（2011年8月モニタリング調整会議決定、2024年3月改定）に基づき、海水や魚類、海藻類についてトリチウム等の放射性核種の濃度を測定しています（写真4-4-1）。特に放出開始後はモニタリングを強化・拡充し、以前から実施している時間をかけて精密な結果を得る分析（精密分析）に加えて、結果を1週間程度の短時間で得る分析（迅速分析）を高い頻度で実施しています。これらの分析の結果、人や環境への影響がないことを確認しています。

これらのモニタリング手法の検討や結果に関する評価に当たっては、「ALPS処理水に係る海域モニタリング専門家会議」において専門家による確認・助言を受けることにより、科学的な妥当性を確認しています。

さらに、我が国の分析能力の信頼性を確認するため、2023年10月には分析機関間比較の一環として国際原子力機関（IAEA）及び第三国の専門家が来日し、共同での試料採取等を行いました（写真4-4-2）。今後、IAEAにより、我が国、IAEA及び第三国における分析結果の比較・評価が行われます。なお、2022年に実施した分析機関間比較の結果では、IAEAにより、日本の分析機関の試料採取方法は適切であり、海洋環境中の放射性核種の分析に参加した日本の分析機関が、高い正確性と能力を有していると評価されています。

引き続き、客観性・透明性・信頼性の高い海域モニタリングを徹底し、その結果を国内外に分かりやすく発信していきます。

第4章

写真4-4-1 海域モニタリングの様子

資料：環境省

写真4-4-2 採取した試料をIAEA及び第三国の専門家が確認する様子

資料：環境省

第5節　リスクコミュニケーションの取組

1　放射線健康影響に係るリスクコミュニケーションの推進

　2017年12月に取りまとめられた「風評払拭・リスクコミュニケーション強化戦略」（復興庁事務局）に基づき、福島県いわき市に設置した「放射線リスクコミュニケーション相談員支援センター」が中心となり、福島県内における放射線不安対策として、住民からの相談に対応する相談員、地方公共団体職員等への研修や専門家派遣等の技術支援を行っています。加えて、帰還した又は帰還を検討している住民を対象に、帰還後の生活の中で生じる放射線への不安・疑問について、車座意見交換会等を通じたリスクコミュニケーションを実施しています。また、福島県外においても、企業や学校、地域住民の要望に応じた研修会やセミナーを開催しています。

　東京電力福島第一原子力発電所の事故後の健康影響について、原子放射線の影響に関する国連科学委員会（UNSCEAR）では「放射線被ばくが直接の原因となるような将来的な健康影響は見られそうにない」と評価しています。また福島県「県民健康調査」検討委員会甲状腺検査評価部会においては、「先行検査から検査4回目までにおいて、甲状腺がんと放射線被ばくの間の関連は認められない」とまとめています。（甲状腺検査は各対象者に原則2年に1回実施しており、先行検査から本格検査（検査4回目）は2019年度までに実施された検査です。）

　このように放射線の健康影響に係る科学的根拠に基づく知見は日々更新されていますが、適時に情報が届かないことで、不安や風評につながっていくおそれがあります。そのため最新の科学的知見を学びながら今の福島を知ることや、様々な情報にまどわされずに適正な判断力で情報を読み解く力を養うことを目的とした「ぐぐるプロジェクト」を2021年7月に立ち上げ、放射線の健康影響に関する正確な情報を全国に分かりやすく発信することで、不安や風評をなくしていく取組を推進しています（図4-5-1）。

　ぐぐるプロジェクトでは、全国各地でセミナーを開催するほか、学んだことを発信する場として作品コンテストも行っています。学んだ人が自ら発信することで、周りの人に伝わっていくこと、公募による新しい発想からよりよい情報発信につなげていくことを目指しています（図4-5-2）。

図4-5-1　「ぐぐるプロジェクト」ロゴマーク

つむ　つな　つたわ
ぐぐる
プロジェクト

資料：環境省

図4-5-2 ぐぐるプロジェクトの取組

資料：環境省

2 環境再生事業に関連する放射線リスクコミュニケーション

　除染や中間貯蔵施設の整備、特定廃棄物の処理、帰還困難区域における特定復興再生拠点区域の整備等の復興・再生に向けた事業を進めると同時に、放射線や地域の環境再生への取組等について分かりやすく情報を提供しています。また、環境再生プラザやリプルンふくしま、中間貯蔵工事情報センターを主な拠点とし、環境再生事業に関連する放射線リスクコミュニケーションに係る取組を実施しています。さらに、高い専門性や豊富な経験を持つ専門家の、市町村や町内会、学校等への派遣、Web等を活用した除染・放射線学習をサポートする教材の配布を実施しています。

　2023年度は、放射線に係るリスクコミュニケーションとして、専門家派遣を83回実施しました。

3 ALPS処理水に係る風評対策
（アルプス）

　ALPS処理水に係る風評対策のために、原子力災害による風評被害を含む影響への対策タスクフォース（復興庁事務局）において「ALPS処理水に係る理解醸成に向けた情報発信等施策パッケージ」を取りまとめ、政府一丸となった取組を進めています。

　この一環として、風評影響の抑制のため、環境省及び関係機関が実施する海域モニタリングの結果について分かりやすく一元的に掲載したウェブサイトを日本語及び英語で立ち上げています。さらに、2023年12月には、中国語及び韓国語によるウェブサイトの更新を開始しました。このほか、モニタリング結果公表時の国内外の報道機関への発信やX（旧Twitter）による発信も実施するなど、国内外に広く情報を発信しています。

　また、放射線に関する科学的知見や関係省庁等の取組等を横断的に集約した統一的な基礎資料に、ALPS処理水に関する情報を記載しています。

　さらに、福島県内・外の車座意見交換会やセミナー等の場において、ALPS処理水に関する説明を行っています。

第2部

各分野の施策等に関する報告

令和5年度

環境の状況
循環型社会の形成の状況
生物の多様性の状況

2023/24

第1章 地球環境の保全

第1節 地球温暖化対策

1 問題の概要と国際的枠組みの下の取組

近年、人間活動の拡大に伴ってCO_2、メタン（CH_4）、一酸化二窒素（N_2O）、代替フロン類等の温室効果ガス（GHG）が大量に大気中に排出されることで、地球温暖化が進行していると言われています。特にCO_2は、化石燃料の燃焼等によって膨大な量が人為的に排出されています。我が国が排出する温室効果ガスのうち、CO_2の排出が全体の排出量の約91%を占めています（図1-1-1）。

（1）気候変動に関する政府間パネルによる科学的知見

気候変動に関する政府間パネル（IPCC）は、2021年8月から2023年3月にかけて公表した第6次評価報告書において、以下の内容を公表しました。

○観測された変化及びその原因
- ・人間の影響が大気、海洋及び陸域を温暖化させてきたことには疑う余地がない。大気、海洋、雪氷圏及び生物圏において、広範囲かつ急速な変化が現れている。

○将来の気候変動、リスク及び影響
- ・世界平均気温は、本報告書で考慮した全ての排出シナリオにおいて、少なくとも今世紀半ばまでは上昇を続ける。向こう数十年の間にCO_2及びその他の温室効果ガスの排出が大幅に減少しない限り、21世紀中に、地球温暖化は1.5℃及び2℃を超える。
- ・地球温暖化が更に進行するにつれ、極端現象の変化は拡大し続ける。例えば、地球温暖化が0.5℃進行するごとに、熱波を含む極端な高温、大雨、一部地域における農業及び生態学的干ばつの強度と頻度に、明らかに識別できる増加を引き起こす。
- ・地球温暖化を1.5℃付近に抑えるような短期的な対策は、より高い水準の温暖化に比べて、人間システム及び生態系において予測される、気候変動に関連する損失と損害を大幅に低減させるだろうが、それら全てを無くすることはできない。

○適応、緩和、持続可能な開発に向けた将来経路
- ・適応と緩和を同時に実施する際、トレードオフを考慮すれば、人間の福祉、並びに生態系及び惑星の健康にとって、複数の便益と相乗効果を実現し得る。
- ・COP26より前に発表された各国が決定する貢献（NDC）の実施に関連する2030年の世界全体のGHG排出量では、21世紀中に温暖化が1.5℃を超える可能性が高い見込み。したがって、温暖化

図1-1-1 我が国が排出する温室効果ガスの内訳（2022年単年度）

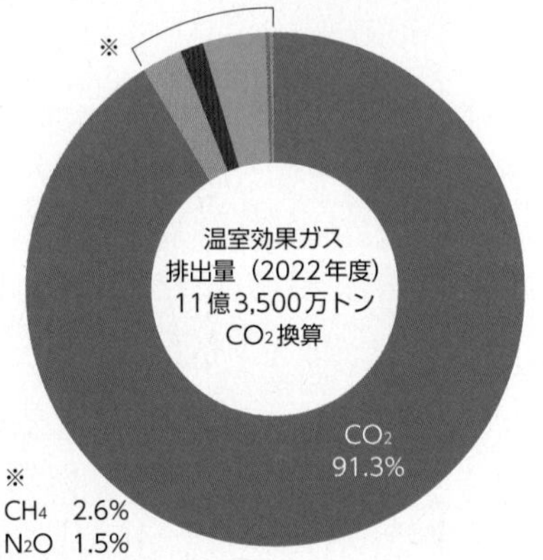

温室効果ガス
排出量（2022年度）
11億3,500万トン
CO_2換算

CO_2
91.3%

※
CH_4 2.6%
N_2O 1.5%
HFCs 4.1%
PFCs 0.3%
SF_6 0.2%
NF_3 0.03%

資料：環境省

を2℃より低く抑える可能性を高くするためには、2030年以降の急速な緩和努力の加速に頼ることになるだろう。

・オーバーシュートしない又は限られたオーバーシュートを伴って温暖化を1.5℃（＞50％）に抑えるモデル化された経路と、温暖化を2℃（＞67％）に抑える即時の行動を想定したモデル化された経路では、世界のGHG排出量は、2020年から遅くとも2025年以前にピークに達すると予測される。いずれの種類のモデル化された経路においても、2030年、2040年及び2050年を通して、急速かつ大幅なGHG排出削減が続く。

（2）我が国の温室効果ガスの排出状況

2022年度の我が国の温室効果ガス排出量は、11億3,500万トンCO_2換算でした（2022年度温室効果ガス排出・吸収量）。発電電力量の減少及び鉄鋼業における生産量の減少等によるエネルギー消費量の減少等から、前年度（11億6,400万トンCO_2換算）と比べて2.5％減少しました。また、エネルギー消費量の減少（省エネ等）や、電力の低炭素化（再エネ拡大、原発再稼働）に伴う電力由来のCO_2排出量の減少等から、2013年度の排出量（14億700万トンCO_2換算）と比べて19.3％減少しました（図1-1-2）。

2022年度のCO_2排出量は10億3,700万トンCO_2（2013年度比21.3％減少）であり、そのうち、発電及び熱発生等のための化石燃料の使用に由来するエネルギー起源のCO_2排出量は9億6,400万トンCO_2でした。さらに、エネルギー起源のCO_2排出量の内訳を部門別に分けると、電力及び熱の消費量に応じて、消費者側の各部門に配分した電気・熱配分後の排出量については、産業部門からの排出量は3億5,200万トンCO_2、運輸部門からの排出量は1億9,200万トンCO_2、業務その他部門からの排出量は1億7,900万トンCO_2、家庭部門からの排出量は1億5,800万トンCO_2でした（図1-1-3、図1-1-4）。

CO_2以外の温室効果ガス排出量については、CH_4排出量は2,990万トンCO_2換算（2013年度比8.6％減少）、N_2O排出量は1,730万トンCO_2換算（同13.3％減少）、ハイドロフルオロカーボン類（HFCs）排出量は4,610万トンCO_2換算（同52.1％増加）、パーフルオロカーボン類（PFCs）排出量は300万トンCO_2換算（同2.1％増加）、六ふっ化硫黄（SF_6）排出量は210万トンCO_2換算（同8.9％減少）、三ふっ化窒素（NF_3）排出量は30万トンCO_2換算（同77.6％減少）でした（図1-1-5）。

2022年度の森林等の吸収源対策によるCO_2の吸収量は5,020万トンCO_2換算でした。

なお、各数値については、パリ協定下の透明性枠組みにおけるモダリティ・手順・ガイドラインに基づき、温室効果ガス排出・吸収量の算定方法を改善するたびに、過年度の排出量も再計算しているため、以前の白書掲載の値との間で差異が生じる場合があります。

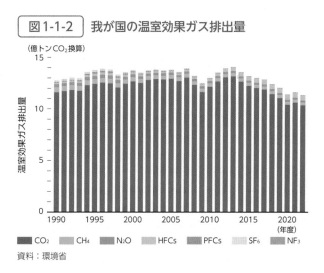

図1-1-2 我が国の温室効果ガス排出量

（億トンCO_2換算）
温室効果ガス排出量

■CO_2 ■CH_4 ■N_2O ■HFCs ■PFCs ■SF_6 ■NF_3

資料：環境省

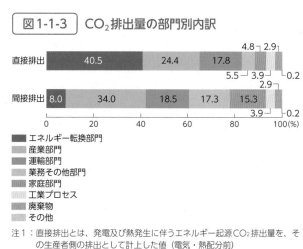

図1-1-3 CO_2排出量の部門別内訳

直接排出　40.5　24.4　17.8　4.8　2.9
間接排出　8.0　34.0　18.5　17.3　15.3　2.9
5.5　3.9　0.2
3.9　0.2

■エネルギー転換部門
■産業部門
■運輸部門
■業務その他部門
■家庭部門
■工業プロセス
■廃棄物
■その他

注1：直接排出とは、発電及び熱発生に伴うエネルギー起源CO_2排出量を、その生産者側の排出として計上した値（電気・熱配分前）
2：間接排出とは、発電及び熱発生に伴うエネルギー起源CO_2排出量を、その消費量に応じて各部門に配分した値（電気・熱配分後）

資料：環境省

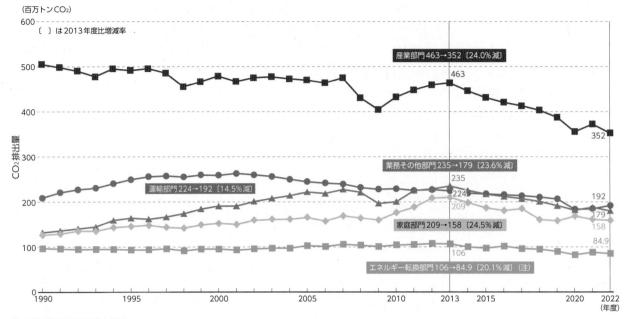

図1-1-4　部門別エネルギー起源CO₂排出量の推移

（百万トンCO₂）
〔　〕は2013年度比増減率

産業部門463→352〔24.0%減〕

業務その他部門235→179〔23.6%減〕

運輸部門224→192〔14.5%減〕

家庭部門209→158〔24.5%減〕

エネルギー転換部門106→84.9〔20.1%減〕（注）

注：電気熱配分統計誤差を除く
資料：環境省

図1-1-5　各種温室効果ガス（エネルギー起源CO₂以外）の排出量

（百万トンCO₂換算）

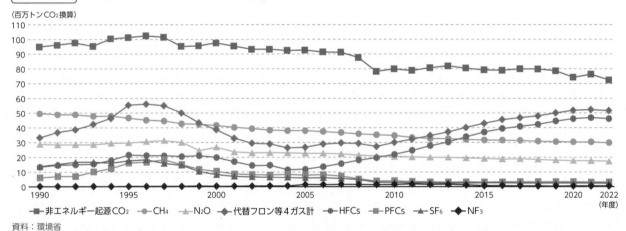

■ 非エネルギー起源CO₂　● CH₄　▲ N₂O　◆ 代替フロン等4ガス計　● HFCs　■ PFCs　▲ SF₆　◆ NF₃

資料：環境省

（3）フロン等の現状

　特定フロン（クロロフルオロカーボン（CFC）、ハイドロクロロフルオロカーボン（HCFC））、ハロン、臭化メチル等の化学物質によって、オゾン層の破壊は今も続いています。オゾン層破壊の結果、地上に到達する有害な紫外線（UV-B）が増加し、皮膚ガンや白内障等の健康被害の発生や、植物の生育の阻害等を引き起こす懸念があります。また、オゾン層破壊物質の多くは強力な温室効果ガスでもあり、地球温暖化への影響も懸念されます。

図1-1-6　南極上空のオゾンホールの面積の推移

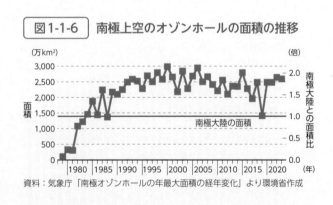

資料：気象庁「南極オゾンホールの年最大面積の経年変化」より環境省作成

　オゾン層破壊物質は、1989年以降、オゾン層を破壊する物質に関するモントリオール議定書（以下「モントリオール議定書」という。）及び特定物質等の規制等によるオゾン層の保護に関する法律（昭和63年法律第53号。以下「オゾン層保護法」という。）に基づき規制が行われています。その結果、代

表的な物質の一つであるCFC-12の北半球中緯度における大気中濃度は、我が国の観測では緩やかな減少傾向が見られます。一方、国際的にCFCからの代替が進むHCFC、及びCFC・HCFCからの代替が進むオゾン層を破壊しないものの温室効果の高いガス（いわゆる代替フロン）であるハイドロフルオロカーボン（HFC）の大気中濃度は増加の傾向にあります。

　オゾン全量は、1980年代から1990年代前半にかけて地球規模で大きく減少した後、現在も1970年代と比較すると少ない状態が続いています。また、2022年の南極域上空のオゾンホールの最大面積は、南極大陸の約1.9倍となりました（図1-1-6）。オゾンホールの面積は最近10年間の平均値より大きく推移しましたが、これはオゾン層破壊を促進させる極域成層圏雲が例年より発達したことなど、気象状況が主な要因とみられます。オゾン層破壊物質の濃度は依然として高い状態ですが、オゾンホールの規模については、年々変動による増減はあるものの、長期的な拡大傾向は見られなくなりました。モントリオール議定書科学評価パネルの「オゾン層破壊の科学アセスメント：2022年」によると、オゾン全量は、南極では2066年頃に1980年の値に戻ると予測されています。

（4）気候変動枠組条約及び京都議定書について

　国連気候変動枠組条約は、地球温暖化防止のための国際的な枠組みであり、究極的な目的として、温室効果ガスの大気中濃度を自然の生態系や人類に危険な悪影響を及ぼさない水準で安定化させることを掲げています。

　1997年に京都府京都市で開催された国連気候変動枠組条約第3回締約国会議（COP3。以下、国連気候変動枠組条約締約国会議を「COP」という。）で採択された京都議定書は、先進国に対して法的拘束目標達成に活用できる京都メカニズムについて定めています。2008年から2012年までの第一約束期間において、我が国は基準年（原則1990年）に比べて6％、欧州連合（EU）加盟国全体では同8％等の削減目標が課されました。これに対し、同期間の我が国の温室効果ガスの総排出量は5か年平均で12億7,800万トン

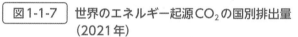

図1-1-7　世界のエネルギー起源CO_2の国別排出量（2021年）

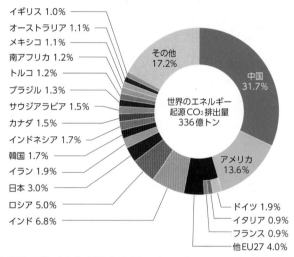

イギリス 1.0%
オーストラリア 1.1%
メキシコ 1.1%
南アフリカ 1.2%
トルコ 1.2%
ブラジル 1.3%
サウジアラビア 1.5%
カナダ 1.5%
インドネシア 1.7%
韓国 1.7%
イラン 1.9%
日本 3.0%
ロシア 5.0%
インド 6.8%

その他 17.2%
中国 31.7%
アメリカ 13.6%

世界のエネルギー起源CO_2排出量 336億トン

ドイツ 1.9%
イタリア 0.9%
フランス 0.9%
他EU27 4.0%

資料：国際エネルギー機関（IEA）「Greenhouse Gas Emissions from Energy Highlights」2023 EDITIONを基に環境省作成

CO_2であり、森林等吸収源や海外から調達した京都メカニズムクレジットを償却することで京都議定書の削減目標（基準年比6％減）を達成しました。

　2012年に行われた京都議定書第8回締約国会合（CMP8。以下、京都議定書締約国会合を「CMP」という。）においては、2013年から2020年までの第二約束期間の各国の削減目標が新たに定められました。しかし、米国の不参加や近年の新興国の排出増加等により、京都議定書締約国のうち、第一約束期間で排出削減義務を負う国の排出量は世界の4分の1にすぎないことなどから、我が国は議定書の締約国であるものの、第二約束期間には参加せず、全ての主要排出国が参加する新たな枠組みの構築を目指して国際交渉が進められてきました（図1-1-7）。

（5）パリ協定について
ア　パリ協定採択までの経緯

　2011年のCOP17及びCMP7では、全ての国が参加する2020年以降の新たな枠組みを2015年までに採択することとし、そのための交渉を行う場として「強化された行動のためのダーバン・プラットフォーム特別作業部会（ADP）」を新たに設置することに合意しました。

　2015年、フランス・パリにおいて、COP21及びCMP11が行われ、全ての国が参加する温室効果

ガス排出削減等のための新たな国際枠組みである「パリ協定」が採択されました。パリ協定においては、産業革命前からの地球の平均気温上昇を2℃より十分下方に抑えるとともに、1.5℃に抑える努力を追求することなどが設定されました。また、主要排出国を含む全ての国が削減目標を5年ごとに提出・更新することが義務付けられるとともに、その目標は従前の目標からの前進を示すことが規定され、加えて、パリ協定の下で世界全体の気候変動対策の進捗状況を5年ごとに評価すること（グローバル・ストックテイク）、各国が共通かつ柔軟な方法でその実施状況を報告し、レビューを受けることなどが規定されました。そのほか、二国間クレジット制度（JCM）を含む市場メカニズムの活用、森林等の吸収源の保全・強化の重要性、途上国の森林減少・劣化からの排出を抑制する取組の奨励、適応に関する世界全体の目標設定及び各国の適応計画作成過程と行動の実施、先進国が引き続き資金を提供することと並んで途上国も自主的に資金を提供することなどが盛り込まれました。

　パリ協定の採択を受けて、ADPは作業を終了しました。

イ　パリ協定の発効

　2016年4月にはパリ協定の署名式が米国・ニューヨークの国連本部で行われ、175の国と地域が署名しました。同年5月には我が国でG7伊勢志摩サミットが開催され、同協定の年内発効という目標が首脳宣言に盛り込まれました。同年9月には米中両国が協定を同時締結したほか、国連主催のパリ協定早期発効促進イベントが開催されるなど、早期発効に向けた国際社会の機運が大きく高まりました。そして同年10月5日には、締約国数55か国及びその排出量が世界全体の55%との発効要件を満たし、11月4日、パリ協定が発効しました。なお、我が国は同年11月8日に締結しました。

ウ　パリ協定の実施

　2016年11月、モロッコのマラケシュにおいて、COP22、CMP12及びパリ協定第1回締約国会合第1部（CMA1-1。以下、パリ協定締約国会合を「CMA」という。）が行われました。COP22では、パリ協定の実施指針等に関する交渉の進め方について、実施指針を2018年までに策定することなどが決定されました。

　2018年12月、ポーランドのカトヴィツェにおいて、COP24・CMP14・CMA1-3が開催されました。COP24では、パリ協定の精神にのっとり、先進国と途上国との間で取組に差異を設けるべきという二分論によることなく、全ての国に共通に適用される実施指針を採択しました。採択された実施指針では、緩和（2020年以降の削減目標の情報や達成評価の算定方法）、透明性枠組み（各国の温室効果ガス排出量、削減目標の進捗・達成状況等の報告制度）、資金支援の見通しや実績に関する報告方法等について規定されました。パリ協定第6条（市場メカニズム）については、根幹部分は透明性枠組みに盛り込まれ、詳細ルールはCOP25における策定に向けて検討を継続することとなりました。

　2019年12月、スペインのマドリードにおいて、COP25・CMP15・CMA2が開催されました。COP25では、COP24で合意に至らなかったパリ協定第6条の実施指針の交渉が一つの焦点となりましたが、合意に至りませんでした。

　2021年10月より、英国のグラスゴーにおいて、COP26・CMP16・CMA3が開催されました。COP26では、全体決定である「グラスゴー気候合意」として、最新の科学的知見に依拠しつつ、パリ協定に定められた1.5℃に向け、今世紀半ばのカーボンニュートラル及びその経過点である2030年に向けて野心的な気候変動対策を締約国に求める内容のほか、排出削減対策が講じられていない石炭火力発電の逓減及び非効率な化石燃料補助金からのフェーズアウトを含む努力を加速すること、先進国に対して、2025年までに途上国の適応支援のための資金を2019年比で最低2倍にすることを求める内容が盛り込まれました。また、パリ協定第6条の実施指針について合意され、国際枠組の下での市場メカニズム（JCMを含む。）に関するルールが完成しました。二重計上の防止については、我が国が提案していた内容（政府承認に基づく二重計上防止策）が打開策となり、今回の合意に大きく貢献しました。この結果を踏まえて、その他、透明性枠組み（各国の温室効果ガス排出量、削減目標に向けた取組の進

掉・達成状況等の報告制度）、NDC実施の共通の期間（共通時間枠）、気候資金等の重要議題でも合意に至り、パリ協定のルール交渉を終え、更なる実施強化のステージへと移りました。

　2022年11月、エジプトのシャルム・エル・シェイクにおいて、COP27・CMP17・CMA4が開催されました。COP27では、「緩和作業計画」の策定、パリ協定6条の実施に必要となる事項についての決定、ロス＆ダメージへの技術支援を促進する「サンティアゴ・ネットワーク」の完全運用化に向けた制度的取決めについての決定、特に脆弱な国を対象にロス＆ダメージへの対処を支援する新たな資金面での措置を講じること及びその一環として基金の設置等が決定されました。また、全体決定である「シャルム・エル・シェイク実施計画」では、グラスゴー気候合意の内容を踏襲しつつ、緩和、適応、ロス＆ダメージ、気候資金等の分野で、全締約国の気候変動対策の強化を求める内容が盛り込まれました。特に緩和策としては、パリ協定の1.5℃目標に基づく取組の実施の重要性を確認するとともに、2023年までに同目標に整合的なNDCを設定していない締約国に対して、目標の再検討・強化を求めることが決定されました（写真1-1-1）。

　2023年11月、UAEのドバイにおいて開催されたCOP28・CMP18・CMA5においては、グローバル・ストックテイクが初めて行われ、パリ協定の長期目標の達成に向けて、世界全体ではまだ軌道に乗っていないことと、1.5℃目標達成のための緊急的な行動の必要性が強調されるとともに、2025年までの世界全体の排出量のピークアウトの必要性が認識されました。そのための具体的な行動として、全ての部門・全ての温室効果ガスを対象とした排出削減目標の策定（我が国は現行NDCで対応済み。なお、2022年度時点で既に約23％削減しており、着実に進捗。）、2030年までに世界全体での再生可能エネルギー発電容量を3倍及びエネルギー効率の改善率を2倍とすること、排出削減対策が講じられていない石炭火力発電の逓減の加速、エネルギーシステムにおける化石燃料からの移行、持続可能なライフスタイルと持続可能な消費・生産パターンへの移行等が合意されました。これらの成果を踏まえつつ、各国は2025年までに次期NDCを提出することが要請されています。

写真1-1-1　首脳級ハイレベル・セグメントでスピーチする岸田文雄内閣総理大臣

資料：首相官邸ホームページ

2　科学的知見の充実のための対策・施策

（1）我が国における科学的知見

　気象庁の統計によると、1898年から2023年の期間において、日本の年平均気温は100年当たり1.35℃の割合で上昇しています。また、文部科学省と気象庁が2020年12月に公表した「日本の気候変動2020－大気と陸・海洋に関する観測・予測評価報告書－」によると、20世紀末と比較した21世紀末の年平均気温が、気温上昇の程度をかなり低くするために必要となる温暖化対策を講じた場合には日本全国で平均1.4℃上昇し、また温室効果ガスの排出量が非常に多い場合には、日本全国で平均4.5℃上昇するとの予測が示されています。

　また環境省は、気候変動が我が国に与える影響について、2020年12月に「気候変動影響評価報告書」を公表しました。

　気候変動の影響については、気温や水温の上昇、降水日数の減少等に伴い、農作物の収量の変化や品質の低下、家畜の肉質や乳量等の低下、回遊性魚類の漁期や漁場の変化、動植物の分布域の変化やサンゴの白化、洪水の発生地点の増加、熱中症による死亡者数の増加、桜の開花の早期化等が、現時点において既に現れていることとして示されています。また、栽培適地の変化、高山の動植物の生息域減少、渇水の深刻化、水害・土砂災害を起こし得る大雨の増加、高潮・高波リスクの増大、海岸侵食の加速、自然資源を活用したレジャーへの影響、熱ストレスによる労働生産性の低下等のおそれがあると示されています。

（2）観測・調査研究の推進

　気候変動に関する科学的知見を充実させ、最新の知見に基づいた政策を展開するため、引き続き、環境研究総合推進費等の研究資金を活用し、現象解明、影響評価、将来予測及び対策に関する調査研究等の推進を図りました。

　加えて、2009年1月に打ち上げた温室効果ガス観測技術衛星1号機（GOSAT）（第6章第3節2（1）を参照）は、主たる温室効果ガスであるCO_2とCH_4の全球平均濃度の変化を継続監視し、2009年の観測開始から現在に至るまで季節変動を経ながら年々濃度が上昇している傾向を明らかにしました。さらに、2018年10月に打ち上げられた後継機となる2号機（GOSAT-2）は、全球の温室効果ガス濃度を観測するミッションをGOSATより継承するほか、新たな観測対象となるCOを観測する機能を用いて燃焼起源のCO_2を特定することに貢献しており、今後も各国のパリ協定に基づく排出量報告の透明性向上への貢献を目指します。なお、水循環変動観測衛星「しずく（GCOM-W）」後継センサと相乗りし、温室効果ガス観測精度を飛躍的に向上させた3号機に当たる温室効果ガス・水循環観測技術衛星（GOSAT-GW）は2024年度打ち上げを目指して開発を進めています。

　また、宇宙空間では軌道上にある使用済みとなった人工衛星やロケット上段等のスペースデブリ（宇宙ごみ）の増加が問題となっています。環境省はGOSATがスペースデブリとして宇宙空間に滞留することがないようにするため、2020年3月にスペースデブリ化防止対策を検討する環境省内検討チームを立ち上げ、同年10月には「今後の環境省におけるスペースデブリ問題に関する取組について（中間取りまとめ）」を公表しました。現在GOSATは順調に運用を継続しており機能面での問題はありませんが、突然の機能停止等に備えて、軌道離脱・停波運用に向けた作業計画書作成の準備や関係機関との定期的な協議などを通じて、引き続き、スペースデブリ化防止のための検討・調整を進めていきます。

　世界の政策決定者に対し、正確でバランスの取れた科学的情報を提供し、国連気候変動枠組条約の活動を支援してきたIPCCは、第6次評価サイクルにおいて1.5℃特別報告書（2018年10月公表）、土地関係特別報告書（2019年8月公表）、海洋・雪氷圏特別報告書（2019年9月公表）及び「2006年IPCC国別温室効果ガスインベントリガイドラインの2019年改良」（2019年5月公表。以下「2019年方法論報告書」という。）を公表し、2021年8月から2022年4月にかけて第6次評価報告書第1作業部会報告書、第2作業部会報告書及び第3作業部会報告書をそれぞれ公表しました。その後、2023年3月に第6次評価報告書の統合報告書が公表され、第6次評価サイクルは終了しました。これら報告書は、パリ協定において、その実施に不可欠な科学的基礎を提供するものと位置付けられています。我が国は、第6次評価サイクルの各種報告書作成プロセスに向けた議論への参画、資金の拠出、関連研究の実施など積極的な貢献を行ってきました。その一環として、2019年5月には、前述の2019年方法論報告書の採択を議論するIPCC第49回総会を京都市で開催しました。IPCCのインベントリガイドラインは、パリ協定の実施に不可欠な、各国による温室効果ガス排出量の把握と報告を支えるものですが、本報告書は、2006年に作成したガイドラインのうち、衛星データの利用や、改良が必要な排出・吸収カテゴリーに対する更新、補足及び精緻化を行ったものです。第7次評価サイクルにおいても、引き続き積極的な貢献を行う予定です。

　さらに、我が国の提案により公益財団法人地球環境戦略研究機関（IGES）に設置された、温室効果ガス排出・吸収量世界標準算定方式を定めるためのインベントリ・タスクフォース（TFI）の技術支援ユニットの活動を支援し、各国の適切なインベントリ作成に貢献しています。第7次評価サイクルにおいても、我が国はTFIの共同議長を引き続き務めています。

　国連気候変動枠組条約の目標を達成するための我が国の取組の一つとして、環境研究総合推進費による「気候変動影響予測・適応評価の統合的戦略研究（S-18）」等の研究を2023年度にも引き続き実施し、科学的知見の収集・解析等を行いました。これらの研究により明らかとなった知見は、IPCC等にインプットされることになります。

3 持続可能な社会を目指したビジョンの提示：低炭素社会から脱炭素社会へ

2020年10月26日、第203回国会において、我が国は2050年までにカーボンニュートラル、すなわち脱炭素社会の実現を目指すことを宣言し、第204回国会で成立した地球温暖化対策の推進に関する法律の一部を改正する法律（令和3年法律第54号）では、2050年カーボンニュートラルを基本理念として法定化しました。また、2021年4月22日の第45回地球温暖化対策推進本部において、2050年目標と整合的で野心的な目標として、2030年度に温室効果ガスを2013年度から46%削減することを目指し、さらに、50%の高みに向けて挑戦を続けていくことを宣言しました。

2021年10月22日、2030年度削減目標を踏まえ、地球温暖化対策の総合的かつ計画的な推進を図る「地球温暖化対策計画」を改定し、閣議決定を行いました。また、同日、2030年度削減目標を記載した「日本のNDC」を第48回地球温暖化対策推進本部において決定し、国連気候変動枠組条約事務局（UNFCCC）に提出しました。2050年カーボンニュートラルの実現に向けては、「パリ協定に基づく成長戦略としての長期戦略」を2021年10月22日に閣議決定し、同月29日にUNFCCCに提出しました。

この戦略では、政策の基本的な考え方として、2050年カーボンニュートラル宣言の背景にある「もはや地球温暖化対策は経済成長の制約ではなく、積極的に地球温暖化対策を行うことで産業構造や経済社会の変革をもたらし大きな成長につなげる」という考えをしっかりと位置付けています。

また、エネルギー、産業、運輸、地域・くらし、吸収源の各部門の長期的なビジョンとそれに向けた対策・施策の方向性を示すとともに、「イノベーションの推進」、「グリーンファイナンスの推進」等の分野を超えて重点的に取り組む11の横断的施策についても記載しています。今後、ステークホルダーとの連携や対話を通じ、我が国は、この長期戦略の実行に挑戦し、世界の脱炭素化をけん引していきます。

グリーントランスフォーメーション（GX）実現への10年ロードマップを示していくという岸田文雄内閣総理大臣指示を踏まえ、2022年12月、GX実行会議において、GXの実現を通して、2030年度の温室効果ガス46%削減や2050年カーボンニュートラルの国際公約の達成を目指すとともに、安定的で安価なエネルギー供給につながるエネルギー需給構造の転換や我が国の産業構造・社会構造の変革を実現すべく「GX実現に向けた基本方針～今後10年を見据えたロードマップ～」を取りまとめ、2023年2月に閣議決定を行いました。同年5月、第211回国会において、GX実現に向けて必要となる関連法である「脱炭素成長型経済構造への円滑な移行の推進に関する法律（GX推進法）」及び「脱炭素社会の実現に向けた電気供給体制の確立を図るための電気事業法等の一部を改正する法律（GX脱炭素電源法）」を成立させ、さらに、同年7月、「成長志向型カーボンプライシング構想」等の新たな政策を実行するため、GX推進法に基づき定められた「脱炭素成長型経済構造移行推進戦略（GX推進戦略）」を閣議決定しました。その後、GX実現に向けて、企業の予見可能性を高め、GX投資を強力に引き出すため、重点16分野における今後10年間の「分野別投資戦略」を取りまとめました。GX推進法及び同法に基づくGX推進戦略を踏まえ、脱炭素成長型経済構造移行債（GX経済移行債）を活用した先行投資支援と、成長志向型カーボンプライシングによるGX投資先行インセンティブを組み合わせつつ、重点分野でのGX投資を分野別投資戦略を通じ促進するなど、我が国のGXを加速していきます。

2021年5月、農林水産省において、食料・農林水産業の生産力向上と持続性の両立をイノベーションで実現させるための政策方針として「みどりの食料システム戦略」を策定しました。この戦略は、温室効果ガス削減やカーボンニュートラルの実現、生物多様性の保全にも寄与するものであり、2050年までに目指す姿として、農林水産業のCO_2ゼロエミッション化等の14の目標を定めています。2022年6月には、2030年の中間目標を設定し、「農林水産省地球温暖化対策計画」等と併せて、CO_2排出削減対策等を推進することとしています。

4 エネルギー起源CO₂の排出削減対策

(1) 産業部門（製造事業者等）の取組

2013年度以降の産業界の地球温暖化対策の中心的な取組である「低炭素社会実行計画」の2021年度実績について、審議会による厳格な評価・検証を実施しました。具体的には、目標達成の蓋然性を確保するため、2021年度に実施した取組を中心に各業種の進捗状況を点検し、2030年の目標達成に向けて着実に対策が実施されていることを確認しました。また、業界や部門の枠組みを超えた低炭素社会・サービス等による他部門での貢献、優れた技術や素材の普及等を通じた海外での貢献、革新的技術の開発や普及による削減貢献といった各業種の取組についても深掘りし、こうした削減貢献を可能な限り定量化することにより、貢献の可視化とベストプラクティスの横展開等を行いました。2023年3月末までに109業種が2030年を目標年限とする定量目標を設定しており、自主的取組に参画する業種の我が国のエネルギー起源CO_2排出量に占める割合は5割を超えています。加えて、「地球温暖化対策計画」においても、「低炭素社会実行計画」を産業界における対策の中心的役割と位置付けており、政府の2030年度削減目標との整合性や2050年のあるべき姿を見据えた2030年度目標設定、共通指標としての2013年度比の二酸化炭素排出量削減率の統一的な見せ方等の検討を進めるなど、引き続き自主的な取組を進め、温室効果ガスの排出削減をより一層推進していきます。

需要サイドでの事業者による非化石エネルギーの導入拡大の取組を加速させるため、2022年5月にエネルギーの使用の合理化等に関する法律（昭和54年法律第49号）をエネルギーの使用の合理化及び非化石エネルギーへの転換等に関する法律（以下「省エネ法」という。）に改正し、需要側における非化石エネルギーへの転換に関する措置を新設しました。この措置では、2023年4月からエネルギーを使用して事業を行う者に対し、その使用するエネルギーのうちに占める非化石エネルギーの使用割合の向上を求めることとしています。また、事業者の更なる省エネ取組を促すため、省エネ法に基づくベンチマーク制度の対象業種が拡大されました。

工場等に対して、CO_2排出量削減余地診断に基づいたCO_2削減計画の策定及び省CO_2型設備へ更新するための補助を行いました。また、LD-Tech（先導的脱炭素技術）情報の収集とリスト化等の取組を行いました。

中小企業等におけるCO_2排出削減対策の強化のため、省CO_2型設備導入における資金面の公的支援の一層の充実や、中小企業等の省エネ設備の導入や森林管理等による温室効果ガスの排出削減・吸収量をクレジットとして認証し、温室効果ガス排出量算定・報告・公表制度での排出量調整等に活用するJ-クレジット制度の運営、さらに建設施工現場における脱炭素化を目指し建設機械の抜本的な動力源の見直しを図るため、2023年10月から電動建機を対象としたGX建設機械認定制度を創設しました。

農林水産分野においては、「みどりの食料システム戦略」や「農林水産省地球温暖化対策計画」に基づき、緩和策として施設園芸等における省エネルギー対策、バイオマスの活用の推進、我が国の技術を活用した国際協力等を実施しました。

(2) 業務その他部門の取組

エネルギー消費量が増加傾向にある住宅・ビルにおける省エネ対策を推進するため、省エネ法における建材トップランナー制度に基づき、断熱材・窓（サッシ、複層ガラス）等の建築材料の性能向上を図っており、2021年6月から、更なる性能向上を図るため、目標基準値の強化に向けた検討を行った結果、窓については2022年3月、2022年度を目標年度とする目標基準値について、2030年度を新たな目標年度として目標基準値を約40%引き上げることを決定し、断熱材については2022年10月、2022年度を目標年度とする目標基準値について、2030年度を新たな目標年度として目標基準値を約5%引き上げることを決定しました。2023年度の取組としては、窓について、これまで対象となっていなかった非木造の中高層住宅や大中規模建築物にも対象を拡大するべく、検討を開始しました。また、大幅な省エネ性能を実現した上で、再生可能エネルギーを導入することにより、年間の一次エネル

ギー消費量の収支をゼロとすることを目指したビル（ネット・ゼロ・エネルギー・ビル。以下「ZEB」という。）の普及を進めるため、先進的な技術等の組み合わせによるZEBの実証事業を行っているほか、外皮の高断熱化を行った上で、高効率空調機器の導入等によって、一定の省エネルギー基準を満たす改修を行う際に、その設備の導入に係る費用を補助する事業（脱炭素ビルリノベ事業）を、令和5年度補正予算に新たに盛り込みました。加えて、建材と一体となった太陽発電設備の導入に係る費用を補助する事業（窓・壁等と一体となった太陽光発電の導入加速化支援事業）を、令和5年度補正予算に新たに盛り込みました。2022年6月の建築物のエネルギー消費性能の向上に関する法律（平成27年法律第53号、以下「建築物省エネ法」という。）の改正により、2025年までに原則全ての新築住宅・非住宅に省エネ基準適合を義務付けることとしました。加えて、省エネ性能が市場において適切に評価されるよう、建築物の販売・賃貸時の省エネ性能表示制度を強化し、告示に規定する省エネラベルを用いて表示するよう見直しました（2024年4月施行）。2023年9月には本制度のガイドラインを策定・公表し、同制度の周知を図っています。あわせて第三者評価BELS（Building-Housing Energy-efficiency Labeling System）」の普及も促進しています。あわせて、再エネ設備導入促進のための措置として、市町村が地域の実情に応じて再エネ設備の設置を促進する区域を設定（2024年4月施行）できることとしました。2023年9月には本制度のガイドラインを策定・公表し同制度の周知を図っています。また、建築物等に関する総合的な環境性能評価手法（CASBEE）の充実・普及、省エネ・省CO_2の実現性に優れたリーディングプロジェクト等に対する支援のほか、ビルオーナーとテナントが不動産の環境負荷を低減する取組についてグリーンリース契約等を締結して協働で省エネ化を図る事業に対する支援や、環境不動産の形成を促進するための官民ファンドの運営支援等を継続的に行いました。こうした規制措置強化と支援措置の組み合わせを通じ、2030年度以降新築される住宅・建築物について、ZEH・ZEB基準の水準の省エネルギー性能が確保されていることや、2050年に住宅・建築物のストック平均でZEH・ZEB基準の水準の省エネルギー性能が確保されていることなどを目指します。

更なる個別機器の効率向上を図るため、省エネ法のトップランナー制度においてエネルギー消費効率の基準の見直し等について検討を行っています。具体的には、2023年10月に、事業用変圧器の新たな省エネ基準を策定するために関係法令を改正しました。さらに、事業場等に対して、CO_2排出量削減余地診断に基づいた脱炭素化促進計画の策定及び省CO_2型設備へ更新するための補助を行いました。また、LD-Tech（先導的脱炭素化技術）情報の収集とリスト化等の取組を行いました。

（3）家庭部門の取組

上記の「（2）業務その他部門の取組」のうち、建材トップランナー制度や建築物省エネ法に基づく措置等を住宅においても実施するとともに、消費者等が省エネルギー性能の優れた住宅を選択することを可能とするため、CASBEEや住宅性能表示制度の充実・普及を実施しました。大幅な省エネルギーを実現した上で、再生可能エネルギーを導入することにより、年間の一次エネルギー消費量を正味でおおむねゼロ以下とし、省エネ性能と住み心地を兼ね備えた住宅（ネット・ゼロ・エネルギー・ハウス。以下「ZEH」という。）の普及や高性能建材を導入した断熱リフォームの普及を支援しました。また、2050年カーボンニュートラルの実現に向けて家庭部門の省エネを強力に推進するため、住宅の断熱性の向上に資する改修や高効率給湯器の導入などの住宅省エネ化への支援を強化する必要があることから、経済産業省、国土交通省及び環境省が実施する住宅の省エネリフォームのための補助制度をワンストップで利用可能（併用可）とし、補助事業の利便性の向上に努めることで、より一層の改修の促進を図っています。加えて、各家庭のCO_2排出実態やライフスタイルに合わせたアドバイスを行う家庭エコ診断制度において、専門の資格を持った診断士による対面診断やWEBサービスによる「うちエコ診断」を実施、2011年度から2023年度までに約132万件の診断を行いました。

また、一般消費者に一層の省エネに取り組んでいただくことなどを目的として、エネルギー供給事業者が行う省エネに関する一般消費者向けの情報提供を評価・公表する制度（省エネコミュニケーション・ランキング制度）の運用を2022年度より本格的に開始しました。

　行動科学の理論に基づくアプローチ（ナッジ（nudge：そっと後押しする）等）により、国民一人一人の行動変容を情報発信等を通じて直接促進し、ライフスタイルの自発的な変革・イノベーションを創出する、費用対効果が高く、対象者にとって自由度のある新たな政策手法の検証を行いました。具体的には、デジタル技術によりエネルギーの使用実態や環境配慮行動の実施状況等を客観的に収集、解析し、ナッジ等の行動科学の知見とAI/IoT等の先端技術を組み合わせたBI-Techにより、一人一人に合った快適でエコなライフスタイルを提案することで、脱炭素に向けた行動変容を促しました。例えば、電気やガスの使用量、自家用車や公共交通機関での移動距離等に基づいて個人のカーボンフットプリントが表示されるスマートフォン等のアプリケーションシステムを開発し、日々の環境配慮行動の実践を促したところ、予備的な実証実験では、カーボンフットプリントの表示のみでは効果が見られなかったのに対し、環境配慮行動の実施数についての目標を設定し、その達成状況を表示することで環境配慮行動の実践度合いが統計的有意に向上することが実証されました。環境配慮行動の実施数に応じて金銭的価値のあるポイントを付与することにより、さらに効果が高まることもまた実証されました。また、2017年4月には産学政官民連携の日本版ナッジ・ユニット（BEST）を発足し、2024年3月までに計32回の連絡会議を開催しました。活動の一つとして、ナッジ等の行動科学の理論・知見を活用した幅広い分野の社会・行政の課題解決に向けた取組を表彰する「ベストナッジ賞」コンテストを継続的に実施し、2023年度には従来の一般部門に加えて高等学校部門を新設しました。

（4）運輸部門の取組

　省エネ法に基づき、輸送事業者に対して貨物又は旅客の輸送に係るエネルギーの使用の合理化、非化石転換に関する取組等を、荷主に対して貨物の輸送に係るエネルギーの使用の合理化に関する取組、非化石転換に関する取組等を推進しています。また、AI・IoTを活用した運輸部門における更なる省エネに向けた取組を進めるため、荷主・輸送事業者・着荷主等が連携してサプライチェーン全体の輸送効率化を図る取組や、車両動態管理システム等を活用したトラック事業者と荷主等の連携による輸送効率化、自動車整備事業者へのスキャンツールの導入による適切な自動車整備が行われる環境の整備を通じた使用過程車の実燃費の改善実証を支援しました。引き続き、運輸部門における省エネ等を進めていきます。

　自動車単体対策としてはGX（グリーントランスフォーメーション）に向けて、自動車の燃費・電費の向上促進、車両の電動化・インフラに係る補助制度・税制支援等を通じた次世代自動車の普及促進等を行いました。また、環状道路等幹線道路ネットワークをつなぐとともに、ビッグデータを活用した渋滞対策等の交通流対策やLED道路照明灯の整備を行いました。さらに、改正された流通業務の総合化及び効率化の促進に関する法律（物流総合効率化法）（平成17年法律第85号）に基づく総合効率化計画の認定等を活用し、環境負荷の小さい効率的な物流体系の構築を促進しました。そして、共同輸配送、モーダルシフト、大型CNGトラック導入、貨客混載等の取組について支援を行ったほか、物流施設への再エネ設備等の一体的導入の支援による流通業務の脱炭素化を促進する支援制度を創設しました。加えて、グリーン物流パートナーシップ会議を通して、荷主や物流事業者等の連携による優良事業の表彰や普及啓発を行いました。さらに、省エネ法のトップランナー制度における乗用車の2030年度燃費基準（2020年3月策定）に関して、モード試験では反映されない燃費向上技術の達成判定における評価方法について検討を行うとともに、重量車の2025年度燃費基準（2019年3月策定）に関して、2022年10月に新たに重量車の電気自動車等のエネルギー消費性能の測定方法を策定し、製造事業者等による重量車の電気自動車等を導入する取組について、評価方法の検討を開始しました。

　鉄軌道分野については、2023年5月に公表した「鉄道分野におけるカーボンニュートラル加速化検討会」の最終取りまとめにおいて、鉄道分野のカーボンニュートラルが目指すべき姿を取りまとめ、「鉄道事業そのものの脱炭素化」、「鉄道アセットを活用した脱炭素化」、「環境優位性のある鉄道利用を通じた脱炭素化」の3つの柱に沿った取組を推進することとしました。あわせて、燃料電池鉄道車両の開発、鉄道車両へのバイオディーゼル燃料の導入等による脱炭素化を促進するとともに、省エネ車両や

回生電力の有効活用に資する設備の導入を支援することにより、鉄軌道ネットワーク全体の省エネルギー化を進めました。

国際海運分野については、2023年7月に国際海事機関（IMO）において我が国の提案をベースとした「2050年頃までにGHG排出ゼロ」を新たな目標とするGHG削減戦略が全会一致で合意されました。IMOにおいて、この目標達成のための技術的手法と経済的手法を組み合わせたゼロエミッション船の建造を促す制度の検討が始まっており、欧州連合からは技術的手法として、燃料のGHG強度による規制制度を提案し、我が国からは経済的手法として、化石燃料船に対して課金することと、ゼロエミッション船に対してインセンティブを与えることを組み合わせた制度等を提案しているところであり、具体的な対策の策定を主導しています。加えて、2021年度より、グリーンイノベーション基金を活用して水素・アンモニア等を燃料とするゼロエミッション船の実用化に向けた技術開発・実証プロジェクトを行っており、アンモニア燃料船については2026年、水素燃料船については2027年の実証運航開始を目指しています。また、2023年11月には、アンモニア燃料船の社会実装に向けた取組を加速するため、温室効果の高い亜酸化窒素（N_2O）の排出低減やアンモニア燃料補給時の安全対策等に資する開発をプロジェクトに追加しました。内航海運分野においても、船舶の省エネ・低脱炭素化を促進しており、荷主等と連携して離着桟・荷役等も含めた運航全体で省エネに取り組む連携型省エネ船の開発・導入、バイオ燃料の活用に向けた取組、省エネルギー性能の見える化（内航船省エネルギー格付制度（2024年3月末時点で172隻認定））を推進しています。また、2013年に策定した「LNGバンカリングガイドライン」については、LNG燃料船への燃料供給実績を踏まえ2023年6月に改訂版を公表しました。さらに、LNG燃料船、水素FC船、バッテリー船等の導入・実証に対する支援など船舶の低・脱炭素化に向けた取組を一層加速させています。

港湾分野については、我が国の産業や港湾の競争力強化と脱炭素社会の実現に貢献するため、脱炭素化に配慮した港湾機能の高度化や水素・アンモニア等の受入環境の整備等を図るカーボンニュートラルポート（CNP）の形成を推進しており、港湾法（昭和25年法律第218号）に基づき港湾管理者が作成する港湾脱炭素化推進計画について、計画の作成に対する補助、助言等による支援を行いました。

航空分野において、航空会社や空港会社による主体的・計画的な脱炭素化の取組を後押しすることが重要であり、航空法（昭和27年法律第231号）等に基づく「航空運送事業脱炭素化推進計画」及び「空港脱炭素化推進計画」の認定等を進めています。令和5年12月には成田、中部、関西、大阪国際空港の4空港の計画を、令和6年1月にはANAグループ、JALグループの2計画を初認定しました。航空機運航分野においては、国土交通省は2050年カーボンニュートラルの実現に向け、官民協議会の場などを活用して関係省庁や民間事業者と連携しながら、SAF（Sustainable Aviation Fuel：持続可能な航空燃料）の導入促進、管制の高度化等による運航の改善、機材・装備品等への環境新技術の導入に取り組んでいます。特にCO_2削減効果の高いSAFについては、2030年時点の本邦航空会社による燃料使用量の10%をSAFに置き換えるという目標を設定しており、関係省庁が連携し、国際競争力のある価格で安定的に国産SAFを供給できる体制の構築や、国産SAFの国際認証取得に向けた支援等に取り組んでいます。空港分野においては、各空港において空港脱炭素化推進協議会を設置し、空港脱炭素化推進計画の検討を進めるとともに、空港施設・空港車両等からのCO_2排出削減、空港の再エネの導入等に取り組んでいます。また、「空港の脱炭素化に向けた官民連携プラットフォーム」を活用し空港関係者等と情報共有や協力体制を構築するとともに、空港関係者の意識醸成や空港利用者への理解促進を図っています。

(5) エネルギー転換部門の取組

太陽光、風力、水力、地熱、太陽熱、バイオマス等の再生可能エネルギーは、地球温暖化対策に大きく貢献するとともに、エネルギー源の多様化に資するため、国の支援策により、その導入を促進しました。また、ガスコージェネレーションやヒートポンプ、燃料電池等、エネルギー効率を高める設備等の普及も推進してきました。さらに、二酸化炭素回収・貯留（CCS）の導入に向け、技術開発や貯留適

地調査等を実施しました。

電気事業分野における地球温暖化対策については、2016年2月に環境大臣・経済産業大臣が合意し、電力業界の自主的枠組みの実効性・透明性の向上等を促すとともに、省エネ法やエネルギー供給事業者によるエネルギー源の環境適合利用及び化石エネルギー原料の有効な利用の促進に関する法律（エネルギー供給構造高度化法）（平成21年法律第72号）に基づく基準の設定・運用の強化等により、2030年度の削減目標やエネルギーミックスと整合する2030年度に排出係数0.25kg-CO$_2$/kWhという目標を確実に達成していくために、電力業界全体の取組の実効性を確保していくこととしています。これを受けて、2024年1月、政府としては、産業構造審議会産業技術環境分科会地球環境小委員会資源・エネルギーワーキンググループを開催し、電力業界の自主的枠組みの評価・検証を行いました。

さらに、経済産業省では2030年に向け安定供給を大前提に非効率石炭火力のフェードアウトを着実に実施するために、石炭火力発電設備を保有する発電事業者について、最新鋭のUSC（超々臨界）並みの発電効率（事業者単位）をベンチマーク目標において求めることとしています。その際、水素・アンモニア等について、発電効率の算定時に混焼分の控除を認めることで、脱炭素化に向けた技術導入の促進につなげていきます。

さらに、2030年以降を見据えて、CCSについては、「エネルギー基本計画」や「パリ協定に基づく成長戦略としての長期戦略」等を踏まえて取り組むこととしています。

5 エネルギー起源CO$_2$以外の温室効果ガスの排出削減対策

(1) モントリオール議定書に基づく取組

2016年10月、ルワンダ・キガリにおいて、モントリオール議定書第28回締約国会合（MOP28）が開催され、HFCの生産量及び消費量の段階的削減を求める議定書の改正（キガリ改正）が採択されました。本改正を踏まえ、2018年6月に特定物質の規制等によるオゾン層の保護に関する法律の一部を改正する法律（平成30年法律第69号）が成立し、キガリ改正の発効日である2019年1月1日に施行され、我が国を含む先進国はHFCの生産量及び消費量を2036年までに基準量比（2011～2013年平均値＋HCFCの基準値の15%）の15%まで削減することとなりました。改正されたオゾン層保護法に基づき、我が国ではHFCの生産量及び消費量の割当てによる段階的な削減を進めています。

(2) 非エネルギー起源CO$_2$、CH$_4$及びN$_2$Oに関する対策の推進

農地土壌や家畜排せつ物、家畜消化管内発酵に由来するCH$_4$及びN$_2$Oを削減するため、「みどりの食料システム戦略」や「農林水産省地球温暖化対策計画」に基づき、地球温暖化防止等に効果の高い営農活動に対する支援を行うとともに、水稲栽培における中干し期間の延長や家畜排せつ物の適正処理等を推進しました。

廃棄物の発生抑制、再使用、再生利用の推進により化石燃料由来廃棄物の焼却量の削減を推進するとともに、有機性廃棄物の直接最終処分量の削減や、全連続炉の導入等による一般廃棄物処理施設における燃焼の高度化等を推進しました。

下水汚泥の焼却に伴うN$_2$Oの排出量を削減するため、下水汚泥の焼却の高度化や、N$_2$Oの排出の少ない焼却炉の普及、焼却を伴わない汚泥処理方法（コンポスト化等）の拡大を推進しました。

(3) 代替フロン等4ガスに関する対策の推進

代替フロン等4ガス（HFCs、PFCs、SF$_6$、NF$_3$）は、オゾン層は破壊しないものの強力な温室効果ガスであり、我が国の排出量についてUNFCCC事務局に毎年報告しなければならないとされています。

代替フロン等4ガスの中でも、HFCsについては、冷凍空調機器の冷媒用途を中心に、CFC、HCFCからの転換が進行し、排出量が増加傾向で推移してきました。HFCsの排出の約9割は冷凍空調機器の

冷媒用途によるものであり、機器の使用時におけるHFCsの漏えい及び廃棄時未回収が排出量に大きく寄与しています（図1-1-8）。

図1-1-8　代替フロン等4ガスの排出量推移

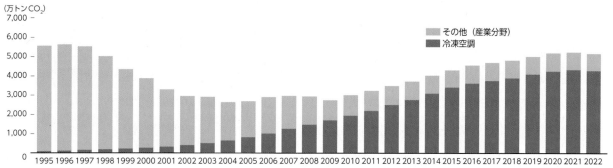

資料：日本の温室効果ガス排出量データ（1990～2022年度）（確報値）　https://www.nies.go.jp/gio/aboutghg/

　HFCsを含めた業務用冷凍空調機器に使用されるフロン類の排出削減に向けて、フロン類のライフサイクル全体にわたる対策を定めたフロン類の使用の合理化及び管理の適正化に関する法律（平成13年法律第64号。以下「フロン排出抑制法」という。）において、フロン類製造・輸入業者及びフロン類使用製品（冷凍空調機器等）の製造・輸入業者に対するノンフロン・低GWP（温室効果）化の推進、機器ユーザー等に対する機器使用時におけるフロン類の漏えいの防止、機器からのフロン類の回収・適正処理等が求められています。また、機器廃棄時の冷媒回収率は長らく低迷しており、直近でも4割程度にとどまる状況を踏まえ、機器ユーザーの廃棄時のフロン類引渡義務違反に対して、直接罰を導入するなど、関係事業者の相互連携により機器ユーザーの義務違反によるフロン類の未回収を防止し、機器廃棄時にフロン類の回収作業が確実に行われる仕組みを構築するため、2019年にフロン排出抑制法が改正され2020年4月から施行されました（図1-1-9）。加えて、2021年10月に閣議決定した「地球温暖化対策計画」においては、2030年に代替フロン（HFCs）を2013年比約55％削減し、フロン類が使用されている業務用冷凍空調機器の廃棄時回収率を2030年に75％まで向上させる目標を定めました。2023年度はウェブ等を活用した広報活動に加え、業務用冷凍空調機器の管理者及び建物解体業者、廃棄物・リサイクル事業者に対して改正フロン排出抑制法に係るオンライン説明会を開催し、改正法についてより一層の周知を行うとともに、都道府県のフロン排出抑制法担当部局への支援の一環として2021年度・2022年度の摘発事例の対応経緯の共有を行うなど、フロン類の更なる排出抑制対策も実施しました。また、冷媒のノンフロン化を推進するため、省エネ型自然冷媒機器の導入を促進するための補助事業等も実施しています。

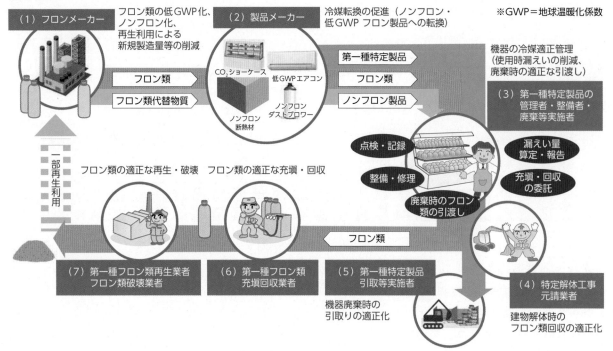

図1-1-9 フロン排出抑制法の概要

※GWP＝地球温暖化係数

資料：環境省

　また、特定家庭用機器再商品化法（平成10年法律第97号。以下「家電リサイクル法」という。）、使用済自動車の再資源化等に関する法律（平成14年法律第87号。以下「自動車リサイクル法」という。）に基づき、家庭用の電気冷蔵庫・冷凍庫、電気洗濯機・衣類乾燥機、ルームエアコン及びカーエアコンからのフロン類の適切な回収を進めました。

　産業界のフロン類対策等の取組に関しては、自主行動計画の進捗状況の評価・検証を行うとともに、行動計画の透明性・信頼性及び目標達成の確実性の向上を図りました。

6 森林等の吸収源対策、バイオマス等の活用

　土地利用、土地利用変化及び林業部門（LULUCF）については、パリ協定に則して、森林経営等の対象活動による吸収量について目標を定めています。具体的には、「地球温暖化対策計画」に基づき、森林吸収源対策により、2030年度に約3,800万トンCO_2、都市緑化等の推進により、2030年度に約120万トンCO_2、農地土壌炭素吸収源対策により、2030年度に850万トンCO_2の吸収量を確保することとしています。

　この目標を達成するため、森林吸収源対策として、「森林・林業基本計画」等に基づき、多様な政策手法を活用しながら、適切な造林や間伐等を通じた健全な森林の整備、保安林等の適切な管理・保全、効率的かつ安定的な林業経営の確立に向けた取組、国民参加の森林づくり、木材及び木質バイオマスの利用等を推進しました。

　都市における吸収源対策として、都市公園整備等による新たな緑地空間を創出し、都市緑化等を推進しました。さらに、農地土壌の吸収源対策として、炭素貯留量の増加につながる土壌管理等の営農活動の普及に向け、炭素貯留効果等の基礎調査、地球温暖化防止等に効果の高い営農活動に対する支援を行いました。

　加えて、ブルーカーボン生態系によるCO_2吸収量の計測・推計に向けた検討を行うとともに、海藻が着生しやすい基質の設置や、浚渫土砂や鉄鋼スラグを活用したCO_2吸収源となる藻場等の造成等を実施しました。

7 国際的な地球温暖化対策への貢献

(1) 開発途上国への支援の取組

　途上国では深刻な環境汚染問題を抱えており、2018年に開催された世界保健機関（WHO）の大気汚染と健康に関する国際会議やIPCCの報告書等においても、地球温暖化対策と環境改善を同時に実現できるコベネフィット・アプローチの有効性が認識されています。我が国では2007年12月から本アプローチによる途上国との協力を進めているほか、国際応用システム分析研究所（IIASA）やアジア・コベネフィット・パートナーシップ（ACP）の活動支援を通して、アジア地域におけるコベネフィット・アプローチを促進しています。

　途上国が脱炭素社会へ移行できるよう、我が国の地方公共団体が持つ経験を基に、制度・ノウハウ等を含め優れた脱炭素技術の導入支援を行う都市間連携事業や、アジア開発銀行（ADB）、国際連合工業開発機関（UNIDO）等と連携したプロジェクトへの資金支援を実施しています。

　加えて、気候変動による影響に脆弱である島嶼国に対し、気候変動への適応・エネルギー・水・廃棄物分野への対応に関する支援や、研究者によるネットワーク設立に向けた支援、国際熱帯木材機関（ITTO）への資金拠出を通じた、アフリカにおける食料生産と調和した森林経営の確立や東南アジアにおける持続可能な木材利用の促進の支援など、様々な取組を行っています。

　森林の減少を含む土地利用の変化に伴う温室効果ガス排出量は世界全体の人為的な排出量の約2割を占めるとされており、2015年12月にCOP21で採択されたパリ協定においては、森林を含む吸収源の保全及び強化に取り組むこと（5条1項）に加え、途上国の森林減少及び劣化に由来する温室効果ガスの排出の削減等（REDD＋）の実施及び支援を推奨すること（同2項）などが定められました。また、JCMの森林案件（REDD＋、植林）を推進するため、実施ルールの検討及び普及を行いました。

　政府全体の「インフラシステム海外展開戦略2025」（2022年6月改訂）の重点戦略の柱の1つである「脱炭素社会に向けたトランジションの加速」の実現に向けて、相手国のニーズも踏まえ、実質的な排出削減につながる脱炭素移行政策誘導型インフラ輸出支援を推進し、相手国の脱炭素移行を進めるため、政策立案の上流からセクター別や個別案件等の下流までを一体とした政策支援を実施しています。

(2) アジア太平洋地域における取組

　開発途上国の中には、気候変動影響に対処する適応能力が不足している国が多くあります。このため、我が国では、アジア太平洋地域において気候変動リスクを踏まえた意思決定と実効性の高い気候変動適応を支援するために構築した「アジア太平洋気候変動適応情報プラットフォーム」（AP-PLAT）を活用し、[1] 気候変動リスクに関する科学的知見の情報共有、[2] 政策意思決定用ツールの提供、[3] 気候変動適応策実施のための能力強化等の取組を、地域内の各国や関係機関等との協働により推進しています。

　また、様々な国際協力スキームや産官学に蓄積されてきた優れた適応ソリューションを活用し、気候変動影響評価ツールやビデオ教材などの開発を進めています。また、気候変動に脆弱な開発途上国に共通する喫緊の課題と多種多様な技術協力ニーズに応えるため、河川・沿岸防災、健康、水資源、食料安全保障、都市のレジリエンス、造礁サンゴ再生等による自然を基盤とした解決策（NbS：Nature-based Solutions）など様々な適応課題に対し、気候資金へのアクセス支援を中心に気候変動適応の技術協力を推進しています。

(3) JCMの推進に関する取組

　環境性能に優れた先進的な脱炭素技術・製品の多くは、一般的に導入コストが高く、普及には困難が伴うという課題があります。このため、途上国等のパートナー国への優れた脱炭素技術・製品・システム・サービス・インフラ等の普及や対策実施を通じ、実現した排出削減・吸収への我が国の貢献を定量的に評価するとともに、我が国の削減目標の達成に活用するJCMを構築・実施してきました。こうし

た取組を通じ、パートナー国の負担を下げながら、優れた脱炭素技術の普及を促進しています。「地球温暖化対策計画」では、JCMについて、「官民連携で2030年度までの累積で、1億トン-CO_2程度の国際的な排出削減・吸収量の確保を目標とする」ことが定められています。また、2021年のCOP26での合意を踏まえ、環境省は「COP26後の6条実施方針」を発表しており、[1] JCMパートナー国の拡大と、国際機関と連携した案件形成・実施の強化、[2] 民間資金を中心としたJCMの拡大、[3] 市場メカニズムの世界的拡大への貢献を通じて、世界の脱炭素化に貢献しています。

2022年以降に新たに加わった12か国を含め、29か国とJCMを構築しており、（表1-1-1）これまでにクレジットの獲得を目指す環境省JCM資金支援事業や、国立研究開発法人新エネルギー・産業技術総合開発機構（NEDO）による実証事業を実施している他、従来の政府支援に加え、民間資金を中心としたプロジェクト組成を促進するため、2023年3月に「民間資金を中心とするJCMプロジェクトの組成ガイダンス」を策定、2024年3月には同ガイダンスを改訂し、民間事業者等による本ガイダンスの活用を促し、民間JCMの取組の普及を進めています。

表1-1-1 JCMパートナー国ごとの進捗状況

パートナー国	プロジェクトの登録数	方法論の採択数	資金支援事業・実証事業・民間JCM事業件数（2013-2023年度）
モンゴル	6件	3件	10件
バングラデシュ	3件	4件	5件
エチオピア	–	3件	0件
ケニア	2件	3件	6件
モルディブ	1件	2件	4件
ベトナム	14件	15件	53件
ラオス	4件	4件	7件
インドネシア	23件	28件	54件
コスタリカ	1件	3件	2件
パラオ	4件	1件	6件
カンボジア	5件	5件	6件
メキシコ	–	1件	5件
サウジアラビア	1件	1件	3件
チリ	2件	3件	15件
ミャンマー	1件	5件	8件
タイ	11件	17件	50件
フィリピン	4件	3件	20件
セネガル	–	–	–
チュニジア	–	–	2件
アゼルバイジャン	–	–	–
モルドバ	–	–	–
ジョージア	–	–	–
スリランカ	–	–	1件
ウズベキスタン	–	–	–
パプアニューギニア	–	–	–
アラブ首長国連邦	–	–	–
キルギス	–	–	–
カザフスタン	–	–	–
ウクライナ	–	–	–
合計	82件	101件	257件

注：2024年3月31日時点。
資料：環境省

(4) 短寿命気候汚染物質に関する取組

ブラックカーボン、CH_4、HFC等の短寿命気候汚染物質については、その対策が短期的な気候変動緩和と大気汚染防止等他分野の双方に効果があるとして国際的に注目されており、2012年2月に米国、スウェーデン等により立ち上げられた「短寿命気候汚染物質（SLCP）削減のための気候と大気浄化のコアリション（CCAC）」に、2012年4月より我が国も参加しました。

2023年12月にはCOP28の場で64か国が賛同したグローバル・クーリング・プレッジが立ち上げられ、我が国を含む賛同国は、2050年までに冷凍空調機器関連の温室効果ガスの排出量を2022年比で少なくとも68%削減することのほかに、環境省が主導しているフルオロカーボン・イニシアティブ（IFL）等を通じ冷凍空調機器に充填されたフロン類のライフサイクルマネジメントを追求することなどを誓約しました。

世界全体のメタン排出量を2030年までに2020年比30%削減することを目標とするグローバル・メタン・プレッジについて、我が国は、2021年9月の日米豪印首脳会合において参加を表明しました。我が国としては、「地球温暖化対策計画」に基づき、国内のメタン排出削減に取り組むとともに、国内のメタン排出削減の優良事例を各国と共有していくことなどのイニシアティブが期待されています。

8 横断的施策

(1) 地域脱炭素の推進

2021年6月に開催した第3回国・地方脱炭素実現会議において「地域脱炭素ロードマップ〜地方からはじまる、次の時代への移行戦略〜」を策定しました。本ロードマップに基づき、地域脱炭素が、意欲と実現可能性が高いところからその他の地域に広がっていく「実行の脱炭素ドミノ」を起こすべく、2025年までを集中期間として、あらゆる分野において、関係省庁が連携して、脱炭素を前提とした施策を総動員していくこととしました。また、2023年7月に閣議決定された「脱炭素成長型経済構造移行推進戦略（GX推進戦略）」でも、地域金融機関や地域の企業等との連携の下、地域特性に応じて、各地方公共団体の創意工夫を活かした産業・社会の構造転換や脱炭素製品の面的な需要創出を進め、地域・くらしの脱炭素化を実現することが明記されました。

2050年を待つことなく2030年度までに、カーボンニュートラルと地域課題の解決を同時に実現する「脱炭素先行地域」については、2023年度までに4回の募集により73地域を選定しました。また2022年度に創設した「地域脱炭素移行・再エネ推進交付金」により、2023年度までに110の地方公共団体における脱炭素の基盤となる重点対策の加速化を支援しました。さらに、脱炭素化に資する事業の加速化を図るため、2022年10月に株式会社脱炭素化支援機構が設立され、2024年3月末までに15件の支援決定の公表がなされました。脱炭素化支援機構は、脱炭素に資する多様な事業への呼び水となる投融資（リスクマネー供給）を行い、脱炭素に必要な資金の流れを太く、速くし、経済社会の発展や地方創生、知見の集積や人材育成など、新たな価値の創造に貢献します。加えて、地域脱炭素の中核人材を育成するための地方公共団体の職員向けの研修、専門人材の派遣などの人的支援を行ったほか、脱炭素型の優れた都市開発を表彰しました。

(2) 低炭素型の都市・地域構造及び社会経済システムの形成

都市の低炭素化の促進に関する法律（平成24年法律第84号）に基づく低炭素まちづくり計画がこれまで26都市（2023年12月末時点）で作成されました。また、都市再生特別措置法（平成14年法律第22号）に基づく立地適正化計画がこれまでに537都市（2023年12月末時点）で作成され、計画に基づく都市のコンパクト化を図るための財政支援を行うことにより、脱炭素に資するまちづくりを総合的に推進しました。

低炭素なまちづくりの一層の普及のため、温室効果ガスの大幅な削減など低炭素社会の実現に向け、高い目標を掲げて先駆け的な取組にチャレンジする23都市を環境モデル都市（表1-1-2）として選定しており、対象都市に対して2022年度の取組評価及び2021年度の温室効果ガス排出量等のフォローアップを行いました。

都市の低炭素化をベースに、環境・超高齢化等を解決する成功事例を都市で創出し、国内外に展開して経済成長につなげることを目的として、2011年度に東日本大震災の被災地域6都市を含む11都市を環境未来都市（表1-1-3）として選定しており、引き続き各都市の取組に関する普及展開等を実施しました。

表1-1-2	環境モデル都市一覧		
No.	地域名	No.	地域名
1	下川町（北海道）	13	堺市（大阪府）
2	帯広市（北海道）	14	尼崎市（兵庫県）
3	ニセコ町（北海道）	15	神戸市（兵庫県）
4	新潟市（新潟県）	16	生駒市（奈良県）
5	つくば市（茨城県）	17	西粟倉村（岡山県）
6	千代田区（東京都）	18	松山市（愛媛県）
7	横浜市（神奈川県）	19	檮原町（高知県）
8	富山市（富山県）	20	北九州市（福岡県）
9	飯田市（長野県）	21	水俣市（熊本県）
10	御嵩町（岐阜県）	22	小国町（熊本県）
11	豊田市（愛知県）	23	宮古島市（沖縄県）
12	京都市（京都府）		

資料：内閣府

表1-1-3	環境未来都市一覧		
No.	地域名	No.	地域名
1	下川町（北海道）	6	新地町（福島県）
2	釜石市（岩手県）	7	南相馬市（福島県）
3	気仙広域（岩手県）【大船渡市／陸前高田市／住田町】	8	柏市（千葉県）
		9	横浜市（神奈川県）
4	東松島市（宮城県）	10	富山市（富山県）
5	岩沼市（宮城県）	11	北九州市（福岡県）

資料：内閣府

　2023年度蓄電池等の分散型エネルギーリソースを活用した次世代技術構築実証事業により、IoT技術等を活用し、複数の再生可能エネルギーや蓄電池等を束ねて制御し安定した電力として供給する技術や、工場や家庭等が有する蓄電池や発電設備、ディマンドリスポンス等のエネルギーリソースを統合制御し電力の需給調整に活用する技術といった、いわゆるアグリゲーションビジネスの促進に向けた技術実証を行いました。また、2023年度系統用蓄電池等の導入及び配電網合理化等を通じた再生可能エネルギー導入加速化事業により、既存の系統線を用いることでコストを抑え、非常時には地域内の再生可能エネルギー等から自立的な電力供給する、いわゆる「地域独立系統（マイクログリッド）」の構築に向けて、2023年度は5件の計画策定支援を実施しました。

　交通システムに関しては、公共交通機関の利用促進のための鉄道新線整備等の推進、環状道路等幹線道路ネットワークをつなぐとともに、ビッグデータを活用した渋滞対策等の交通流対策を行いました。

　再生可能エネルギーの導入に関して、2013年10月に国内初の本格的な2MWの浮体式洋上風力発電を設置、2016年3月より運転を開始し、本格的な運転データ、環境影響・漁業影響の検証、安全性・信頼性に関する情報を収集し、事業性の検証を行いました。また、2016年度からは、洋上風力発電の更なる事業化を促進するため、施工の低コスト化・低炭素化や効率化等の手法の確立及び効率的かつ正確な海域動物・海底地質等の調査手法の確立に取り組みました。2020年度からは、浮体式洋上風力発電の実証を行った経験を活かし、事業性検証・理解醸成事業に取り組んでおり、2023年度には、「離島への浮体式洋上風力発電導入検討の手引き」を作成しました。

　海洋再生可能エネルギー発電設備の整備に係る海域の利用の促進に関する法律（再エネ海域利用法）（平成30年法律第89号）に基づく海洋再生可能エネルギー発電設備の整備促進区域（促進区域）の指定について、2023年10月に新たに「青森県沖日本海（南側）」及び「山形県遊佐町沖」の2海域を指定しました。現在、合計4.6GWの促進区域の指定をしており、「洋上風力産業ビジョン（第1次）」で掲げている2030年までに10GWという案件形成目標の達成に向け、着実に進展しています。同年12月には「秋田県男鹿市・潟上市・秋田市沖」、「新潟県村上市・胎内市沖」、「長崎県西海市江島沖」における洋上風力発電事業者を、2024年3月には「秋田県八峰町及び能代市沖」における洋上風力発電事業者の選定を行いました。この結果、これまでに8か所（9海域）において洋上風力発電事業者を選定しています。また、洋上風力発電設備の設置及び維持管理に利用される港湾（基地港湾）について、これまで国土交通大臣が5港を指定し、整備を進めています。このうち、秋田港では整備が完了し、2021年4月に港湾法（昭和25年法律第218号）に基づき海洋再生可能エネルギー発電設備取扱埠頭に係る賃貸借契約を締結し、洋上風力発電設備の設置工事に活用されています。

　地域レジリエンス・脱炭素化を同時実現する公共施設への自立・分散型エネルギー設備等導入推進事業等により、地域防災計画に災害時の避難施設等として位置付けられた公共施設、又は業務継続計画に

より災害等発生時に業務を維持するべき公共施設に、平時の温室効果ガス排出削減に加え、災害時にもエネルギー供給等の機能発揮を可能とする再生可能エネルギー設備等の導入を支援しました。さらに、公共施設等先進的CO₂排出削減対策モデル事業により、複数の公共施設等が存在する地区内で再エネ設備等を導入し、自営線等を整備、電力を融通する自立・分散型のエネルギーシステムを複数構築し、システム間において電力を融通することにより、地区を越えた地域全体でCO₂排出削減に取り組む事業の構築を支援しました。さらに、農業分野にも再生可能エネルギーの導入を促すため、優良農地の確保を前提とした再生可能エネルギー発電設備を導入し、農林漁業関連施設等へその電気を供給するモデル事例を創出しました。

(3) 水素社会の実現

　水素は、利用時にCO_2を排出せず、製造段階に再生可能エネルギーやCCSを活用することで、トータルでCO_2フリーなエネルギー源となり得ることから、脱炭素社会実現の重要なエネルギーとして期待されています。また、水素は再生可能エネルギーを含め多種多様なエネルギー源から製造し、貯蔵・運搬することができるため、一次エネルギー供給構造を多様化させることができ、一次エネルギーのほぼ全てを海外の化石燃料に依存する我が国において、エネルギー安全保障の確保と温室効果ガスの排出削減の課題を同時並行で解決していくことにも大いに貢献するものです。

　水素利用については、家庭用燃料電池（エネファーム）や燃料電池自動車（FCV）の普及が先行しており、導入拡大に向けた支援を行いました。また、水素の供給インフラについても、商用水素ステーションが整備中13か所を含めて全国174か所（2023年10月末時点）で整備されるなど、世界に先駆けて整備が進んでいます。さらに、燃料電池バス・フォークリフト等の産業車両への導入支援や水素内燃機関の技術開発実証など、水素需要の更なる拡大に向けた取組を進めました。

　水素の本格的な利活用に向けては、水素をより安価で大量に調達することが必要です。このため、海外の褐炭等の未利用エネルギーから水素を製造し、国内に水素を輸送する国際水素サプライチェーン構築実証に取り組んでいます。また、製造時にもCO_2を排出しない、トータルでCO_2フリーな水素の利活用拡大に向けては、再生可能エネルギーの導入拡大や電力系統の安定化に資する技術として、太陽光発電といった自然変動電源の出力変動を吸収し、水素に変換・貯蔵するPower-to-Gas技術の実証にも福島水素エネルギー研究フィールド（FH2R）等において取り組んでいます。さらに、地域資源（再生可能エネルギー、副生水素、使用済みプラスチック、家畜ふん尿等）を活用した水素の製造、貯蔵、運搬、利活用の各設備とそれらをつなぐインフラネットワークの整備を通じた地域水素サプライチェーン構築を地域特性に応じて、様々な需給を組み合わせた実証モデルの構築を進めています。

　一方、水素社会の実現には、技術面、コスト面、インフラ面等でいまだ多くの課題が存在しており、官民一体となった取組を進めていくことが重要です。このような観点を踏まえて決定された「水素基本戦略」（2017年12月再生可能エネルギー・水素等関係閣僚会議決定）では、水素社会実現に向けて官民が共有すべき方向性・ビジョンを示しています。さらに、2023年2月に「GX実現に向けた基本方針」の中で、「国家戦略の下で、クリーンな水素・アンモニアへの移行を求める」ことが閣議決定されたことを受け、2023年6月に「水素基本戦略」を改定しました。民間企業が大規模なサプライチェーン構築のために予見性をもって投資をできるように、規制・支援一体で支援すべく、既存原燃料との価格差に着目した支援や、水素等の利用の拡大につながる供給インフラの整備支援を含む法整備の検討を進めており、具体化を急いでいます。

　水素がビジネスとして自立するためには国際的なマーケットの創出が重要です。経済産業省及びNEDOは2023年9月に、「第6回水素閣僚会議」を開催し、23の国・地域・機関に参加いただきました。世界で加速する水素関連の取組について共有するとともに、東京宣言およびグローバル・アクション・アジェンダの進展の加速と拡大に向けた議長サマリーを取りまとめ、2030年に向けて水素需要量1億5,000万トン、そのうち再生可能及び低炭素水素需要量を9,000万トンとする追加的なグローバル目標を各国と共有しました。

（4）温室効果ガス排出量の算定・報告・公表制度

　地球温暖化対策の推進に関する法律（平成10年法律第117号。以下「地球温暖化対策推進法」という。）に基づく温室効果ガス排出量算定・報告・公表制度により、温室効果ガスを一定量以上排出する事業者に、毎年度、排出量を国に報告することを義務付け、国が報告されたデータを集計・公表しています。

　2021年の地球温暖化対策推進法の改正により、2022年度からは、省エネ法・温対法・フロン法電子報告システム（EEGS）による報告を開始しました。原則デジタル化したことで、事業者の報告負担の軽減、公表までの期間が短縮されました。全国の13,284の特定排出者（特定事業所：14,915事業所）から報告された2021年度の排出量を集計し、2024年2月に結果を公表しました。今回報告された排出量の合計は6億1,358万トンCO_2で、我が国の2021年度排出量の約5割に相当します。また、排出量算定・データ共有に係る企業ニーズの高まり等を踏まえ、算定・報告・公表制度の対象外である小規模排出企業も、排出量算定や削減取組情報を公表する機能を追加しました。

（5）排出削減等指針

　地球温暖化対策推進法に基づき、事業者が事業活動において使用する設備について、温室効果ガスの排出削減等に資するものを選択するとともに、できる限り温室効果ガスの排出量を少なくする方法で使用するよう努めること、また、国民が日常生活において利用する製品・サービスの製造等を事業者が行うに当たって、その利用に伴う温室効果ガスの排出量がより少ないものの製造等を行うとともに、その利用に伴う温室効果ガスの排出に関する情報の提供を行うよう努めることとされています。こうした努力義務を果たすために必要な措置を示した排出削減等指針を策定・公表することとされており、2022年度の全面的な改定も踏まえ、排出削減等指針の利便性の更なる向上のため、先進的な対策リスト及び各対策の効率水準・コスト等のファクト情報を拡充しました。

（6）脱炭素社会に向けたライフスタイルの転換

　2050年カーボンニュートラル及び2030年度削減目標の実現に向けて、国民・消費者の行動変容・ライフスタイル転換を促すため、2022年10月に発足した国民運動「脱炭素につながる新しい豊かな暮らしを創る国民運動」の愛称を国民に広く募集を行い、2023年7月愛称を「デコ活※」に決定しました。（※二酸化炭素（CO_2）を減らす（DE）脱炭素（Decarbonization）と、環境に良いエコ（Eco）を含む"デコ"と活動・生活を組み合わせた新しい言葉。）

　愛称の決定に伴い、ロゴマークやメッセージ「くらしの中のエコろがけ」、国民の暮らしを豊かにより良くする具体的な取組として計13の「デコ活アクション」を決定したほか、組織（自治体・企業・団体）、個人単位で「デコ活宣言」の呼びかけを行い、1,977件（2024年3月時点。国・自治体：249件、企業：585件、各種団体：163件、個人：980件）のデコ活宣言をいただきました。

　また、デコ活の開始と同時に発足したデコ活応援団（官民連携協議会）には、1,200者を超える自治体・企業・団体等の参画をいただき、このデコ活応援団とともに国民・消費者の豊かな暮らしを後押しするための官民連携プロジェクトを組成・実施・検討しました。

　さらに、国民・消費者の行動変容・ライフスタイルの転換を促進し、脱炭素につながる新しい豊かな暮らしと、我が国の温室効果ガス削減目標を実現するために必要な方策・道筋を示す「くらしの10年ロードマップ」を策定しました。

（7）J-クレジット、カーボン・オフセット

　国内の多様な主体による省エネ設備の導入や再生可能エネルギーの活用等による排出削減対策及び適切な森林管理による吸収源対策を引き続き積極的に推進していくため、カーボン・オフセットや財・サービスの高付加価値化等に活用できるクレジットを認証するJ-クレジット制度の更なる活性化を図りました。J-クレジットの対象となるプロジェクトの拡充により、制度の円滑な運営を図るとともに、認

証に係る事業者等への支援やクレジットの売り手と買い手のマッチング機会を提供するなど制度活用を促進するための取組を強化しました。特に、2023年11月には肉用牛へのバイパスアミノ酸の給餌によるメタン・一酸化二窒素削減に関する新規方法論を追加し、新規技術を含めて方法論を拡充しました。2024年3月末時点で、J-クレジット制度の対象となる方法論は70種類あり、これまで59回の認証委員会を開催し、省エネ・再エネ設備の導入、森林管理や農業分野に関するプロジェクトを608件登録し、また登録プロジェクトから、累計597回の認証、累計844万トン CO_2 のクレジット認証をしました。J-クレジット制度の活用により、中小企業や農林業等の地域におけるプロジェクトにカーボン・オフセットの資金が還流するため、地球温暖化対策と地域振興が一体的に図られました。また、カーボン・クレジットの取引の流動性を高めるとともに、適切な価格公示を行うことで、脱炭素投資を促進する観点から、東京証券取引所によるカーボン・クレジット市場が2023年10月に開設し、J-クレジットの取引が開始されました。

「カーボン・オフセット」とは、市民、企業等が、自らの温室効果ガスの排出量を認識し、主体的にこれを削減する努力を行うとともに、削減が困難な部分の排出量について、排出削減・吸収量（クレジット）の購入や、他の場所で排出削減・吸収を実現するプロジェクトや活動の実施等により、排出量の全部又は一部を埋め合わせるという考え方です。2023年12月より、国内で信頼性の確保されたカーボン・オフセットの取組を促進するため、国内でのオフセット取組の状況、オフセットに関連する国際動向やガイドライン策定、文書の分かりやすさ等の観点から、『我が国におけるカーボン・オフセットのあり方について（指針）』及び『カーボン・オフセットガイドライン』の改訂を行う検討会を立ち上げました。

(8) 金融のグリーン化

脱炭素社会を創出し、気候変動に対して強靱で持続可能な社会を創出していくには、必要な温室効果ガス削減対策や気候変動への適応策に的確に民間資金が供給されることが必要です。このため、ESG金融等を通じて環境への配慮に適切なインセンティブを与え、資金の流れをグリーン経済の形成に寄与するものにしていくための取組（金融のグリーン化）を進めることが重要です。

詳細については、第6章第2節を参照。

(9) 地域の中小企業の脱炭素化支援

2050年ネットゼロ達成に向けて、中小企業は、我が国の企業数の約9割、雇用の約7割、GHG排出量のうち約2割程度を占めており、中小企業によるGHG排出量の削減に向けた取組や脱炭素経営の促進は重要となります。その際、普段から地域の中小企業との接点を持っている地域金融機関や商工会議所を始めとする経済団体等のプッシュ型支援が効果的となります。他方で、企業の脱炭素経営の取組ステップ（「知る」「測る」「減らす」）のうち、各支援機関によって得意とする支援メニューの取組やステップが異なることから、地域ぐるみでの脱炭素経営支援体制を構築することが有効となります。こうした状況を踏まえ、地域金融機関・商工会議所等の経済団体等と地方公共団体が連携した、地域ぐるみでの中小企業に対する脱炭素経営支援体制の構築を図る地域のモデル事例の構築を行い、2024年3月に支援体制構築のステップを整理した「地域ぐるみでの支援体制構築ガイドブック」を公表しました。

(10) 排出量・吸収量算定方法の改善等

国連気候変動枠組条約に基づき、温室効果ガスインベントリの報告書を作成し、排出量・吸収量の算定に関するデータとともに条約事務局に提出しました。また、これらの内容に関して、条約事務局による審査の結果等を踏まえ、その算定方法の改善等について検討しました。

(11) 地球温暖化対策技術開発・実証研究の推進

地球温暖化の防止に向け、革新技術の高度化、有効活用を図り、必要な技術イノベーションを推進す

るため、再生可能エネルギーの利用、エネルギー使用の合理化だけでなく、民間の自主的な技術開発に委ねるだけでは進まない多様な分野におけるCO_2排出削減効果の高い技術の開発・実証、窒化ガリウム（GaN）やセルロースナノファイバー（CNF）等の新素材の活用によるエネルギー消費の大幅削減、地域資源循環を実現する触媒、燃料電池や水素エネルギー、蓄電池、二酸化炭素回収・有効利用・貯留（CCUS）等に関連する技術の開発・実証、普及を促進しました。

農林水産分野においては、「農林水産省地球温暖化対策計画」及び「農林水産省気候変動適応計画」に基づき、地球温暖化対策に係る研究及び技術開発を推進しました。

温室効果ガスの排出削減・吸収技術の開発として、農地土壌の炭素貯留能力を向上させるバイオ炭資材等の開発、東南アジアの小規模農家のための経済性を備えた温室効果ガス排出削減技術の開発、畜産分野における温室効果ガスの排出を低減する飼養管理技術等の開発を推進しました。

また、地球温暖化緩和に資するため、農地土壌の炭素貯留ポテンシャルの評価とそれに貢献するメカニズムに関する研究、炭素貯留能力に優れた造林樹種を効率的に育種する技術の開発、針葉樹樹皮から化石由来プラスチックの代替品として利用できる樹脂原料等の開発を推進しました。

農林水産分野における温暖化適応技術については、高温に強い品種や温暖化に適応した生産技術の開発に取り組み、また、高温環境に適した品種・品目への転換、適応技術の普及や、流木災害防止・被害軽減技術、発生リスクの上昇が予想される赤潮の被害軽減技術等の開発を推進しました。

9 公的機関における取組

（1）政府実行計画

政府における取組として、地球温暖化対策推進法に基づき、自らの事務及び事業から排出される温室効果ガスの削減等を定めた「政府がその事務及び事業に関し温室効果ガスの排出の削減等のため実行すべき措置について定める計画（政府実行計画）」を2021年10月に閣議決定しました。この計画では、2013年度を基準として、政府全体の温室効果ガス排出量を2030年度までに50%削減することを目標とし、太陽光発電の導入、新築建築物のZEB化、電動車の導入、LED照明の導入、再生可能エネルギー電力の調達等の措置を講ずることとしています。

各府省庁は温室効果ガスの削減に取り組み、調整後排出係数に基づき算出した場合、2022年度は基準年度である2013年度に比べ23.4%（速報値）の削減を達成しています。

また、公共部門等の脱炭素化について、関係府省庁間の緊密な連携を確保し、必要な検討や取組の円滑な実施を図るため、「公共部門等の脱炭素化に関する関係府省庁連絡会議」を2023年9月に設置しました。

さらに、この計画に基づく取組に当たっては、2007年11月に施行された国等における温室効果ガス等の排出の削減に配慮した契約の推進に関する法律（平成19年法律第56号）に基づき、温室効果ガス等の排出の削減に配慮した契約を実施しました。

（2）地方公共団体実行計画

地球温暖化対策推進法に基づき、全ての地方公共団体は、自らの事務・事業に伴い発生する温室効果ガスの排出削減等に関する計画である地方公共団体実行計画（事務事業編）の策定が義務付けられています。また、都道府県、指定都市、中核市及び施行時特例市は、地域における再生可能エネルギーの導入拡大、省エネルギーの推進等を盛り込んだ地方公共団体実行計画（区域施策編）の策定が義務付けられているほか、その他の市町村においても区域施策編の策定が努力義務とされています。さらに、市町村が、住民や事業者などが参加する協議会等で合意形成を図りつつ、環境に適正に配慮し、地域に貢献する再生可能エネルギー事業を促進する区域を定める、「地域脱炭素化促進事業制度」が設けられています。加えて、2023年4月から「地域脱炭素を推進するための地方公共団体実行計画制度等に関する検討会」を開催し、地域脱炭素化促進事業制度の施行状況等を踏まえ、地域共生型再エネの推進を中心

に、地域脱炭素施策を加速させる地方公共団体実行計画制度等の在り方について議論を行いました。地方公共団体や民間事業者等に対するヒアリングも行い、2023年8月に取りまとめを公表しています。

環境省は、地方公共団体の取組を促進するため、地方公共団体実行計画の策定・実施に資するマニュアル類の公表や、「自治体排出量カルテ」を始めとした、温室効果ガス排出量の現況推計に活用可能なツールを提供しているほか、地方公共団体職員向けの研修を実施しています。2023年度は、当該マニュアル・ツールの改定に加え、地域における再生可能エネルギーの最大限の導入を促進するため、「地域脱炭素実現に向けた再エネの最大限導入のための計画づくり支援事業」を通じて、地方公共団体における再生可能エネルギーの導入計画の策定や円滑な再エネ導入のための促進区域設定等に向けたゾーニング等の取組支援を実施しました。

地球温暖化対策推進法に基づき、引き続き都道府県や指定都市等において、地域における普及啓発活動や調査分析の拠点としての地域地球温暖化防止活動推進センター（地域センター）の指定や、地域における普及啓発活動を促進するための地球温暖化防止活動推進員を委嘱し、さらに関係行政機関、関係地方公共団体、地域センター、地球温暖化防止活動推進員、事業者、住民等により地球温暖化対策地域協議会を組織することができることとし、これらを通じパートナーシップによる地域ごとの実効的な行動変容を促進する取組の推進等が図られるよう継続して措置しました。

第2節　気候変動の影響への適応の推進

1　気候変動の影響等に関する科学的知見の集積

気候変動の影響に対処するため、温室効果ガスの排出の抑制等を行う緩和だけではなく、既に現れている影響や中長期的に避けられない影響を回避・軽減する適応を進めることが求められています。この適応を適切に実施していくためには、科学的な知見に基づいて取組を進めていくことが重要となります。

我が国の気候変動影響に関する科学的知見については、2015年3月に中央環境審議会により取りまとめられた意見具申「日本における気候変動による影響の評価に関する報告と課題について」で示されています。

この意見具申から5年経過した2020年12月には、新たに最新の知見を取りまとめ、気候変動適応法（平成30年法律第50号）に基づく初めての報告書となる「気候変動影響評価報告書」を公表しました。同報告書では、2015年の意見具申より約2.5倍の文献を引用し、知見が充実したほか、昨今の台風等の激甚災害の実態を踏まえ、分野・項目ごとの個別の影響が同時に発生することによる複合的な影響や、ある影響が分野・項目を超えて更に他の影響を誘発することによる影響の連鎖・相互作用を扱う「複合的な災害影響（自然災害・沿岸域分野）・分野間の影響の連鎖（分野横断）」についても記載しました。2025年度に予定している次期気候変動影響評価に向けて、科学的知見の収集・整理や評価方法の検討等を行っています。

2016年には、適応に関する情報基盤である「気候変動適応情報プラットフォーム（A-PLAT）」が構築されました。同プラットフォームは、国立研究開発法人国立環境研究所が運営しており、気温、降水量、米の収量、熱中症の救急搬送人員など様々な気候変動影響に関する予測情報や、地方公共団体の適応に関する計画や具体的な取組事例、民間事業者の適応ビジネス情報等についても紹介することで、国、地方公共団体、民間事業者等の適応の取組を促進しています。

2 国における適応の取組の推進

気候変動適応に関する取組については、2015年の中央環境審議会意見具申「日本における気候変動による影響の評価に関する報告と課題について」で取りまとめられた科学的知見に基づき、政府として「気候変動の影響への適応計画」を閣議決定しました。

その後、適応策の更なる充実・強化を図るため、国、地方公共団体、事業者、国民が適応策の推進のため担うべき役割を明確化し、政府による気候変動適応計画の策定、環境大臣による気候変動影響評価の実施、国立環境研究所を中核とした情報基盤の整備、気候変動適応広域協議会を通じた地域の取組促進等の措置を講ずる事項等を盛り込んだ気候変動適応法が2018年6月に成立、同年12月に施行されました。

2018年11月には、気候変動適応法に基づく「気候変動適応計画」を閣議決定しました。また、同年12月には、環境大臣を議長とする「気候変動適応推進会議」が開催され、関係府省庁が連携して適応策を推進していくことを確認しました。2022年6月に開催した第6回会合では、「気候変動適応計画」の短期的な施策の進捗管理方法、中長期的な気候変動適応の進展の把握・評価方法等について確認を行いました。

2021年10月には、2020年12月に公表した「気候変動影響評価報告書」を踏まえ、「気候変動適応計画」の変更を閣議決定しました。前計画からの変更点としては、「重大性」「緊急性」「確信度」に応じた適応策の特徴を考慮した「適応策の基本的考え方」の追加、及び分野別施策及び基盤的施策に関するKPIの設定、国・地方公共団体・国民の各レベルで気候変動適応を定着・浸透させる観点からの指標の設定等による進捗管理等の実施に関する内容等が追加されています。

2023年4月には、政府一体となった熱中症対策の推進のため、気候変動適応法が改正され、同年5月には熱中症対策実行計画の策定と適応計画の一部変更（熱中症対策実行計画の基本的事項の追加）について閣議決定しました。

2023年12月で気候変動適応法の施行後5年を迎えたため、法の規定に基づき、中央環境審議会地球環境部会気候変動影響評価・適応小委員会において、法の施行状況の検討に着手しました。

一般的に気候変動の影響に脆弱である開発途上国において、アジア太平洋地域を中心に適応に関する二国間協力を行い、各国のニーズに応じた気候変動の影響評価や適応計画の策定等の支援を行いました。

さらに、アジア太平洋地域の開発途上国が科学的知見に基づき気候変動適応に関する計画を策定し、実施できるよう、国立環境研究所と連携し、2019年6月に軽井沢で開催した、G20関係閣僚会合において立ち上げた国際的な適応に関する情報基盤であるAP-PLATのコンテンツの充実を図りました。

農林水産分野の気候変動への適応策については、持続可能な食料システムの構築を目指す「みどりの食料システム戦略」等を踏まえ、「農林水産省気候変動適応計画」に必要な改定が行われています（2023年最終改定）。この計画に基づき、水稲における白未熟粒や、りんご、ぶどう、トマトの着色・着果不良等のほか、水産業における養殖ノリの年間収穫量の減少など、各品目で現れている生育障害や品質低下等の影響を回避・軽減するための品種や生産安定技術の開発、普及を進めています。

また、気候変動への適応策として重要な熱中症対策については、気候変動適応法及び独立行政法人環境再生保全機構法の一部を改正する法律（令和5年法律第23号。以下「改正法」という。）が令和5年5月に公布され、熱中症警戒情報及び熱中症特別警戒情報、指定暑熱避難施設（クーリングシェルター）、熱中症対策普及団体の制度等が措置されました。また、同月には改正法に基づく「熱中症対策実行計画」を閣議決定し、熱中症による死亡者数（5年移動平均死亡者数）を現状から半減することを中期的な目標（2030年）として位置付けるとともに、関係府省庁における対策の強化を盛り込みました。環境省では、2021年から開始した「熱中症予防強化キャンペーン」を通じて、国民に対して、時季に応じた適切な予防行動の呼び掛けを実施するとともに、全国からモデルとなる自治体を選定して効果的な熱中症対策の支援等を行いました。また、改正法の施行に向け、熱中症対策推進検討会において

有識者を交えた議論を行い、新制度の運用等に係る指針・手引きを取りまとめ、公表しました。

3 地域等における適応の取組の推進

　気候変動の影響は地域により異なることから、地域の実情に応じて適応の取組を進めることが重要です。地方公共団体における科学的知見に基づく適応策の立案・実施を支援するため、A-PLATを通じて、気候変動影響の将来予測や各主体による適応の優良事例を共有するとともに、気候変動適応法に基づき地方公共団体が策定する地域気候変動適応計画の策定支援を目的として2018年に作成・公表した「地域気候変動適応計画策定マニュアル」を2023年3月に改訂し、計画策定に必要な情報の充実を図るとともに、計画作成支援ツール等の提供を開始しました。また、2019年度より開始した、住民参加型の「国民参加による気候変動情報収集・分析」事業を、引き続き実施しました。気候変動適応法に基づく「気候変動適応広域協議会」（全国7ブロック（北海道、東北、関東、中部、近畿、中国四国、九州・沖縄））においては、2020年度に関係者の連携が必要な気候変動適応課題等について検討するための分科会を設置し、2023年3月には、地域の課題に応じた広域アクションプランを策定・公開しました。そのほか、今後の地球温暖化に伴い、強い台風や大雨の増加が予測され、災害の更なる激甚化が懸念されていますが、将来の台風等の評価に関する科学的知見が不十分であることから、将来の気候変動下での台風等の影響評価に関して、より詳細な科学的知見を創出する「気候変動による災害激甚化に係る適応の強化事業」を2020年より開始し、2023年7月には予測結果を公表しました。

　気候変動による影響は事業者にも及ぶ可能性があります。事業者は、気候変動が事業に及ぼすリスクやその対応について理解を深め、事業活動の内容に即した気候変動適応を推進することが重要であるとともに、他者の適応を促進する製品やサービスを展開する取組である適応ビジネスの展開も期待されます。近年では、「気候変動関連情報開示タスクフォース」（TCFD）の提言に基づき、財務報告等で事業活動における気候リスクを開示する企業が増加するとともに、気候変動影響や適応策に関する情報へのニーズが高まっています。環境省では、2019年3月に公開した「民間企業の気候変動適応ガイド －気候リスクに備え、勝ち残るために－」を2022年3月に改訂し、TCFDの物理的リスク対応や、気候変動によって頻発化や激甚化が懸念される気象災害をBCPに組み込む際の考え方等を紹介しています。加えて、事業者の適応ビジネスを促進するため、国内の情報基盤であるA-PLATや国際的な情報基盤であるAP-PLATも活用しつつ、事業者の有する気候変動適応に関連する技術・製品・サービス等の優良事例を発掘し、国内外に積極的に情報提供しています。また、環境省、文部科学省、国土交通省、金融庁及び国立環境研究所は、気候リスク情報（主に物理的リスクに関する情報）等を活用してコンサルタントサービス等を提供する企業との意見交換、協働の場として2021年9月に立ち上げを行った「気候変動リスク産官学連携ネットワーク」を通じて、ニーズに沿った情報提供や気候リスク情報の活用の促進を進めています。

第3節　　オゾン層保護対策等

1 国際的な枠組みの下での取組

　オゾン層の保護のためのウィーン条約及びモントリオール議定書を的確かつ円滑に実施するため、オゾン層保護法を制定・運用しています。また、同議定書締約国会合における決定に基づき、「国家ハロンマネジメント戦略」等を策定し、これに基づく取組を行っています。

　開発途上国においては、JCMを利用した代替フロンの回収・破壊スキームの導入補助事業やモントリオール議定書の円滑な実施等を支援するために同議定書の下に設けられた多数国間基金等を使用した

二国間協力事業等を実施しました。

　また、2019年12月の国連気候変動枠組条約第25回締約国会議（COP25）を機に、我が国のリーダーシップにより設立した、フロン類のライフサイクル全般にわたる排出抑制対策を国際的に展開していくための枠組みである、フルオロカーボン・イニシアティブは15の国・国際機関から賛同を得ています（2024年1月時点）。2023年度も国際会議の場におけるサイドイベントを3回、国内関係者との会合を1回開催し、活動の幅を広げています。

2 オゾン層破壊物質の排出の抑制

　我が国では、オゾン層保護法等に基づき、モントリオール議定書に定められた規制対象物質の製造規制等の実施により、同議定書の規制スケジュール（図1-3-1）に基づき生産量及び消費量（＝生産量＋輸入量－輸出量）の段階的削減を行っています。HCFCについては2020年をもって生産・消費が全廃されました。

　オゾン層保護法では、特定物質を使用する事業者に対し、その排出の抑制及び使用の合理化に努力することを求めており、特定物質の排出抑制・使用合理化指針において具体的措置を示しています。ハロンについては、「国家ハロンマネジメント戦略」に基づき、ハロンの回収・再利用、不要・余剰となったハロンの破壊処理等の適正な管理を進めています。

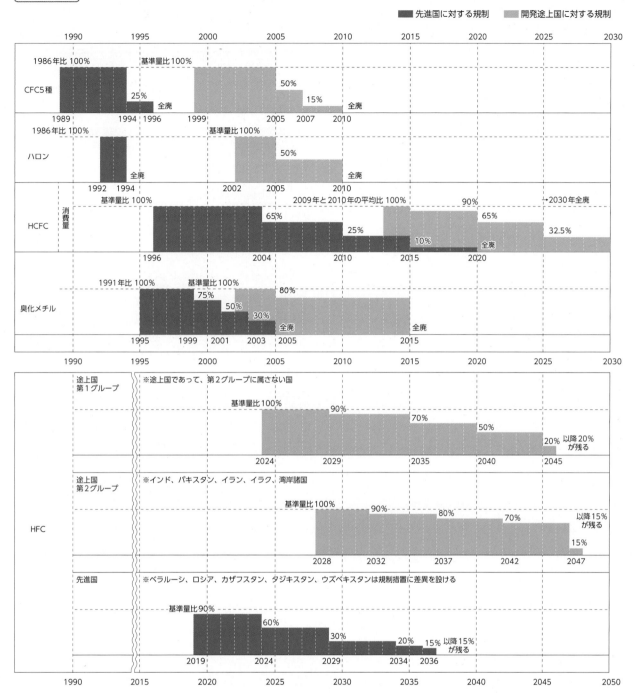

図1-3-1 モントリオール議定書に基づく規制スケジュール

注1：各物質のグループごとに、生産量及び消費量（＝生産量＋輸入量－輸出量）の削減が義務付けられている。基準量はモントリオール議定書に基づく。
　2：HCFCの生産量についても、消費量とほぼ同様の規制スケジュールが設けられている（先進国において、2004年から規制が開始され、2009年まで基準量比100％とされている点のみ異なっている）。また、先進国においては、2020年以降は既設の冷凍空調機器の整備用のみ基準量比0.5％の生産・消費が、途上国においては、2030年以降は既設の冷凍空調機器の整備用のみ2040年までの平均で基準量比2.5％の生産・消費が認められている。
　3：このほか、「その他のCFC」、四塩化炭素、1,1,1－トリクロロエタン、HBFC、ブロモクロロメタンについても規制スケジュールが定められている。
　4：生産等が全廃になった物質であっても、開発途上国の基礎的な需要を満たすための生産及び試験研究・分析等の必要不可欠な用途についての生産等は規則対象外となっている。
資料：環境省

３ フロン類の管理の適正化

　我が国では、主要なオゾン層破壊物質の生産及び消費は2019年末に全廃されましたが、オゾン層保護推進のためには、現在も市中で使用されている、特定フロンを充塡した冷凍空調機器廃棄時の徹底した冷媒回収が必要です。加えて、特定フロンから転換が進み排出量が年々増加するHFCは強力な温室効果ガスであり、HFCを含めたフロン類の排出抑制対策は、地球温暖化対策の観点からも重要です。

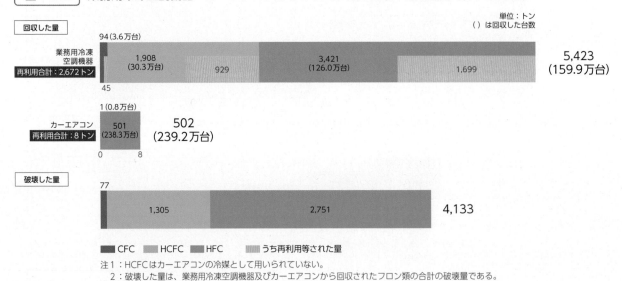

このため、家庭用の電気冷蔵庫・冷凍庫、電気洗濯機・衣類乾燥機及びルームエアコンについては家電リサイクル法に、業務用冷凍空調機器についてはフロン排出抑制法に、カーエアコンについては自動車リサイクル法に基づき、これらの機器の廃棄時に機器中に冷媒等として残存しているフロン類の回収が義務付けられています。回収されたフロン類は破壊又は再生の方法で適正処理されることとなっています。2022年度の各機器からのフロン類の回収量は表1-3-1、図1-3-2のとおりです。

| 表1-3-1 | 家電リサイクル法に基づく再商品化によるフロン類の回収量・破壊量（2022年度） |

○廃家電4品目の再商品化実施状況

（単位：万台）

	エアコン	冷蔵庫・冷凍庫	洗濯機・衣類乾燥機
再商品化等処理台数	374.7	355.3	407.3

○冷媒として使用されていたフロン類の回収重量等

（単位：kg）

	エアコン	冷蔵庫・冷凍庫	洗濯機・衣類乾燥機
冷媒として使用されていたフロン類の回収重量	2,542,214	131,739	39,448
冷媒として使用されていたフロン類の再生又は再利用した重量	2,320,212	81,001	32,202
冷媒として使用されていたフロン類の破壊重量	225,531	48,981	6,040

注：値は全て小数点以下を切捨て。

○断熱材に含まれる液化回収したフロン類の回収重量等

（単位：kg）

	冷蔵庫・冷凍庫
断熱材に含まれる液化回収したフロン類の回収重量	225,685
断熱材に含まれる液化回収したフロン類の破壊重量	219,399

注：値は全て小数点以下を切捨て。
資料：環境省、経済産業省

| 図1-3-2 | 業務用冷凍空調機器・カーエアコンからのフロン類の回収・破壊量等（2022年度） |

単位：トン
（）は回収した台数

回収した量

業務用冷凍空調機器
再利用合計：2,672トン
94（3.6万台）
1,908（30.3万台）　929　3,421（126.0万台）　1,699
45
5,423（159.9万台）

カーエアコン
再利用合計：8トン
1（0.8万台）
501（238.3万台）
0　8
502（239.2万台）

破壊した量
77
1,305　2,751
4,133

■ CFC　■ HCFC　■ HFC　▨ うち再利用等された量

注1：HCFCはカーエアコンの冷媒として用いられていない。
　2：破壊した量は、業務用冷凍空調機器及びカーエアコンから回収されたフロン類の合計の破壊量である。
資料：経済産業省、環境省

　フロン排出抑制法には、冷媒フロン類に関して、業務用冷凍空調機器の使用時漏えい対策、機器の廃棄時にフロン類の回収行程を書面により管理する制度、都道府県知事に対する廃棄者等への指導等の権限の付与、機器整備時の回収義務等が規定されています。これらに基づき、都道府県の法施行強化、関係省庁・関係業界団体による周知など、フロン類の管理の適正化について、一層の徹底を図っています。

第2章 生物多様性の保全及び持続可能な利用に関する取組

第1節 昆明・モントリオール生物多様性枠組及び生物多様性国家戦略2023-2030の実施

　2022年12月にカナダ・モントリオールで生物多様性条約第15回締約国会議（COP15）第二部が開催されました。我が国からは、西村明宏環境大臣（当時）を政府代表団長とする代表団が出席し、愛知目標を取りまとめたCOP10議長国としての経験を活かして積極的に議論に貢献し、2030年ネイチャーポジティブの実現や30by30目標を含む新たな世界目標である「昆明・モントリオール生物多様性枠組」が採択されました。これを受け、我が国では、生物多様性国家戦略2023-2030を2023年3月に閣議決定しました。2023年度からは世界目標を実行に移すフェーズとしています。生物多様性国家戦略2023-2030では、2050年ビジョン「自然と共生する社会」の達成に向け、2030年ミッションとして「2030年ネイチャーポジティブ」を掲げ、その達成のための5つの基本戦略とそれらに紐づく状態目標及び行動目標を設定し、2030年までにこれらの達成に向けた施策を推し進めていくこととしています。また、昆明・モントリオール生物多様性枠組の点検・評価プロセスに合わせ、点検・評価を実施し、取組状況の更なる向上を継続的に図っていくこととしています。

第2節 生物多様性の主流化に向けた取組の強化

1 多様な主体の参画

（1）マルチステークホルダーによる生物多様性主流化のための連携・行動変容への取組

　我が国では、2010年に愛知県で開催された生物多様性条約第10回締約国会議（COP10）で採択された「愛知目標」の達成に向け、産官学民の多様なステークホルダーからなる、「国連生物多様性の10年日本委員会（UNDB-J）」（事務局：環境省）を2011年9月に設置しました。

　2021年11月にはUNDB-Jの後継組織として生物多様性の世界目標である「昆明・モントリオール生物多様性枠組」の達成や生物多様性国家戦略2023-2030の推進を目指し、産官学民の連携・協力による生物多様性の保全と持続可能な利用に関する取組を推進するため、「2030生物多様性枠組実現日本会議（J-GBF）」を設立しました。

　本会議では、企業や自治体等の行動変容を促す取組を行いました。具体的には、J-GBFを構成する団体の取組をまとめた「J-GBFネイチャーポジティブ行動計画」を策定するとともに、企業、自治体、団体等に向けて、ネイチャーポジティブの実現に向けた行動の第一歩として「ネイチャーポジティブ宣言」の発出の呼びかけを開始しました。発出していただいた宣言は、ネイチャーポジティブ宣言のポータルサイトで公表しています。また、ビジネスフォーラムや地域連携フォーラム、行動変容ワーキンググループといった会議を開催し生物多様性における知見の共有や、企業や国民の具体的な行動変容を促す取組について議論をしたほか、ビジネスマッチングイベントを行いました。

(2) 地域主体の取組の支援

生物多様性基本法（平成20年法律第58号）において、都道府県及び市町村は生物多様性地域戦略の策定に努めることとされており、2024年3月末時点で47都道府県、168市区町村で生物多様性地域戦略が策定されています。

生物多様性の保全や回復、持続可能な利用を進めるには、地域に根付いた現場での活動を自ら実施し、また住民や関係団体の活動を支援する地方公共団体の役割は極めて重要なため、「生物多様性自治体ネットワーク」が設立されており、2024年3月時点で193自治体が参画しています。

地域の多様な主体による生物多様性の保全・再生活動を支援するため、「生物多様性保全推進支援事業」において、全国で57の取組を支援しました。

地域における多様な主体の連携による生物の多様性の保全のための活動の促進等に関する法律（生物多様性地域連携促進法）（平成22年法律第72号）は、市町村やNPO、地域住民、企業など地域の多様な主体が連携して行う生物多様性保全活動を促進することで、地域の生物多様性を保全することを目的とした法律です。同法に基づき、2024年3月時点で16地域が地域連携保全活動計画を作成済みであり、22地域で同法に基づく地域連携保全活動支援センターを設置しています（図2-2-1、表2-2-1）。また、同法の更なる活用を図るため、地域連携保全活動支援センターへの各種情報提供、同センターの設置促進等を行いました。

ナショナル・トラスト活動については、税制支援措置等を継続するとともに、非課税措置に係る申請時の留意事項等を追記した改訂版のナショナル・トラストの手引きの配布等を行いました。

また、利用者からの入域料の徴収、寄付金による土地の取得等、民間資金を活用した地域における自然環境の保全と持続可能な利用を推進することを目的とした地域自然資産区域における自然環境の保全及び持続可能な利用の推進に関する法律（平成26年法律第85号。以下「地域自然資産法」という。）の運用を進めました。2024年3月時点で、地域自然資産法に基づく地域計画が沖縄県竹富町と新潟県妙高市で作成されており、両地域において同計画に基づく入域料の収受等の取組が進められています。

(3) 生物多様性に関する広報・行動変容等の推進

毎年5月22日は国連が定めた「国際生物多様性の日」であり、2023年のテーマは「From Agreement to Action：Build Back Biodiversity」でした。国際生物多様性の日を迎えるに当たり、

図2-2-1　地域連携保全活動支援センターの役割

資料：環境省

表2-2-1　地域連携保全活動支援センター設置状況

【2024年3月時点】

地方公共団体名	地域連携保全活動支援センターの名称
北海道	北海道生物多様性保全活動連携支援センター（HoBiCC）※
青森県	青森県 環境生活部 自然保護課※
茨城県	茨城県生物多様性センター※
栃木県	栃木県 環境森林部 自然環境課※
栃木県小山市	小山市 総合政策部 自然共生課※
埼玉県	埼玉県生物多様性センター
埼玉県鴻巣市	鴻巣市コウノトリ野生復帰センター
千葉県	千葉県生物多様性センター
福井県	福井県 安全環境部 自然環境課※
長野県	長野県 環境部 自然保護課※
愛知県	愛知県 環境局 環境政策部 自然環境課※
愛知県名古屋市	なごや生物多様性センター※
滋賀県	生物多様性保全活動支援センター（滋賀県 琵琶湖環境部 自然環境保全課）※
京都府、京都市	きょうと生物多様性センター
大阪府堺市	ウェブサイト「堺いきもの情報館／堺生物多様性センター」※
兵庫県	兵庫県 農政環境部 環境創造局 自然環境課※
奈良県橿原市、高取町及び明日香村	飛鳥・人と自然の共生センター※
鳥取県	とっとり生物多様性推進センター
山口県	やまぐち生物多様性センター
徳島県	とくしま生物多様性センター※
愛媛県	愛媛県立衛生環境研究所 生物多様性センター
鹿児島県志布志市	志布志市生物多様性センター

※：既存組織が支援センターの機能を担っている。
資料：環境省

国連大学サステイナビリティ高等研究所、地球環境パートナーシッププラザ、日本自然保護協会と共催で、オンラインシンポジウム「国際生物多様性の日2023シンポジウム-「合意」を「実行」に。生物多様性を取り戻そう。-」を開催しました。冒頭に山田美樹環境副大臣（当時）が挨拶し、デイビッド・クーパー生物多様性条約事務局長代理からの基調講演を始め、国内外の知見を共有しました（写真2-2-1）。また、前項で紹介したJ-GBFの各種取組のほか、「こども霞が関見学デー」、「GTFグリーンチャレンジデー」など、様々なイベントの開催・出展や様々な活動とのタイアップによる広報活動等生物多様性に配慮した事業活動や消費活動の促進に向けた活動を進めています。

写真2-2-1 国際生物多様性の日2023シンポジウム-「合意」を「実行」に。生物多様性を取り戻そう。-山田美樹副大臣（当時）

資料：環境省

2　ビジネスにおける生物多様性の主流化

(1) ネイチャーポジティブ経済への移行に向けた企業への支援

　2021年2月に、英国財務省から生物多様性の経済学に関する報告書であるダスグプタレビューが公表され、経済活動における生物多様性への配慮の重要性がますます高まっています。

　このような近年の経済界を取り巻く生物多様性に関する国際動向を踏まえ、ネイチャーポジティブの実現に資する経済社会構造への転換を促すため、関係省庁とともに、2024年3月に「ネイチャーポジティブ経済移行戦略」を策定しました。2023年4月のG7環境・気候変動・エネルギー関係大臣会合において、議長国日本の主導でG7ネイチャーポジティブ経済アライアンス（G7ANPE）を設立し、情報開示に反映すべき要素や課題に関する各国意見の共有・発信や、経団連主催によるネイチャーポジティブに資する技術・ビジネスモデル等に関する国際ワークショップを行いました。

　また、「生物多様性民間参画ガイドライン（第三版）」を公表するとともに、2020年5月に策定した「生物多様性民間参画事例集」及び「企業情報開示のグッドプラクティス集」の英語版も用いながら、2023年に開催されたG7サミット等で国際的に発信をしました。

　経済界を中心に自発的な組織として設立された「経団連自然保護協議会」や「企業と生物多様性イニシアティブ（JBIB）」との連携・協力を継続しました。さらに、2020年11月には経団連と環境省で立ち上げた「生物多様性ビジネス貢献プロジェクト」について、日本企業の先進的な取組として2023年に開催されたG7サミット等で紹介しました。

　また、ネイチャーポジティブに関するビジネス機会の創出を目指し、2023年3月と12月の2回にわたり、経団連自然保護協議会と協力してビジネスマッチングイベントを開催しました。

(2) 自然関連情報開示とESG投融資等

　民間レベルでの国際的な動きとしては、生物多様性・自然資本に関する情報開示を求める自然関連財務情報開示タスクフォース（TNFD）が情報開示のフレームワークを2023年9月に公表したほか、定量的なインパクト評価や目標設定の手法を定めるScience Based Targets for Nature（SBTs for Nature）、生物多様性に関する国際規格を検討するISO TC331等において、生物多様性を企業経営に組み込んでいく仕組みづくりが加速しています。こうした国際的イニシアティブやESG投融資等の動きを受け、環境省では個別の課題に対応するための関連する検討会やこれらを統合的に検討するネイチャーポジティブ経済研究会において検討を重ねたほか、2023年度には、事業者向けに気候関連財務情報開示及び自然関連財務情報開示に関して解説するワークショップを開催しました。本ワークショップでは、TNFD等の自然資本に関する情報開示に活用可能なツールの実践等を通し、企業の情報開示の実施・高度化を支援・促進しています。こうした民間企業の支援を通じてビジネスにおける生物多様

性の主流化を推進しています。

（3）生物多様性に配慮した消費行動への転換

　事業者による取組を促進するためには、消費者の行動を生物多様性に配慮したものに転換していくことも重要です。そのための仕組みの一例として、生物多様性の保全にも配慮した持続可能な生物資源の管理と、それに基づく商品等の流通を促進するための民間主導の認証制度があります。こうした社会経済的な取組を奨励し、多くの人々が生物多様性の保全と持続可能な利用に関わることのできる仕組みを拡大していくことが重要です。

　環境に配慮した商品やサービスに付与される環境認証制度のほか、生物多様性に配慮した持続可能な調達基準を策定する事業者の情報等について環境省のウェブサイト等で情報提供しています。また、木材・木材製品については、国等による環境物品等の調達の推進等に関する法律（グリーン購入法）（平成12年法律第100号）により、政府調達の対象とするものは合法性、持続可能性が証明されたものとされており、各事業者において自主的に証明し、説明責任を果たすために、証明に取り組むに当たって留意すべき事項や証明方法等については、国が定める「木材・木材製品の合法性、持続可能性の証明のためのガイドライン」に準拠することとしています。また、農業の環境負荷の低減につながる有機農業により生産された農作物等について、官公庁を始め国等の機関の食堂での使用に配慮するようグリーン購入法に基づく基本方針が見直されました。加えて、合法伐採木材等の利用を促進することを目的として、木材等を取り扱う事業者に合法性の確認を求める合法伐採木材等の流通及び利用の促進に関する法律（クリーンウッド法）（平成28年法律第48号）が2017年5月に施行されました。政府は、この法律の施行状況について検討を進め、2023年4月に成立した「クリーンウッド法の一部を改正する法律」（令和5年法律第22号）では、国内市場で最初に木材等の譲受け等をする木材関連事業者による合法性確認等の義務付けや、合法性の確認等の情報が消費者まで伝わるよう小売事業者を木材関連事業者に追加することなどを措置しました。

3　自然とのふれあいの推進

（1）国立公園満喫プロジェクト等の推進

　2016年3月に政府が公表した「明日の日本を支える観光ビジョン」に掲げられた10の柱施策の一つとして、国立公園満喫プロジェクトがスタートしました。本プロジェクトでは、美しい日本の国立公園の自然を守りつつ、そのブランド力を高め、国内外の誘客を促進することにより、国立公園の所在する地域の活性化を図り、自然環境の「保護と利用の好循環」を実現するため、阿寒摩周、十和田八幡平、日光、伊勢志摩、大山隠岐、阿蘇くじゅう、霧島錦江湾、慶良間諸島の8つの国立公園を中心に、先行的、集中的な取組を進めてきました。現在は、先行公園の取組成果を踏まえ、全34国立公園への取組の展開を進めています。このような中で、これまでの取組実績に基づき、国立公園のブランディングを更に強化するため、2023年6月に国立公園のブランドプロミス（国立公園が来訪者・地域に約束すること）として、「感動的な自然風景」「サステナビリティへの共感」「自然と人々の物語を知るアクティビティ」「感動体験を支える施設とサービス」の4項目を定めました。また、2023年には、阿寒摩周国立公園や十和田八幡平国立公園等での廃屋撤去等の利用拠点の上質化に向けた取組が進められるとともに、阿蘇くじゅう国立公園において策定された「自然体験活動促進計画」及び「利用拠点整備改善計画」を、改正自然公園法（昭和32年法律第161号）に基づき初めて認定しました。加えて、2023年12月には三陸復興国立公園満喫プロジェクト推進協議会において、新たに三陸復興国立公園ステップアッププログラム2025を策定しました。

　インバウンド需要が急速に回復する中、国立公園の美しい自然の中での感動体験を柱とした滞在型・高付加価値観光を推進することとし、2023年1月から国立公園の利用の高付加価値化の方向性と、国立公園ならではの感動体験を提供する宿泊施設を中心とした利用拠点の面的な魅力向上に取り組む先端

モデル事業の進め方を検討し、「宿舎事業を中心とした国立公園利用拠点の面的魅力向上に向けた取組方針」（2023年6月公表）を策定しました。これに基づき、2023年8月に「国立公園における滞在体験の魅力向上のための先端モデル事業」の対象とする国立公園として、十和田八幡平国立公園（十和田湖地域）、中部山岳国立公園（南部地域）、大山隠岐国立公園（大山蒜山地域）、やんばる国立公園の4か所を選定しました。各公園において、自治体等と連携し、民間提案を取り入れて、国立公園の利用の高付加価値化に向けた基本構想の検討に取り組んでおり、2024年3月には、集中的に取り組む利用拠点の第一弾として十和田八幡平国立公園の休屋・休平地区を選定したところです。

また、2023年度は新たに8社と国立公園オフィシャルパートナーシップを締結し、既締結の継続企業と合わせてパートナー企業数は計137社となりました。そして、昨年度に引き続き、ビジターセンターや歩道等の整備、多言語解説やツアー・プログラムの充実、その質の確保・向上に向けた検討、ガイド人材等の育成支援、利用者負担による公園管理の仕組みの調査検討、国内外へのプロモーション等を行いました。

（2）自然とのふれあい活動

みどりの月間（4月15日～5月14日）等を通じて、自然観察会など自然とふれあうための各種活動や、サンゴ礁や干潟の生き物観察など、子供たちが国立公園等の優れた自然地域を知り、自然環境の大切さを学ぶ機会を提供しました。国立・国定公園の利用の適正化のため、自然公園指導員及びパークボランティアの連絡調整会議等を実施し、利用者指導の充実を図りました。

国立公園の周遊促進を目的とした、アプリを用いた「日本の国立公園めぐりスタンプラリー」の運営や、国立公園の風景を楽しむことができるカレンダーの作成を行いました。

国営公園においては、ボランティア等による自然ガイドツアー等の開催、プロジェクト・ワイルド等を活用した指導者の育成等、多様な環境教育プログラムを提供しました。

（3）自然とのふれあいの場の提供

ア　国立・国定公園等における取組

国立公園の保護及び利用上重要な公園事業を国直轄事業とし、安全で快適な公園利用を図るため、ビジターセンター、園地、歩道、駐車場、情報拠点施設、公衆トイレ等の利用施設や自然生態系を維持回復・再生させるための施設の整備を進めるとともに、国立公園事業施設の長寿命化対策、多言語化対応の推進等に取り組みました。2023年度には、山陰海岸国立公園の鳥取砂丘フィールドセンター（2023年4月オープン）及び富士箱根伊豆国立公園の須走口インフォメーションセンター（2023年7月オープン）を新規整備しました。また、国立・国定公園及び長距離自然歩道等については、46都道府県に自然環境整備交付金を交付し、その整備を支援しました。現在、長距離自然歩道の計画総延長は約2万8,000kmに及んでいます。

旧皇室苑地として広く親しまれている国民公園（皇居外苑、京都御苑、新宿御苑）及び千鳥ケ淵戦没者墓苑では、施設の改修、芝生・樹木の手入れ等を行いました。また、庭園としての質や施設の利便性を高めるため、新宿御苑において早朝開園を行うなど、取組を進めました。

イ　森林における取組

保健保安林等を対象として防災機能、環境保全機能等の高度発揮を図るための整備を実施するとともに、国民が自然に親しめる森林環境の整備に対し助成しました。また、森林環境教育の場となる森林・施設の整備等への支援策を講じました。国有林野においては、森林教室等を通じて、森林・林業への理解を深めるための「森林ふれあい推進事業」等を実施するとともに、国民による自主的な森林づくりの活動の場である「ふれあいの森」等の設定・活用を図り、国民参加の森林づくりを推進しました。また、「レクリエーションの森」の中でも特に優れた景観を有するなど、地域の観光資源として潜在能力の高い箇所として選定をした「日本美しの森 お薦め国有林」において、重点的に観光資源の魅力の向

上、外国人も含む旅行者に向けた情報発信等に取り組み、更なる活用を推進しました。

（4）温泉の保護及び安全・適正利用

　温泉の保護、温泉の採取等に伴い発生する可燃性天然ガスによる災害の防止及び温泉の適正な利用を図ることを目的とした温泉法（昭和23年法律第125号）に基づき、温泉の掘削・採取、浴用又は飲用利用等を行う場合には、都道府県知事や保健所設置市長等の許可等を受ける必要があります。2022年度には、温泉掘削許可143件、増掘許可16件、動力装置許可95件、採取許可55件、濃度確認105件、浴用又は飲用許可1,743件が行われました。

　環境大臣が、温泉の公共的利用増進のため、温泉法に基づき地域を指定する国民保養温泉地については2024年3月末時点で79か所を指定しています。

　2018年5月から現代のライフスタイルに合った温泉地の楽しみ方として「新・湯治」を推進するためのネットワークである「チーム新・湯治」を立ち上げ、2023年度は3回のセミナーを実施しました。2024年3月末時点で433団体が参加しています。

　また、温泉地全体での療養効果を科学的に把握し、その結果を全国的な視点に立って発信する「全国『新・湯治』効果測定調査プロジェクト」について、「新・湯治」の効果の検証・発信を各温泉地における自主的な取組として継続していくためのモデル事業を実施しました。

（5）都市と農山漁村の交流

　農泊の推進による農山漁村の活性化と所得向上を実現するため、農泊をビジネスとして実施するための体制整備や、地域資源を魅力ある観光コンテンツとして磨き上げるための専門家派遣等の取組、農家民宿や古民家等を活用した滞在施設等の整備の一体的な支援を行うとともに、農泊地域の情報発信など戦略的な国内外へのプロモーションを行いました。

　また、農山漁村が有する教育的効果に着目し、農山漁村を教育の場として活用するため、関係府省が連携し、子供の農山漁村における体験等を推進するとともに、農山漁村を都市部の住民との交流の場等として活用する取組を支援しました。

第3節　生物多様性保全と持続可能な利用の観点から見た国土の保全管理

1　30by30目標の達成に向けた取組

　30by30目標の達成に向け、生物多様性国家戦略2023-2030の附属書として位置付けられている30by30ロードマップに基づき、本目標の達成に向けた取組を推進しました。

（1）保護地域の拡張と管理の質の向上

　我が国では、2023年1月現在、陸地の約20.5%、海洋の約13.3%が生物多様性に資する保護地域に指定されています。保護地域の更なる拡充のための取組として、2010年に実施した「国立・国定公園総点検事業」のフォローアップを2021年度から2022年度にかけて行いました。この中で、生態系や利用に関する最新のデータ等に基づき指定・拡張の候補地について再評価した上で、全国で14か所、国立・国定公園の新規指定・大規模拡張候補地としての資質を有する地域を選定しました。これらの候補地について、自然環境や社会条件等の詳細調査及び関係機関との具体的な調整を実施しました。

（2）保護地域以外で生物多様性保全に資する地域（OECM）の設定・管理

　2020年度から、OECMに関する有識者検討会を開催して、民間の取組等により生物多様性保全が図られている区域を国が「自然共生サイト」として認定する仕組み等の検討を行い、2023年度から認定を開始しました。2023年度には、30by30アライアンス参加者の協力を得て、全国の184か所を自然共生サイトとして認定し、認定された区域は、保護地域との重複を除きOECMとして国際データベースに登録していきます。さらに、民間等による自主的な活動を更に促進するため、自然再興の実現に向けた民間等の活動促進につき今後講ずべき必要な措置について、2024年1月に中央環境審議会からの答申がなされました。これを踏まえ、民間等が生物多様性を保全・創出する優れた活動を国が認定する制度等を設ける「地域における生物の多様性の増進のための活動の促進等に関する法律案」を2024年3月に閣議決定し、第213回国会に提出しました。また、自然共生サイトの認定を進めるためには参画いただく企業等に対するインセンティブ等が重要であることから、2022年度に設置した「30by30に係る経済的インセンティブ等検討会」において、認定された自然共生サイト等への支援に係る施策について検討を進めました。

2　生態系ネットワークの形成

　優れた自然環境を有する保護地域を核として、OECM等を有機的につなぐことにより、生物の生息・生育空間のつながりや適切な配置を確保する生態系ネットワーク（エコロジカル・ネットワーク）の形成を推進するとともに、重要地域の保全や自然再生に取り組み、私たちの暮らしを支える森里川海のつながりを確保することが重要です。

　森里川海の恵みを将来にわたって享受し、安全で豊かな国づくりを行うため、環境省と有識者からなる「つなげよう、支えよう森里川海」プロジェクトを立ち上げ、2016年9月には「森里川海をつなぎ、支えていくために（提言）」を公表しました。

　2022年度には、里山にて環境教育イベントを

写真2-3-1 「つなげよう、支えよう森里川海！～サステナブルなデコ活ライフ～」トークステージの様子

資料：環境省

実施しました。さらに、2021年度までの酒匂川流域と荒川流域に続き、2022年度は大井川流域において「森里川海ふるさと絵本」を制作し、流域単位で河川の恵みに関する情報・知見を共有しました。今後各地での同様の取組の参考となるよう、絵本製作の過程のマニュアル化も行いました。そのほか、「つなげよう、支えよう森里川海アンバサダー」が衣食住等テーマに分かれ環境に配慮したライフスタイルシフトを呼び掛けるなど、国民一人一人が森里川海の恵みを支える社会の実現に向けて、普及啓発しました（写真2-3-1）。

（1）水田や水路、ため池等

　水田や水路、ため池等の水と生態系のネットワークの保全のため、地域住民の理解・参画を得ながら、生物多様性保全の視点を取り入れた農業生産基盤の整備を推進しました。また、生態系の保全に配慮しながら生活環境の整備等を総合的に行う事業等に助成し、魅力ある田園空間の形成を促進しました。さらに、農村地域の生物や生息環境の情報を調査し、生態系に配慮したため池等の整備手法を検討するなど、生物多様性を確保するための取組を進めました。

　生物多様性等の豊かな地域資源を活かし、農山漁村を教育、観光等の場として活用する集落ぐるみの

取組を支援しました。

(2) 森林

　生態系ネットワークの根幹として豊かな生物多様性を構成している森林の有する多面的機能を持続的に発揮させるため、森林整備事業による適切な造林や間伐等の施業を実施するとともに、自然条件等に応じて、針広混交林化や複層林化を図るなど、多様で健全な森林づくりを推進しました。また、森林の保全により森林の有する公益的機能を発揮させるため、保安林制度・林地開発許可制度等の適正な運用を図るとともに、治山事業においては、周辺の生態系に配慮しつつ、荒廃山地の復旧整備、機能の低下した森林の整備等を計画的に推進しました。さらに、松くい虫など病害虫や野生鳥獣による森林被害の対策の総合的な実施、林野火災予防対策を推進しました。

　森林内での様々な体験活動等を通じて、森林と人々の生活や環境との関係についての理解と関心を深める森林環境教育や、市民やボランティア団体等による里山林の保全・利用活動等、森林の多様な利用及びこれらに対応した整備を推進しました。また、企業、森林ボランティアなど、多様な主体による森林づくり活動への支援や緑化行事の推進により、国民参加の森林づくりを進めました。

　モントリオール・プロセスでの報告等への活用を図るため、森林資源のモニタリングを引き続き実施するとともに、時系列的なデータを用いた解析手法の開発を行いました。

　国家戦略及び「農林水産省生物多様性戦略」（2023年3月改定）に基づき、森林生態系の調査など、森林における生物多様性の保全及び持続可能な利用に向けた施策を推進しました。国有林野においては、原生的な天然林を有する森林や希少な野生生物の生育・生息する場となる森林である「保護林」や、これらを中心としたネットワークを形成することによって野生生物の移動経路となる「緑の回廊」において、モニタリング調査等を行い森林生態系の状況を把握し順応的な保護・管理（定期的なモニタリング等の調査によって現状を把握し、計画を検証・修正することによって、その時々の科学的知見等に基づいた最適な保護・管理を行っていく手法）を推進しました。

　国有林野において、育成複層林や天然生林へ導くための施業の推進、広葉樹の積極的な導入等を図るなど、自然環境の維持・形成に配慮した多様な森林施業を推進しました。また、優れた自然環境を有する森林の保全・管理や国有林野を活用して民間団体等が行う自然再生活動を積極的に推進しました。さらに、森林における野生鳥獣被害防止のため、地域等と連携し、広域的かつ計画的な捕獲と効果的な防除等を実施しました。

(3) 河川

　河川の保全等に当たっては、河川全体の自然の営みを視野に入れ、地域の暮らしや歴史・文化との調和にも配慮し、河川が本来有している生物の生息・生育・繁殖環境等を保全・創出するための「多自然川づくり」を全ての川づくりにおいて推進しました。

　多様な主体と連携して、河川を基軸とした広域的な生態系ネットワークを形成するため、湿地等の保全・創出や魚道整備等の環境整備事業を推進するとともに、流域一体となった生態系ネットワークのより一層の推進を目的として「水辺からはじまる生態系ネットワーク全国フォーラム」を開催しました。

　さらに、災害復旧事業においても、「美しい山河を守る災害復旧基本方針」に基づき、従前から有している河川環境の保全を図りました。

　河川やダム湖等における生物の生息・生育状況の調査を行う「河川水辺の国勢調査」を実施し、結果を河川環境データベースとして公表しています。また、世界最大規模の実験河川を有する国立研究開発法人土木研究所自然共生研究センターにおいて、河川や湖沼の自然環境保全・創出のための研究を進めました。加えて、生態学的な観点より河川を理解し、川の在るべき姿を探るために、河川生態学術研究を進めました。

（4）湿地

　湿原や干潟等の湿地は、多様な動植物の生息・生育地等として重要な場です。しかし、これらの湿地は全国的に減少・劣化の傾向にあるため、その保全の強化と、既に失われてしまった湿地の再生・修復の手立てを講じることが必要です。2016年4月に公表した「生物多様性の観点から重要度の高い湿地」について、湿地とその周辺における生物多様性への配慮の必要性を普及啓発しました。

　多様な生物の生息・生育・繁殖環境の保全・創出のため、湿地・干潟の整備等の環境整備事業を推進しました。

（5）山麓斜面等

　山麓斜面に市街地が接している都市において、土砂災害に対する安全性を高め緑豊かな都市環境と景観を保全・創出するために、市街地に隣接する山麓斜面にグリーンベルトとして一連の樹林帯の形成を図りました。また、生物の良好な生息・生育環境を有する渓流や里山等を保全・再生するため、地元関係者等と連携した山腹工等を実施しました。土砂災害防止施設の整備に当たり良好な自然環境の保全・創出に努めています。

3　重要地域の保全

（1）自然環境保全地域等

　自然環境保全法（昭和47年法律第85号）に基づく保護地域には、国が指定する原生自然環境保全地域、自然環境保全地域及び沖合海底自然環境保全地域並びに都道府県が条例により指定する都道府県自然環境保全地域があります。これらの地域は、極力自然環境をそのまま維持しようとする地域であり、我が国の生物多様性の保全にとって重要な役割を担っています。

　これらの自然環境保全地域等において、自然環境の現況把握や標識の整備等を実施し、適正な保全管理に努めています（表2-3-1）。沖合海底自然環境保全地域に関しては、第2章第4節1を参照。

表2-3-1　数値で見る重要地域の状況

保護地域名等	地種区分等	年月	箇所数等
自然環境保全地域	原生自然環境保全地域の箇所数及び面積	2023年3月	5地域（5,631ha）
	自然環境保全地域の箇所数及び面積		10地域（2万2,542ha）
	沖合海底自然環境保全地域の箇所数及び面積		4地域（2,268万3,400ha）
	都道府県自然環境保全地域の箇所数及び面積		546地域（7万7,413ha）
国立公園	箇所数、面積	2023年3月	34公園（219万5,959ha）
	特別地域の割合、面積（特別保護地区を除く）		60.5%（132万7,860ha）
	特別保護地区の割合、面積		13.3%（29万2,222ha）
	海域公園地区の地区数、面積		115地区（5万9,818ha）
国定公園	箇所数、指定面積	2023年3月	58公園（149万4,468ha）
	特別地域の割合、面積（特別保護地区を除く）		86.5%（129万3,422ha）
	特別保護地区の割合、面積		4.4%（6万6,168ha）
	海域公園地区の地区数、面積		29地区（7,945ha）
国指定鳥獣保護区	箇所数、指定面積	2023年3月	86か所（59万1,622ha）
	特別保護地区の箇所数、面積		71か所（16万5,142ha）
生息地等保護区	箇所数、指定面積	2021年7月	10か所（1,489ha）
	管理地区の箇所数、面積		10か所（651ha）
保安林	面積（実面積）	2023年3月	1,227万3,009ha
保護林	箇所数、面積	2023年4月	658か所（101万386ha）
文化財	名勝（特別名勝）のうち自然的なものの指定数	2023年3月	180（12）
	天然記念物（特別天然記念物）の指定数		1,038（75）
	重要文化的景観		72件

資料：環境省、農林水産省、文部科学省

(2) 自然公園

ア　公園区域及び公園計画の見直し

　自然公園法（昭和32年法律第161号）に基づいて指定される自然公園（国立公園、国定公園及び都道府県立自然公園）は、国土の14.8％を占めており（図2-3-1）、国立・国定公園にあっては、適正な保護及び利用の増進を図るため、公園を取り巻く社会条件等の変化に応じ、公園区域及び公園計画の見直しを行っています。

　2023年度は、山陰海岸国立公園について、公園区域及び公園計画の見直しを行い、京都府京丹後市から田結峠を経て兵庫県豊岡市に至る歩道周辺を公園区域に編入しました。また、西表石垣国立公園について、沖縄県石垣市の名蔵湾海域を新たに公園区域に編入し、適正な保全を行いました。瀬戸内海国

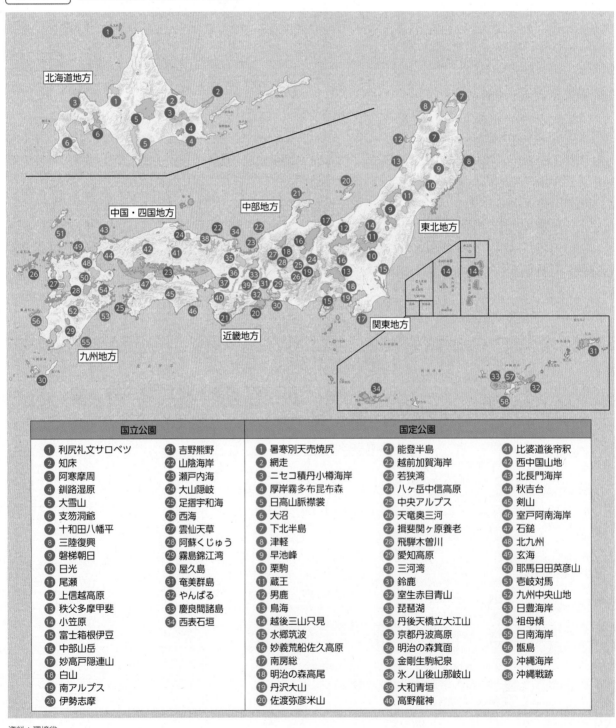

図2-3-1　国立公園及び国定公園の配置図

国立公園		国定公園		
① 利尻礼文サロベツ	㉑ 吉野熊野	① 暑寒別天売焼尻	㉑ 能登半島	㊶ 比婆道後帝釈
② 知床	㉒ 山陰海岸	② 網走	㉒ 越前加賀海岸	㊷ 西中国山地
③ 阿寒摩周	㉓ 瀬戸内海	③ ニセコ積丹小樽海岸	㉓ 若狭湾	㊸ 北長門海岸
④ 釧路湿原	㉔ 大山隠岐	④ 厚岸霧多布昆布森	㉔ 八ヶ岳中信高原	㊹ 秋吉台
⑤ 大雪山	㉕ 足摺宇和海	⑤ 日高山脈襟裳	㉕ 中央アルプス	㊺ 剣山
⑥ 支笏洞爺	㉖ 西海	⑥ 大沼	㉖ 天竜奥三河	㊻ 室戸阿南海岸
⑦ 十和田八幡平	㉗ 雲仙天草	⑦ 下北半島	㉗ 揖斐関ヶ原養老	㊼ 石鎚
⑧ 三陸復興	㉘ 阿蘇くじゅう	⑧ 津軽	㉘ 飛騨木曽川	㊽ 北九州
⑨ 磐梯朝日	㉙ 霧島錦江湾	⑨ 早池峰	㉙ 愛知高原	㊾ 玄海
⑩ 日光	㉚ 屋久島	⑩ 栗駒	㉚ 三河湾	㊿ 耶馬日田英彦山
⑪ 尾瀬	㉛ 奄美群島	⑪ 蔵王	㉛ 鈴鹿	51 壱岐対馬
⑫ 上信越高原	㉜ やんばる	⑫ 男鹿	㉜ 室生赤目青山	52 九州中央山地
⑬ 秩父多摩甲斐	㉝ 慶良間諸島	⑬ 鳥海	㉝ 琵琶湖	53 日豊海岸
⑭ 小笠原	㉞ 西表石垣	⑭ 越後三山只見	㉞ 丹後天橋立大江山	54 祖母傾
⑮ 富士箱根伊豆		⑮ 水郷筑波	㉟ 京都丹波高原	55 日南海岸
⑯ 中部山岳		⑯ 妙義荒船佐久高原	㊱ 明治の森箕面	56 甑島
⑰ 妙高戸隠連山		⑰ 南房総	㊲ 金剛生駒紀泉	57 沖縄海岸
⑱ 白山		⑱ 明治の森高尾	㊳ 氷ノ山後山那岐山	58 沖縄戦跡
⑲ 南アルプス		⑲ 丹沢大山	㊴ 大和青垣	
⑳ 伊勢志摩		⑳ 佐渡弥彦米山	㊵ 高野龍神	

資料：環境省

立公園（広島県及び山口県地域）及び雲仙天草国立公園（雲仙地域）の公園区域及び公園計画の見直しを行い、公園区域線や地種区分線の明確化を行いました。このほか、支笏洞爺国立公園、十和田八幡平国立公園（十和田八甲田地域）、尾瀬国立公園、小笠原国立公園、中部山岳国立公園の公園計画の見直しを行いました。さらに、伊勢志摩国立公園、山陰海岸国立公園、雲仙天草国立公園（雲仙地域）、西表石垣国立公園（西表地域）においては、改正自然公園法に基づく「質の高い自然体験活動の促進に関する基本的な事項」を新たに公園計画に位置付けました。

イ　自然公園の管理の充実

国立公園の管理運営については、地域の関係者との協働を推進するため、協働型管理運営の具体的な内容や手順についてまとめた「国立公園における協働型管理運営の推進のための手引書」に沿って、2023年3月時点で、総合型協議会が23の国立公園の30地域に設置されています。また、自然公園法に基づく公園管理団体については、国立公園で7団体と国定公園で2団体が指定されています。

国立公園等の貴重な自然環境を有する地域において、自然や社会状況を熟知した地元住民等によって構成される民間事業者等を活用し、環境美化、オオハンゴンソウ等の外来種の駆除、景観対策としての展望地の再整備、登山道の補修等の作業を行いました。

生態系維持回復事業計画は、13国立公園において14計画（2024年3月末時点）が策定されており、各事業計画に基づき、シカや外来種による生態系被害に対する総合的かつ順応的な対策を実施しました。また、生物多様性保全上、特に対策を要する小笠原国立公園及び西表石垣国立公園において、グリーンアノールや外来カエル類の防除事業及び生態系被害状況の調査を重点的に実施し、外来種の密度を減少させ本来の生態系の維持・回復を図る取組を推進しました。加えて、2015年に策定した国立・国定公園の特別地域において採取等を規制する植物（以下「指定植物」という。）の選定方針に基づき、21の国立・国定公園（2024年3月末時点）において指定植物を見直しました。また、国立公園等の管理を担う国立公園管理事務所を新たに1か所設置するとともに、アクティブ・レンジャー等を増員して現地管理体制の充実を図りました。

ウ　自然公園における適正な利用の推進

自動車乗り入れの増大による、植生への悪影響、快適・安全な公園利用の阻害等に対処するため、「国立公園内における自動車利用適正化要綱」に基づき、2022年度は、20国立公園の30地区において、地域関係機関との協力の下、自家用車に代わるバス運行等の対策を実施しました。

国立公園等の山岳地域において、山岳環境の保全及び利用者の安全確保等を図るため、山小屋事業者等が公衆トイレとしてのサービスを補完する環境配慮型トイレ等の整備や、利用者から排出された廃棄物の処理施設整備を行う場合に、その経費の一部を補助しており、2023年度は日光国立公園及び中部山岳国立公園において環境配慮型トイレの整備等（計5か所）を支援しました。

2023年度に入り、国内外の観光需要が急速に回復し、一部の地域・時間帯で混雑やマナー違反による地域住民の生活への影響や、旅行者の満足度低下など、いわゆるオーバーツーリズムへの懸念が生じたため、2023年10月に観光立国推進閣僚会議において「オーバーツーリズムの未然防止・抑制に向けた対策パッケージ」が決定されました。これを受けて、軽装登山やごみ投棄等の問題が顕在化している富士山（富士箱根伊豆国立公園）については、2024年3月に富士山における適正利用推進協議会において富士登山におけるオーバーツーリズム対策が取りまとめられました。

(3) 鳥獣保護区

鳥獣の保護及び管理並びに狩猟の適正化に関する法律（平成14年法律第88号。以下「鳥獣保護管理法」という。）に基づき、鳥獣の保護を図るため、国際的又は全国的な見地から特に重要な区域を国指定鳥獣保護区に指定しています（表2-3-1）。

(4) 生息地等保護区

絶滅のおそれのある野生動植物の種の保存に関する法律（平成4年法律第75号。以下「種の保存法」という。）に基づき、国内希少野生動植物種の生息・生育地として重要な地域を生息地等保護区に指定しています（表2-3-1）。

(5) 名勝、天然記念物

文化財保護法（昭和25年法律第214号）に基づき、我が国の峡谷、海浜等の名勝地で観賞上価値の高いものを名勝に、動植物及び地質鉱物で学術上価値が高く我が国の自然を記念するものを天然記念物に指定しています（表2-3-1）。また、天然記念物の衰退に対処するため関係地方公共団体と連携して、天然記念物再生事業について40件（2024年3月末時点）実施しました。

(6) 国有林野における保護林及び緑の回廊

原生的な天然林を有する森林や希少な野生生物の生育・生息の場となる森林である「保護林」や、これらを中心としたネットワークを形成することによって野生生物の移動経路となる「緑の回廊」において、モニタリング調査等を行い森林生態系の状況を把握し順応的な保護・管理を推進しました（表2-3-1）。

(7) 保安林

我が国の森林のうち、水源の涵養や災害の防備のほか、良好な環境の保全による保健休養の場の提供等の公益的機能を特に発揮させる森林を、保安林として計画的に指定し、適正な管理を行いました（表2-3-1）。

(8) 特別緑地保全地区・近郊緑地特別保全地区等

都市緑地法（昭和48年法律第72号）等に基づき、都市における生物の生息・生育地の核等として、生物の多様性を確保する観点から特別緑地保全地区等の都市における良好な自然的環境の確保に資する地域の指定による緑地の保全等の取組の推進を図りました。2023年3月末時点で全国の特別緑地保全地区等は683地区、6,693.2haとなっています。

(9) ラムサール条約湿地

第2章第7節9（5）を参照。

(10) 世界自然遺産

世界遺産条約は、顕著な普遍的価値を有する遺跡や自然地域等を人類全体のための遺産として損傷又は破壊等の脅威から保護し、保存し、国際的な協力及び援助の体制を確立するための枠組みです。現在、我が国では、「屋久島」、「白神山地」、「知床」、「小笠原諸島」及び「奄美大島、徳之島、沖縄島北部及び西表島」の5地域が条約に基づき自然遺産として世界遺産一覧表に記載されています。これらの世界自然遺産については、遺産地域ごとに関係省庁・地方公共団体・地元関係者からなる地域連絡会議と専門家による科学委員会を開催し、関係者の連携によって適正な保全管理を実施しました。

また、2023年9月にリヤドで開催された第45回世界遺産委員会では、委員国として、世界各国の自然遺産の登録審議等に参画しました。

(11) 生物圏保存地域（ユネスコエコパーク）

「生物圏保存地域（Biosphere Reserves、国内呼称はユネスコエコパーク）」は、国連教育科学文化機関（UNESCO）の「人間と生物圏（Man and the Biosphere（MAB））計画」の枠組みに基づいて国際的に認定された地域です。各地域では、「保全機能（生物多様性の保全）」、「学術的研究支援」及

び「経済と社会の発展」の三つの機能により、生態系の保全のみならず持続可能な地域資源の利活用の調和を図る活動を行うこととされています。

　現在の認定総数は134か国、748地域（2023年6月時点）であり、国内においては、志賀高原、白山、大台ヶ原・大峯山・大杉谷、屋久島・口永良部島、綾、只見、南アルプス、みなかみ、祖母・傾・大崩及び甲武信の10地域が認定されており、豊かな自然環境の保全と、それぞれの自然や文化の特徴を活かした持続的な地域づくりが進められています。

（12）ジオパーク

　UNESCOの「国際地質科学ジオパーク計画（International Geoscience and Geoparks Programme）」の枠組みに基づいて認定されたユネスコ世界ジオパークは、国際的に価値のある地質遺産の保全をとおしてその遺産への理解を深め、持続可能な地域の発展につなげることなどを目的としており、国内では10地域（2024年3月時点）が認定されています。また、これらを含む46地域が日本ジオパーク委員会によって、日本ジオパークに認定されており、このうち国立公園と重複する地域では、ジオパークと連携して、公園施設の整備、シンポジウムの開催、学習教材・プログラムづくり、エコツアーガイド養成等が行われています。

（13）世界農業遺産及び日本農業遺産

　農業遺産は、社会や環境に適応しながら何世代にもわたり継承されてきた独自性のある農林水産業と、それに関わって育まれた文化、ランドスケープ及びシースケープ、農業生物多様性等が相互に関連して一体となった農林水産業システムを認定する制度であり、国連食糧農業機関（FAO）が認定する世界農業遺産と、農林水産大臣が認定する日本農業遺産があります。認定された地域では、保全計画に基づき、農林水産業システムに関わる生物多様性の保全等に取り組んでいます。我が国では、2024年3月時点で、世界農業遺産が15地域、日本農業遺産が24地域認定されています。

4　自然再生

　自然再生推進法（平成14年法律第148号）に基づく自然再生協議会は、2024年3月末時点で全国で27か所となっています。このうち26か所の協議会で自然再生全体構想が作成され、うち22か所で自然再生事業実施計画が作成されています。

　2023年度は、国立公園における直轄事業6地区、自然環境整備交付金で地方公共団体を支援する事業2地区の計8地区で自然再生事業を実施しました（図2-3-2）。

　これらの地区では、生態系調査や事業計画の作成、事業の実施、自然再生を通じた自然環境学習等を行いました。

図2-3-2 環境省の自然再生事業（実施箇所）の全国位置図

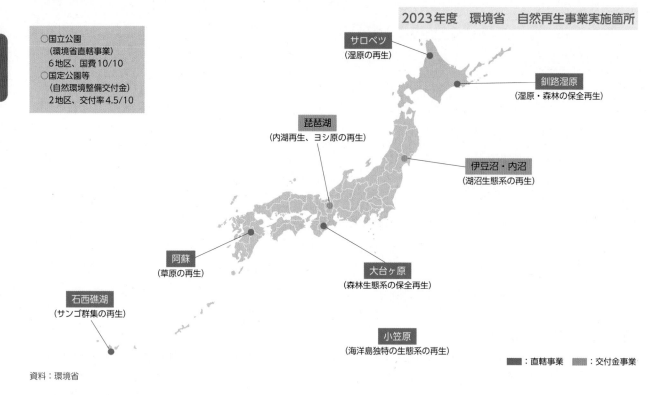

2023年度　環境省　自然再生事業実施箇所

○国立公園
　（環境省直轄事業）
　6地区、国費10/10
○国定公園等
　（自然環境整備交付金）
　2地区、交付率4.5/10

サロベツ
（湿原の再生）

釧路湿原
（湿原・森林の保全再生）

琵琶湖
（内湖再生、ヨシ原の再生）

伊豆沼・内沼
（湖沼生態系の再生）

阿蘇
（草原の再生）

大台ヶ原
（森林生態系の保全再生）

石西礁湖
（サンゴ群集の再生）

小笠原
（海洋島独特の生態系の再生）

■：直轄事業　■：交付金事業

資料：環境省

5　里地里山の保全活用

　里地里山は、集落を取り巻く二次林と人工林、農地、ため池、草原等を構成要素としており、人為による適度なかく乱によって特有の環境が形成・維持され、固有種を含む多くの野生生物を育む地域となっています。

　このような里地里山の環境は、人々の暮らしに必要な燃料、食料、資材、肥料等の多くを自然から得るために人が手を加えることで形成され、維持されてきました。しかし、戦後のエネルギー革命や営農形態の変化等に伴う森林や農地の利用の低下に加え、農林水産業の担い手の減少や高齢化の進行により里地里山における人間活動が急速に縮小し、その自然の恵みは利用されず、生物の生息・生育環境の悪化や衰退が進んでいます。こうした背景を踏まえ、環境省ウェブサイト等において地域や活動団体の参考となる里地里山の特徴的な取組事例や重要里地里山500「生物多様性保全上重要な里地里山」について情報を発信し、他の地域への取組の波及を図りました。

　また、自然共生社会づくりを着実に進めていくため、地方公共団体を含む2以上の主体から構成された里山未来拠点協議会が行う、重要里地里山、都道府県立自然公園、都道府県指定鳥獣保護区等の生物多様性保全上重要な地域における生態系保全と社会経済活動の統合的な取組に対して13地区を支援しました。

　特別緑地保全地区等に含まれる里地里山については、土地所有者と地方公共団体等との管理協定の締結による持続的な管理や市民への公開等の取組を推進しました。

　また、2019年に成立した棚田地域振興法（令和元年法律第42号）に基づき、関係府省庁で連携して貴重な国民的財産である棚田の保全と、棚田地域の有する多面にわたる機能の維持増進を図りました。

　文化財保護法では、棚田や里山といった「地域における人々の生活又は生業及び当該地域の風土により形成された景観地で我が国民の生活又は生業の理解のため欠くことのできないもの」を文化的景観と定義し、文化的景観のうち、地方公共団体が保存の措置を講じ、特に重要であるものを重要文化的景観に選定しています。重要文化的景観の保存と活用を図るために地方公共団体が行う調査、保存活用計画

策定、整備、普及・啓発事業に要する経費に対して補助を実施しました。

6 木質バイオマス資源の持続的活用

森林等に賦存する木質バイオマス資源の持続的な活用を支援し、地域の低炭素化と里山等の保全・再生を図りました。

7 都市の生物多様性の確保

(1) 都市公園の整備

都市における緑とオープンスペースを確保し、水と緑が豊かで美しい都市生活空間等の形成を実現するため、都市公園の整備、緑地の保全、民有緑地の公開に必要な施設整備等を支援する「都市公園・緑地等事業」を実施しました。

(2) 地方公共団体における生物多様性に配慮した都市づくりの支援

緑豊かで良好な都市環境の形成を図るため、都市緑地法に基づく特別緑地保全地区の指定を推進するとともに、地方公共団体等による土地の買入れ等を推進しました。また、首都圏近郊緑地保全法（昭和41年法律第101号）及び近畿圏の保全区域の整備に関する法律（昭和42年法律第103号）に基づき指定された近郊緑地保全区域において、地方公共団体等による土地の買入れ等を推進しました。

「都市の生物多様性指標」に基づき、都市における生物多様性保全の取組の進捗状況を地方公共団体が把握・評価し、将来の施策立案等に活用されるよう普及を図りました。

(3) 都市緑化等

都市緑化に関しては、緑が不足している市街地等において、緑化地域制度や地区計画等緑化率条例制度等の活用により建築物の敷地内の空地や屋上等の民有地における緑化を推進するとともに、市民緑地契約や緑地協定の締結や、市民緑地認定制度により、民間主体による緑化を推進しました。さらに、風致に富むまちづくり推進の観点から、風致地区の指定を推進しました。緑化推進連絡会議を中心に、国土の緑化に関し、全国的な幅広い緑化推進運動の展開を図りました。また、都市緑化の推進として、「春季における都市緑化推進運動（4月～6月）」、「都市緑化月間（10月）」を中心に、普及啓発活動を実施しました。

都市における多様な生物の生息・生育地となるせせらぎ水路の整備や下水処理水の再利用等による水辺の保全・再生・創出を図りました。

8 生態系を活用した防災・減災（Eco-DRR）等の自然を活用した解決策（NbS）の推進

かつての氾濫原や湿地等の再生による流域全体での遊水機能等の強化による、自然生態系を基盤とした気候変動への適応や防災・減災を進めるため、2023年3月に公表した「生態系保全・再生ポテンシャルマップ」の作成・活用方法を示した手引きと全国規模のベースマップを基に、自治体等に対する計画策定や取組への技術的な支援を進めました。また、自然の有する多機能性という特質を活かすことで、気候変動や生物多様性、社会経済の発展、防災・減災や食糧問題など複数の社会課題の同時解決を目指す考えである、自然を活用した解決策（NbS）について、我が国の国土・社会条件を踏まえた取組の方向性や、具体の取組事例を提示した手引き等の策定に向けた検討を行いました。

第4節 海洋における生物多様性の保全

1 沿岸・海洋域の保全

　沖合の海底の自然環境の保全を図るための新たな海洋保護区（以下「沖合海底自然環境保全地域」という。）制度の措置を講ずる自然環境保全法の一部を改正する法律（平成31年法律第20号）が、2020年4月に施行され、2020年12月に、小笠原方面の沖合域に沖合海底自然環境保全地域を4地域（伊豆・小笠原海溝、中マリアナ海嶺・西マリアナ海嶺北部、西七島海嶺、マリアナ海溝北部）指定しました。指定後、同地域では継続して、自然環境の状況把握調査を実施しており、2023年8月には伊豆・小笠原海溝沖合海底自然環境保全地域において調査を行いました。

　有明海・八代海等における海域環境調査、東京湾等における水質等のモニタリング、海洋短波レーダを活用した流況調査、水産資源に関する調査等を行いました。

　2021年3月に策定した「サンゴ礁生態系保全行動計画2022-2030」について、具体的な評価指標の検討を行いました。また、関係省庁、関係地方自治体等の各主体が取り組む具体的な活動の進捗状況を確認するため、関係者が参加するフォローアップ会議を開催しました。

2 水産資源の保護管理

　2018年12月に改正された漁業法（昭和24年法律第267号。以下「漁業法」という。）において、水産資源の管理は、科学的な資源評価に基づき、持続的に生産可能な最大の漁獲量の達成を目標とし、数量管理を基本とされました。このことを踏まえ、2020年9月に策定した「新たな資源管理の推進に向けたロードマップ」に従い、科学的な資源調査・評価の充実、資源評価に基づくTAC（漁獲可能量）による管理の推進など、新たな資源管理システムの構築のための道筋を示し、着実に実行し、2024年3月、同ロードマップの更新版を公表しました。また、[1] ミンククジラ等の生態、資源量、回遊経路等の解明に資する調査、[2] ヒメウミガメ、シロナガスクジラ、ジュゴン等の原則採捕禁止等、[3] サメ、ウナギ等に関する国内管理措置等の検討やウミガメ等の混獲の実態把握及び回避技術・措置の検討、普及を図りました。

3 海岸環境の整備

　海岸保全施設の整備においては、海岸法（昭和31年法律第101号）の目的である防護・環境・利用の調和に配慮した整備を実施しました。

4 港湾及び漁港・漁場における環境の整備

　港の良好な自然環境を活用し、自然環境の大切さを学ぶ機会の充実を図るため、地方公共団体やNPO等による自然体験・環境教育プログラム等の開催の場ともなる緑地・干潟等の整備を推進するとともに、海洋環境整備船等による漂流ごみ・油の回収を行いました。また、海辺の自然環境を活かした自然体験・環境教育を行う「海辺の自然学校」等の取組を推進しました。

　2013年に策定した「プレジャーボートの適正管理及び利用環境改善のための総合的対策に関する推進計画」に基づき、放置艇の解消を目指した船舶等の放置等禁止区域の指定と係留・保管施設の整備を推進しました。

　漁港・漁場では、水産資源の持続的な利用と豊かな自然環境の創造を図るため、漁場の環境改善を図るための堆積物の除去等の整備を行う水域環境保全対策を実施したほか、水産動植物の生息・繁殖に配

慮した構造を有する護岸等の整備を実施しました。また、藻場・干潟の保全・創造等を推進したほか、漁場環境を保全するための森林整備に取り組みました。大規模に衰退したサンゴの効率的・効果的な保全・回復を図るため、サンゴ礁の面的な保全・回復技術の開発に取り組みました。

5 海洋汚染への対策

第4章第6節を参照。

第5節　野生生物の適切な保護管理と外来種対策の強化等

1 絶滅のおそれのある種の保存

(1) レッドリスト

　2020年3月に公表した環境省レッドリスト2020では、我が国の絶滅危惧種は3,716種となっています。これに、海洋生物レッドリスト（2017年3月公表）における絶滅危惧種56種を加えると、我が国の絶滅危惧種の総数は3,772種となります。2024年度以降に公表予定の第5次レッドリストから、これまで陸域と海域で分かれていた検討体制を統合するとともに、陸域・海域を統合したレッドリストを作成することとし、2020年3月に公表した「レッドリスト作成の手引」に基づき、次期レッドリストの評価作業を進めました。

(2) 希少野生動植物種等の保存

　2017年5月に絶滅のおそれのある野生動植物の種の保存に関する法律の一部を改正する法律（平成29年法律第51号）が成立、6月に公布され、2018年6月から施行されました。本改正法においては、商業目的での捕獲等のみを規制することができる特定第二種国内希少野生動植物種制度の創設、希少野生動植物種の保存を推進する認定希少種保全動植物園等制度の創設、国際希少野生動植物種の流通管理の強化等が行われました。改正法施行日以後5年を経過したことから、種の保存法附則及び附帯決議に基づき、規定の施行評価を開始しました。

　種の保存法に基づく国内希少野生動植物種については、2024年2月に、昆虫類2種、唇脚類1種、植物3種の計6種を指定しました。2024年3月時点で448種の国内希少野生動植物種について、捕獲や譲渡し等の規制を行っています。同法に基づき実施する保護増殖事業については、直近で2023年12月に高山蝶のタカネヒカゲ八ヶ岳亜種を対象に保護増殖事業計画を策定しました。これにより、保護増殖事業計画は計76種を対象に57計画となりました。これらの保護増殖事業計画に基づき、それぞれの地域において、生息環境の整備や個体の繁殖等の事業を行っています（図2-5-1）。トキについては、佐渡島におけるこれまでの保全活動や積極的な飼育・繁殖、放鳥等の取組により、野生下で推定約500羽まで増加しています（2023年12月末時点）。今後の本州等におけるトキの定着及び個体群形成に向け、2022年に選定された「トキと共生する里地づくり取組地域」を中心に、環境整備等の準備や各種検討を進めています。

　ライチョウについては、2015年から乗鞍岳で採取した卵を用いて飼育・繁殖技術確立のための取組を7施設で行い、繁殖に成功しています。また、過去にライチョウが生息していた中央アルプスでは、個体群復活に向け、野生復帰や捕食者対策等の取組を多様な主体と協力・連携して実施しています。こうした取組の結果、2023年4月時点で、中央アルプスでは、約80羽の生息を確認しています。

　これらの保護増殖事業や調査研究、普及啓発を推進するための拠点となる野生生物保護センターを全国で8か所設置しています。

また、同法に基づき指定している全国10か所の生息地等保護区において、保護区内の国内希少野生動植物種の生息・生育状況調査、巡視等を行いました。

ワシントン条約及び二国間渡り鳥条約等に基づき、国際的に協力して種の保存を図るべき813分類を国際希少野生動植物種に指定しています。

そのほか、猛禽類の採餌環境の改善にも資する主伐・間伐の実施等、効果的な森林の整備・保全を行いました。

沖縄島周辺海域に生息するジュゴンについては、漁業関係者等との情報交換や喰み跡のモニタリング調査を行うとともに、先島諸島等において、喰み跡の確認等の生息状況調査、目撃情報等の収集等を実施しました。

図2-5-1 保護増殖事業の一例

アユモドキ	ウスイロヒョウモンモドキ
■環境省レッドリスト 絶滅危惧IA類(CR) ■生息地域 京都府及び岡山県 ■事業の概要 ○国交省、農水省、文化庁、自治体、民間団体等との連携により、調査、氾濫原等の生息環境の維持・保全・復元、密漁対策、普及啓発等を実施 ○研究者、小学校、水族館、企業等の協力のもと生息域外保全にも取組み、一部野生復帰も実施 ○近年は環境DNA分析技術も用いた生息状況の把握等も実施	■環境省レッドリスト 絶滅危惧IA類(CR) ■生息地域 兵庫県、岡山県、鳥取県 ■事業の概要 ○生息環境である草原環境の維持管理（草刈り、樹木伐採等）、食草や吸密植物のシカによる食害対策等を自治体や民間団体等の協力のもと実施。 ○研究者や昆虫館等と連携のもと生息域外保全も実施し、飼育繁殖技術の確立と野生復帰を進めている。

資料：環境省

(3) 生息域外保全

絶滅の危険性が極めて高く、本来の生息域内における保全施策のみでは近い将来、種を存続させることが困難となるおそれがある種について、将来的な野生復帰を想定した飼育下繁殖を実施するなど生息域外保全の取組を進めています。

2014年に公益社団法人日本動物園水族館協会と環境省との間で締結した「生物多様性保全の推進に関する基本協定書」に基づき、ツシマヤマネコ、ライチョウ、アマミトゲネズミ、ミヤコカナヘビ、スジシマドジョウ類等の生息域外保全に取り組んでいます。個別の動物園・水族館ではなく協会全体として取り組んでもらうことで、園館間のネットワークを活用した一つの大きな飼育個体群として捉えて計画的な飼育繁殖を推進することが可能となっています。

絶滅危惧植物についても、2015年に公益社団法人日本植物園協会との間で締結した「生物多様性保全の推進に関する基本協定書」に基づき、生息域外保全や野生復帰等の取組について、一層の連携を図っています。さらに、新宿御苑においては、絶滅危惧植物の種子保存を実施しています。

絶滅危惧昆虫についても、全国の昆虫施設と連携し、ツシマウラボシシジミ、フサヒゲルリカミキリ、ウスイロヒョウモンモドキ、フチトリゲンゴロウ等の生息域外保全に取り組んでいます。このうちツシマウラボシシジミについては、飼育施設と本種の生息地である対馬市が連携して取り組むことで、飼育下で繁殖させた個体による野生復帰も進んでいます。

そのほか、飼育下個体の遺伝的多様性の評価等を大学や研究機関等とも連携して取り組みました。また、ツシマヤマネコとヤンバルクイナについては、環境研究総合推進費による研究プロジェクトにおいて、生殖細胞の保存やその活用に向けた技術開発が進められています。

なお、2023年12月時点で15施設が認定希少種保全動植物園等として認定されており、希少種の生息域外保全や普及啓発の取組が進められています。

2 野生鳥獣の保護管理

　我が国には多様な野生鳥獣が生息しており、鳥獣保護管理法に基づき、その保護及び管理が図られています。鳥獣保護管理法では、都道府県における鳥獣保護管理行政の基本的な事項を「鳥獣の保護及び管理を図るための事業を実施するための基本的な指針」（以下「基本指針」という。）として定めることとされており、各都道府県では、2021年10月に策定した第13次基本指針に基づき、科学的な知見に基づく鳥獣保護管理事業が進められています。

　2023年度のクマ類による人身被害の発生件数が過去最多を記録したことから、科学的知見に基づき、クマ類の出没や被害の発生要因を分析するとともに、被害防止に向けた総合的な対策の方針を取りまとめました。環境省では、本方針を受けて、四国の個体群を除くクマ類を指定管理鳥獣に指定するための手続を進めました。

　鉛製銃弾の使用による鳥類への影響を科学的に評価するため、鳥類の鉛汚染の効果的なモニタリング体制の構築に取り組むとともに、影響評価の方法の検討を行いました。また、科学的かつ計画的な鳥獣管理を進めるために情報システムの整備と運用を進めるとともに、次期システムへの更改に向け、システムの機能強化等に向けた検討を行いました。

　都道府県における第一種特定鳥獣保護計画及び第二種特定鳥獣管理計画の作成促進や鳥獣の保護及び管理のより効果的な実施を図るため、特定鳥獣5種（イノシシ、ニホンジカ、クマ類、ニホンザル、カワウ）の保護及び管理に関する技術的な検討を行うとともに、都道府県職員等を対象とした研修会を開催しました。

　都道府県による科学的・計画的な鳥獣の管理を支援するため、統計手法を用いて、ニホンジカ及びイノシシの個体数推定及び将来予測を実施しました。

　鳥獣の広域的な保護管理のため、東北、関東、中部近畿及び中国四国の各地域において、カワウ広域協議会を開催し、関係者間の情報共有等を行いました。また、関東山地におけるニホンジカ広域協議会では、広域保護管理指針及び実施計画（中期・年次）に基づき、関係機関の連携の下、各種対策を推進しました。

　渡り鳥の生息状況等に関する調査として、鳥類観測ステーション等における鳥類標識調査、ガンカモ類の生息調査等を実施しました。また、出水平野（鹿児島県）に集中的に飛来するナベヅル、マナヅルについては、出水平野におけるツル類の保護管理に加え、出水平野以外の地域における越冬環境の整備を実施しました。

　希少鳥獣でありながらも漁業被害をもたらす北海道えりも地域のゼニガタアザラシについて、個体群管理や被害対策防除を進め個体群動態に係るモニタリング等の手法を確立することを目的として策定した「えりも地域ゼニガタアザラシ特定希少鳥獣管理計画（第2期）」に基づき、漁網の改良等による被害防除対策や、科学的分析による個体群管理を実施しました。

　鳥獣の生息環境の改善や生息地の保全を図るため、国指定片野鴨池鳥獣保護区において保全事業を実施しました。

　野生生物保護についての普及啓発を推進するため、愛鳥週間（毎年5月10日～5月16日）行事の一環として、第77回愛鳥週間「全国野鳥保護のつどい」を東京都内において開催したほか、第57回目となる小・中学校及び高等学校の児童・生徒による野生生物保護の実践活動を発表する「全国野生生物保護活動発表大会」の開催等を行いました。

（1）野生鳥獣の管理の強化

　近年、ニホンジカやイノシシ等の生息数が増加するとともに生息域が拡大し、生態系や農林水産業等への被害が拡大・深刻化しています。2013年に、環境省と農林水産省が共同で「抜本的な鳥獣捕獲強化対策」を取りまとめ、当面の目標として、ニホンジカ、イノシシの個体数を10年後の2023年度までに2011年度と比較して半減させることを目指し、捕獲の強化を進めてきました。その結果、イノシ

シについては、これまでの捕獲の効果等により、個体数が順調に減少しています。一方で、ニホンジカ（本州以南）の個体数については、いまだ高い水準にあり、2023年度の目標達成は難しい状況にあります。このため、環境省と農林水産省では、目標の期限を2028年度まで延長することを決定し、ニホンジカ・イノシシの更なる捕獲強化の取組を進めていくこととなりました（図2-5-2、図2-5-3）。

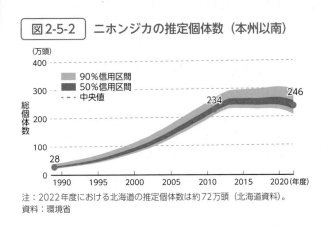

図2-5-2　ニホンジカの推定個体数（本州以南）

注：2022年度における北海道の推定個体数は約72万頭（北海道資料）。
資料：環境省

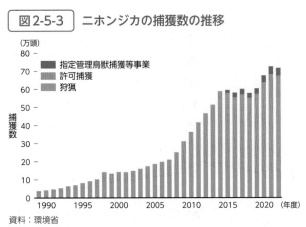

図2-5-3　ニホンジカの捕獲数の推移

資料：環境省

2015年5月に施行された鳥獣保護管理法においては、都道府県が捕獲等を行う指定管理鳥獣捕獲等事業や捕獲の担い手の確保・育成に向けた認定鳥獣捕獲等事業者制度の創設など、「鳥獣の管理」のための新たな措置が導入されました。

指定管理鳥獣捕獲等事業は、集中的かつ広域的に管理を図る必要があるとして環境大臣が指定した指定管理鳥獣（ニホンジカ及びイノシシ）について、都道府県又は国の機関が捕獲等を行い、適正な管理を推進するものです。国は指定管理鳥獣の捕獲等の強化を図るため、都道府県が実施する指定管理鳥獣捕獲等事業に対し、交付金により支援を行っています。2023年度においては、46都道府県等で当該事業が実施されました。

認定鳥獣捕獲等事業者制度は、鳥獣保護管理法に基づき、鳥獣の捕獲等に係る安全管理体制や従事者の技能・知識が一定の基準に適合し、安全を確保して適切かつ効果的に鳥獣の捕獲等を実施できる事業者を都道府県が認定するもので、44都道府県において163団体が認定されています（2024年3月時点）。

また、狩猟者については、1970年度の約53万人から2012年度には約18万人まで減少しましたが、2016年度以降には20万人を超え、微増傾向にあります。一方、2008年度以降は60歳以上の狩猟者が全体の6割を超えており、依然として高齢化が進んでいることから、引き続き捕獲等を行う鳥獣保護管理の担い手の育成が求められています。高度な知識や技術を有する捕獲の担い手の確保・育成に向けた検討や狩猟の魅力を伝えるための映像作成、鳥獣保護管理に係る専門的な人材を登録し紹介する事業等を行いました。

農林水産業への被害防止等の観点から、市町村を中心とした侵入防止柵の設置、捕獲活動や追払い等の地域ぐるみの被害防止活動、都道府県が行政界をまたいで行う広域捕獲活動、捕獲鳥獣の食肉（ジビエ）利用の取組等の対策を進めるとともに、鳥獣との共存にも配慮した多様で健全な森林の整備・保全等を実施しました。また、ニホンジカによる森林被害の防止に向けて、林業関係者による捕獲効率向上対策、捕獲等の新技術の開発・実証に対する支援等を行いました。さらに、トドによる漁業被害防止対策として、出現状況等の調査等を行いました。

(2) 野生鳥獣に関する感染症等への対応

2004年以降、野鳥、飼養鳥及び家きんにおいて、高病原性鳥インフルエンザウイルスが確認されていることから、「野鳥における高病原性鳥インフルエンザに係る対応技術マニュアル」に基づき、渡り鳥等を対象として、ウイルス保有状況調査を全国で実施し、その結果を公表しました。また、国内での

発生状況を踏まえ、2023年10月に野鳥のサーベイランス（調査）における全国の対応レベルを最高レベルとなる「対応レベル3」に引き上げ、全国で野鳥の監視を強化しました。その後も国内の野鳥、飼養鳥及び家きんにおいて、高病原性鳥インフルエンザウイルスが確認されているため、早期発見・早期対応を目的とした野鳥のサーベイランスを都道府県と協力しながら実施するとともに、高病原性鳥インフルエンザの発生地周辺10km圏内を野鳥監視重点区域に指定し、野鳥の監視を一層強化しました。

　高病原性鳥インフルエンザの発生や感染拡大等に備えた予防対策に資するため、国指定鳥獣保護区等への渡り鳥の飛来状況の調査等を実施し、環境省ウェブサイトを通じて情報提供等を行いました。

　2018年9月に岐阜県の農場において、国内で26年ぶりとなる豚熱が発生し、その後、野生イノシシでも感染が拡大しています。こうした状況を受け、環境省では、農林水産省と連携し、各都道府県が実施する野生イノシシのサーベイランスに協力しました。また、豚熱の感染拡大防止を図るため、野生イノシシの捕獲強化に向けた取組を指定管理鳥獣捕獲等事業交付金で支援するとともに、野生イノシシ対策の強化に向けて関係機関と情報共有等を実施しました。

　我が国における野生鳥獣に関する感染症について広く情報収集し、生物多様性保全の観点でのリスク評価を行いました。

3 　外来種対策

　外来種とは、人によって本来の生息・生育地からそれ以外の地域に持ち込まれた生物のことです。そのような外来種の中には、侵略的外来種と呼ばれる、在来の生物を食べたり、すみかや食べ物を奪ったりして、生物多様性を脅かす特に侵略性の高いものがおり、地域ごとに独自の生物相や生態系が形成されている生物多様性を保全する上で、大きな問題となっています。世界的な動植物の絶滅の6割は主に侵略的外来種が要因として引き起こされたものであり、少なくとも218種の侵略的外来種を要因として、1,200種以上もの在来種が絶滅していると報告されています。我が国においても、生態系被害、食害等による農林水産業への被害、刺咬症等による人の生命・身体への被害や、文化財の汚損、悪臭の発生、景観・構造物の汚損など、様々な被害が及ぶ事例が見られます。

　近年、より一層貿易量が増えるとともに、輸入品に付着すること等により非意図的に国内に侵入する生物が増加しています。2017年6月に国内で初確認された南米原産のヒアリについて、確認件数は、2024年3月までに18都道府県で111事例に上りました。環境省では、地元自治体や関係行政機関等と協力して発見された個体を駆除するとともに、リスクの高い港湾においてモニタリング調査を実施するなど、ヒアリの定着を阻止するための対策を実施しています。2021年9月には大阪港で、2022年10月には広島県福山港（コンテナ内）で、大規模な集団が確認されたことから、それぞれの地点において、防除完了後も周辺地域を含め重点的なフォローアップ調査を令和5年度に実施しました。また、外来種の導入経路の一つである生きている動物（ペット等）の輸入量は、1990年代をピークに減少傾向にありますが、これまで輸入されなかった種類の生物が新たに輸入されるなど、新たなリスクが存在していると言えます。

　このような外来種の脅威に対応するため、特定外来生物による生態系等に係る被害の防止に関する法律（平成16年法律第78号）に基づき、我が国の生態系等に被害を及ぼすおそれのある外来種を特定外来生物として指定し、輸入、飼養等を規制しています。

　2024年3月時点で特定外来生物は合計159種類（7科、13属、4種群、126種、9交雑種）となっています（図2-5-4）。2022年5月に成立した、特定外来生物による生態系等に係る被害の防止に関する法律の一部を改正する法律（令和4年法律第42号。以下「改正外来生物法」という。）に基づき、2023年4月にヒアリ類を「要緊急対処特定外来生物」に指定するとともに、「ヒアリの防除に関する基本的考え方」を改訂しました。また、ヒアリ類等の外来アリの消毒に関する基準を2023年5月に策定したほか、2023年6月には、対象事業者がとるべき措置について記載した「ヒアリ類（要緊急対処特定外来生物）に係る対処指針」を施行し、関係事業者との連携を強化しました。アメリカザリガニ及び

アカミミガメについては、一般家庭等での飼養等や無償での譲渡し等を適用除外とする形で2023年6月に特定外来生物に指定し、これらの規制内容や終生飼養等についてSNS等で周知するとともに、飼養等に関する基準を策定しました。加えて、「アメリカザリガニ対策の手引き」について、実際の防除事業により得られた課題等を踏まえた改訂を行い、防除の推進を図りました。

また、法規制の有無に関わらず、侵略性が高く、我が国の生態系への被害が懸念される外来種429種類を列挙した「我が国の生態系等に被害を及ぼすおそれのある外来種リスト」（通称「生態系被害防止外来種リスト」（2015年3月環境省・農林水産省作成）について、見直しに着手しました。

外来種被害予防三原則（「入れない」、「捨てない」、「拡げない」）について、多くの人に理解を深めてもらえるよう、主にペット・観賞魚業界等を対象にした普及啓発や、外来種問題に関するパネルやウェブサイト等を活用した普及啓発を実施しました。

我が国で定着が既に確認されている特定外来生物による生態系等に係る被害の防止措置については、改正外来生物法により、地方公共団体の責務となりました。これを踏まえ、特定外来生物防除等対策事業を新設して、交付金により地方公共団体を支援しました。また、我が国に定着が確認されていない又は分布が局所的である特定外来生物のまん延の防止、生物の多様性の確保上重要な地域等における特定外来生物の被害防止措置として、マングースやツマアカスズメバチ等の防除を行いました。

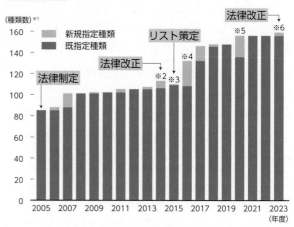

図2-5-4　特定外来生物の種類数

※1：特定外来生物は、科、属、種、交雑種について指定しているため、種類数を単位とする。
2：既指定であったスパルティナ・アングリカについては、新規に指定されたスパルティナ属全種に包含された。
3：既指定であったゴケグモ4種については、新規に指定されたゴケグモ属全種に包含された。
4：既指定であったノーザンパイク及びマスキーパイク2種については、新規に指定されたかわかます科全種に包含された。
5：既指定であったアカカミアリについてはソレノプスィス・ゲミナタ種群全種に、ヒアリについてはソレノプスィス・サエヴィスィマ種群全種に、アスタクス属全種及びウチダザリガニ2種類についてはざりがに科全種に、ラスティークレイフィッシュはアメリカざりがに科全種に、ケラクス属全種はみなみざりがに科全種に包含された。
6：アメリカザリガニは、既指定であった「アメリカざりがに科に属する種のうちアメリカザリガニ以外のもの」を「アメリカざりがに科全種」に改正して包含される形で特定外来生物に指定された。
資料：環境省

4　遺伝子組換え生物対策

生物の多様性に関する条約のバイオセーフティに関するカルタヘナ議定書（以下「カルタヘナ議定書」という。）を締結するための国内制度として定められた遺伝子組換え生物等の使用等の規制による生物の多様性の確保に関する法律（平成15年法律第97号。以下「カルタヘナ法」という。）に基づき、2024年3月末時点で516件の遺伝子組換え生物の環境中での使用が承認されています。また、日本版バイオセーフティクリアリングハウス（ウェブサイト）を通じて、法律の枠組みや承認された遺伝子組換え生物に関する情報提供を行ったほか、港湾周辺の河川敷において遺伝子組換えナタネの生物多様性への影響監視調査等を行いました。

5　動物の愛護及び適正な管理

動物の愛護及び管理に関する法律（昭和48年法律第105号。以下「動物愛護管理法」という。）に基づき、ペットショップ等の事業者に対する規制を行うとともに、動物の飼養に関する幅広い普及啓発を展開することで、動物の愛護と適正な管理の推進を図ってきました。

都道府県等に依頼してペットオークション事業者及びブリーダーにおける動物愛護管理法の遵守状況を確認いただくとともに、相談窓口を通じて都道府県等に助言等を行い、動物取扱業者規制の円滑な運

用を推進しました。2022年6月からは、販売される犬猫のマイクロチップ装着等義務化が施行され、2023年度末時点で131万頭を超える犬猫の飼い主などの情報が登録されています。

2022年度に都道府県等に引き取られた犬猫の数は、約5.3万頭（前年度から約0.6万頭減）となりました。引き取られた犬猫の返還・譲渡率は約76%となり、殺処分数は約1.2万頭（2004年度比約97%減）となりました（図2-5-5）。（2023年度に集計）

都道府県等が引き取った動物の譲渡及び返還を促進するため、都道府県等の収容・譲渡施設の整備に係る費用の補助を行いました。

広く国民に動物の愛護と適正な飼養について啓発するため、関係行政機関や団体との協力の下、「大人も子どもも一緒に考えよう、私たちと動物」

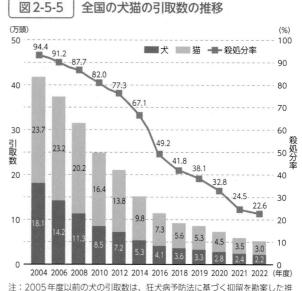

図2-5-5 全国の犬猫の引取数の推移

注：2005年度以前の犬の引取数は、狂犬病予防法に基づく抑留を勘案した推計値。
資料：環境省

をテーマに、動物愛護週間中央行事としてオンラインシンポジウムや子ども向けイベント、関係者による屋外ブース出展といった「どうぶつ愛護フェスティバル」を開催したほか、多くの関係行政機関等においても様々な行事が実施されました。

災害対策については、「ぼうさいこくたい2023」にブース出展して災害対策やマイクロチップ装着等に関する一般飼い主等への普及啓発を進めたほか、自治体におけるペット同行避難訓練実施を支援し、受入れ体制整備の支援を行いました。また、災害発生時には自治体と連絡体制を構築して情報収集に当たりました。愛がん動物用飼料の安全性の確保に関する法律（ペットフード安全法）（平成20年法律第83号）の内容について、普及啓発を行い、飼い主への正しいペットフードの扱い方に関する知識の普及やペットフードの安全性の確保を図りました。

動物愛護管理法に基づく犬及び猫のマイクロチップの装着・登録制度における登録等の事務に係る手数料について、動物の愛護及び管理に関する法律施行令（昭和50年政令第107号）に定めている手数料額の見直しのため、当該令の一部を改正する政令の制定を行いました。

愛玩動物看護師制度については、2022年5月の愛玩動物看護師法（令和元年法律第50号）の全面施行を受け、2023年2月に第1回国家試験を実施し、4月から名簿登録を開始し、2024年4月1日時点で20,648人の愛玩動物看護師が誕生しました。

第6節　持続可能な利用

1　持続可能な農林水産業

農林水産省では、2021年5月に食料・農林水産業の生産力向上と持続性の両立をイノベーションで実現させるための新たな政策方針として「みどりの食料システム戦略」を策定し、2050年までに目指す姿として、農林水産業のCO_2ゼロエミッション化、有機農業の取組面積の拡大、化学農薬・化学肥料の使用量の低減などの14のKPIを定めました。2022年4月には、この戦略を推進するための環境と調和のとれた食料システムの確立のための環境負荷低減事業活動の促進等に関する法律（令和4年法律第37号。以下「みどりの食料システム法」という。）が成立し、2022年9月からは環境負荷低減の取組等を後押しする認定制度が始まりました。

また、国家戦略及び「農林水産省生物多様性戦略」に基づき、農林水産分野における生物多様性の保全や持続可能な利用を推進しました。さらに、「みどりの食料システム戦略」や「昆明・モントリオール生物多様性枠組」等を踏まえ、2023年3月に、農山漁村における生物多様性と生態系サービスの保全、サプライチェーン全体での取組、生物多様性への理解と行動変容の促進等の基本方針を盛り込み、「農林水産省生物多様性戦略」を改定しました。

　食料・農林水産業における持続可能な生産・消費を後押しするため、消費者庁、農林水産省、環境省の3省連携の下、2020年6月に立ち上げた官民協働のプラットフォームである「あふの環2030プロジェクト～食と農林水産業のサステナビリティを考える～」において、参加メンバーが一斉に情報発信を実施するサステナウィーク2023や全国各地のサステナブルな取組動画を募集・表彰するサステナアワード2023等を実施しました。

　「みどりの食料システム戦略」を踏まえ、農産物の生産段階の温室効果ガスの排出量を簡易に算定するツールを作成し、これを基に環境負荷低減に向けた生産者の努力を消費者に分かりやすく伝える「見える化」の実証販売を行いました。2024年3月からは、米について生物多様性保全の取組の評価も追加し、新たなラベルデザインでガイドラインにのっとった本格運用を開始しました。

(1) 農業

　持続可能な農業生産を支える取組の推進を図るため、化学肥料、化学合成農薬の使用を原則5割以上低減する取組と合わせて行う地球温暖化防止や生物多様性保全等に効果の高い営農活動に取り組む農業者の組織する団体等を支援する環境保全型農業直接支払を実施しました。

　環境保全等の持続可能性を確保するための取組である農業生産工程管理（GAP）の普及・推進や、有機農業の推進に関する法律（平成18年法律第112号）に基づく有機農業の推進に関する基本的な方針及びみどりの食料システム法に基づく環境負荷低減事業活動の促進及びその基盤の確立に関する基本的な方針の下で、有機農産物の学校給食での利用等地域ぐるみの取組や有機栽培への転換、有機農業の栽培ノウハウを提供する民間団体の育成や技術習得による実践人材の育成、国産有機農産物の流通、加工、小売等の事業者と連携した需要喚起など有機農産物の安定供給体制の構築に向けた取組を支援しました。

(2) 林業

　森林・林業においては、持続可能な森林経営及び森林の有する公益的機能の発揮を図るため、造林や間伐等の森林整備を実施するとともに、多様な森林づくりのための適正な維持管理に努めるほか、関係省庁の連携の下、木材利用の促進を図りました。

　また、森林所有者や境界が不明で整備が進まない森林も見られることから、意欲ある者による施業の集約化の促進を図るため、所有者の確定や境界の明確化等に対する支援を行いました。

(3) 水産業

　水産業においては、持続的な漁業生産等を図るため、適地での種苗放流等による効率的な増殖の取組を支援するとともに、漁業管理制度の的確な運用に加え、漁業者による水産資源の自主的な管理措置等を内容とする資源管理計画に基づく取組を支援するとともに、改正漁業法に基づく資源管理協定への移行を推進しました。さらに、沿岸域の藻場・干潟の造成等生育環境の改善を実施しました。また、持続的養殖生産確保法（平成11年法律第51号）に基づく漁協等による養殖漁場の漁場改善計画の作成を推進しました。

　水産資源の保護管理については第2章第4節2を参照。

2　エコツーリズムの推進

エコツーリズム推進法（平成19年法律第105号）に基づき、自然資源の保全活用により持続的な地域振興に取り組む地域への支援、全体構想の認定・周知、技術的助言、情報の収集、普及啓発、広報活動等を総合的に実施しました。同法に基づくエコツーリズム推進全体構想については、2024年3月時点において全国で合計26件が認定されています。また、全国のエコツーリズムに関連する活動の向上や関係者の連帯感の醸成を図ることを目的として、エコツーリズム大賞により優れた取組を行う団体への表彰を実施しました。

エコツーリズムに取り組む地域への支援として、6の地域協議会に対して交付金を交付し、魅力あるプログラムの開発、ルールづくり、全体構想の策定、推進体制の構築等を支援したほか、地域におけるガイドやコーディネーター等の人材育成事業等を実施しました。

また、エコツーリズムの推進・普及を図るため、セミナーや全体構想認定地域間等の意見交換会を実施し、課題や取組状況等を共有しました。

3　遺伝資源へのアクセスと利益配分

（1）遺伝資源の利用と保存

医薬品の開発や農作物の品種改良など、遺伝資源の価値は拡大する一方、世界的に見れば森林の減少や砂漠化の進行等により、多様な遺伝資源が減少・消失の危機に瀕しており、貴重な遺伝資源を収集・保存し、次世代に引き継ぐとともに、これを積極的に活用していくことが重要となっています。農林水産分野では、農業生物資源ジーンバンク事業等により、関係機関が連携して、動植物、微生物、林木、水産生物等の国内外の遺伝資源の収集、保存、評価等を行っており、植物遺伝資源24万点を始め、世界有数のジーンバンクとして利用者への配布・情報提供を行いました。また、海外研究者に向けて、遺伝資源の取引・運用制度に関する理解促進や保護と利用のための研修等支援を行いました。

新品種の開発に必要な海外遺伝資源の取得や利用の円滑化に向けて、遺伝資源利用に係る国際的な議論に参画するとともに、その議論動向等について、我が国の遺伝資源利用者に対し、説明会等を通じた周知活動等を実施しました。

ライフサイエンス研究の基盤となる研究用動植物等の生物遺伝資源について、「ナショナルバイオリソースプロジェクト」により、大学・研究機関等において戦略的・体系的な収集・保存・提供等を行いました。また、途絶えると二度と復元できない実験途上の貴重な生物遺伝資源を広域災害等から保護するための体制強化に資する、「大学連携バイオバックアッププロジェクト」も実施しています。

（2）微生物資源の利用と保存

独立行政法人製品評価技術基盤機構を通じた資源提供国との生物多様性条約の精神にのっとった国際的取組として、資源提供国との協力体制を構築し、我が国の企業への海外の微生物資源の利用機会の提供を行っています。

我が国の微生物等に関する中核的な生物遺伝資源機関である独立行政法人製品評価技術基盤機構バイオテクノロジーセンター（NBRC）において、生物遺伝資源の収集、保存等を行うとともに、これらの資源に関する情報（分類、塩基配列、遺伝子機能等に関する情報）を整備し、生物遺伝資源と併せて提供しています。

第7節　　　国際的取組

1　生物多様性に関する世界目標の実施のための途上国支援

　2022年12月のCOP15第二部では、「昆明・モントリオール生物多様性枠組」が採択され、それに基づき、我が国では2023年3月に生物多様性国家戦略を改定しました。この経験を踏まえ、生物多様性条約事務局が実施する東・南アジア地域のNBSAP（National Biodiversity Strategy and Action Plan：生物多様性国家戦略及び行動計画）ダイアローグを2023年1月に日本において共催し、我が国の取組を共有するとともに、締約国間の新枠組の実施に向けた取組の推進に貢献しました。また、我が国は、愛知目標の達成に向けた途上国の能力養成等を支援するため、生物多様性条約事務局に設置された「生物多様性日本基金」に拠出しており、本基金により、愛知目標の達成に向けて「生物多様性国家戦略」の実施を支援する事業等が進められました。新枠組に対しても、1,700万ドルの「生物多様性日本基金第2期」により引き続き支援することとし、その開始をCOP15第二部において表明しました。その中では、生物多様性保全と地域資源の持続可能な利用を進めるSATOYAMAイニシアティブの現場でのプロジェクトである「SATOYAMAイニシアティブ推進プログラム」フェーズ4を実施することとしています。加えて、2023年12月、昆明・モントリオール生物多様性枠組の実現を支援するために設立されたGBF基金（Global Biodiversity Framework Fund）に対して、6.5億円の拠出を行うことを表明しました。

2　生物多様性及び生態系サービスに関する科学と政策のインターフェースの強化

　2019年2月に公益財団法人地球環境戦略研究機関（IGES）に設置された「生物多様性及び生態系サービスに関する政府間科学－政策プラットフォーム（IPBES）」の「IPBES侵略的外来種評価技術支援機関（TSU-IAS）」の作業を支援しました。また、IPBESの生物多様性等のシナリオ・モデルに関する専門的なグループである「シナリオ・モデルタスクフォース」を支援する技術支援機関のホスト国が公募され、我が国が応募したところ、IPBESのビューロー（管理運営を担う組織）の選定により、我が国への設置が決定し、2024年3月1日付けで正式にIGESに設置されました。さらに、IPBES総会第10回会合の結果報告会を2023年9月に、IPBESに関わる国内専門家及び関係省庁による国内連絡会を2023年9月と2024年2月に、シンポジウム「ネイチャーポジティブ社会に向けた社会変革と行動変容」を2024年2月にそれぞれ開催しました。

3　二次的自然環境における生物多様性の保全と持続可能な利用・管理の促進

　二次的な自然環境における自然資源の持続可能な利用と、それによる生物多様性の保全を目標とした「SATOYAMAイニシアティブ」を推進するため、「SATOYAMAイニシアティブ国際パートナーシップ（IPSI）」を支援するとともに、2023年7月秋田県秋田市で開催されたSATOYAMAイニシアティブ国際パートナーシップ第9回定例会合を共催し、環境省からは国定勇人環境大臣政務官が出席し、我が国の里山保全に関する取組の紹介等を行いました。なお、IPSIの会員は、15団体が2022年度に新たに加入し、2024年3月時点で21か国の22政府機関を含む77か国・地域の314団体となりました。

　SATOYAMAイニシアティブの理念を国内において推進するために2013年に発足した「SATOYAMAイニシアティブ推進ネットワーク」に環境省及び農林水産省が参加しています。本ネットワークは、SATOYAMAイニシアティブの国内への普及啓発、多様な主体の参加と協働による取組の促進に向け、ネットワークへの参加を呼び掛けたロゴマークや活動事例集の作成や「エコプロ

2022」等の各種イベントへの参加を行いました。なお、本ネットワークの会員は2024年3月時点で55地方公共団体を含む117団体となりました。

4 アジア保護地域パートナーシップの推進

2013年11月に宮城県仙台市で開催した第1回アジア国立公園会議を契機に我が国が主導して「アジア保護地域パートナーシップ（APAP）」を設立しました。APAPの参加国は2022年12月時点で、17か国となっており、その取組の一環として、毎年運営委員会等においてアジア各国の保護区に関する情報及び知見の共有等を進めています。また、2022年5月には、マレーシアのサバ州において第2回アジア国立公園会議が開催され、我が国として自然を活用した解決策（Nature based Solutions：NbS）のワーキンググループを主導したほか、保護地域に関連した知見の共有が広く行われ、APAPの更なる発展を支援することが盛り込まれた「コタキナバル宣言」が取りまとめられました。

5 森林の保全と持続可能な森林経営及び木材利用の推進

世界の森林は、陸地の約31％を占め、面積は約41億haに及びます。一方で、2010年から2020年の間に、植林等による増加分を差し引いて年平均470万ha減少しています。1990年から2000年の間に年平均780万ha減少しており、森林が純減する速度は低下傾向にありますが、減速ペースは鈍化してきています。地球温暖化や生物多様性の損失に深刻な影響を与える森林減少・劣化を抑制するためには、持続可能な森林経営を推進する必要があります。我が国は、持続可能な森林経営及び木材利用の推進に向けた国際的な議論に参画・貢献するとともに、関係各国、各国際機関等と連携を図るなどして森林・林業分野の国際的な政策対話等を推進しています。

「国連森林戦略計画2017-2030」は、国連森林フォーラム（UNFF）での議論を経て2017年4月に国連総会において採択され、我が国もその実施に係る議論に参画しています。

国際熱帯木材機関（ITTO）の第59回理事会が2023年11月にタイにおいて開催され、ITTOの設置根拠である「2006年の国際熱帯木材協定」の再延長に向けたプロセスや世界の森林減少・劣化を防止するための取組等について議論されました。また、加盟国等から総額約616万米ドルのプロジェクト等に対する拠出が表明され、我が国からは、コートジボワールにおける食料生産等と調和した持続可能な森林経営、マレーシアにおける持続可能な木材利用の促進等のプロジェクト等に計約1億1,000万円の拠出を表明しました。

6 砂漠化対策の推進

1996年に発効した国連の砂漠化対処条約（UNCCD）において、先進締約国は、砂漠化の影響を受ける締約国に対し、砂漠化対処のための努力を積極的に支援することとされています。我が国は先進締約国として、科学的・技術的側面から国際的な取組を推進しており、2022年5月にコートジボワールのアビジャンで開催されたUNCCD第15回締約国会議及び同科学技術委員会等、また、2023年11月に開催された第21回条約実施レビュー会議（CRIC21）に参画し、議論に貢献しました。また、モンゴルにおける砂漠化対処のための調査等を進め、二国間協力等の国際協力を推進しました。

7 南極地域の環境の保護

南極地域は、近年、観測活動や観光利用の増加による環境への影響が懸念されており、南極の平和的利用と科学的調査における国際協力の推進等を目的とする南極条約（1961年発効）及び、南極の環境や生態系の保護を目的とする「環境保護に関する南極条約議定書」（1998年発効）に基づき国際的な取

組が進められています。

　我が国は、環境保護に関する南極条約議定書を担保するため南極地域の環境の保護に関する法律（平成9年法律第61号）を制定し、南極地域における観測、観光、取材等の活動に対する確認制度等を運用するとともに、環境省のウェブサイト等を通じて南極地域の環境保護に関する普及啓発、指導等を行っています。また、南極条約事務局に拠出金を支払い南極条約体制を支援しているほか、2023年にフィンランドのヘルシンキで開催された第45回南極条約協議国会議に参画し、南極地域における環境保護の方策に関する議論に貢献しました。

8 サンゴ礁の保全

　国際サンゴ礁イニシアティブ（ICRI）の枠組みの中で、我が国が主導して2017年から開始した地球規模サンゴ礁モニタリングネットワーク（GCRMN）の東アジア地域におけるサンゴ礁生態系モニタリングデータの地域解析について、2021年の取りまとめに利用したモニタリングデータの管理利用方針やデータベースの構築方法を検討するためのワークショップを2023年6月に開催しました。

9 生物多様性関連諸条約の実施

(1) 生物多様性条約

　2022年12月に採択された愛知目標に次ぐ新たな世界目標「昆明・モントリオール生物多様性枠組」の実施に向けて、各目標の進捗を測る指標など引き続き議論が必要であり、生物多様性条約第25回科学技術助言補助機関会合等へ参加し、生物多様性戦略を改定した経験も活かして積極的に議論に貢献しました。

(2) 名古屋議定書

　COP10において採択された「生物の多様性に関する条約の遺伝資源の取得の機会及びその利用から生ずる利益の公正かつ衡平な配分に関する名古屋議定書（以下「名古屋議定書」という。）」について我が国は2017年8月に締約国となり、国内措置である「遺伝資源の取得の機会及びその利用から生ずる利益の公正かつ衡平な配分に関する指針」を施行し、名古屋議定書の適切な実施に努めています。

　我が国はCOP10の際に、名古屋議定書の早期発効や効果的な実施に貢献するため、地球環境ファシリティ（GEF）によって管理・運営される名古屋議定書実施基金の構想について支援を表明し、2011年に10億円を拠出しました。この基金を活用し、国内制度の発展、遺伝資源の保全及び持続可能な利用に係る技術移転、民間セクターの参加促進等の活動を行う13件のプロジェクトが承認され、ブータン、コロンビア、コスタリカ等の7件は既に完了しています。

(3) カルタヘナ議定書及び名古屋・クアラルンプール補足議定書

　バイオセーフティに関するカルタヘナ議定書の責任及び救済に関する名古屋・クアラルンプール補足議定書（以下「補足議定書」という。）の国内担保を目的とした遺伝子組換え生物等の使用等の規制による生物の多様性の確保に関する法律の一部を改正する法律（平成29年法律第18号。以下「改正カルタヘナ法」という。）が、2017年4月に成立し、同月に公布されました。補足議定書については、2018年3月に発効し、これに合わせて改正カルタヘナ法が施行されました。また、2022年12月にカナダのモントリオールで開催されたカルタヘナ議定書第10回締約国会議（COP-MOP10）第二部において、議定書及び補足議定書の適切な実施のための議論がなされ、我が国としても積極的に議論に貢献しました。

(4) ワシントン条約

　ワシントン条約に基づく絶滅のおそれのある野生動植物の輸出入の規制に加え、同条約附属書Ⅰに掲げる種については、種の保存法に基づき国内での譲渡し等の規制を行っています。関係省庁、関連機関が連携・協力し、象牙の適正な取引の徹底や規制対象種の適切な取扱いに向けて、国内法執行や周知強化等の取組を進めました。

(5) ラムサール条約

　国内に53か所あるラムサール条約湿地における普及啓発活動を、ラムサール条約湿地関係地方公共団体等と連携して進めました。特に2022年のラムサール条約第14回締約国会議（COP14）において湿地教育の推進に関連する決議が採択されたことを踏まえて、関係地方公共団体や有識者を対象に、ラムサール条約湿地における環境教育の実施状況について情報収集を行うとともに、湿地教育の推進のための方策等について検討しました。このほか、タイ政府環境省（ONEP）及びアジア開発銀行（ADB）と連携協力して、ラムサール条約湿地の新規登録に向けた支援を行いました。

(6) アジア太平洋地域における渡り性水鳥の保全

　東アジア・オーストラリア地域における渡り性水鳥保全のための国際的枠組みである東アジア・オーストラリア地域フライウェイ・パートナーシップ（EAAFP）を推進するため、国内に34か所ある渡り性水鳥重要生息地ネットワーク参加地において実施されているモニタリングのデータを活用し、気候変動による渡り鳥とその生息地への環境把握に関する報告書を取りまとめ、その成果について広く周知する報告会を開催しました。このほか、2023年12月には、宮城県において、全国の渡り性水鳥重要生息地ネットワーク間の情報共有及び交流促進を図るため、EAAFP事務局長を招へいし「渡り性水鳥フライウェイ全国大会」を開催しました。

(7) 二国間渡り鳥条約・協定

　2024年1月下旬に、約5年ぶりに日米渡り鳥等保護条約会議を米国ハワイ州・ホノルルにおいて開催し、両国における渡り鳥等の保全施策及び調査研究に関する情報共有のほか、今後の協力の在り方に関する意見交換を行いました。加えて、2026年に開催予定の次回会議までに取り組む事項を確認しました。

第8節　生物多様性の保全及び持続可能な利用に向けた基礎整備

1　自然環境データの整備・提供

(1) 自然環境データの調査とモニタリング

　我が国では、全国的な観点から植生や野生動物の分布など自然環境の状況を面的に調査する自然環境保全基礎調査（緑の国勢調査）のほか、様々な生態系のタイプごとに自然環境の量的・質的な変化を定点で長期的に調査する「モニタリングサイト1000」等を通じて、全国の自然環境の現状及び変化を把握しています。

　生物多様性に関する科学的知見の充実を図るため、今後10年間の実施方針・調査計画等をまとめたマスタープラン（2022年3月策定）に基づき、植生調査、淡水魚類分布調査、昆虫類分布調査等を実施しています。

　植生調査では、詳細な現地調査に基づく植生データを収集整理した1／2万5,000現存植生図を作成しており、我が国の生物多様性の状況を示す重要な基礎情報となっています。2022年度までに、全国

の約98％に当たる地域の植生図の作成を完了しました。淡水魚類分布調査（2022～2025年度予定）では有識者へのアンケートや現地調査を実施しました。昆虫類分布調査（2023～2026度年予定）では検討会の場で有識者に諮りながら調査設計を作成しました。また、50年間の調査成果をベースに他の自然・社会学的なデータも援用し、日本全体の自然環境の現状と変化状況・傾向を分かりやすく体系的に示す総合的な解析（総合解析）を2023～2025年の3か年かけて推進しています。

モニタリングサイト1000では、高山帯、森林・草原、里地里山、陸水域（湖沼及び湿原）、沿岸域（磯、干潟、アマモ場、藻場、サンゴ礁等）、小島嶼について、生態系タイプごとに定めた調査項目及び調査方法により、合計約1,000か所の調査サイトにおいて、モニタリング調査を実施し、その成果を公表しています。また、得られたデータは5年ごとに分析等を加え、取りまとめています。

インターネットを使って、全国の生物多様性データを収集し、提供するシステム「いきものログ」により、2023年12月時点で約530万件の全国の生物多様性データが収集され、地方公共団体を始めとする様々な主体で活用されています。

2013年以降の噴火に伴い新たな陸地が誕生し、拡大を続けている小笠原諸島の西之島に、2019年9月に上陸し、鳥類、節足動物、潮間帯生物、植物、地質、火山活動等に関する総合学術調査を実施しました。しかし、2019年12月以降の火山活動により、生態系が維持されていた旧島の全てが溶岩若しくは火山灰に覆われ、西之島の生物相がリセットされた状態となりました。原生状態の生態系がどのように遷移していくのかを確認することができる世界に類のない科学的価値を有する西之島の適切な保全に向けて、我が国では、2019年12月の大規模噴火以降の原初の生態系の生物相等を明らかにすることを目的とした総合学術調査を2021年度から実施しています。2023年9月には、UAV等を活用した陸域調査及び周辺海域での海域調査を中心に行いました。

(2) 地球規模のデータ整備や研究等

地球規模での生物多様性保全に必要な科学的基盤の強化のため、アジア太平洋地域の生物多様性観測・モニタリングデータの収集・統合化等を推進する「アジア太平洋生物多様性観測ネットワーク（APBON）」の取組の一環として、2024年2月に東京都でAPBONワークショップを開催しました。また、APBON参加者の能力向上や参加者間の更なるネットワーク強化を目的に、オンラインセミナーを計5回開催し、アジア太平洋地域における生物多様性モニタリングの体制強化を推進しました。

調査研究の取組としては、独立行政法人国立科学博物館において、「過去150年の都市環境における生物相変遷に関する研究－皇居を中心とした都心での収集標本の解析」、「極限環境の科学」等の調査研究を推進するとともに、約500万点の登録標本を保管し、標本情報についてインターネットで広く公開しました。また、我が国からのデータ提供拠点である国立研究開発法人国立環境研究所、独立行政法人国立科学博物館及び大学共同利用機関法人情報・システム研究機構国立遺伝学研究所と連携しながら、生物多様性情報を地球規模生物多様性情報機構（GBIF）に提供しました。国立研究開発法人海洋研究開発機構は、前述の機関を通じてGBIFに協力するとともに、生物多様性情報を海洋生物多様性情報システム（OBIS）にOBISの日本ノードとして提供しました。

2 放射線による野生動植物への影響の把握

福島第一原発の周辺地域での放射性物質による野生動植物への影響を把握するため、関係する研究機関等とも協力しながら、野生動植物の試料の採取、放射能濃度の測定、推定被ばく線量率による放射線影響の評価等を進めました。また、関連した調査を行っている他の研究機関や学識経験者と意見交換を行いました。

3　生物多様性及び生態系サービスの総合評価

　生態系サービスを生み出す森林、土壌、生物資源等の自然資本を持続的に利用していくために、自然資本と生態系サービスの価値を適切に評価・可視化し、様々な主体の意思決定に反映させていくことが重要です。そのため、生物多様性の主流化に向けた経済的アプローチに関する情報収集を実施してきており、2023年度は地方公共団体の協力を得ながら、水資源等の地域資源の経済価値を評価し、地方創生施策等への活用を検討する試行的事業を実施しました。また、2021年3月に公表した「生物多様性及び生態系サービスの総合評価2021（JBO3）」の結果を分かりやすく伝えるとともに、次期生物多様性及び生態系サービスの総合評価に向けた検討を始めました。

第3章　循環型社会の形成

第1節　廃棄物等の発生、循環的な利用及び処分の現状

1　我が国における循環型社会

　我が国における循環型社会とは、「天然資源の消費の抑制を図り、もって環境負荷の低減を図る」社会です。ここでは、廃棄物・リサイクル対策を中心として循環型社会の形成に向けた、廃棄物等の発生とその量、循環的な利用・処分の状況、国の取組、各主体の取組、国際的な循環型社会の構築について説明します。

（1）我が国の物質フロー

　私たちがどれだけの資源を採取、消費、廃棄しているかを知ることが、循環型社会を構築するための第一歩です。

　「第四次循環型社会形成推進基本計画」（2018年6月閣議決定。以下、循環型社会形成推進基本計画を「第四次循環基本計画」という。）では、どの資源を採取、消費、廃棄しているのかその全体像を的確に把握し、その向上を図るために、物質フロー（物の流れ）の異なる断面である「入口」、「循環」、「出口」に関する指標にそれぞれ目標を設定しています。

　以下では、物質フロー会計（MFA）を基に、我が国の経済社会における物質フローの全体像とそこから浮き彫りにされる問題点、「第四次循環基本計画」で設定した物質フロー指標に関する目標の状況について概観します。

ア　我が国の物質フローの概観

　我が国の物質フロー（2021年度）は、図3-1-1のとおりです。

図3-1-1 我が国における物質フロー（2021年度）

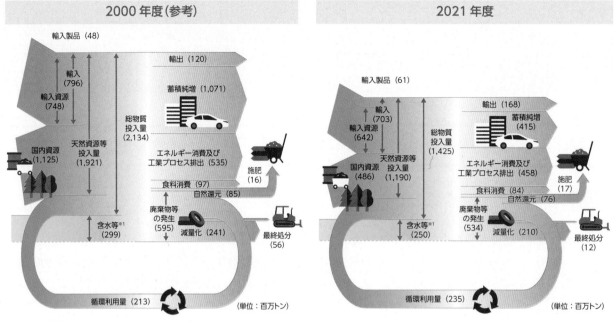

注：含水等：廃棄物等の含水等（汚泥、家畜ふん尿、し尿、廃酸、廃アルカリ）及び経済活動に伴う土砂等の随伴投入（鉱業、建設業、上水道業の汚泥及び鉱業の鉱さい）。
資料：環境省

イ　我が国の物質フロー指標に関する目標の設定

　「第四次循環基本計画」では、物質フローの「入口」、「循環」、「出口」に関する指標について目標を設定しています。

　それぞれの指標についての目標年次は、2025年度としています。各指標について、最新の達成状況を見ると、以下のとおりです。

[1]　資源生産性（＝GDP／天然資源等投入量）（図3-1-2）

　2025年度において、資源生産性を49万円／トンとすることを目標としています（2000年度の約25.3万円／トンからおおむね2倍）。2021年度の資源生産性は約45.7万円／トンであり、2000年度と比べ約81％上昇しました。しかし、2010年度以降は横ばい傾向となっています。

[2]　入口側の循環利用率（＝循環利用量／（循環利用量＋天然資源等投入量））（図3-1-3）

　2025年度において、入口側の循環利用率を18％とすることを目標としています（2000年度の約10％からおおむね8割向上）。2000年度と比べ、2021年度の入口側の循環利用率は約7ポイント上昇し、約16.5％でした。しかし、近年は伸び悩んでいます。

[3]　出口側の循環利用率（＝循環利用量／廃棄物等発生量）（図3-1-4）

　2025年度において、出口側の循環利用率を47％とすることを目標としています（2000年度の約36％からおおむね2割向上）。2000年度と比べ、2021年度の出口側の循環利用率は約8ポイント上昇し、約44.1％でした。しかし、近年は伸び悩んでいます。

[4]　最終処分量（＝廃棄物の埋立量）（図3-1-5）

　2025年度において、最終処分量を1,300万トンとすることを目標としています（2000年度の約5,600万トンからおおむね8割減）。2000年度と比べ、2021年度の最終処分量は約78％減少し、1,234万トンでした。

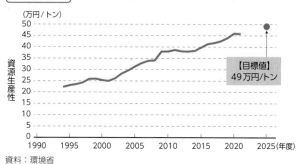

図3-1-2 資源生産性の推移

（万円/トン）

資源生産性

【目標値】
49万円/トン

資料：環境省

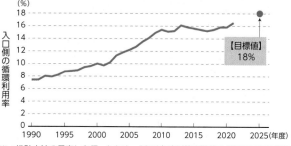

図3-1-3 入口側の循環利用率の推移

（％）

入口側の循環利用率

【目標値】
18％

※：推計方法の見直しを行ったため、2016年度以降の数値は2015年度以前の
　　推計方法と異なる。
資料：環境省

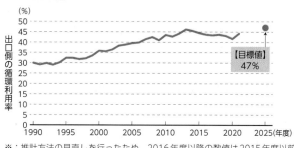

図3-1-4 出口側の循環利用率の推移

（％）

出口側の循環利用率

【目標値】
47％

※：推計方法の見直しを行ったため、2016年度以降の数値は2015年度以前
　　の推計方法と異なる。
資料：環境省

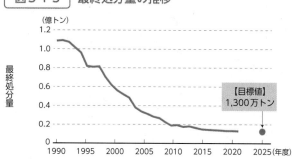

図3-1-5 最終処分量の推移

（億トン）

最終処分量

【目標値】
1,300万トン

資料：環境省

（2）廃棄物の排出量

ア　廃棄物の区分

　廃棄物の処理及び清掃に関する法律（昭和45年法律第137号。以下「廃棄物処理法」という。）では、廃棄物とは自ら利用したり他人に有償で譲り渡したりすることができないために不要になったものであって、例えば、ごみ、粗大ごみ、燃え殻、汚泥、ふん尿等の汚物又は不要物で、固形状又は液状のものを指します。

　廃棄物は、大きく産業廃棄物と一般廃棄物の二つに区分されています。産業廃棄物とは、事業活動に伴って生じた廃棄物のうち、廃棄物の処理及び清掃に関する法律施行令（昭和46年政令第300号。以下「廃棄物処理法施行令」という。）で定められた20種類のものと、廃棄物処理法に規定する「輸入された廃棄物」を指します。一方で、一般廃棄物とは産業廃棄物以外の廃棄物を指し、し尿のほか主に家庭から発生する家庭系ごみのほか、オフィスや飲食店から発生する事業系ごみも含んでいます（図3-1-6）。

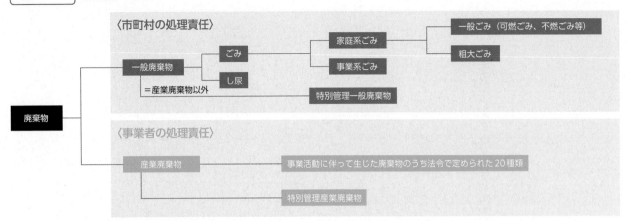

図3-1-6　廃棄物の区分

注１：特別管理一般廃棄物とは、一般廃棄物のうち、爆発性、毒性、感染性その他の人の健康又は生活環境に係る被害を生ずるおそれのあるもの。
　　２：事業活動に伴って生じた廃棄物のうち法令で定められた20種類燃え殻、汚泥、廃油、廃酸、廃アルカリ、廃プラスチック類、紙くず、木くず、繊維くず、動植物性残渣（さ）、動物系固形不要物、ゴムくず、金属くず、ガラスくず、コンクリートくず及び陶磁器くず、鉱さい、がれき類、動物のふん尿、動物の死体、ばいじん、輸入された廃棄物、上記の産業廃棄物を処分するために処理したもの。
　　３：特別管理産業廃棄物とは、産業廃棄物のうち、爆発性、毒性、感染性その他の人の健康又は生活環境に係る被害を生ずるおそれがあるもの。
資料：環境省

イ　一般廃棄物（ごみ）の処理の状況

　2022年度におけるごみの総排出量は4,034万トン（東京ドーム約108杯分、一人一日当たりのごみ排出量は880グラム）です（図3-1-7）。このうち、焼却、破砕・選別等による中間処理や直接の資源化等を経て、最終的に資源化された量（総資源化量）は791万トン、最終処分量は337万トンです（図3-1-8）。

図3-1-7　ごみ総排出量と一人一日当たりごみ排出量の推移

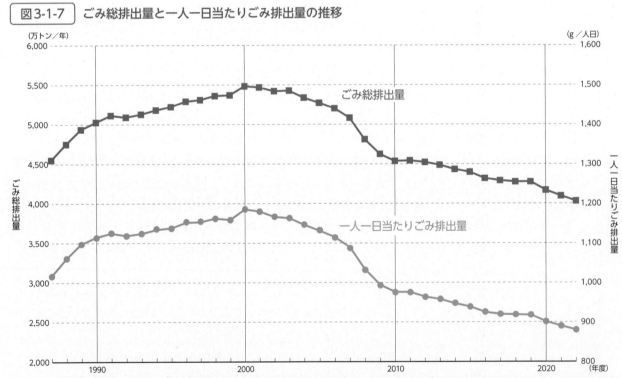

注１：2005年度実績の取りまとめより「ごみ総排出量」は、廃棄物処理法に基づく「廃棄物の減量その他その適正な処理に関する施策の総合的かつ計画的な推進を図るための基本的な方針」における、「一般廃棄物の排出量（計画収集量＋直接搬入量＋資源ごみの集団回収量）」と同様とした。
　　２：一人一日当たりごみ排出量は総排出量を総人口×365日又は366日でそれぞれ除した値である。
　　３：2012年度以降の総人口には、外国人人口を含んでいる。
資料：環境省

図3-1-8　全国のごみ処理のフロー（2022年度）

単位：万トン
[ ]内は、2021年度の数値

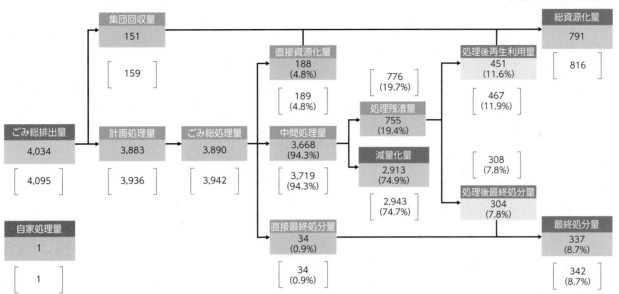

注1：計画誤差等により、「計画処理量」と「ごみの総処理量」（＝中間処理量＋直接最終処分量＋直接資源化量）は一致しない。
　2：減量処理率（％）＝[（中間処理量）＋（直接資源化量）] ÷（ごみの総処理量）×100とする。
　3：「直接資源化」とは、資源化等を行う施設を経ずに直接再生業者等に搬入されるものであり、1998年度実績調査より新たに設けられた項目。1997年度までは、項目「資源化等の中間処理」内で計上されていたと思われる。
資料：環境省

ウ　一般廃棄物（し尿）の処理の状況

　2022年度の水洗化人口は1億2,073万人で、そのうち下水道処理人口が9,744万人、浄化槽人口が2,330万人（うち合併処理人口は1,537万人）です。また非水洗化人口は490万人で、そのうち計画収集人口が485万人、自家処理人口が6万人です。

　総人口の約2割（非水洗化人口及び浄化槽人口）から排出された、し尿及び浄化槽汚泥の量（計画処理量）は1,947万kℓで、年々減少しています。そのほとんどは水分ですが、1kℓを1トンに換算して単純にごみの総排出量（4,034万トン）と比較すると、その数値が大きいことが分かります。それらのし尿及び浄化槽汚泥は、し尿処理施設で1,762万kℓ、ごみ堆肥化施設及びメタン化施設で14万kℓ、下水道投入で163万kℓ、農地還元で2万kℓ、その他で7万kℓが処理されています。なお、下水道終末処理場から下水処理の過程で排出される下水汚泥は産業廃棄物として計上されます。

エ　産業廃棄物の処理の状況

　近年、産業廃棄物の排出量は約4億トン前後で推移しており、大きな増減は見られません。2021年度の排出量は3.76億トンであり、前年度に比べて200万トン増加しています（図3-1-9）。

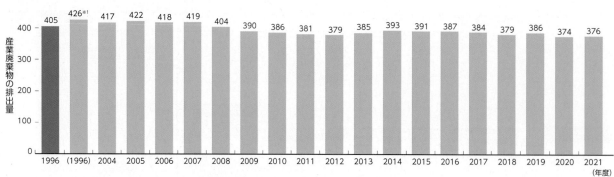

図3-1-9　産業廃棄物の排出量の推移

（百万トン）

産業廃棄物の排出量

年度	排出量
1996	405
(1996)	426※1
2004	417
2005	422
2006	418
2007	419
2008	404
2009	390
2010	386
2011	381
2012	379
2013	385
2014	393
2015	391
2016	387
2017	384
2018	379
2019	386
2020	374
2021	376

（年度）

※1：ダイオキシン対策基本方針（ダイオキシン対策関係閣僚会議決定）に基づき、政府が2010年度を目標年度として設定した「廃棄物の減量化の目標量」（1999年9月設定）における1996年度の排出量を示す。
注1：1996年度から排出量の推計方法を一部変更している。
　　2：1997年度以降の排出量は注1において排出量を算出した際と同じ前提条件を用いて算出している。
資料：環境省「産業廃棄物排出・処理状況調査報告書」

（3）循環的な利用の現状

ア　容器包装（ガラス瓶、ペットボトル、プラスチック製容器包装、紙製容器包装等）

　容器包装に係る分別収集及び再商品化の促進等に関する法律（容器包装リサイクル法）（平成7年法律第112号）に基づく、2022年度の分別収集及び再商品化の実績は図3-1-10のとおり、全市町村に対する分別収集実施市町村の割合は、ガラス製容器、ペットボトル、スチール製容器（飲料又は酒類用）、アルミ製容器（飲料又は酒類用）、段ボール製容器が前年度に引き続き9割を超えました。紙製容器包装については約3割、プラスチック製容器包装については7割を超えています。

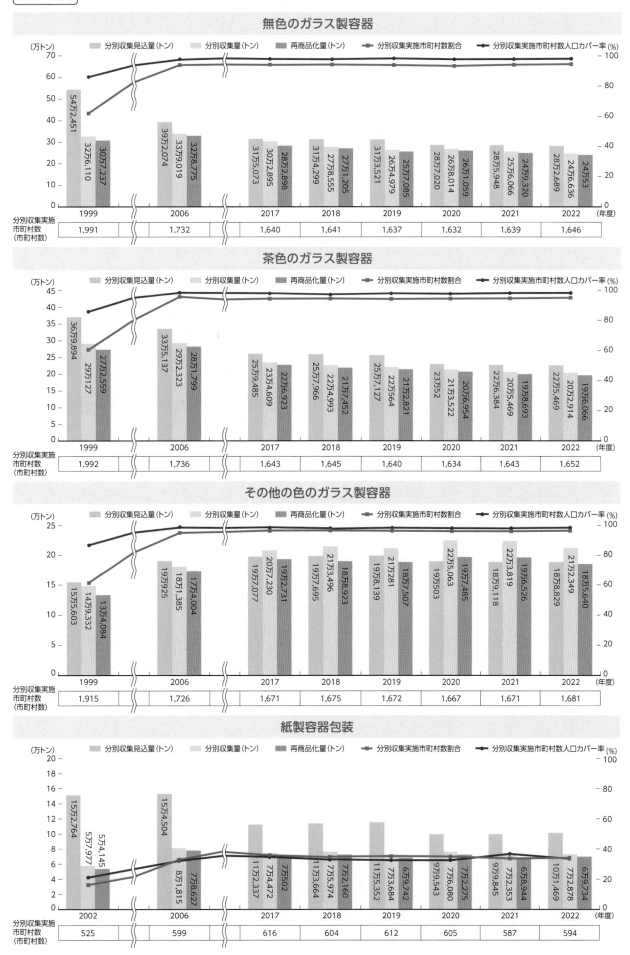

図3-1-10(1) 容器包装リサイクル法に基づく分別収集・再商品化の実績

無色のガラス製容器

（万トン）

凡例: 分別収集見込量（トン）　分別収集量（トン）　再商品化量（トン）　分別収集実施市町村数割合　分別収集実施市町村数人口カバー率（%）

分別収集実施市町村数（市町村数）	1999	2006	2017	2018	2019	2020	2021	2022
	1,991	1,732	1,640	1,641	1,637	1,632	1,639	1,646

茶色のガラス製容器

（万トン）

分別収集実施市町村数（市町村数）	1999	2006	2017	2018	2019	2020	2021	2022
	1,992	1,736	1,643	1,645	1,640	1,634	1,643	1,652

その他の色のガラス製容器

（万トン）

分別収集実施市町村数（市町村数）	1999	2006	2017	2018	2019	2020	2021	2022
	1,915	1,726	1,671	1,675	1,672	1,667	1,671	1,681

紙製容器包装

（万トン）

分別収集実施市町村数（市町村数）	2002	2006	2017	2018	2019	2020	2021	2022
	525	599	616	604	612	605	587	594

図3-1-10(2) 容器包装リサイクル法に基づく分別収集・再商品化の実績

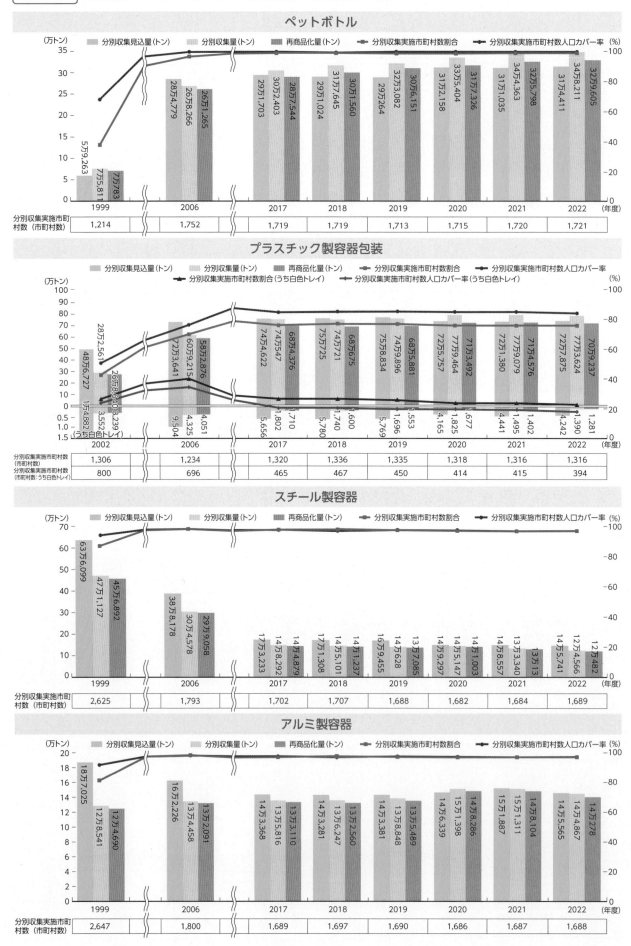

図3-1-10(3) 容器包装リサイクル法に基づく分別収集・再商品化の実績

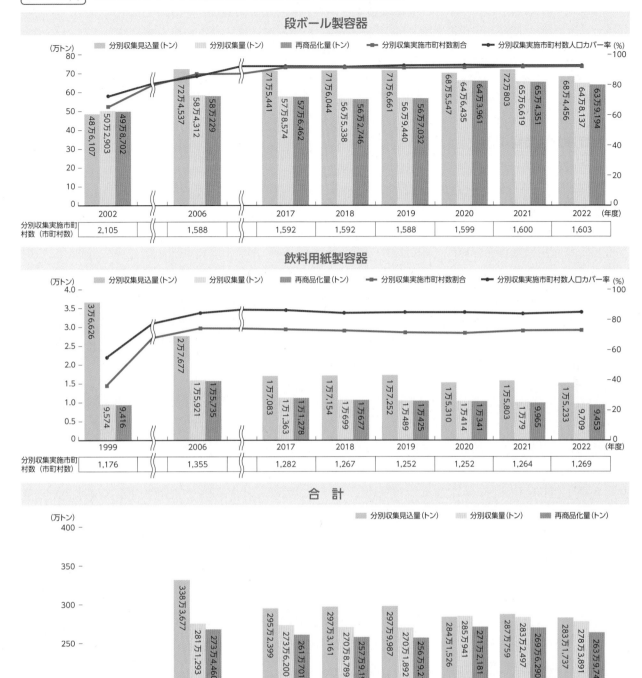

段ボール製容器

凡例：分別収集見込量(トン)　分別収集量(トン)　再商品化量(トン)　分別収集実施市町村数割合　分別収集実施市町村数人口カバー率(%)

年度	2002	2006	2017	2018	2019	2020	2021	2022
分別収集実施市町村数（市町村数）	2,105	1,588	1,592	1,592	1,588	1,599	1,600	1,603

飲料用紙製容器

凡例：分別収集見込量(トン)　分別収集量(トン)　再商品化量(トン)　分別収集実施市町村数割合　分別収集実施市町村数人口カバー率(%)

年度	1999	2006	2017	2018	2019	2020	2021	2022
分別収集実施市町村数（市町村数）	1,176	1,355	1,282	1,267	1,252	1,252	1,264	1,269

合　計

凡例：分別収集見込量(トン)　分別収集量(トン)　再商品化量(トン)

注1：四捨五入しているため、合計が合わない場合がある。
　2：「プラスチック製容器包装」とは白色トレイを含むプラスチック製容器包装全体を示す。
　3：「うち白色トレイ」とは、他のプラスチック製容器包装とは別に分別収集された白色トレイの数値。
　4：2023年3月末時点での全国の総人口は1億2,493万人。
　5：2023年3月末時点での市町村数は1,741（東京23区を含む）。
　6：「年度別年間分別収集見込量」、「年度別年間分別収集量」及び「年度別年間再商品化量」には市町村独自処理量が含まれる。
資料：環境省

イ　プラスチック類

　プラスチックは加工のしやすさ、用途の多様さから非常に多くの製品に利用されています。一般社団法人プラスチック循環利用協会によると、2022年におけるプラスチックの生産量は951万トン、国内消費量は910万トン、廃プラスチックの総排出量は823万トンと推定され、排出量に対する有効利用率は、約87%と推計されています。一方で、有効利用されていないものの処理・処分方法については、単純焼却が約7%、埋立処理が約6%と推計されています。

ウ　特定家庭用機器4品目

　特定家庭用機器再商品化法（平成10年法律第97号）は、エアコン、テレビ（ブラウン管式、液晶・有機EL・プラズマ式）、冷蔵庫・冷凍庫、洗濯機・衣類乾燥機を特定家庭用機器としており、特定家庭用機器が廃棄物となったもの（特定家庭用機器廃棄物）について、小売業者に対して引取義務及び製造業者等への引渡義務を、製造業者等に対して指定引取場所における引取義務及び再商品化等義務を課しています。2022年度に製造業者等により引き取られた特定家庭用機器廃棄物は、図3-1-11のとおり、1,495万台でした。なお、2022年度の不法投棄回収台数は、4万0,800台でした。

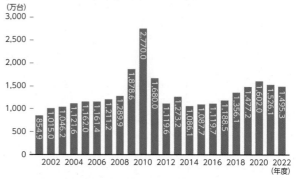

図3-1-11　全国の指定引取場所における廃家電4品目の引取台数

注：家電の品目追加経緯。
　2004年4月1日　電気冷凍庫を追加。
　2009年4月1日　液晶式及びプラズマ式テレビジョン受信機、衣類乾燥機を追加。
　2024年4月1日　有機EL式テレビジョン受信機を追加。
資料：環境省、経済産業省

　製造業者等は、一定の基準以上での再商品化を行うことが求められています。2022年度の再商品化実績（再商品化率）は、エアコンが93%、ブラウン管テレビが72%、液晶・プラズマ式テレビが86%、冷蔵庫・冷凍庫が80%、洗濯機・衣類乾燥機が92%となっています。

　2022年度の回収率は70.2%でした。

　2021年4月からは、中央環境審議会・産業構造審議会の合同会合において、家電リサイクル制度の評価・検討が行われており、[1] 対象品目、[2] 家電リサイクル券の利便性の向上、[3] 多様な販売形態をとる小売業者への対応、[4] 社会状況に合わせた回収体制の確保・不法投棄対策、[5] 回収率の向上、[6] 再商品化等費用の回収方式、[7] サーキュラーエコノミーと再商品化率・カーボンニュートラルの点から議論を行い、2022年6月に、「家電リサイクル制度の施行状況の評価・検討に関する報告書」として取りまとめられました。

エ　建設廃棄物等

　建設工事に係る資材の再資源化等に関する法律（平成12年法律第104号。以下「建設リサイクル法」という。）では、床面積の合計が80m²以上の建築物の解体工事等を対象工事とし、そこから発生する特定建設資材（コンクリート、コンクリート及び鉄から成る建設資材、木材、アスファルト・コンクリートの4品目）の再資源化等を義務付けています（図3-1-12）。また、解体工事業を営もうとする者の登録制度により、適正な分別解体等を推進しています。建設リサイクル法の施行によって、特定建設資材廃棄物のリサイクルが

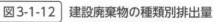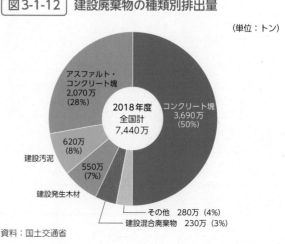

図3-1-12　建設廃棄物の種類別排出量

（単位：トン）

2018年度
全国計
7,440万

コンクリート塊　3,690万（50%）
アスファルト・コンクリート塊　2,070万（28%）
建設汚泥　620万（8%）
建設発生木材　550万（7%）
その他　280万（4%）
建設混合廃棄物　230万（3%）

資料：国土交通省

促進され、建設廃棄物全体の再資源化・縮減率は2000年度の85％から2018年度には97.2％と着実に向上しています。また、2022年度の対象建設工事における届出件数は38万2,643件、2023年3月末時点で解体工事業者登録件数は1万8,167件となっています。また、毎年上半期と下半期に実施している「建設リサイクル法に関する全国一斉パトロール」を含めた2022年度の工事現場に対するパトロール時間数は延べ4万36時間となっています。現在は、「建設リサイクル推進計画2020～『質』を重視するリサイクルへ～」に基づき、建設副産物の高い再資源化率の維持等、循環型社会形成への更なる貢献等を主要課題とし、各種施策を実施しています。

オ　食品廃棄物等・食品ロス

　食品廃棄物等とは、食品の製造、流通、消費の各段階で生ずる動植物性残さ等であり、具体的には加工食品の製造過程や流通過程で生ずる売れ残り食品、消費段階での食べ残し・調理くず等を指します。

　この食品廃棄物等は、飼料・肥料等への再生利用や熱・電気に転換するためのエネルギーとして利用できる可能性があり、循環型社会及び脱炭素社会の実現を目指すため、食品循環資源の再生利用等の促進に関する法律（平成12年法律第116号。以下「食品リサイクル法」という。）等により、その利活用を推進しています。2021年度の食品廃棄物等の発生及び処理状況は、表3-1-1のとおりです。また、2021年度の再生利用等実施率は食品産業全体で87％となっており、業態別では、食品製造業が96％、食品卸売業が70％、食品小売業が55％、外食産業が35％と業態によって差が見られます。我が国では、食品廃棄物等の再生利用等の促進のため、食品リサイクル法に基づき、再生利用事業者の登録制度及び再生利用事業計画の認定制度を運用しており、2024年3月末時点での再生利用事業者の登録数は153、再生利用事業計画の認定数は53でした。

| 表3-1-1 | 食品廃棄物等の発生及び処理状況（2021年度） |

（単位：万トン）

	発生量（食品ロス量）	再生利用等量				焼却・埋立等量
		飼料化	肥料化	その他	計	
事業系廃棄物及び有価物	1,670（279）	902	185	147	1,234	255
家庭系廃棄物	732（244）	－	－	－	56	676
合　計	2,402	－	－	－	1,290	931

注1：食品廃棄物等の発生量については、一般廃棄物の排出及び処理状況等（2021年度実績）、食品廃棄物等の発生抑制及び再生利用の促進の取組に係る実態調査（2021年度実績）、産業廃棄物の排出及び処理状況等（2021年度実績）、食品リサイクル法に基づく定期報告（2021年度実績）、食品循環資源の再生利用等実態調査（2017年度）より2023年度に推計。
　　2：家庭系一般廃棄物の再生利用量については、同様に環境省推計。
　　3：事業系廃棄物及び有価物の処分量については、上記注1の定期報告及び実態調査より推計。なお、食品リサイクル法上の再生利用等量の発生抑制及び減量を含んでいない。
　　4：発生量は脱水、乾燥、発酵、炭化により減量された量を含む数値。
資料：農林水産省、環境省

　本来食べられるにもかかわらず廃棄されている食品、いわゆる「食品ロス」の量は2021年度で約523万トンでした。食品ロス削減のため、2023年10月には、石川県金沢市、金沢市食品ロス削減推進協議会及び「全国おいしい食べきり運動ネットワーク協議会」の主催、環境省を始めとした関係省庁の共催により「第7回食品ロス削減全国大会」を金沢市で開催し、食品ロスの削減に向けて関係者間の連携を図りました。

　また、食品ロス削減対策と食品循環資源のリサイクルにより食品廃棄ゼロを目指すエリアの創出のための先進的事例を支援し、広く情報発信・横展開を図ることを目的に、食品廃棄ゼロエリア創出モデル事業等を実施する地方公共団体や事業者等に対し、技術的・財政的な支援を行うとともに、その効果を取りまとめ、他の地域への普及展開を図りました。

　「第四次循環基本計画」において、持続可能な開発目標（SDGs）のターゲットを踏まえて、家庭から発生する食品ロス量を2030年度までに2000年度比で半減するとの目標を定めました。

　また、2019年7月には、食品リサイクル法の点検を行い、新たに策定された基本方針において、食品関連事業者から発生する食品ロス量について、家庭から発生する食品ロス量と同じく、2030年度までに2000年度比で半減するとの目標を定めました。

カ　自動車

（ア）自動車

　使用済自動車の再資源化等に関する法律（平成14年法律第87号。以下「自動車リサイクル法」という。）に基づき、使用済みとなる自動車は、まず自動車販売業者等の引取業者からフロン類回収業者に渡り、カーエアコンで使用されているフロン類が回収されます。その後、自動車解体業者に渡り、そこでエンジン、ドア等の有用な部品、部材が回収されます。さらに、残った廃車スクラップは、破砕業者に渡り、そこで鉄等の有用な金属が回収され、その際に発生する自動車破砕残さ（ASR：Automobile Shredder Residue）が、自動車製造業者等によってリサイクルされています。

　一部の品目には再資源化目標値が定められており、自動車破砕残さについては70％、エアバッグ類については85％と定められていますが、2022年度の自動車破砕残さ及びエアバッグ類の再資源化率は、それぞれ96.4％～97.4％及び95％と、目標を大幅に超過して達成しています。また、2022年度の使用済自動車の不法投棄・不適正保管の件数は4,777台（不法投棄756台、不適正保管4,021台）で、法施行時と比較すると97.8％減少しています。そのほか、2022年度末におけるリサイクル料金預託状況及び使用済自動車の引取については、預託台数が8,096万2,858台、預託金残高が8,567億820万円、また使用済自動車の引取台数は274万台となっています。さらに、2022年度における離島対策支援事業の支援市町村数は84、支援金額は1億2,365万円となっています。

　2020年夏から中央環境審議会・産業構造審議会の合同会合において議論されてきた自動車リサイクル法施行15年目の評価・検討について、2021年7月に報告書がまとめられ、リサイクル・適正処理の観点から、自動車リサイクル制度は順調に機能していると一定の評価をされたとともに、今後はカーボンニュートラル実現や、それに伴う電動化の推進や使い方への変革等を見据え、将来における自動車リサイクル制度の方向性について検討が必要であり、［1］自動車リサイクル制度の安定化・効率化、［2］3Rの推進・質の向上、［3］変化への対応と発展的要素、の三つの基本的な方向性に沿って取り組むべきとの提言を受けました。

（イ）タイヤ

　一般社団法人日本自動車タイヤ協会によれば、2022年における廃タイヤの排出量100.8万トン（2021年98.7万トン）のうち、32.4万トン（2021年27.1万トン）が輸出、更生タイヤ台用、再生ゴム・ゴム粉等として原形・加工利用され、66.0万トン（2021年63.3万トン）が製錬・セメント焼成用、発電用等として利用されています。

キ　パーソナルコンピュータ及びその周辺機器

　資源の有効な利用の促進に関する法律（平成3年法律第48号。以下「資源有効利用促進法」という。）では、2001年4月から事業系パソコン、2003年10月から家庭系パソコンの回収及び再資源化を製造等事業者に対して義務付け、再資源化率をデスクトップパソコン（本体）が50％以上、ノートブックパソコンが20％以上、ブラウン管式表示装置が55％以上、液晶式表示装置が55％以上と定めてリサイクルを推進しています。

　2022年度における回収実績は、デスクトップパソコン（本体）が約4万9,000台、ノートブックパソコンが約6万6,000台、ブラウン管式表示装置が約6,000台、液晶式表示装置が約9万台となっています。また、製造等事業者の再資源化率は、デスクトップパソコン（本体）が82.4％、ノートブックパソコンが70.8％、ブラウン管式表示装置が75.0％、液晶式表示装置が79.8％であり、いずれも法定の基準を上回っています。なお、パソコンは、使用済小型電子機器等の再資源化の促進に関する法律（平成24年法律第57号。以下「小型家電リサイクル法」という。）（第3章第1節1（3）ケを参照）に基づく回収も行われています。

ク 小形二次電池（ニカド蓄電池、ニッケル水素蓄電池、リチウム蓄電池、密閉形鉛蓄電池）

　資源有効利用促進法では、2001年4月から小形二次電池（ニカド蓄電池、ニッケル水素蓄電池、リチウム蓄電池及び密閉形鉛蓄電池）の回収及び再資源化を製造等事業者に対して義務付け、再資源化率をニカド蓄電池60％以上、ニッケル水素蓄電池55％以上、リチウム蓄電池30％以上、密閉形鉛蓄電池50％以上とそれぞれ定めて、リサイクルを推進しています。

　2022年度における小形二次電池（携帯電話・PHS用のものを含む）の再資源化の状況は、ニカド蓄電池の処理量が717トン（再資源化率76.3％）、ニッケル水素蓄電池の処理量が286トン（同76.6％）、リチウム蓄電池の処理量が534トン（同59.6％）、密閉形鉛蓄電池の処理量が757トン（同50.1％）となりました。また、再資源化率の実績はいずれも法令上の目標を達成しています。

ケ 小型電子機器等

　小型家電リサイクル法に基づき、使用済小型電子機器等の再資源化を促進するための措置が講じられており、同法の基本方針では、年間回収量の目標を、2023年度までに一年当たり14万トンとしています。図3-1-13のとおり、年間回収量の実績は、年々着実に増加しており、2020年度は目標の14万トンには達しませんでしたが、約10万トンを回収しました。市町村の取組状況については、図3-1-14のとおり、1,462市町村（全市町村の約84％）が参加又は参加の意向を示しており、人口ベースでは約95％となっています（2022年8月時点）。また、2022年1月末時点で、57件の再資源化事業計画が認定されています。

　環境省では、小型家電リサイクルの推進に向け、市町村個別支援事業等を引き続き実施するとともに、2020年東京オリンピック競技大会・東京パラリンピック競技大会のメダルを使用済小型家電由来の金属から製作する「都市鉱山からつくる！みんなのメダルプロジェクト」の機運を活用した「アフターメダルプロジェクト」を通じて、全国津々浦々での3R意識醸成を図り循環型社会の形成に向け取り組みました。

　なお、東京オリンピックは2021年7月23日から8月8日に、東京パラリンピックは同年8月24日から9月5日に開催されました。

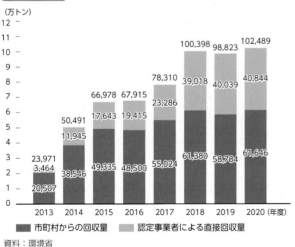

図3-1-13 小型家電の回収状況

資料：環境省

図3-1-14 小型家電リサイクル制度への参加自治体

資料：環境省

コ 下水汚泥

　下水道事業において発生する汚泥（下水汚泥）の量は、近年は横ばいです。2021年度の時点で、全産業廃棄物の発生量の約2割を占める約7,743トン（対前年度約15万トン増、濃縮汚泥量として算出）が発生していますが、最終処分場に搬入される量は約25万トンであり、肥料・エネルギーとしての再生利用や脱水、焼却等の中間処理による減量化により、最終処分量の低減を推進しています。なお、下

水汚泥の有効利用率は、乾燥重量ベースで74%となっています。

　下水汚泥の再生利用は、バイオマスとしての下水汚泥の性質に着目した肥料利用やエネルギー利用、セメント原料等の建設資材利用など、その利用形態は多岐にわたっています。

　2022年度には、乾燥重量ベースで175万トンが再生利用され、セメント原料（69万トン）、煉瓦、ブロック等の建設資材（49万トン）、肥料利用（土壌改良材、人工土壌としての利用を含む）（32万トン）、固形燃料（23万トン）等の用途に利用されています。

サ　廃棄物の再生利用及び広域的処理

　廃棄物処理法の特例措置として、廃棄物の減量化を推進するため、生活環境の保全上支障がないなどの一定の要件に該当する再生利用に限って環境大臣が認定する制度を設け、認定を受けた者については処理業及び施設設置の許可を不要としています。2023年3月末時点までの累計で、一般廃棄物については69件、産業廃棄物については68件の者が認定を受けています。

　また、廃棄物処理法の特例措置として、製造事業者等による自主回収及び再生利用を推進するため、廃棄物の広域的処理によって廃棄物の減量その他その適正な処理の確保に資すると認められる製品廃棄物の処理を認定（以下「広域認定」という。）する制度を設け、認定を受けた者（その委託を受けて当該認定に係る処理を行う者を含む。）については処理業の許可を不要としています。2023年3月末時点までの累計で、一般廃棄物については119件、産業廃棄物については318件の者が認定を受けています。

(4) 成長志向型の資源自律経済戦略の具体化

　「成長志向型の資源自律経済戦略」（2023年3月経済産業省策定）に基づき、[1] 動静脈連携の加速に向けた規制・ルールの整備、[2] 資源循環に係る研究開発から実証・実装までの政策支援の拡充、[3] 産官学連携の取組の強化を進めています。

　規制・ルールの整備については、2023年9月に産業構造審議会産業技術環境分科会の下に「資源循環経済小委員会」を設置し、循環資源の質と量の確保、循環の可視化による価値創出、製品の効率的利用やCEコマースの促進等、動静脈連携の加速に向けた制度整備に関する議論を実施しました。

　また、政策支援の拡充については、資源循環市場の確立を通じた循環経済の実現に向けて、研究開発から実証・実装までの面的な支援を実施すべく、資源循環分野で今後10年で官民合わせて2兆円超の規模の投資の実現を目指すことについて、2023年12月に「分野別投資戦略」で公表しました。

　さらに、産官学連携の取組の強化については、各主体の個別の取組だけでは、経済合理性を確保できず、サーキュラーエコノミーの実現にも繋がらない場合も多いことから、サーキュラーエコノミーの実現に向けて、サーキュラーエコノミーに野心的・先進的に取り組む、国、自治体、大学、企業・業界団体、関係機関・関係団体等の関係主体のライフサイクル全体における有機的な連携を促すことを目的として、2023年9月、「サーキュラーパートナーズ」（サーキュラーエコノミーに関する産官学のパートナーシップ。以下、「CPs」という。）を立ち上げました。CPsには、2024年3月末時点で400者が参画しています。CPsでは循環経済の実現に必要となる施策についての検討を実施しており、具体的には、3つのワーキンググループ（ビジョン・ロードマップ検討WG、サーキュラーエコノミー情報流通プラットフォーム構築WG、地域循環モデル構築WG）を設置し、それぞれ検討を進めました。

２　一般廃棄物

(1) 一般廃棄物（ごみ）
ア　ごみの排出量の推移
　第1節1（2）イを参照。

イ　ごみ処理方法

　ごみ処理方法を見ると、直接資源化及び資源化等の中間処理の割合は、2022年度は19.1％となっています。また、直接最終処分されるごみの割合は減少傾向であり、2022年度は0.9％となっています。

ウ　ごみ処理事業経費

　2022年度におけるごみ処理事業に係る経費の総額は、約2兆1,519億円であり、国民一人当たりに換算すると約1万7,100円となり、前年度から増加しました。

（2）一般廃棄物（し尿）

　2022年度の実績では、し尿及び浄化槽汚泥1,947万kℓは、し尿処理施設又は下水道投入によって、その98.9％（1,925万kℓ）が処理されています。また、し尿等の海洋投入処分については、廃棄物処理法施行令の改正により、2007年2月から禁止されています。

3　産業廃棄物

（1）産業廃棄物の発生及び処理の状況

　2021年度における産業廃棄物の処理の流れ、業種別排出量は、図3-1-15のとおりです。この中で記された再生利用量は、直接再生利用される量と、中間処理された後に発生する処理残さのうち再生利用される量を足し合わせた量を示しています。また、最終処分量は、直接最終処分される量と中間処理後の処理残さのうち処分される量を合わせた量を示しています。

　産業廃棄物の排出量を業種別に見ると、排出量が多い3業種は、電気・ガス・熱供給・水道業、農業・林業、建設業（前年度と同じ）となっています。この上位3業種で総排出量の約7割を占めています（図3-1-16）。

図3-1-15　産業廃棄物の処理の流れ（2021年度）

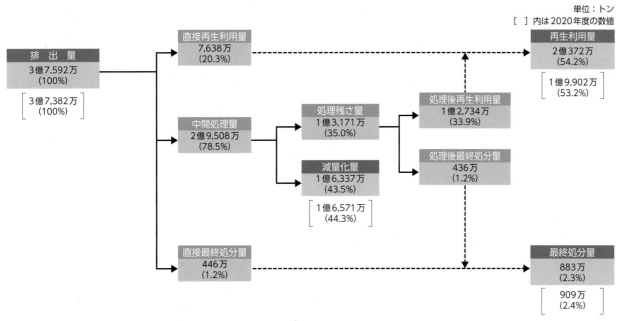

資料：環境省「産業廃棄物排出・処理状況調査報告書」

ア　産業廃棄物の排出量の推移

　第1節1（2）エを参照。

イ　産業廃棄物の中間処理施設数の推移

　産業廃棄物の焼却、破砕、脱水等を行う中間処理施設の許可施設数は、2021年度末で19,413件となっており、前年度との比較ではほぼ横ばいとなっています。中間処理施設のうち、木くず又はがれき類の破砕施設は約55%、汚泥の脱水施設は約14%、廃プラスチック類の破砕施設は約12%を占めています。

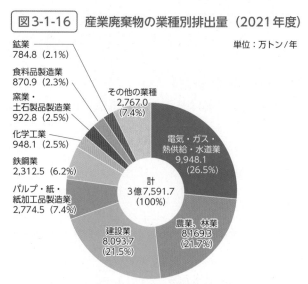

図3-1-16　産業廃棄物の業種別排出量（2021年度）

単位：万トン／年

鉱業 784.8（2.1%）
食料品製造業 870.9（2.3%）
窯業・土石製品製造業 922.8（2.5%）
化学工業 948.1（2.5%）
鉄鋼業 2,312.5（6.2%）
パルプ・紙・紙加工品製造業 2,774.5（7.4%）
その他の業種 2,767.0（7.4%）
電気・ガス・熱供給・水道業 9,948.1（26.5%）
計 3億7,591.7（100%）
農業、林業 8,169.3（21.7%）
建設業 8,093.7（21.5%）

資料：環境省「産業廃棄物排出・処理状況調査報告書」

ウ　産業廃棄物処理施設の新規許可件数の推移（焼却施設、最終処分場）

　産業廃棄物処理施設に係る新規の許可件数（焼却施設、最終処分場）は2021年度末で50件となっており、前年度より件数が増えています（図3-1-17、図3-1-18）。

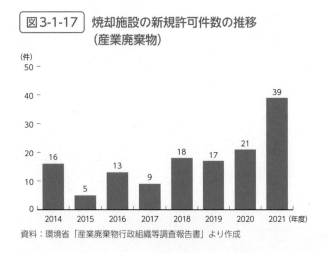

図3-1-17　焼却施設の新規許可件数の推移（産業廃棄物）

（件）

年度	2014	2015	2016	2017	2018	2019	2020	2021
件数	16	5	13	9	18	17	21	39

資料：環境省「産業廃棄物行政組織等調査報告書」より作成

図3-1-18　最終処分場の新規許可件数の推移（産業廃棄物）

（件）

年度	2014	2015	2016	2017	2018	2019	2020	2021
件数	12	17	13	17	12	7	19	11

資料：環境省「産業廃棄物行政組織等調査報告書」より作成

（2）大都市圏における廃棄物の広域移動

　首都圏等の大都市圏では、土地利用の高度化や環境問題等に起因して、焼却炉等の中間処理施設や最終処分場を確保することが難しい状況です。そのため、廃棄物をその地域の中で処理することが難しく、広域的に処理施設を整備し、市町村域、都府県域を越えて運搬・処分する場合があります。そのような場合であっても、確実かつ高度な環境保全対策を実施した上で、廃棄物の適正処理やリデュース、適正な循環的利用の徹底を図っていく必要があります。

4　廃棄物関連情報

（1）最終処分場の状況

ア　一般廃棄物

（ア）最終処分の状況

　直接最終処分量と中間処理後に最終処分された量を合計した最終処分量は337万トン、一人一日当

たりの最終処分量は74gです（図3-1-19）。

（イ）最終処分場の残余容量と残余年数

　2022年度末時点で、一般廃棄物最終処分場は1,557施設（うち2022年度中の新設は10施設で、稼働前の4施設を含む。）であり、2021年度から減少し、残余容量は96,663千m³であり、2021年度から減少しました。また、残余年数は全国平均で23.4年です（図3-1-20）。

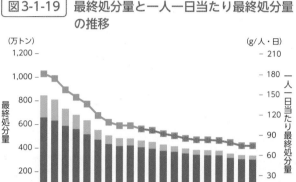

図3-1-19　最終処分量と一人一日当たり最終処分量の推移

資料：環境省

図3-1-20　最終処分場の残余容量及び残余年数の推移（一般廃棄物）

資料：環境省

（ウ）最終処分場のない市町村

　2022年度末時点で、当該市区町村として最終処分場を有しておらず、民間の最終処分場に埋立てを委託している市区町村数（ただし、最終処分場を有していない場合であっても大阪湾フェニックス計画対象地域の市町村は最終処分場を有しているものとして計上）は、全国1,741市区町村のうち308市町村となっています。

イ　産業廃棄物

　2021年度の産業廃棄物の最終処分場の残余容量は1.71億m³、残余年数は19.7年となっており、前年度との比較では、残余容量、残余年数ともやや増加しています（図3-1-21）。

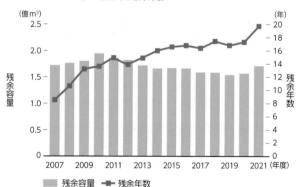

図3-1-21　最終処分場の残余容量及び残余年数の推移（産業廃棄物）

資料：環境省「産業廃棄物行政組織等調査報告書」より作成

（2）廃棄物焼却施設における熱回収の状況
ア　一般廃棄物
（ア）ごみの焼却余熱利用

　ごみ焼却施設からの余熱を有効に利用する方法としては、後述するごみ発電を始め、施設内・外への温水、蒸気の熱供給が考えられます。ごみ焼却施設からの余熱を温水や蒸気、発電等で有効利用してい

る施設の状況は、表3-1-2のとおりです。余熱利用を行っている施設は730施設であり、割合は施設数ベースで71.9%となっています。

表3-1-2　ごみ焼却施設における余熱利用の状況

余熱利用の状況			2021年施設数	2022年施設数
余熱利用あり	温水利用	場内温水	585	580
		場外温水	198	196
	蒸気利用	場内蒸気	228	229
		場外蒸気	91	88
	発電	場内発電	394	402
		場外発電	269	278
	その他		39	39
	合計		729	730
余熱利用無し	合計		298	286

注：市町村・事務組合が設置した施設（着工済みの施設・休止施設を含む）で廃止施設を除く。
資料：環境省

（イ）ごみ発電

　ごみ発電とは、ごみを焼却するときに発生する高温の排出ガスが持つ熱エネルギーをボイラーで回収し、蒸気を発生させてタービンを回して発電を行うもので、ごみ焼却施設の余熱利用の有効な方法の一つです。

　2022年度におけるごみ焼却発電施設数と発電能力は、表3-1-3のとおりです。また、ごみ発電を行っている割合は施設数ベースでは39.8%となっています。また、その総発電量は約103億kWhであり、一世帯当たりの年間電力消費量を

表3-1-3　ごみ焼却発電施設数と発電能力

	2021年度	2022年度
発電施設数	396	404
総発電能力（MW）	2,149	2,208
発電効率（平均）（%）	14.22	14.27
総発電電力量（GWh）	10,452	10,331

注1：市町村・事務組合が設置した施設（着工済みの施設・休止施設を含む）で廃止施設を除く。
　2：発電効率とは以下の式で示される。

$$発電効率[\%] = \frac{3,600[kJ/kWh] \times 総発電量[kWh/年]}{1,000[kg/トン] \times ごみ焼却量[トン/年] \times ごみ発熱量[kJ/kg]} \times 100$$

資料：環境省

3,950kWhとして計算すると、この発電は約262万世帯分の消費電力に相当します。なお、ごみ発電を行った電力を場外でも利用している施設数は278施設となっています。

　最近では、発電効率の高い発電施設の導入が進んできていますが、これに加えて、発電後の低温の温水を地域冷暖房システム、陸上養殖、農業施設等に有効利用するなど、余熱を合わせて利用する事例も見られ、こうした試みを更に拡大していくためには、熱利用側施設の確保・整備とそれに併せたごみ焼却施設の整備が重要です。

イ　産業廃棄物

　脱炭素社会の取組への貢献を図る観点から、3Rの取組を進めてなお残る廃棄物等については、廃棄物発電の導入等による熱回収を徹底することが求められます。産業廃棄物の焼却による発電を行っている施設数は、2022年度には175炉となりました。このうち、廃棄物発電で作った電力を場外でも利用している施設数は67炉となっています。また、施設数ベースでの割合は38%となりました。また、廃棄物由来のエネルギーを活用する取組として、廃棄物の原燃料への再資源化も進められています。廃棄物燃料を製造する技術としては、ガス化、油化、固形燃料化等があります。これらの取組を推進し、廃棄物由来の温室効果ガス排出量のより一層の削減とエネルギー供給の拡充を図る必要があります。

（3）不法投棄等の現状
ア　2022年度に新たに判明した産業廃棄物の不法投棄等の事案

　2022年度に新たに判明したと報告があった不法投棄等をされた産業廃棄物は、図3-1-22のとおりです。

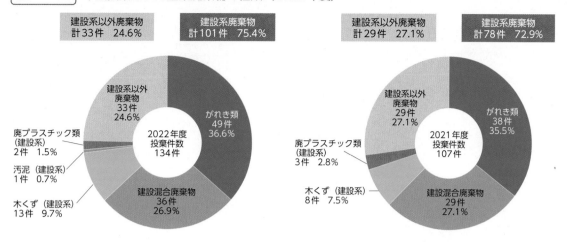

図3-1-22 不法投棄された産業廃棄物の種類（2022年度）

注：参考として2021年度の実績も掲載している。
資料：環境省

イ　2022年度末時点で残存している産業廃棄物の不法投棄等事案

　都道府県及び廃棄物処理法上の政令市が把握している、2023年3月末時点における産業廃棄物の不法投棄等事案の残存件数は2,855件、残存量の合計は1,013.5万トンでした。

　このうち、現に支障が生じていると報告されている事案5件については、支障除去措置に着手しています。現に支障のおそれがあると報告されている事案72件については、20件が支障のおそれの防止措置、8件が周辺環境モニタリング、44件が撤去指導、定期的な立入検査等を実施中又は実施予定としています。そのほか、現在支障等調査中と報告された事案29件については、10件が支障等の状況を明確にするための確認調査、19件が継続的な立入検査を実施中又は実施予定としています。また、現時点では支障等がないと報告された事案2,749件についても、改善指導、定期的な立入検査や監視等が必要に応じて実施されています。

（ア）不法投棄等の件数及び量

　新たに判明したと報告があった産業廃棄物の不法投棄件数及び投棄量、不適正処理件数及び不適正処理量の推移は、図3-1-23、図3-1-24のとおりです。また、2022年度に報告があった5,000トン以上の大規模な不法投棄事案は3件、不適正処理事案は1件でした。

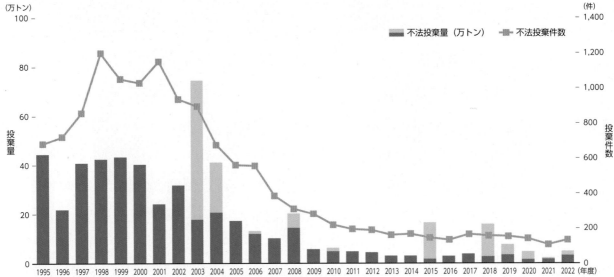

図3-1-23　産業廃棄物の不法投棄件数及び投棄量の推移（新規判明事案）

注1：都道府県及び政令市が把握した産業廃棄物の不法投棄事案のうち、1件当たりの投棄量が10ｔ以上の事案（ただし、特別管理産業廃棄物を含む事案は全事案）を集計対象とした。

2：上記棒グラフ薄緑色部分については、次のとおり。
2003年度：大規模事案として報告された岐阜市事案（56.7万トン）
2004年度：大規模事案として報告された沼津市事案（20.4万トン）
2006年度：1998年度に判明していた千葉市事案（1.1万トン）
2008年度：2006年度に判明していた桑名市多度町事案（5.8万トン）
2010年度：2009年度に判明していた滋賀県日野町事案（1.4万トン）
2015年度：大規模事案として報告された滋賀県甲賀市事案、山口県宇部市事案及び岩手県久慈市事案（14.7万トン）
2018年度：大規模事案として報告された奈良県天理市事案、2016年度に判明していた横須賀市事案、2017年度に判明していた千葉県芝山町事案（2件）
　　　　　（13.1万トン）
2019年度：2014年度に判明していた山口県山口市事案、2016年度に判明していた倉敷市事案（4.2万トン）
2020年度：大規模事案として報告された青森県五所川原市事案、栃木県鹿沼市事案、京都府八幡市事案、水戸市事案（3.2万トン）
2021年度：大規模事案として報告された兵庫県加古川市事案（0.5万トン）
2022年度：大規模事案として報告された静岡県掛川市事案、兵庫県加西市事案、兵庫県上郡町事案（1.7万トン）

3：硫酸ピッチ事案及びフェロシルト事案は本調査の対象から除外している。
なお、フェロシルトは埋立用資材として、2001年8月から約72万トンが販売・使用されたが、その後、製造・販売業者が有害な廃液を混入させていたことが分かり、不法投棄事案であったことが判明した。既に、不法投棄が確認された1府3県の45か所において、撤去・最終処分が完了している。

資料：環境省

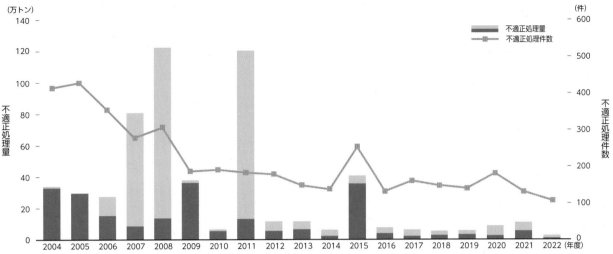

図3-1-24 産業廃棄物の不適正処理件数及び不適正処理量の推移（新規判明事案）

注1：都道府県及び政令市が把握した産業廃棄物の不適正処理事案のうち、1件当たりの不適正処理量が10t以上の事案（ただし、特別管理産業廃棄物を含む事案は全事案）を集計対象とした。
　2：上記棒グラフ薄緑色部分は、報告された年度前から不適正処理が行われていた事案（2011年度以降は、開始年度が不明な事案も含む。）。
　3：大規模事案については、次のとおり。
　　　2007年度：滋賀県栗東市事案71.4万トン
　　　2008年度：奈良県宇陀市事案85.7万トン等
　　　2009年度：福島県川俣町事案23.4万トン等
　　　2011年度：愛知県豊田市事案30.0万トン、愛媛県松山市事案36.3万トン、沖縄県沖縄市事案38.3万トン等
　　　2015年度：群馬県渋川市事案29.4万トン等
　4：硫酸ピッチ事案及びフェロシルト事案は本調査の対象から除外している。
　　　なお、フェロシルトは埋立用資材として、2001年8月から約72万トンが販売・使用されたが、その後、製造・販売業者が有害な廃液を混入させていたことが分かり、不法投棄事案であったことが判明した。既に、不法投棄が確認された1府3県の45か所において、撤去・最終処分が完了している。
資料：環境省

（イ）不法投棄等の実行者

　2022年度に新たに判明したと報告があった不法投棄等事案の実行者の内訳は、不法投棄件数で見ると、排出事業者によるものが全体の42.5%（57件）で、実行者不明のものが35.8%（48件）、複数によるものが10.4%（14件）、無許可業者によるものが5.2%（7件）、許可業者によるものが1.5%（2件）となっています。これを不法投棄量で見ると、排出事業者によるものが32.9%（1.6万トン）、無許可業者によるものが28.7%（1.4万トン）、実行者不明のものが17.6%（0.9万トン）、許可業者によるものが6.9%（0.3万トン）、複数によるものが5.6%（0.3万トン）でした。また、不適正処理件数で見ると、排出事業者によるものが全体の59.8%（64件）で、複数によるものが20.6%（22件）、実行者不明のものが7.5%（8件）、無許可業者によるものが6.5%（7件）、許可業者によるものが2.8%（3件）となっています。これを不適正処理量で見ると、排出事業者によるものが64.9%（1.7万トン）、無許可業者によるものが12.9%（0.3万トン）、複数によるものが8.6%（0.2万トン）、許可業者によるものが6.6%（0.2万トン）、実行者不明のものが6.5%（0.2万トン）でした。

（ウ）支障除去等の状況

　2022年度に新たに判明したと報告があった不法投棄事案（134件、4.9万トン）のうち、現に支障が生じていると報告された事案は2件あり、支障除去措置が実施されており、うち1件については措置が完了しています。現に支障のおそれがあると報告された事案4件については、2件が支障のおそれの防止措置に着手しており、2件が定期的な立入検査を実施しています。

　2022年度に新たに判明したと報告があった不適正処理事案（107件、2.6万トン）のうち、現に支障が生じていると報告された事案1件については、支障除去措置に着手しています。現に支障のおそれがあると報告された事案3件については、1件が支障のおそれの防止措置に着手しており、2件が定期的な立入検査を実施しています。

（4）有害廃棄物の越境移動

有害廃棄物の国境を越える移動及びその処分の規制に関するバーゼル条約（以下「バーゼル条約」という。）。締約国は2023年12月時点で189か国と1機関（EU）、1地域）及び特定有害廃棄物等の輸出入等の規制に関する法律（平成4年法律第108号。以下「バーゼル法」という。）に基づき、有害廃棄物等の輸出入の厳正な管理を行っています。2022年のバーゼル法に基づく輸出入の状況は、表3-1-4のとおりです。

表3-1-4	バーゼル法に基づく輸出入の状況（2022年）

	重量（トン）	相手国・地域	品目	輸出入の目的
輸出	228,704 (95,386)	台湾 韓国 ベルギー 等	プラスチック	プラスチックの再生または回収
			銅くず	金属回収等
			石炭灰 等	
輸入	2,630 (1,776)	タイ 台湾 フィリピン 等	金属含有スラッジ	金属回収等
			電子部品スクラップ 等	

注：（ ）内は、2021年の数値を示す。
資料：環境省、経済産業省

第2節 持続可能な社会づくりとの統合的取組

国民、国、地方公共団体、NPO・NGO、事業者等が連携し、循環、脱炭素、自然共生等の環境的側面、資源、工業、農林水産業等の経済的側面、福祉、教育等の社会的側面を統合的に向上させることを目指しています。

環境的な側面の中でも、循環、脱炭素、自然共生について統合的な向上を図ることも重要です。循環と脱炭素に関しては、これまで以上に廃棄物部門で温室効果ガス排出量を更に削減するとともに、他部門で廃棄物を原燃料として更に活用すること、廃棄物発電の発電効率を向上させることなどにより他部門での温室効果ガス排出量の削減を更に進めることを目指しています。このうち、「第四次循環基本計画」の項目別物質フロー指標である「廃棄物の原燃料・廃棄物発電等への活用による他部門での温室効果ガスの排出削減量」について、現状では原燃料、廃棄物発電等以外のリデュース、リユース、シェアリング、マテリアルリサイクル等による温室効果ガスの排出削減について考慮されていないため、2018年度からこれらの推計方法について検討を行いました。

循環型社会の形成推進に当たり、消費の抑制を図る「天然資源」には化石燃料も当然含まれています。循環型社会の形成は、脱炭素社会の実現にもつながります。

直近のデータによれば、2021年度の廃棄物由来の温室効果ガスの排出量は、約3,700万トンCO_2（2000年度約4,750万トンCO_2）であり、2000年度の排出量と比較すると、約22％減少しています。その一方で、2020年度の廃棄物として排出されたものを原燃料への再資源化や廃棄物発電等に活用したことにより廃棄物部門以外で削減された温室効果ガス排出量は、約2,082万トンCO_2となっており、2000年度の排出量と比較すると、約2.6倍と着実に増加したと推計され、廃棄物の再資源化や廃棄物発電等への活用が進んでいることが分かりました。2050年カーボンニュートラルの実現や2021年10月に閣議決定した「地球温暖化対策計画」を踏まえ、廃棄物処理分野からの排出削減を着実に実行するため、各地域のバイオマス系循環資源のエネルギー利用等により自立・分散型エネルギーによる地域づくりを進めるとともに、廃棄物処理施設等が熱や電気等のエネルギー供給センターとしての役割を果たすようになることで、化石燃料など枯渇性資源の使用量を最小化する循環型社会の形成を目指すこととしています。その観点から3R＋Renewableの取組を進めながら、なお残る廃棄物等について廃棄物発電の導入等による熱回収を徹底し、廃棄物部門由来の温室効果ガスの一層の削減とエネルギー供給の拡充を図る必要があります。

環境保全を前提とした循環型社会の形成を推進すべく、リサイクルより優先順位の高い、2R（リデュース、リユース）の取組がより進む社会経済システムの構築を目指し、国民・事業者が行うべき具体的な2Rの取組を制度的に位置付けるため、2023年度はデジタル技術を活用した脱炭素型2Rビジネス構築等促進に関する実証検証事業において、先進2事例の2Rと温室効果ガス削減の効果算定を行う

とともに、資源循環及び脱炭素の観点での取組ポテンシャルが高いと考えられる対象分野の調査・分析及びヒアリングを通じての事例調査を行いました。さらに、これらの結果を踏まえて、脱炭素型資源循環システムの効果算定手法及びガイドラインの整備を行いました。

これまで進んできたリサイクルの量に着目した取組に加えて、社会的費用を減少させつつ、高度で高付加価値な水平リサイクル等を社会に定着させる必要があります。このため、まず循環資源を原材料として用いた製品の需要拡大を目指し、循環資源を供給する産業と循環資源を活用する産業との連携を促進しています。3R推進月間（毎年10月）においては、消費者向けの普及啓発を行いました。

3R普及啓発、3R推進月間の取組については、第3章第8節1を参照。

無許可の廃棄物回収の違法性に関する普及啓発については、第3章第5節1（1）を参照。

ウェブサイト「Re-Style」については、第3章第8節1を参照。

2023年7月から中央環境審議会循環型社会部会静脈産業の脱炭素型資源循環システム構築に係る小委員会において、脱炭素化と資源循環の高度化に向けた取組を一体的に促進するための制度的対応について議論し、2024年2月に中央環境審議会から「脱炭素型資源循環システム構築に向けた具体的な施策のあり方について」が意見具申されました。

この意見具申も踏まえ、脱炭素化と再生材の質と量の確保等の資源循環の取組の一体的な促進を目指し、再資源化の取組の高度化を促進する「資源循環の促進のための再資源化事業等の高度化に関する法律案」を2024年3月に閣議決定し、第213回国会に提出しました。

第3節　多種多様な地域循環共生圏形成による地域活性化

資源循環分野における地域循環共生圏の形成に向けては、循環資源の種類に応じて適正な規模で循環させることができる仕組みづくりを進めてきたところです。

一般廃棄物処理に関しては、循環型社会形成の推進に加え、災害時における廃棄物処理システムの強靱化、地球温暖化対策の強化という観点から、循環型社会形成推進交付金等により、市町村等が行う一般廃棄物処理施設の整備等に対する支援を実施しました。また、廃棄物処理施設から排出される余熱等の地域での利活用を促進させるため、「廃棄物処理施設を核とした地域循環共生圏構築促進事業」を実施し、2019年度からは、補助金の対象範囲をこれまでの供給施設側の付帯設備（熱導管・電力自営線等）から需要施設側の付帯設備まで拡大することにより、廃棄物エネルギーの利活用を更に進め、地域の脱炭素化を促進しました。さらに、脱炭素や地域振興等の社会課題の同時解決を追求すべく、地域循環共生圏構築が進まない自治体が抱える課題を解決するため、施設の技術面や廃棄物処理工程の効率化・省力化に資する実証事業を行いました。

また、汚水処理に関して、少子高齢化・人口減少社会の中で、浄化槽は、効率的・経済的かつ柔軟に社会ニーズに対応することができる分散型汚水処理システムであり、地方創生や国土強靱化の観点からも、その役割はますます重要になっていくものと考えられます。また、2050年カーボンニュートラル宣言や2030年度の温室効果ガス46％削減目標を受けて、浄化槽分野においても省エネ化の更なる推進や再生可能エネルギー導入等の脱炭素化の取組を一層進めていく必要があります。このため、2022年度より、エネルギー効率の低い中大型合併処理浄化槽について、最新型の高効率機器への改修、先進的省エネ型浄化槽への交換、再エネ設備の導入を行うことにより大幅なCO_2削減を図る事業に対する補助事業を新たに開始し、2023年度においても引き続き必要な予算を措置し、浄化槽分野の脱炭素化に向けて当該事業を推進しました。

下水道の分野では、下水道革新的技術実証事業において、2015年度に採択されたバイオガスの活用技術1件、2017年度に採択された地産地消エネルギー活用技術1件、2018年度に採択された下水熱による車道融雪技術2件及び中小規模処理場向けエネルギーシステム2件の実証を行いました。これらの

技術について、2020年度末までに技術導入のガイドラインを作成し公表しています。

　バイオマスの活用の推進にあたっては、バイオマス活用推進基本法（平成21年法律第52号）に基づく「バイオマス活用推進基本計画」（2022年9月6日閣議決定）の下でバイオマスの活用の推進に関する施策を総合的かつ計画的に推進してきたところです。国土交通省と連携して開催した「下水汚泥資源の肥料利用の拡大に向けた官民検討会」では、計3回の議論を経て、2023年1月には、検討会で出された課題と取組の方向性について論点整理を取りまとめて公表し、2023年8月には、同論点整理を踏まえて、下水汚泥資源の肥料利用の機運醸成を目的に、取組の意義や先進的な取組事例等について、関係者に広く情報発信を行うため、「下水汚泥資源の肥料利用シンポジウム」を開催するなど、論点整理の内容を着実に実施しています。また、地域の特色を活かしたバイオマス産業を軸とした環境にやさしく災害に強いまち・むらづくりを目指すバイオマス産業都市について、2023年度には2町が選定され、2013年度の取組開始以来、選定された市町村は全国で累計103市町村となりました。

　加えて、森林資源をマテリアルやエネルギーとして地域内で持続的に活用するため、担い手確保から発電・熱利用に至るまでの「地域内エコシステム」の構築に向け、地域協議会の運営や技術開発・改良等への支援を実施しました。また、地域で自立したバイオマスエネルギーの活用モデルを確立するための実証事業においては、バイオマス種（バーク（樹皮）、廃菌床、牛ふん等）におけるバイオマス利用システムなど、地域特性を活かしたモデルを実証しました。そして、これまで実施したフィージビリティスタディ及び実証事業の成果を含めて、地域におけるバイオマスエネルギー利用の拡大に資する技術指針及び導入要件を改訂し、これらをワークショップ開催により公開しました。加えて、2021年度新規事業である、木質バイオマス燃料等の安定的・効率的な供給・利用システム構築支援事業においては、［1］新たな燃料ポテンシャル（早生樹等）を開拓・利用可能とする"エネルギーの森"実証事業、［2］木質バイオマス燃料（チップ、ペレット）の安定的・効率的な製造・輸送等システムの構築に向けた実証事業、［3］木質バイオマス燃料（チップ、ペレット）の品質規格の策定事業を行うべく、事業者の選定を行い、事業開始に向けて準備を進めました。

　農山漁村のバイオマスを活用した産業創出を軸とした地域づくりについては、第3章第4節2を参照。

第4節　ライフサイクル全体での徹底的な資源循環

1　プラスチック

　容器包装の3R推進に関しては、3R推進団体連絡会による「容器包装3Rのための自主行動計画2025」（2021年度～2025年度）に基づいて実施された「事業者が自ら実施する容器包装3Rの取組」と「市民や地方自治体など主体間の連携に資するための取組」について、フォローアップが実施されました。

　2022年4月に施行したプラスチックに係る資源循環の促進等に関する法律（令和3年法律第60号。以下「プラスチック資源循環促進法」という。）は、プラスチック使用製品の設計から廃棄物処理に至るまでのライフサイクル全般にわたって、3R＋Renewableの原則にのっとり、あらゆる主体のプラスチックに係る資源循環の促進等を図るためのものです。同法第33条に基づく再商品化計画については、2023年11月に富山県高岡市をはじめ、富山地区広域圏事務組合、京都府亀岡市、砺波広域圏事務組合、岐阜県輪之内町に対して、2024年3月に東京都新宿区を始め、愛知県岡崎市、岩手県岩手町、福岡県北九州市、三重県菰野町、大阪府堺市に対して認定を行い、14件となりました。また、同法第39条に基づく自主回収・再資源化事業計画については、2023年4月に1件、2024年3月に2件の認定を行ったほか、同法第48条に基づく再資源化事業計画については、2023年4月に2件、2024年1月に1件の認定を行いました。このほかにも、環境配慮設計の製品の製造・販売、プラスチック製品の使

用の合理化、分別収集・リサイクルの取組など、各主体による取組が進展しているところです。また自治体の取組を後押しするため、市区町村が実施するプラスチック使用製品廃棄物の分別収集・再商品化に要する経費について、昨年度に引き続き特別交付税措置を講じたほか、「プラスチックの資源循環に関する先進的モデル形成支援事業」を実施しました。同法を円滑に施行するとともに、引き続き「プラスチック資源循環戦略」（2019年5月31日消費者庁・外務省・財務省・文部科学省・厚生労働省・農林水産省・経済産業省・国土交通省・環境省策定）で定めたマイルストーンの達成を目指すために必要な予算、制度的対応を行いました。また、プラスチック資源循環促進法に基づき、化石由来プラスチックを代替する再生可能資源への転換・社会実装化及び複合素材プラスチック等のリサイクル困難素材のリサイクル技術・設備導入を支援するための実証事業及び日本国内の廃プラスチックのリサイクル体制の整備を後押しすべく、プラスチックリサイクルの高度化に資する設備の導入を補助する「プラスチック資源・金属資源等のバリューチェーン脱炭素化のための高度化設備導入促進事業」を2023年度も実施しました。さらに、プラスチック資源循環促進法に基づき回収されるプラスチックの高度な資源循環に資する技術に係る設備投資等を支援する「資源自律に向けた資源循環システム強靱化実証事業」を2023年度に実施しました。

2 バイオマス（食品、木など）

東日本大震災以降、分散型電源であり、かつ、安定供給が見込める循環資源や、バイオマス資源の熱回収や燃料化等によるエネルギー供給が果たす役割は、一層大きくなっています。

このような中で、主に民間の廃棄物処理事業者が行う地球温暖化対策を推し進めるため、2010年度の廃棄物処理法の改正により創設された、廃棄物熱回収施設設置者認定制度の普及を図るとともに、廃棄物エネルギーの有効活用によるマルチベネフィット達成促進事業を実施しました。2023年度は民間事業者に対して、5件の高効率な廃棄物熱回収施設、6件の廃棄物燃料製造施設の整備を支援しました。

未利用間伐材等の木質バイオマスの供給・利用を推進するため、木質チップ、ペレット等の製造施設やボイラー等の整備を支援しました。また、未利用木質バイオマスのエネルギー利用を推進するために必要な調査を行うとともに、全国各地の木質バイオマス関連施設の円滑な導入に向けた相談窓口・サポート体制の確立に向けた支援を実施しました。このほか、木質バイオマスの利用拡大に資する技術開発については、スギ材のリグニンを化学的に改質し取り出した素材（改質リグニン）を用いた高付加価値材料の開発を推進しました。また、農山漁村におけるバイオマスを活用した産業創出を軸とした、地域づくりに向けた取組を支援しました。

2050年カーボンニュートラルへの移行を実現するためには、エネルギー部門の取組が重要となり、化石燃料由来のCO_2排出削減に向けた取組が必要不可欠です。特に、航空分野については、CO_2排出削減に寄与する「持続可能な航空燃料（SAF）」の技術開発を加速させる必要があり、三つの技術開発を進めました。[1] HEFA技術（微細藻類培養技術を含む）：カーボンリサイクル技術を活用した微細藻類の大量培養技術とともに、抽出した油分（藻油）や廃食油等を高圧下で水素化分解してSAFを製造。[2] ATJ技術：触媒技術を利用してアルコールからSAFを製造。[3] ガス化・FT合成技術：木材等をH_2とCOに気化し、ガスと触媒を反応させてSAFを製造。また、可燃性の一般廃棄物や木質系バイオマスからSAFの原料となるエタノールを製造する実証事業を実施しました。（再生規制）

下水汚泥資源については、農林水産省と国土交通省が連携して、「下水汚泥資源の肥料利用の拡大に向けた官民検討会」を2022年に開催し、関係者の役割や取組の方向性を取りまとめました。「食料安全保障強化政策大綱」（2022年12月27日、食料安定供給・農林水産業基盤強化本部決定）においては、2030年までに下水汚泥資源の肥料としての使用量を倍増するという目標が新たに掲げられています。このような背景を踏まえ、下水道管理者は今後、下水汚泥は肥料としての利用を最優先し、最大限の利用を行うこととして基本方針を整理しました。また、2023年度には、20団体を対象とした流通確保に向けた案件形成支援事業、83処理場を対象とした下水汚泥資源の重金属・肥料成分分析を実施してお

り、下水汚泥資源の肥料利用の大幅な拡大に取り組んでいます。

　また、下水汚泥資源についてはエネルギー利用も推進しており、2022年度末時点における下水処理場でのバイオガス発電施設は134施設となっています。さらに、下水処理場に生ごみや刈草等の地域のバイオマスを集約することによる、効率的な資源・エネルギー回収の推進も行っており、具体的な案件形成のための地方公共団体へのアドバイザー派遣事業等を行っています。

　食品廃棄物については、食品リサイクル法に基づく食品廃棄物等の発生抑制の目標値を設定し、その発生の抑制に取り組んでいます。また、国全体の食品ロスの発生量について推計を実施し、2021年度における国全体の食品ロス発生量の推計値（約523万トン）を2023年6月に公表しました。

　2023年10月には石川県金沢市、金沢市食品ロス削減推進協議会及び全国おいしい食べきり運動ネットワーク協議会の主催、環境省を始めとした関係省庁の共催により、消費者・事業者・自治体等の食品ロス削減に関わる様々な関係者が一堂に会し、関係者の連携強化や食品ロス削減に対する意識向上を図ることを目的として、第7回食品ロス削減全国大会を石川県金沢市で開催しました。

　食品リサイクルに関しては、食品リサイクル法の再生利用事業計画（食品関連事業者から排出される食品廃棄物等を用いて製造された肥料・飼料等を利用して作られた農畜水産物を食品関連事業者が利用する仕組み。）を通じて、食品循環資源の廃棄物等の再生利用の取組を促進しました。

3　ベースメタルやレアメタル等の金属

　廃棄物の適正処理及び資源の有効利用の確保を図ることが求められている中、小型電子機器等が使用済みとなった場合には、鉄やアルミニウム等の一部の金属を除く金や銅等の金属は、大部分が廃棄物としてリサイクルされずに市町村により埋立処分されていました。こうした背景を踏まえ、小型家電リサイクル法が2013年4月から施行されました。

　2020年度に小型家電リサイクル法の下で処理された使用済小型電子機器等は、約10万2,000トンでした。そのうち2,000トンが再使用され、残りの10万トンから再資源化された金属の重量は約5万2,000トンでした。再資源化された金属を種類別に見ると、鉄が約4万5,000トン、アルミが約4,000トン、銅が約3,000トン、金が約340kg、銀が約3,700kgでした。

　このような中で、使用済製品に含まれる有用金属の更なる利用促進を図ることにより、資源確保と天然資源の消費の抑制に資するため、レアメタル等を含む主要製品全般について、回収量の確保やリサイクルの効率性の向上を図る必要があります。このため、技術開発から技術実証、設備導入にあたるまでの支援を実施することとして、廃家電から貴金属、レアメタル、ベースメタル、プラスチック等を資源循環する基盤技術、磁性材料の精錬に係る技術、アルミスクラップを自動車の車体等にも使用可能な素材（展伸材）へとアップグレードする基盤技術開発を実施し、電子基板や車載用リチウム蓄電池から、リチウムやコバルト等の有用金属を回収する実証支援の実施、リサイクルが困難な設備に含まれる希少金属について、レアアースの安価回収技術やリチウム等の金属資源高効率回収技術に係る設備投資支援や省CO_2のリサイクル設備導入支援を実施しました。

　広域認定制度の適切な運用を図り、情報処理機器や各種電池等の製造事業者等が行う高度な再生処理によって、有用金属の分別回収を推進しました。

4　土石・建設材料

　長期にわたって使用可能な質の高い住宅ストックを形成するため、長期優良住宅の普及の促進に関する法律（平成20年法律第87号）に基づき、長期優良住宅の建築・維持保全に関する計画を所管行政庁が認定する制度を運用しています。この認定を受けた住宅については、税制上の特例措置を実施しています。なお、制度の運用開始以来、累計で約148万戸（2023年3月末時点）が認定されており、新築住宅着工戸数に占める新築認定戸数の割合は13.7%（2022年度実績）となっています。

使用済再生可能エネルギー設備（太陽光発電設備、太陽熱利用システム及び風力発電設備）のリユース・リサイクル・適正処分に関しては、2014年度に有識者検討会においてリサイクルを含む適正処理の推進に向けたロードマップを策定し、2015年度にリユース・リサイクルや適正処理に関する技術的な留意事項をまとめたガイドライン（第一版）を策定しました。また、2014年度から太陽電池モジュールの低コストリサイクル技術の開発を実施し、2015年度からリユース・リサイクルの推進に向けて実証事業や回収網構築モデル事業等を実施しています。また、2018年には総務省勧告（2017年）や先般の災害等を踏まえ、ガイドラインの改定を行い（第二版）を策定しています。さらに、2021年には太陽電池モジュールの適切なリユースを促進するためのガイドラインを策定しています。

第5節　　適正処理の更なる推進と環境再生

1　適正処理の更なる推進

（1）不法投棄・不適正処理対策

不法投棄等の未然防止・拡大防止対策としては、不法投棄等に関する情報を国民から直接受け付ける不法投棄ホットラインを運用するとともに、産業廃棄物の実務や関係法令等に精通した専門家を不法投棄等の現場へ派遣し、不法投棄等に関与した者の究明や責任追及方法、支障除去の手法の検討等の助言等を行うことにより、都道府県等の取組を支援しました。さらに、国と都道府県等とが連携して、不法投棄等の撲滅に向けた普及啓発活動、新規及び継続の不法投棄等の監視等の取組を実施しています。2022年度は、全国で6,489件の普及啓発活動や監視活動等が実施されました。

不法投棄等の残存事案対策として、1997年の廃棄物の処理及び清掃に関する法律の一部を改正する法律（平成9年法律第85号。以下「廃棄物処理法平成9年改正法」という。）の施行（1998年6月）前の産業廃棄物の不法投棄等については、特定産業廃棄物に起因する支障の除去等に関する特別措置法（平成15年法律第98号）に基づき、2022年度は9事案の支障除去等事業に対する財政支援を行いました。そのほかにも廃棄物処理法平成9年改正法の施行以降の産業廃棄物の不法投棄等の支障除去等については、廃棄物処理法に基づく基金からの財政支援を実施しています。2020年度に本基金の点検・評価を行い、2021年度以降の支援の在り方について見直しを行いました。

2021年7月1日からの大雨により、静岡県熱海市の土石流災害を始め、全国各地において土砂災害や浸水被害が発生し、大きな被害をもたらしたことを受け、政府として、盛土による災害の防止に全力で取り組んでいくこととなりました。環境省では、盛土の総点検により確認された危険が想定され、産業廃棄物の不法投棄等の可能性がある盛土について、都道府県等が行う調査及び支障除去等事業を支援する仕組みを作りました。

一般廃棄物の適正処理については、当該処理業が専ら自由競争に委ねられるべき性格のものではなく、継続性と安定性の確保が考慮されるべきとの最高裁判所判決（2014年1月）や、市町村が処理委託した一般廃棄物に関する不適正処理事案の状況を踏まえ、2014年10月8日に通知を発出し、市町村の統括的責任の所在、市町村が策定する一般廃棄物処理計画を踏まえた廃棄物処理法の適正な運用について、周知徹底を図っています。

2018年12月には大量のエアゾール製品の内容物が屋内で噴射され、これに引火したことが原因とみられる爆発火災事故が発生したことから、環境省としては、廃エアゾール製品等の充填物の使い切り及び適切な出し切りが重要であると考え、「廃エアゾール製品等の排出時の事故防止について（通知）」（平成30年12月27日付け）にて、製品を最後まで使い切る、缶を振って音を確認するなどにより充填

物が残っていないか確認する、火気のない風通しの良い屋外でガス抜きキャップを使用して充填物を出し切るといった適切な取扱いが必要であることなど、廃エアゾール製品等の充填物の使い切り及び適切な出し切り方法について、周知を徹底しています。また、2023年1月にも同様のエアゾール製品が原因とみられる爆発事故が発生したことから、「廃エアゾール製品等の排出時等の事故防止のための周知徹底について（事務連絡）」（令和5年1月19日付け）を発出し、改めて周知を図ったところです。

　また、リチウム蓄電池及びリチウム蓄電池を使用した製品（以下「リチウム蓄電池等」という。）が、地方公共団体が定める適切な分別区分で廃棄されず、廃棄物の収集・運搬又は処分の過程において、火災が発生しています。

　環境省ではこれまで、地方公共団体の分別区分を見直すことなどによる効果的な回収体制の構築等を支援するモデル事業を実施し、2021年度に4件を採択したほか、廃棄物となったリチウム蓄電池の排出方法に関して普及啓発を実施してきました。そこで得られた成果等については、「リチウム蓄電池等処理困難物対策集」にまとめて公表（2024年4月に最新版を公表）し、地方公共団体間での好事例の横展開を図っています。また、廃棄物処理法に基づく広域認定制度を活用し、製造事業者等による処理体制の構築を支援してきました。2023年度は、地方公共団体などから要望の多い普及啓発の部分を強化していくために、啓発用ツールを作成し、地方公共団体に配付しました。具体的には、著名人を起用した動画を作成したほか、キャラクターコンクールを実施して、一般の方からキャラクターを公募し、選定したキャラクターを採用したポスターを作成しました。また、ライフサイクル全体での対策を重視する観点から、製造事業者などと連携したモデル事業を実施しました。具体的には、Jリーグのクラブやリチウム蓄電池の製造事業者と連携して、市民向けのモバイルバッテリー回収キャンペーンなどを実施し、製造事業者等による回収の推進に取り組んでいます。

　「第四次循環基本計画」において、電子マニフェストの普及率を2022年度において70%とすることを目標に掲げています。この目標を達成するために、2020年12月に策定した「オンライン利用率引上げの基本計画」に基づいて、電子マニフェストシステム未加入の事業者に対する導入実務説明会及び操作体験セミナーの開催等の施策を推進した結果、2021年末に電子マニフェストの普及率が70%を超え、前倒しで目標を達成しました。

　また、廃棄物の不適正処理事案の発生や雑品スクラップの保管等による生活環境保全上の支障の発生等を受け、廃棄物の不適正処理への対応の強化（許可を取り消された者等に対する措置の強化、マニフェスト制度の強化）、有害使用済機器の適正な保管等の義務付け等を盛り込んだ廃棄物の処理及び清掃に関する法律の一部を改正する法律（平成29年法律第61号）が、第193回国会において成立し、2018年4月から一部施行されました。

　家庭等の廃棄物を不用品として無許可で回収し、不適正処理・輸出等を行う違法な回収業者、輸出業者等の対策として、地方公共団体職員の知見向上のため、「自治体職員向け違法な不用品回収業者対策セミナー」を全国2か所で開催しました。

　海洋ごみ対策については、第4章第6節1を参照。

　使用済FRP（繊維強化プラスチック）船のリサイクルが適切に進むよう、地方ブロックごとに行っている地方運輸局、地方整備局、都道府県等の情報・意見交換会の場を通じて、一般社団法人日本マリン事業協会が運用している「FRP船リサイクルシステム」の周知・啓発を図りました。

(2) 最終処分場の確保等

　一般廃棄物の最終処分に関しては、ごみのリサイクルや減量化を推進した上でなお残る廃棄物を適切に処分するため、最終処分場の設置又は改造、既埋立物の減容化等による一般廃棄物の最終処分場の整備を、引き続き循環型社会形成推進交付金の交付対象事業としました。また、産業廃棄物の最終処分に関しても、課題対応型産業廃棄物処理施設運用支援事業の補助制度により、2023年度までに、廃棄物処理センター等が管理型最終処分場を整備する6事業に対して支援することで、公共関与型産業廃棄物処理施設の整備を促進し、産業廃棄物の適正な処理の確保を図りました。

同時に海面処分場に関しては、港湾整備により発生する浚渫土砂や内陸部での最終処分場の確保が困難な廃棄物を受け入れるために、事業の優先順位を踏まえ、東京港等で海面処分場を計画的に整備しました。また、「海面最終処分場の廃止に関する基本的な考え方」及び「海面最終処分場の廃止と跡地利用に関する技術情報集」を取りまとめました。

　陸上で発生する廃棄物及び船舶等から発生する廃油については、海洋投入処分が原則禁止されていることを踏まえ、海洋投入処分量の削減を図るとともに、廃油処理事業を行おうとする者に対し、廃油処理事業の事業計画及び当該事業者の事業遂行能力等について、適正な審査を実施し、適切に廃油を受け入れる施設を確保しました。「1972年の廃棄物その他の物の投棄による海洋汚染の防止に関する条約の1996年の議定書」を担保する海洋汚染等及び海上災害の防止に関する法律（海洋汚染防止法）（昭和45年法律第136号）において、廃棄物の海洋投入処分を原則禁止とし、2007年4月に廃棄物の海洋投入処分に係る許可制度を導入しました。当該許可制度の適切な運用により、海洋投入処分量が最小限となるよう、その抑制に取り組みました。

(3) 特別管理廃棄物
ア　概要
　廃棄物のうち爆発性、毒性、感染性その他の人の健康又は生活環境に係る被害を生ずるおそれがある性状を有するものを特別管理一般廃棄物又は特別管理産業廃棄物（以下「特別管理廃棄物」という。）として指定しています。事業活動に伴い特別管理産業廃棄物を生ずる事業場を設置している事業者は、特別管理産業廃棄物の処理に関する業務を適切に行わせるため、事業場ごとに特別管理産業廃棄物管理責任者を設置する必要があり、特別管理廃棄物の処理に当たっては、特別管理廃棄物の種類に応じた特別な処理基準を設けることなどにより、適正な処理を確保しています。また、その処理を委託する場合は、特別管理廃棄物の処理業の許可を有する業者に委託する必要があります。

イ　特別管理廃棄物の対象物
　これまでに、表3-5-1に示すものを特別管理廃棄物として指定しています。

表3-5-1 特別管理廃棄物

区分		主な分類	概　要
特別管理一般廃棄物		PCB使用部品	廃エアコン・廃テレビ・廃電子レンジに含まれるPCBを使用する部品
		廃水銀	水銀使用製品が一般廃棄物となったものから回収したもの
		ばいじん	ごみ処理施設のうち、集じん施設によって集められたもの
		ばいじん、燃え殻、汚泥	ダイオキシン特措法の特定施設である廃棄物焼却炉から生じたものでダイオキシン類を含むもの
		感染性一般廃棄物	医療機関等から排出される一般廃棄物で、感染性病原体が含まれ若しくは付着しているおそれのあるもの
特別管理産業廃棄物		廃油	揮発油類、灯油類、軽油類（難燃性のタールピッチ類等を除く）
		廃酸	著しい腐食性を有するpH2.0以下の廃酸
		廃アルカリ	著しい腐食性を有するpH12.5以上の廃アルカリ
		感染性産業廃棄物	医療機関等から排出される産業廃棄物で、感染性病原体が含まれ若しくは付着しているおそれのあるもの
	特定有害産業廃棄物	廃PCB等	廃PCB及びPCBを含む廃油
		PCB汚染物	PCBが染みこんだ汚泥、PCBが塗布され若しくは染みこんだ紙くず、PCBが染みこんだ木くず若しくは繊維くず、PCBが付着・封入されたプラスチック類若しくは金属くず、PCBが付着した陶磁器くず若しくはがれき類
		PCB処理物	廃PCB等又はPCB汚染物を処分するために処理したものでPCBを含むもの
		廃水銀等	水銀使用製品の製造の用に供する施設等において生じた廃水銀又は廃水銀化合物、水銀若しくはその化合物が含まれている産業廃棄物又は水銀使用製品が産業廃棄物となったものから回収した廃水銀
		指定下水汚泥	下水道法施行令第13条の4の規定により指定された汚泥
		鉱さい	重金属等を一定濃度以上含むもの
		廃石綿等	石綿建材除去事業に係るもの又は大気汚染防止法の特定粉塵発生施設が設置されている事業場から生じたもので飛散するおそれのあるもの
		燃え殻	重金属等、ダイオキシン類を一定濃度以上含むもの
		ばいじん	重金属等、1,4-ジオキサン、ダイオキシン類を一定濃度以上含むもの
		廃油	有機塩素化合物等、1,4-ジオキサンを含むもの
		汚泥、廃酸、廃アルカリ	重金属等、PCB、有機塩素化合物、農薬等、1,4-ジオキサン、ダイオキシン類を一定濃度以上含むもの

資料：「廃棄物の処理及び清掃に関する法律」より環境省作成

(4) 石綿の処理対策

ア　産業廃棄物

　石綿による健康等に係る被害の防止のための大気汚染防止法等の一部を改正する法律（平成18年法律第5号）が2007年4月に完全施行され、石綿（アスベスト）含有廃棄物の安全かつ迅速な処理を国が進めていくため、溶融等の高度な技術により無害化処理を行う者について環境大臣が認定した場合、都道府県知事等による産業廃棄物処理業や施設設置の許可を不要とする制度（無害化処理認定制度）がスタートしています。2024年3月時点で2事業者が認定を受けています。また、2010年の廃棄物処理法施行令の改正により、特別管理産業廃棄物である廃石綿等の埋立処分基準が強化されています。2021年3月には前年の大気汚染防止法等の改正に伴って、「石綿含有廃棄物等処理マニュアル」を改定しています。

イ　一般廃棄物

　石綿を含む家庭用品が廃棄物となったものについては、他のごみと区別して排出し、破損しないよう回収するとともにできるだけ破砕せず、散水や速やかな覆土により最終処分するよう、また、保管する際は他の廃棄物と区別するよう、市町村に対して要請しています。

　永続的な措置として、石綿含有家庭用品が廃棄物となった場合の処理についての技術的指針を定め、市町村に示し、適正な処理が行われるよう要請しています。

(5) 水銀廃棄物の処理対策

ア　産業廃棄物

　2016年4月から施行されていた廃水銀等の特別管理産業廃棄物への指定やその収集・運搬基準に加え、2017年10月に完全施行された廃棄物の処理及び清掃に関する法律施行令の一部を改正する政令（平成27年政令第376号）及び関係省令等により廃水銀等及び当該廃水銀等を処分するために処理し

たものの処分基準並びに廃水銀等の硫化施設の産業廃棄物処理施設への指定等について規定されています。また、排出事業者により水銀使用製品であるか判別可能なものを水銀使用製品産業廃棄物、水銀又はその化合物を一定程度含む汚染物を水銀含有ばいじん等とそれぞれ定義し、これまでの産業廃棄物の処理基準に加え、新たに水銀等の大気への飛散防止等の措置を規定するなど処理基準が強化されています。さらに、これらの基準について具体的に解説するための「水銀廃棄物ガイドライン」を策定しています。国際的にも、水銀廃棄物の環境上適正な管理に関する議論が進められており、2019年5月には水俣条約締約国会議の決議に基づく専門家会合を我が国で開催するなどし、これに貢献しました。

　また、退蔵されている水銀血圧計・温度計等の回収を促進するため、2016年度に改訂した「医療機関に退蔵されている水銀血圧計等回収マニュアル」や2017年度に作成した「教育機関等に退蔵されている水銀使用製品回収事業事例集」を参考に、医療関係団体や教育機関、地方公共団体等と連携し、回収促進事業を実施しています。

イ　一般廃棄物

　市町村等により一般廃棄物として分別回収された水銀使用製品から回収した廃水銀については、特別管理一般廃棄物となります。

　市町村等において、使用済の蛍光灯や水銀体温計、水銀血圧計等の水銀使用製品が廃棄物となった際の分別収集の徹底・拡大を行うため、「家庭から排出される水銀使用廃製品の分別回収ガイドライン」及び分別収集についての先進事例集を作成し、普及啓発を行ってきました。また、家庭で退蔵されている水銀体温計等の回収について、「市町村等における水銀使用廃製品の回収事例集（第2版）」を公表しました。

(6) ポリ塩化ビフェニル（PCB）廃棄物の処理体制の構築

　ポリ塩化ビフェニル廃棄物の適正な処理の推進に関する特別措置法の一部を改正する法律（平成28年法律第34号。以下、ポリ塩化ビフェニル廃棄物の適正な処理の推進に関する特別措置法を「PCB特別措置法」という。）が2016年8月に施行され、PCB廃棄物の濃度、保管の場所がある区域及び種類に応じた処分期間が設定されました。これにより、PCB廃棄物の保管事業者は、処分期間内に全てのPCB廃棄物を処分委託しなければなりません。PCB特別措置法で定める、「ポリ塩化ビフェニル廃棄物処理基本計画」に基づき、政府一丸となってPCB廃棄物の期限内処理に向けて取り組んでいます。

　環境省は都道府県と協調し、費用負担能力の小さい中小企業者等による高濃度PCB廃棄物の処理を円滑に進めるための助成等を行う基金「PCB廃棄物処理基金」を造成しています。

ア　高濃度PCB廃棄物の処理

　高濃度PCB廃棄物は、中間貯蔵・環境安全事業株式会社（JESCO）の全国5か所（北九州、豊田、東京、大阪、北海道（室蘭））のPCB処理事業所において処理する体制を整備し、各地元関係者の理解と協力の下、その処理が進められています。

　処理事業が終了した施設から順次解体・撤去を進めています。

イ　低濃度PCB廃棄物の処理

　低濃度PCB廃棄物は、民間事業者（環境大臣認定の無害化認定業者又は都道府県許可の特別管理産業廃棄物処理業者（2024年3月末時点でそれぞれ31事業者及び2事業者））によって処理が進められています。

　低濃度PCB廃棄物の処理が更に合理的に進むよう、処理体制の充実・多様化を図っていきます。

(7) ダイオキシン類の排出抑制

　ダイオキシン類は、物の燃焼の過程等で自然に生成する物質（副生成物）であり、ダイオキシン類の

約200種のうち、29種類に毒性があるとみなされています。ダイオキシン類の主な発生源は、ごみ焼却による燃焼です。廃棄物処理におけるダイオキシン問題については、1997年1月に厚生省（当時）が取りまとめた「ごみ処理に係るダイオキシン類発生防止等ガイドライン」や、1997年8月の廃棄物処理法施行令及び同法施行規則の改正等に基づき、対策が取られてきました。環境庁（当時）でも、ダイオキシン類を大気汚染防止法（昭和43年法律第97号）の指定物質として指定しました。さらに、1999年3月に策定された「ダイオキシン対策推進基本指針」及び1999年に成立したダイオキシン類対策特別措置法（平成11年法律第105号。以下「ダイオキシン法」という。）の二つの枠組みにより、ダイオキシン類対策が進められました。2022年におけるダイオキシン類の排出総量は、削減目標量（2011年以降の当面の間において達成すべき目標量）を下回っています（表3-5-2）。

2022年の廃棄物焼却施設からのダイオキシン類排出量は、1997年から約99%減少しました。この結果については、規制強化や基準適合施設の整備に係る支援措置等によって、排出基準やその他の構造・維持管理基準に対応できない焼却施設の中には、休・廃止する施設が多数あったこと、また基準に適合した施設の新設整備が進められていること（廃棄物処理体制の広域化、廃棄物処理施設の集約化を含む。）が背景にあったものと考えられます。

表3-5-2 我が国におけるダイオキシン類の事業分野別の推計排出量及び削減目標量

事業分野	当面の間における削減目標量 (g-TEQ/年)	推計排出量		
		1997年における量 (g-TEQ/年)	2003年における量 (g-TEQ/年)	2022年における量 (g-TEQ/年)
1 廃棄物処理分野	106	7,205～7,658	219～244	60
(1)一般廃棄物焼却施設	33	5,000	71	25
(2)産業廃棄物焼却施設	35	1,505	75	15
(3)小型廃棄物焼却炉等（法規制対象）	22	—	37	10
(4)小型廃棄物焼却炉（法規制対象外）	16	700～1,153	35～60	9.4
2 産業分野	70	470	150	42
(1)製鋼用電気炉	31.1	229	81.5	20.2
(2)鉄鋼業焼結施設	15.2	135	35.7	4.9
(3)亜鉛回収施設（焙焼炉、焼結炉、溶鉱炉、溶解炉及び乾燥炉）	3.2	47.4	5.5	1.0
(4)アルミニウム合金製造施設（焙焼炉、溶解炉及び乾燥炉）	10.9	31.0	17.4	10.5
(5)その他の施設	9.8	27.3	10.3	5.6
3 その他	0.2	1.2	0.6	0.2
合　計	176	7,676～8,129	369～395	102.2

注1：1997年及び2003年の排出量は毒性等価係数としてWHO-TEF（1998）を、2022年の排出量及び削減目標量は可能な範囲でWHO-TEF（2006）を用いた値で表示した。
　2：削減目標量は、排出ガス及び排水中のダイオキシン類削減措置を講じた後の排出量の値。
　3：前回計画までは、小型廃棄物焼却炉等については、特別法規制対象及び対象外を一括して目標を設定していたが、今回から両者を区分して目標を設定することとした。
　4：「3　その他」は下水道終末処理施設及び最終処分場である。前回までの削減計画には火葬場、たばこの煙及び自動車排出ガスを含んでいたが、2012年の計画では目標設定対象から除外した（このため、過去の推計排出量にも算入していない）。
資料：環境省「我が国における事業活動に伴い排出されるダイオキシン類の量を削減するための計画」（2000年9月制定、2012年8月変更）、「ダイオキシン類の排出量の目録（排出インベントリー）」（2024年3月）より環境省作成

(8) その他の有害廃棄物対策

感染性廃棄物については、2020年1月以降の国内における新型コロナウイルス感染症の感染拡大を受け、新型コロナウイルス感染症に係る廃棄物の適正処理のための対策とそれ以外の廃棄物も含めた処理体制の維持に係る対策を講じました。具体的には、法令に基づく基準や関係マニュアル等について、地方公共団体、廃棄物処理業界団体、医療関係団体等に改めて周知するとともに、感染防止策や留意事項についてのQ&Aやチラシ、動画の作成・周知や、感染拡大状況下における特例措置の制定、さらにはそれらの内容を取りまとめた「廃棄物に関する新型コロナウイルス感染症対策ガイドライン」の策定・周知を行いました。また、廃棄物処理に必要な防護具が不足しないよう廃棄物処理業者等への防護具の斡旋等の処理体制維持に係る取組も行いました。2021年4月には、新型コロナウイルス感染症に

係るワクチンの接種に伴い排出される廃棄物の処理に関する留意事項を取りまとめて通知を発出しました。また、新型コロナウイルス感染症への対応で得られた知見を基に「廃棄物処理法に基づく感染性廃棄物処理マニュアル」を2022年6月に改訂し、2023年5月には、新型コロナウイルス感染症の感染症法上の位置付けが新型インフルエンザ等感染症から5類感染症に変更されたことに伴い改訂しました。

残留性有機汚染物質（POPs）を含む廃棄物については、国際的動向に対応し、適切な処理方策について検討を進めてきました。2009年8月にPOPs廃農薬の処理に関する技術的留意事項を改訂、2011年3月にペルフルオロオクタンスルホン酸（PFOS）含有廃棄物の処理に関する技術的留意事項を改訂し、2022年9月にPFOS及びペルフルオロオクタン酸（PFOA）含有廃棄物の処理に関する技術的留意事項を策定し、その周知を行ってきました。その他のPOPsを含む廃棄物については、POPsを含む製品等の国内での使用状況に関する調査や分解実証試験等を実施し、その適正処理方策を検討するとともに、POPsの物性情報や分析方法開発等に係る研究を推進しています。また、2016年からは、POPsを含む廃棄物の廃棄物処理法への制度的位置付けについて検討を行っています。

また、廃棄物に含まれる有害物質等の情報の伝達に係る制度化についても検討を行っています。

さらに、核原料物質、核燃料物質及び原子炉の規制に関する法律（昭和32年法律第166号）に基づき、原子炉等から排出されるもののうち、放射線防護の安全上問題がないクリアランスレベル以下の廃棄物については、トレーサビリティの確保に努めています。

（9）有害物質を含む廃棄物等の適正処理システムの構築

安全・安心がしっかりと確保された循環型社会を形成するため、有害物質を含むものについては、適正な管理・処理が確保されるよう、その体制の充実を図る必要があります。

石綿に関しては、その適正な処理体制を確保するため、廃棄物処理法に基づき、引き続き石綿含有廃棄物の無害化処理認定に係る事業者からの相談等に対応しました。

高濃度PCB廃棄物については、JESCO全国5か所のPCB処理事業所にて各地元関係者の理解と協力の下、処理が進められています。また、低濃度PCB廃棄物については、廃棄物処理法に基づき、無害化処理認定を受けている事業者及び都道府県知事の許可を受けている事業者により処理が進められています。

埋設農薬に関しては、計画的かつ着実に処理するため、農薬が埋設されている県における、処理計画の策定等や環境調査に対する支援を引き続き実施しました。

2 廃棄物等からの環境再生

海洋ごみについては、第4章第6節1を参照。
生活環境保全上の支障等のある廃棄物の不法投棄等については、第3章第5節1（1）を参照。

3 東日本大震災からの環境再生

（1）除染等の措置等

平成二十三年三月十一日に発生した東北地方太平洋沖地震に伴う原子力発電所の事故により放出された放射性物質による環境の汚染への対処に関する特別措置法（平成23年法律第110号。以下「放射性物質汚染対処特措法」という。）では、除染の対象として、国が除染の計画を策定し、除染事業を進める地域として指定された除染特別地域と、1時間当たり0.23マイクロシーベルト以上の地域を含む市町村を対象に関係市町村等の意見も踏まえて指定された汚染状況重点調査地域を定めています。

ア　除染特別地域と汚染状況重点調査地域

国が除染を実施する除染特別地域では、2012年4月までに環境省が福島県田村市、楢葉町、川内村、南相馬市において除染実施計画を策定し、同年7月から田村市、楢葉町、川内村で本格的な除染（以下「面的除染」という。）を開始しました。他の除染特別地域の市町村においても除染実施計画策定後、順次、面的除染を開始し、2017年3月末までに11市町村で避難指示解除準備区域及び居住制限区域の面的除染が完了しました。また、2022年3月31日には田村市において除染特別地域の指定を解除しました。

市町村が除染を実施する汚染状況重点調査地域では、2018年3月末までに8県100市町村の全てで面的除染が完了しました。

また、汚染状況重点調査地域では、2024年3月末までに、地域の放射線量が1時間当たり0.23マイクロシーベルト未満となったことが確認された39市町村において、汚染状況重点調査地域の指定が解除されました（図3-5-1）。

面的除染完了後には、除染の効果が維持されているかを確認するため、詳細な事後モニタリングを実施し、除染の効果が維持されていない箇所が確認された場合には、個々の現場の状況に応じて原因を可能な限り把握し、合理性や実施可能性を判断した上で、フォローアップ除染を実施しています。

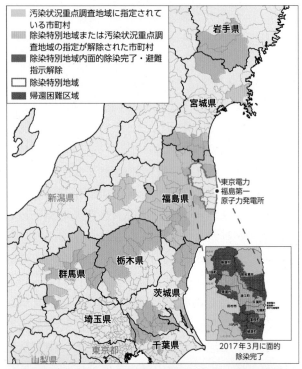

図3-5-1　除染特別地域及び汚染状況重点調査地域における除染の進捗状況（2024年3月末時点）

凡例
- 汚染状況重点調査地域に指定されている市町村
- 除染特別地域または汚染状況重点調査地域の指定が解除された市町村
- 除染特別地域内面的除染完了・避難指示解除
- 除染特別地域
- 帰還困難区域

2017年3月に面的除染完了

	面的除染完了市町村		
		除染特別地域（11）	汚染状況重点調査地域（93）
福島県内	43*	11	36
福島県外（7県）	57	—	57
合計	100	2017年3月に完了	2018年3月に完了

※南相馬市、田村市、川俣町、川内村は、域内に除染特別地域と汚染状況重点調査地域双方が指定された

資料：環境省

イ　森林の放射性物質対策

森林については、2016年3月に復興庁・農林水産省・環境省の3省庁が取りまとめた「福島の森林・林業の再生に向けた総合的な取組」に基づき、住居等の近隣の森林、森林内の人々の憩いの場や日常的に人が立ち入る場所等の除染等の取組と共に、林業再生に向けた取組や住民の方々の安全・安心の確保のための取組等を関係省庁が連携して進めてきました。

除染を含めた里山再生のための取組を総合的に推進するモデル事業を14地区で実施し、その結果を踏まえて2020年度以降は「里山再生事業」を実施、2024年3月までに13地区を事業実施地区として選定しました。

ウ　仮置場等における除去土壌等の管理・原状回復

除染で取り除いた福島県内の土壌（除去土壌）等は、一時的な保管場所（仮置場等）で管理し、順次、中間貯蔵施設及び仮設焼却施設等への搬出を行っており、2024年2月時点で、総数1,372か所に対し、約99％に当たる1,357か所で搬出が完了しています。除去土壌等の搬出が完了した仮置場等については原状回復を進めており、2024年2月時点で、総数の約87％に当たる1,199か所で完了しています（表3-5-3）。

福島県外の除去土壌については、その処分方法を定めるため、有識者による「除去土壌の処分に関する検討チーム会合」を開催し、専門的見地から議論を進めるとともに、除去土壌の埋立処分に伴う作業

員や周辺環境への影響等を確認することを目的とした実証事業を、2023年度も茨城県東海村及び宮城県丸森町の2か所で実施しました。周辺環境の安全を確認するため敷地境界の空間線量率等を測定したところ、除去土壌の埋立前後で大きな変化がないことを確認しました。また、地下水を経由した被ばくが懸念されることから浸透水中の放射能濃度を測定したところ、全ての検体で検出下限値未満でした。

表3-5-3	福島県内の除去土壌等の仮置場等の箇所数

	仮置場等の総数（箇所）	うち保管中の仮置場等の数（箇所）	うち搬出が完了した仮置場等の数（箇所）	うち原状回復が完了した仮置場等の数（箇所）
除染特別地域	331	13	318 (96.1%)	208 (62.8%)
汚染状況重点調査地域	1,041	2	1,039 (99.8%)	991 (95.2%)
合計	1,372	15	1,357 (98.9%)	1,199 (87.4%)

注1：数値は2024年2月末時点。
　2：仮置場等は、仮置場のほか、一時保管所、仮仮置場等を含む。
　3：搬出完了及び原状回復完了の欄に記載の（％）は、仮置場等の総数に対する割合を示す。
資料：環境省

（2）中間貯蔵施設の整備等
ア　中間貯蔵施設の概要
　放射性物質汚染対処特措法等に基づき、福島県内の除染に伴い発生した放射性物質を含む土壌等及び福島県内に保管されている10万ベクレル/kgを超える指定廃棄物等を最終処分するまでの間、安全に集中的に管理・保管する施設として中間貯蔵施設を整備することとしています。

　中間貯蔵施設事業は、「令和5年度の中間貯蔵施設事業の方針」（2023年3月公表）に基づき、取組を実施してきました。本方針は、安全を第一に、地域の理解を得ながら事業を実施することを総論として、
[1] 特定復興再生拠点区域等で発生した除去土壌等の搬入を進める
[2] 施設整備の進捗状況、除去土壌等の発生状況に応じて、必要な用地取得を行う
[3] 中間貯蔵施設内の各施設について安全に稼働させるとともに、土壌貯蔵が終了した土壌貯蔵施設の維持管理を着実に行う
[4] 再生利用についての技術開発、再生利用先の具体化、減容・再生利用の必要性・安全性等に関する理解醸成活動を全国に向けて推進し、また、減容処理・安定化技術の更なる開発・検証を行うなど、県外最終処分に向けた検討を進めるなどを定めており、あわせて、当面の施設整備イメージ図（図3-5-2）を公表しています。

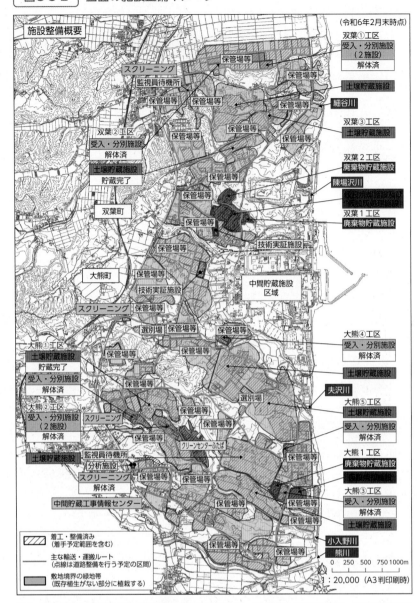

図3-5-2　当面の施設整備イメージ

（令和6年2月末時点）

施設整備概要

双葉①工区
受入・分別施設
（2施設）
解体済

土壌貯蔵施設

細谷川

双葉③工区
土壌貯蔵施設

双葉2工区
廃棄物貯蔵施設

陳場沢川

双葉1工区
廃棄物貯蔵施設

スクリーニング
監視員待機所

保管場等

双葉②工区
受入・分別施設
解体済

土壌貯蔵施設
貯蔵完了

双葉町

大熊町

技術実証施設

スクリーニング

中間貯蔵施設
区域

大熊④工区
受入・分別施設
解体済

土壌貯蔵施設

大熊①工区
土壌貯蔵施設
貯蔵完了
受入・分別施設
解体済

夫沢川

大熊⑤工区
土壌貯蔵施設
受入・分別施設
解体済

大熊②工区
受入・分別施設
（2施設）
解体済

スクリーニング

土壌貯蔵施設

監視員待機所
分析施設
スクリーニング
解体済

クリーンセンターふたば

大熊1工区
廃棄物貯蔵施設

大熊③工区
受入・分別施設
解体済

土壌貯蔵施設

中間貯蔵工事情報センター

小入野川

熊川

着工・整備済み
（着手予定範囲を含む）

主な輸送・運搬ルート
（点線は道路整備を行う予定の区間）

敷地境界の緑地帯
（既存植生がない部分に植栽する）

0　250　500　750 1000m

1：20,000（A3判印刷時）

注1：現時点での各施設の整備の想定範囲を示したものであり、図中に示した範囲の中で、地形や用地の取
　　得状況を踏まえ、一定のまとまりのある範囲で整備していくこととしています。また、用地の取得状
　　況や施設の整備状況に応じて変更の可能性があります。
　2：土壌貯蔵施設の容量について、既に発注済の双葉①〜③工区、大熊①〜⑤工区の工事範囲においては、
　　実際に整備することとなる地形や貯蔵高さ、用地確保の状況によって変動するが、輸送量ベースで
　　1,300万〜1,450万㎥程度が可能と見込んでいる。
　3：保管場等とは、除去土壌や灰等の保管場、解体物等の置場、受入分別施設等跡地、輸送車両の待機場等に
　　加え、現段階では整備する施設の種類を検討中の用地を含む。
資料：環境省

イ　中間貯蔵施設の現状

　中間貯蔵施設整備に必要な用地は約1,600haを予定しており、2024年3月末までの契約済み面積は
約1,301ha（全体の約81.3%。民有地については、全体約1,270haに対し、約95.0%に当たる約
1,207ha）、1,883人（全体2,360人に対し約79.8%）の方と契約に至っています。政府では、用地取
得については、地権者との信頼関係はもとより、中間貯蔵施設事業への理解が何よりも重要であると考
えており、地権者への丁寧な説明を尽くしながら取り組んでいます。
　2016年11月から受入・分別施設（図3-5-3、写真3-5-1）や土壌貯蔵施設（図3-5-4、写真3-5-2）
等の整備を進めています。受入・分別施設では、福島県内各地にある仮置場等から中間貯蔵施設に搬入
される除去土壌を受け入れ、容器の破袋、可燃物・不燃物等の分別作業を行います。土壌貯蔵施設で
は、受入・分別施設で分別された土壌を放射能濃度やその他の特性に応じて安全に貯蔵します。

中間貯蔵施設への除去土壌等の輸送については、各地元関係者の理解と協力のもと、2022年3月末をもって福島県内に仮置きされている除去土壌等（帰還困難区域を除く）をおおむね搬入完了するという目標を達成し、引き続き、特定復興再生拠点区域や特定帰還居住区域で発生した除去土壌等の搬入を進めています。

　2024年3月末までの累計搬入量は約1,376万m^{3}であり、より安全で円滑な輸送のため、運転者研修等の交通安全対策や必要な道路補修等に加えて、輸送出発時間の調整など特定の時期・時間帯への車両の集中防止・平準化を実施しました。

図3-5-3　受入・分別施設イメージ

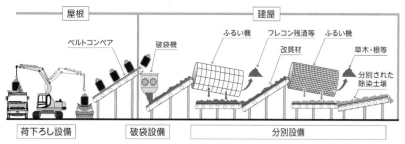

資料：環境省

写真3-5-1　受入・分別施設

資料：環境省

図3-5-4　土壌貯蔵施設イメージ

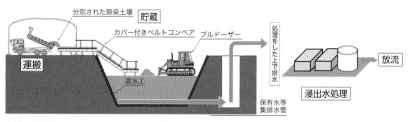

資料：環境省

写真3-5-2　土壌貯蔵施設

資料：環境省

（3）福島県外最終処分に向けた取組

ア　中間貯蔵除去土壌等の減容・再生利用技術開発戦略

　除去土壌等の最終処分については、中間貯蔵・環境安全事業株式会社法（平成15年法律第44号）において、中間貯蔵に関する国の責務として、福島県内除去土壌等の中間貯蔵開始後30年以内に福島県外で最終処分を完了するために必要な措置を講ずることが規定されています。県外最終処分の実現に向けては、2016年4月に取りまとめた「中間貯蔵除去土壌等の減容・再生利用技術開発戦略」及び「工程表」に沿って取組を進めています。

イ　除去土壌等の減容に向けた取組

　減容等技術の開発に関しては、2023年度も福島県大熊町の中間貯蔵施設内に整備している技術実証フィールドにおいて、中間貯蔵施設内の除去土壌等も活用した技術実証を行いました。また、2023年度は福島県双葉町の中間貯蔵施設内において、2022年度に引き続き、仮設灰処理施設で生じる飛灰の洗浄技術・安定化技術に係る基盤技術の実証試験を実施しています。

ウ　除去土壌の再生利用に向けた取組

　除去土壌の再生利用については、福島県飯舘村長泥地区における実証事業として、水田試験等を実施し、栽培した作物の放射能濃度は一般食品の基準値を大きく下回ることを確認するとともに、水田等に求められる機能をおおむね満たすことなどを確認しました。これまでに実証事業で得られたモニタリン

グ結果からは、施工前後の空間線量率に変化がないこと、農地造成エリアからの浸透水の放射性セシウム濃度はおおむね検出下限値（1ベクレル/ℓ）未満であることなどの知見が得られています。また、道路整備での再生利用について検討するため、2022年10月に着工した中間貯蔵施設内における道路盛土の実証事業については、2023年10月に工事を完了しました。モニタリング結果からは、施工前後の空間線量率に変化がないこと、作業者の追加被ばく線量が1ミリシーベルト/年以下であることなどの知見が得られています。こうした知見から、再生利用を安全に実施できることを確認しています。

エ　全国的な理解醸成活動

　福島県内除去土壌等の県外最終処分の実現に向け、減容・再生利用の必要性・安全性等に関する全国での理解醸成活動の取組の一つとして、2021年度から全国各地で開催してきた対話フォーラムについて、第9回を東京都内で開催しました。さらに、一般の方向けに飯舘村長泥地区や中間貯蔵施設の現地見学会を開催したほか、大学生等への環境再生事業に関する講義、現地見学会等を実施するなど、次世代に対する理解醸成活動も実施しました。

　加えて、中間貯蔵施設に搬入して分別した除去土壌の表面を土で覆い、観葉植物を植えた鉢植えを、2020年3月以降、総理官邸、環境大臣室、新宿御苑、地方環境事務所等の環境省関連施設や関係省庁等に設置しています。鉢植え設置以降1週間～1か月に1回実施している放射線のモニタリングでは、空間線量率に変化は見られませんでした。

(4) 放射性物質に汚染された廃棄物の処理
ア　対策地域内廃棄物と指定廃棄物の概要

　放射性物質汚染対処特措法では、対策地域内廃棄物及び指定廃棄物を特定廃棄物として国の責任のもと、適切な方法で処理することとなっています。

　対策地域内廃棄物は、汚染廃棄物対策地域（国が廃棄物の収集・運搬・保管及び処分を実施する必要があるとして環境大臣が指定した地域）内で発生した廃棄物を指します（避難指示解除後の事業活動等に伴う廃棄物を除く）。現在、福島県の10市町村にまたがる地域（楢葉町、富岡町、大熊町、双葉町、浪江町、葛尾村及び飯舘村の全域並びに南相馬市、川俣町及び川内村の区域のうち当時警戒区域及び計画的避難区域であった区域。除染特別地域と同じ。）が汚染廃棄物対策地域として指定されています（田村市については、2022年3月31日に地域指定を解除）。

　指定廃棄物は、放射能濃度が8,000ベクレル/kgを超え、環境大臣が指定したものです。指定廃棄物は、2023年12月末時点で、

| 表3-5-4 | 指定廃棄物の数量（2023年12月末時点） |

都道府県	件	数量（トン）
岩手県	1	1.3
宮城県	13	2,827.9
福島県	1,949	42万6,632.5
茨城県	25	3,309.0
栃木県	58	10,964.6
群馬県	13	1,187.0
千葉県	64	3,716.6
東京都	2	981.7
神奈川県	3	2.9
新潟県	3	942.2
合計	2,131	45万0,565.7

資料：環境省

10都県において、焼却灰や下水汚泥、農林業系廃棄物（稲わら、堆肥等）等の廃棄物計約45万トンが環境大臣による指定を受けています（表3-5-4）。指定廃棄物の処理は、放射性物質汚染対処特措法に基づく基本方針（2011年11月閣議決定）において、当該指定廃棄物が排出された都道府県内において行うこととされています。

　なお、8,000ベクレル/kg以下に減衰した指定廃棄物については、放射性物質汚染対処特措法施行規則第14条の2の規定に基づき、当該廃棄物の指定の取消しが可能です。また、指定取消後の廃棄物の処理について、国は技術的支援のほか、指定取消後の廃棄物の処理に必要な経費を補助する財政的支援を行うこととしています。

イ　対策地域内廃棄物や福島県内の指定廃棄物の処理

　対策地域内廃棄物及び福島県内の指定廃棄物については、可能な限り減容化し、放射能濃度が10万

ベクレル/kg以下のものは双葉地方広域市町村圏組合が所有する管理型処分場（クリーンセンターふたば）や特定廃棄物埋立処分施設（旧フクシマエコテッククリーンセンター）（写真3-5-3）において埋立処分し、10万ベクレル/kgを超えるものは中間貯蔵施設において中間貯蔵することとしています。

2023年10月末時点で、特定廃棄物埋立処分施設（旧フクシマエコテッククリーンセンター）への特定廃棄物の埋立処分を完了しました。

対策地域内廃棄物として、主に津波がれき、家屋等の解体によるもの、片付けごみがあります。2023年2月末時点で、帰還困難区域を除く対策地域内廃棄物の仮置場への搬入、中間処理、最終処分はおおむね完了しています。

仮置場への搬入については、2024年2月末時点で帰還困難区域を含め約343万トンの対策地域内廃棄物等の搬入を完了しています（うち、約59万トンが焼却処理済み、約237万トンが再生利用済み）（図3-5-5）。

仮置場に搬入した帰還困難区域を含む対策地域内廃棄物等のうち可燃物については、各市町村に設置した仮設焼却施設等で減容化を行っており、2024年2月末時点で12施設のうち8施設で減容化処理を完了しています（表3-5-5）。なお、事業を実施している仮設焼却施設においては、排ガス中の放射能濃度、敷地内・敷地周辺における空間線量率のモニタリングを行って安全に減容化できていることを確認し、その結果を公表しています。

また、可燃性の指定廃棄物のうち、2021年12月末時点で指定廃棄物として指定されている農林業系廃棄物や下水汚泥については、広域処理により2021年2月に減容化処理を完了しました。

2018年8月に開館した特定廃棄物埋立情報館「リプルンふくしま」では、2024年3月末日までに約8万人の来館者を迎えました。同情報館を拠点として情報発信に努め、引き続き、安心・安全の確保に万全を期して事業を進めていきます。

| 写真3-5-3 | 特定廃棄物埋立処分施設の様子 |

資料：環境省

| 図3-5-5 | 対策地域内の災害廃棄物等の仮置場への搬入済量 |

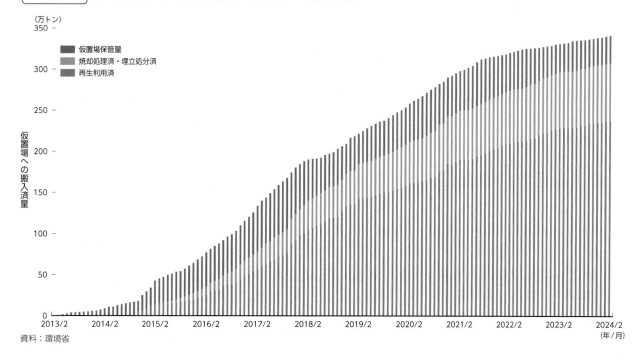

（万トン）

■ 仮置場保管量
■ 焼却処理済・埋立処分済
■ 再生利用済

仮置場への搬入済量

資料：環境省

（年／月）

表3-5-5 対策地域内で稼働中の仮設焼却施設

立地地区	進捗状況	処理能力	処理済量 (2024年2月末時点)
浪江町	稼働中 (2015年5月より)	300トン/日	約33万7,000トン (約21万4,000トン)
双葉町 その1	稼働中 (2020年3月より)	150トン/日	約11万1,000トン (約1万8,000トン)
双葉町 その2	稼働中 (2020年4月より)	200トン/日	約6万2,000トン (約7,500トン)
大熊町	稼働中 (2017年12月より)	200トン/日	約11万1,000トン (約5万7,000トン)
南相馬市1	災害廃棄物等の 処理完了	200トン/日	約14万9,000トン (約9万0,000トン)
南相馬市2		200トン/日	約6万5,000トン (約1,000トン)
飯舘村 (小宮地区)		5トン/日	約2,900トン (約2,900トン)
飯舘村 (蕨平地区)		240トン/日	約25万7,000トン (約5万4,000トン)
葛尾村		200トン/日	約13万1,000トン (約3万7,000トン)
川内村		7トン/日	約2,000トン (約2,000トン)
富岡町		500トン/日	約15万5,000トン (約5万5,000トン)
楢葉町		200トン/日	約7万7,000トン (約3万2,000トン)
川俣町	既存の処理施設で 処理(処理完了)	－	－
田村市		－	－

注1：処理済量については、除染廃棄物も含み、（ ）内はうち災害廃棄物等
の処理済量。
　2：進捗状況は2024年3月末、処理済量は2024年2月末時点のデータを
記載。
資料：環境省

ウ 福島県外の指定廃棄物等の処理

　環境省では、宮城県、栃木県、千葉県、茨城県及び群馬県において、有識者会議を開催し、長期管理施設の安全性を適切に確保するための対策や候補地の選定手順等について、科学的・技術的な観点からの検討を実施し、2013年10月に長期管理施設の候補地を各県で選定するためのベースとなる案を取りまとめました。その後、それぞれの県における市町村長会議の開催を通じて長期管理施設の安全性や候補地の選定手法等に関する共通理解の醸成に努めた結果、宮城県、栃木県及び千葉県においては、各県の実情を反映した選定手法が確定しました。

　これらの選定手法に基づき、環境省は、宮城県においては2014年1月に3か所、栃木県においては同年7月に1か所、千葉県においては2015年4月に1か所、詳細調査の候補地を公表しました。詳細調査候補地の公表後には、それぞれの県において、地元の理解を得られるよう取り組んでいるところですが、いずれの県においても詳細調査の実施には至っておりません。

　その一方で、各県ごとの課題に応じた段階的な対応も進めています。

　宮城県においては、県の主導の下、各市町が8,000ベクレル/kg以下の汚染廃棄物の処理に取り組むこととしたことを受け、環境省はこれを財政的・技術的に支援しています。2023年3月末時点で、黒川圏域では汚染廃棄物の処理が終了し、石巻圏域では焼却が終了しました。また、大崎圏域、仙南圏域では本焼却を実施中です。

　栃木県においては、指定廃棄物を保管する農家の負担軽減を図るため、2018年11月、指定廃棄物を一時保管している農家が所在する市町の首長が集まる会議を開催し、国から栃木県及び保管市町に対し、市町単位での暫定的な減容化・集約化の方針を提案し合意が得られました。2020年6月には、暫定保管場所の選定の考え方を取りまとめ、可能な限り速やかに暫定保管場所の選定が行われるよう、県や各市町と連携して取り組むことを確認しました。また、2021年6月には環境省から那須塩原市に対

して、農業系指定廃棄物の暫定集約に加え、8,000ベクレル/kg以下となったものについて指定解除を経て処分することなどの協力を要請しました。この方針等に沿って、那須塩原市において2021年10月から2023年3月にかけて、環境省では市内53の保管農家の敷地から暫定集約場所へ指定廃棄物を搬出し、那須塩原市では8,000ベクレル/kg以下となったものについては指定解除を経て、他の一般廃棄物と混焼し処分するなどの取組が行われました。また、日光市及び大田原市では方針に基づき農業系指定廃棄物を暫定保管場所へ集約する作業が完了するなど、関係市町において取組が進められています。

千葉県においては、2016年7月に全国で初めて8,000ベクレル/kg以下に減衰した指定廃棄物の指定を取り消しました。引き続き、課題解決に向け関係自治体と調整しながら指定廃棄物の処理を進めてまいります。

茨城県においては2016年2月、群馬県においては同年12月に、「現地保管継続・段階的処理」の方針を決定しました。この方針を踏まえ、必要に応じた保管場所の補修や強化等を実施しつつ、8,000ベクレル/kg以下となったものについては、段階的に既存の処分場等で処理することを目指しています。

(5) 帰還困難区域の復興・再生に向けた取組

帰還困難区域については、2017年5月に改正された福島復興再生特別措置法（平成24年法律第25号）に基づき、各町村の特定復興再生拠点区域復興再生計画に沿って、特定復興再生拠点区域における除染・家屋等の解体を進めてきました。

2021年8月31日に、原子力災害対策本部・復興推進会議において「特定復興再生拠点区域外への帰還・居住に向けた避難指示解除に関する考え方」を決定し、2020年代をかけて、帰還意向のある住民が帰還できるよう、帰還に関する意向を個別に丁寧に把握した上で、帰還に必要な箇所を除染し、避難指示解除の取組を進めていくこととされました。この方針を実現するため、2023年6月に福島特措法を改正し、避難指示解除による住民の帰還及び当該住民の帰還後の生活の再建を目指す「特定帰還居住区域」を設定できる制度が創設されました。

また、帰還される住民の方々の安心・安全を確保するため、2013年度から帰還困難区域等において、イノシシ等の生息状況調査及び捕獲を実施しています。2023年度は、5町村（福島県富岡町、大熊町、双葉町、浪江町、葛尾村）でイノシシ（579頭）、アライグマ（277頭）、ハクビシン（53頭）の総数909頭が捕獲されました。

ア 特定復興再生拠点区域での取組

特定復興再生拠点区域における除染はおおむね完了しており（2023年10月末時点）、また、家屋等の解体の進捗率（申請受付件数比）は約83％です（2023年10月末時点）。こうした取組を踏まえ、2023年11月までには、全ての特定復興再生拠点区域の避難指示が解除されました。

なお、特定復興再生拠点区域の整備事業に由来する廃棄物等のうち、可能な限り減容化した後、放射能濃度が10万ベクレル/kg以下のものについては、双葉地方広域市町村圏組合の管理型処分場（クリーンセンターふたば）を活用して埋立処分を行うことで同組合、福島県及び環境省との間で合意し、また、同組合及び環境省は、2019年8月に実施協定書を締結し、施設の整備及び管理に関する役割分担を確認しました。加えて、福島県、大熊町、同組合及び環境省は、2021年2月に安全協定を締結し、環境省は同組合の協力を得て安全確保のため万全の措置を講ずること、福島県及び大熊町はその状況を確認していくこととしました。2023年6月より特定廃棄物の埋立処分を開始しました。

イ 特定帰還居住区域での取組

特定帰還居住区域については、特定帰還居住区域の設定範囲、公共施設の整備等の事項を含む「特定帰還居住区域復興再生計画」を市町村が作成し、内閣総理大臣の認定を受け、認定された計画に基づき、国による除染等の実施や道路・上下水道等のインフラ復旧等の避難指示解除に向けた取組を進めることとしています。

大熊町、双葉町、浪江町及び富岡町では2022年度に、葛尾村では2023年度に帰還意向調査を実施しており、そのうち、大熊町及び双葉町では、2023年度から先行的な除染を実施するため、両町の一部区域について、それぞれ特定帰還居住区域復興再生計画が作成され、2023年9月に内閣総理大臣が認定を行いました。これを受け、同年12月に除染・解体工事が開始されました。

さらに、2024年1月に浪江町及び同年2月に富岡町で特定帰還居住区域が設定され、また同月に大熊町において計画の変更により区域が広がっており、これらの新たな区域についても早期の除染開始に向けた準備を進めています。

その他の自治体においても計画の作成を進め、除染やインフラ整備等の避難指示解除に向けた取組を進めていきます。

(6) 復興の新たなステージに向けた未来志向の取組

地域のニーズに応え、環境再生の取組のみならず、脱炭素、資源循環、自然共生といった環境の視点から地域の強みを創造・再発見する「福島再生・未来志向プロジェクト」を推進しています。本プロジェクトでは、福島県と連携しながら、脱炭素・風評対策・風化対策の三つの視点から施策を進めています。

2023年度は、福島県での自立・分散型エネルギーシステム導入に関する支援等を実施するとともに、2023年3月に設立した「脱炭素×復興まちづくりプラットフォーム」において、各テーマに応じた個別ワーキンググループを設置し、復興まちづくりと脱炭素社会の同時実現に向けた検討を開始しました。また、風評対策として、若い世代を中心に復興の現状や課題を見つめ直し、次世代の視点から情報を発信することを目的に「福島、その先の環境へ。」次世代ツアー等を実施したほか、第28回気候変動枠組条約締約国会議（COP28）において、福島の復興や環境再生の取組を世界に発信しました。さらに、風化対策として福島の未来を若い方々と一緒に考える表彰制度「いっしょに考える『福島、その先の環境へ。』チャレンジ・アワード」を実施しました。

第6節　　万全な災害廃棄物処理体制の構築

2023年度は、石川県能登地方での地震や台風、豪雨等の災害により、全国各地で被害が多く発生しました。災害によって生じた災害廃棄物の適正かつ円滑・迅速な処理のため、被害の程度に応じて、被災自治体に対して、環境省職員や災害廃棄物処理支援員制度に登録の支援員、災害廃棄物処理支援ネットワーク（以下「D.Waste-Net」という。）の専門家の派遣、地方環境事務所によるきめ細かい技術的支援、災害廃棄物処理や施設復旧のための財政支援、損壊家屋の解体の体制構築等の実施により、着実な処理を推進しています。

1　地方公共団体レベルでの災害廃棄物対策の加速化

近年の広範囲で甚大な被害を生じた災害対応における経験・教訓により、特に災害時初動対応に係る事前の備えや、大規模災害時においても適正かつ円滑・迅速に処理を行うための体制確保を一層推進する必要性が改めて認識されました。環境省では、災害廃棄物対策推進検討会を開催し、近年の災害廃棄物処理実績の蓄積・検証を実施しました。さらに、地方公共団体における災害廃棄物処理計画の策定や災害廃棄物対策の実効性の向上等の支援を実施しました。

2　地域レベルでの災害廃棄物広域連携体制の構築

　県域を越え地域ブロック全体で相互に連携して取り組むべき課題の解決を図るため、地方環境事務所が中心となって都道府県、市区町村、環境省以外の国の地方支分部局、民間事業者、専門家等で構成される地域ブロック協議会を全国8か所で開催し、災害廃棄物対策行動計画に基づく地域ブロックごとの広域連携を促進するため、共同訓練等を実施しました。

3　全国レベルでの災害廃棄物広域連携体制の構築

　全国規模で災害廃棄物対応力を向上させるため、D.Waste-Netの体制強化や、日本海溝・千島海溝周辺海溝型地震における災害廃棄物処理シナリオの検討、令和4年度に発生した災害における災害廃棄物の対応に関する具体的検証を実施しました。また、火山噴火における災害廃棄物の処理に関する検討や災害廃棄物発生量の新推計式に関する検証を行いました。さらに、災害廃棄物処理を経験し、知見を有する地方公共団体の人材を「災害廃棄物処理支援員」として登録し、被災地方公共団体の災害廃棄物処理に関するマネジメントの支援等を行う「災害廃棄物処理支援員制度」について、2024年3月時点で290人が支援員に登録されています。2023年は秋田県秋田市や茨城県取手市をはじめとする全国の被災市町村に計18名の支援員と計16名の補佐する職員を派遣し、現地での支援を行っています。

　港湾においては、大規模災害時に発生する膨大な災害廃棄物の受入施設を把握し、広域処理にあたって必要となる港湾機能や実施体制の検討を行いました。

第7節　適正な国際資源循環体制の構築と循環産業の海外展開の推進

1　適正な国際資源循環体制の構築

　地球規模での循環型社会形成と、我が国の循環産業の海外展開を通じた活性化を図るためには、国、地方公共団体、民間レベル、市民レベル等の多様な主体同士での連携に基づく重層的なネットワークを形成する必要があります。アジア太平洋諸国における循環型社会の形成に向けては、3R・循環経済に関するハイレベルの政策対話の促進、3R・循環経済推進に役立つ制度や技術の情報共有等を目的として、2023年2月に「アジア太平洋3R・循環経済推進フォーラム」第11回会合をカンボジア・シェムリアップで開催しました。また、アフリカにおいては、都市廃棄物管理に関するアフリカ各国の知見・経験の共有と、人材・組織の能力向上等により、官民の投資を促進し、持続可能な開発目標（SDGs）の達成に貢献するため、アフリカ24か国と環境省、国際協力機関（JICA）等が中心となって、2017年4月に「アフリカのきれいな街プラットフォーム（ACCP）」を設立しました。（2023年12月現在、ACCPメンバーは47か国・175都市に拡大。）ACCPの枠組みの下、廃棄物に関する知見やデータの収集・整備や、我が国の廃棄物管理制度や技術に関する研修等の活動を実施しており、SDGsの目標年である2030年に「きれいな街と健康な暮らし」がアフリカで実現することを目指しています。アジア各国に適合した廃棄物・リサイクル制度や有害廃棄物等の環境上適正な管理（ESM）の定着のため、JICAでは、アジア太平洋諸国のうち、ベトナム、インドネシア、マレーシア、スリランカ、カンボジア、タイ、大洋州等について、技術協力等により廃棄物管理や循環型社会の形成を支援しました。また、政府開発援助（ODA）対象国からの研修員受入れを実施しました。

　国際的な活動に積極的に参画し、貢献することも重要です。2023年12月にアラブ首長国連邦で開催された国連気候変動枠組条約第28回締約国会議（COP28）では、「循環経済と資源効率原則

（CEREP）」と「グローバル循環プロトコル（GCP）」を通じた循環ビジネスの促進」をテーマとしたサイドイベントを持続可能な開発のための世界経済人会議（WBCSD）及び世界経済フォーラム（WEF）と共同で開催し、循環経済に関する日本企業の優良事例を国際発信するとともに企業活動の中に循環経済をどのように統合していくかについて議論を深めました。

外務省及び環境省は、我が国に誘致したUNEP国際環境技術センター（UNEP／IETC）の運営経費を拠出しています。UNEP／IETCは、2016年の国連環境総会決議（UNEA2/7）で廃棄物管理の世界的な拠点として位置付けられ、主に廃棄物管理を対象に、開発途上国等に対し、研修及びコンサルティング業務の提供、調査、関連情報の蓄積及び普及等を実施しています。

バーゼル条約については、2019年のバーゼル条約第14回締約国会議（COP14）にて規制対象物に廃プラスチックを加える附属書改正が決議され、2021年1月1日より改正附属書が発効しています。本改正について、我が国では2020年10月にプラスチックの輸出に係るバーゼル法該非判断基準を公表し、規制対象となるプラスチックの範囲を明確化することで、改正附属書の着実な実施を行っています。

2022年6月に開催されたバーゼル条約第15回締約国会議（COP15）においては、同条約の附属書を改正し、非有害な電気・電子機器廃棄物についても条約の規制対象とすることなどが決定されました。改正附属書は2025年1月1日より発効します。加えてCOP15では我が国がリード国を務めた有害廃棄物の陸上焼却に関するガイドライン、水銀に関する水俣条約において考慮することとされている水銀廃棄物の環境上適正な管理に関する技術ガイドラインが採択に至りました。

2023年5月に開催されたバーゼル条約第16回締約国会議（COP16）においては、我が国が英国、中国と共にリード国を務めたプラスチック廃棄物の適正処理に関するガイドラインや、POPs廃棄物の環境上適正な管理に関する総合技術ガイドライン等が採択に至りました。

また、バーゼル条約の円滑な運用のための国際的な連携強化を図るため、我が国主催の有害廃棄物の不法輸出入防止に関するアジアネットワークワークショップを2023年12月にタイにおいて開催し、アジア太平洋地域の12の国と地域及び関係国際機関が参加しました。

国、国際機関、NGO、民間企業等が連携して自主的に水銀対策を進める「世界水銀パートナーシップ」において廃棄物管理分野の運営を担当し、技術情報やプロジェクト成果の共有を進めました。また、同分野内のパートナーを集い、水銀廃棄物の処理技術や各国の課題等に関する情報交換等を行い、水銀廃棄物対策技術の普及促進に取り組みました。

我が国は、2019年3月に2009年の船舶の安全かつ環境上適正な再資源化のための香港国際条約（以下「シップ・リサイクル条約」という。）への加入書を国際海事機関に寄託し、締約国となりました。我が国は、このシップ・リサイクル条約の策定をリードしてきた国として、同条約の早期発効に向けて、各国に対する働きかけを行ってきました。具体的には、首脳会談等の機会を捉えたハイレベルによる主要解撤国に対する早期条約締結の呼びかけや、ODAを通じたシップ・リサイクル施設改善の支援を行ってきました。2023年4月には、最大解撤国のバングラデシュとの首脳会談において同国の早期条約締結の必要性を確認するとともに、国土交通省とバングラデシュ工業省の間で次官級の協力覚書を締結いたしました。このような中、2023年6月にバングラデシュ及びリベリアが条約締結したことにより、発効要件を充足し、2025年6月にシップ・リサイクル条約が発効することが確定しました。その後も引き続き、条約締結国の拡大や円滑な条約の発効に向けた取組を推進しています。また、日本国内においては、シップ・リサイクル条約を適切に実行するため、船舶の再資源化解体の適正な実施に関する法律（平成30年法律第61号）の円滑な執行に向けた準備を進めています。

そのほか、港湾における循環資源の取扱いにおいては、リサイクルポートにおいて循環資源の積替・保管施設等が活用されました。

近年、世界各国において自然災害が頻発化・激甚化しています。災害大国である我が国が蓄積してきた災害対応のノウハウや経験の供与は、アジア太平洋地域のような災害が頻発する地域においても有効です。そこで、環境省では、我が国の過去の災害による経験、知見を活かした国際支援の一環として、

2018年に策定したアジア太平洋地域向けの災害廃棄物管理ガイドラインの周知活動や2018年に大地震が発生したインドネシア共和国に対して、災害廃棄物対策に関する政策立案への支援を実施してきました。さらに、環境省ではこうした国際的な支援の一環として、2024年3月にオーストラリアで開催された第10回廃棄物資源循環に関する国際会議（3RINCs）の災害廃棄物セッションにて、アジア太平洋地域における災害廃棄物対策の主流化に向けたワークショップを開催しました。

2 循環産業の海外展開の推進

　我が国の廃棄物分野の経験や技術を活かした、廃棄物発電ガイドラインの策定等アジア各国の廃棄物関連制度整備と、我が国循環産業の海外展開を戦略的にパッケージとして推進しています。我が国循環産業の戦略的国際展開・育成事業等では、海外展開を行う事業者の支援を2023年度に6件実施しました。2011年度から2021年度までの支援の結果、2023年3月時点で、事業化を開始し、既に収入を得ている件数が6件、事業化のめどが立っており、最終的な準備を進めている件数が1件、事業化に向けて、特別目的会社（SPC）・合弁企業設立準備、覚書（MOU）締結準備、入札プロセス開始等をしている件数が8件、事業化に向けて、引き続き調査をしている件数が14件となっています。また、我が国企業によるアジア等でのリサイクルビジネス展開支援については、2018年度から継続して実施している国立研究開発法人新エネルギー・産業技術総合開発機構（NEDO）による技術実証と併せて、相手国政府との政策対話を実施し、我が国企業の海外展開促進と相手国における適切な資源循環システム構築のためのリサイクルシステム・制度構築を支援しています。

　各国別でも様々な取組を行っています。インドネシア、カタール、サウジアラビア、タイ、フィリピン、ベトナム、マレーシア、ミャンマー、モザンビーク等に対し、政策対話や合同ワークショップの開催、研修等を通じて、制度設計支援や、人材育成を行いました。

　アジア地域等の途上国における公衆衛生の向上、水環境の保全に向けては、浄化槽等の我が国発の優れた分散型生活排水処理システムの国際展開を実施しています。2023年度は、第11回アジアにおける分散型汚水処理に関するワークショップを2023年10月にオンラインで開催し、分散型汚水処理システムの大きな課題の1つである処理水の活用にフォーカスし、我が国及び海外における浄化槽の処理水の活用事例、浄化槽の良好な処理水質を維持するための我が国の法制度や分散型汚水管理にかかる海外の地方政府の条例案について発表が行われ、議論を重ねることで今後の方向性や解決に向けての改善策に関して共通認識を得ました。これにより、浄化槽を始めとした分散汚水処理に関する情報発信と各国分散型汚水処理関係者との連携強化を図りました。

　また、2023年11月にインドネシア共和国環境林業省との共催でインドネシア水環境改善セミナーを開催し、我が国における浄化槽の法体制や維持管理について知見を提供し、インドネシアでの分散型汚水管理に関する今後の課題や取組について議論を重ねることで、我が国の浄化槽の海外展開の促進を図りました。

第8節　循環分野における基盤整備

1 循環分野における情報の整備

　循環型社会の構築には、企業活動や国民のライフスタイルにおいて3Rの取組が浸透し、恒常的な活動や行動として定着していく必要があります。そのため、国や地方公共団体、民間企業等が密接に連携し、社会や国民に向けて3Rの意識醸成、行動喚起を促す継続的な情報発信等の活動が不可欠です（表3-8-1、表3-8-2）。

表3-8-1　3R全般に関する意識の変化

	2018年度	2019年度	2020年度	2021年度	2022年度	2023年度
ごみ問題への関心						
ごみ問題に（非常に・ある程度）関心がある	63.3%	69.0%	64.1%	74.3%	65.0%	62.7%
3Rの認知度						
3Rという言葉を（優先順位まで・言葉の意味まで）知っている	34.4%	38.1%	36.9%	37.7%	33.6%	31.1%
サーキュラーエコノミー（循環経済）の認知度						
サーキュラーエコノミー（循環経済）という言葉を知っていた、言葉を聞いたことがあった	―	―	22.0%	18.8%	20.2%	19.8%
廃棄物の減量化や循環利用に対する意識						
ごみを少なくする配慮やリサイクルを（いつも・多少）心掛けている	56.6%	66.0%	63.6%	71.3%	65.2%	63.7%
ごみの問題は深刻だと思いながらも、多くのものを買い、多くのものを捨てている	13.0%	11.7%	8.2%	7.7%	8.2%	8.6%
グリーン購入に対する意識						
環境に優しい製品の購入を（いつも・できるだけ・たまに）心掛けている	75.0%	77.5%	72.8%	74.7%	70.4%	73.5%
環境に優しい製品の購入を全く心掛けていない	18.8%	16.4%	19.9%	22.3%	21.4%	18.0%

資料：環境省

表3-8-2　3Rに関する主要な具体的行動例の変化

	2018年度	2019年度	2020年度	2021年度	2022年度	2023年度
発生抑制（リデュース）						
レジ袋をもらわないようにしたり（買い物袋を持参する）、簡易包装を店に求めている	62.2%	64.5%	72.7%	83.3%	73.8%	67.6%
詰め替え製品をよく使う	66.8%	67.0%	66.0%	79.1%	65.5%	61.7%
使い捨て製品を買わない	17.5%	16.4%	15.8%	15.7%	16.9%	15.5%
無駄な製品をできるだけ買わないよう、レンタル・リースの製品を使うようにしている	10.9%	13.8%	11.1%	9.6%	10.5%	11.7%
簡易包装に取り組んでいたり、使い捨て食器類（割り箸等）を使用していない店を選ぶ	8.1%	9.5%	7.8%	7.4%	10.0%	8.7%
買い過ぎ、作り過ぎをせず、生ごみを少なくするなどの料理法（エコクッキング）の実践や消費期限切れ等の食品を出さないなど、食品を捨てないようにしている	30.2%	32.3%	31.6%	44.8%	32.1%	30.1%
マイ箸、マイボトルなどの繰り返し利用可能な食器類を携行している	―	22.6%	22.3%	25.0%	24.9%	24.0%
ペットボトル等の使い捨て型飲料容器や、使い捨て食器類を使わないようにしている	16.3%	14.6%	14.2%	16.5%	16.1%	17.6%
再使用（リユース）						
不用品をインターネットオークション、フリマアプリなどインターネットを介して売っている	―	16.3%	17.9%	18.0%	15.9%	14.7%
不用品を捨てるのではなく、中古品を扱う店やバザーやフリーマーケットなどを活用して手放している	―	20.0%	20.2%	24.8%	17.5%	17.1%
ビールや牛乳の瓶など再使用可能な容器を使った製品を買う	10.8%	9.2%	9.1%	8.2%	8.2%	7.3%
再生利用（リサイクル）						
家庭で出たごみはきちんと種類ごとに分別して、定められた場所に出している	79.7%	81.3%	79.2%	88.7%	78.7%	73.6%
リサイクルしやすいように、資源ごみとして回収される瓶等は洗っている	60.3%	64.8%	62.4%	76.1%	61.1%	57.7%
トレイや牛乳パック等の店頭回収に協力している	39.5%	37.1%	37.9%	43.4%	35.3%	29.7%
携帯電話等の小型電子機器の店頭回収に協力している	22.4%	18.9%	20.9%	23.2%	17.0%	15.8%
再生原料で作られたリサイクル製品を積極的に購入している	10.5%	9.7%	10.2%	13.8%	8.5%	9.3%

資料：環境省（2018年度～2023年度）

　「第四次循環基本計画」で循環型社会形成に向けた状況把握のための指標として設定された、物質フロー指標及び取組指標について、2021年度のデータを取りまとめました。また、各指標の増減要因についても検討を行いました。

　国民に向けた直接的なアプローチとしては、「限りある資源を未来につなぐ。今、僕らにできること。」

をキーメッセージとしたウェブサイト「Re-Style」を年間を通じて運用しています（図3-8-1）。同サイトでは、循環型社会のライフスタイルを「Re-Style」として提唱し、コアターゲットである若年層を中心に、資源を有効利用することの重要性や3Rの取組を多くの方々に知ってもらい、行動へ結び付けるため、トークイベントや動画のコンテンツを発信しました。また、「3R推進月間」（毎年10月）を中心に、多数の企業等と連携した3Rの認知向上・行動喚起を促進する消費者キャンペーン「選ぼう！3Rキャンペーン」を全国のスーパーやドラッグストア等で展開しました。また、「Re-Styleパートナー企業」との連携体制について、同サイトを通じて、相互に連携しながら恒常的に3R等の情報発信・行動喚起を促進しました。

図3-8-1 Re-Styleのロゴマーク

限りある資源を未来につなぐ。
今、僕らにできること。

資料：環境省

3R政策に関するウェブサイトにおいて、取組事例や関係法令の紹介、各種調査報告書の提供を行うとともに、普及啓発用DVDの貸出等を実施しました。

国土交通省、地方公共団体、関係業界団体により構成される建設副産物リサイクル広報推進会議は、建設リサイクルの推進に有用な技術情報等の周知・伝達、技術開発の促進、一般社会に向けた建設リサイクル活動のPRや2020年9月に策定・公表された「建設リサイクル推進計画2020～質を重視するリサイクルへ～」等の周知等を目的として、2023年度は「2023建設リサイクル技術発表会・技術展示会」を開催しました。

2 循環分野における技術開発、最新技術の活用と対応

3Rの取組が温室効果ガスの排出削減につながる例としては、金属資源等を積極的にリサイクルした場合を挙げることができます。例えば、アルミ缶を製造するに当たっては、バージン原料を用いた場合に比べ、リサイクル原料を使った方が製造に要するエネルギーを大幅に節約できることが分かっています。同様に、鉄くずや銅くず、アルミニウムくず等をリサイクルすることによっても、バージン材料を使った場合に比べて温室効果ガスの排出削減が図られるという結果が、環境省の調査によって示されました。これらのことから、リサイクル原料の使用に加え、リデュースやリユースといった、3Rの取組を進めることによって、原材料等の使用が抑制され、結果として温室効果ガスの更なる排出削減に貢献することが期待できます。ただし、こうしたマテリアルリサイクルやリデュース・リユースによる温室効果ガス排出削減効果については、引き続き調査が必要であるともされており、これらの取組を一層進める一方で、継続的に調査を実施し、資源循環と社会の脱炭素化における取組について、より高度な統合を図っていくことが必要です。

廃家電から貴金属、レアメタル、ベースメタル、プラスチック等を資源循環する基盤技術、磁性材料の精錬に係る技術、アルミスクラップを自動車の車体等にも使用可能な素材（展伸材）へとアップグレードする基盤技術の開発を行う「資源自律経済システム開発促進事業」、電気電子製品やバッテリー等を構成する金属類（レアメタル・レアアース等）、自動車、包装、プラスチック、繊維について、自律型資源循環システムを構築するために必要となる資源循環のための技術開発や実証に係る設備投資等を支援する「資源自律に向けた資源循環システム強靱化実証事業」、リチウム蓄電池や太陽光パネル等の非鉄金属・レアメタル含有製品のリユース・リサイクル技術の実証を行う「国内資源循環体制構築に向けた再エネ関連製品及びベース素材の全体最適化実証事業」、再生可能エネルギー関連製品等の高度なリサイクルを行いながらリサイクルプロセスの省CO_2化を図る設備の導入支援を行う「プラスチック資源・金属資源等のバリューチェーン脱炭素化のための高度化設備導入等促進事業」を2023年度に実施しました。そして、プラスチック資源循環促進法に基づき、バイオマスプラスチック・生分解性プ

ラスチック等の代替素材への転換・社会実装及び複合素材プラスチック等のリサイクル困難素材のリサイクルプロセス構築を支援する「脱炭素型循環経済システム構築促進事業」、廃プラスチックの高度なリサイクルを促進する技術基盤構築及び海洋生分解性プラスチックの導入・普及を促進する技術基盤構築を行う「プラスチック有効利用高度化事業」を実施しました。

廃棄物エネルギーの有効活用によるマルチベネフィット達成促進事業、廃棄物処理施設を核とした地域循環共生圏構築促進事業については、第3章第3節を参照。

農山漁村のバイオマスを活用した産業創出を軸とした地域づくりに向けた取組について推進すると同時に、「森林・林業基本計画」等に基づき、森林の適切な整備・保全や木材利用の推進に取り組みました。

海洋環境等については、その負荷を低減させるため、循環型社会を支えるための水産廃棄物等処理施設の整備を推進しました。

港湾整備により発生した浚渫土砂等を有効活用し、深掘跡の埋め戻し等を実施し、水質改善や生物多様性の確保など、良好な海域環境の保全・再生・創出を推進しています。

下水汚泥資源化施設の整備の支援等については、第3章第4節2を参照。

これまでに22の港湾を静脈物流の拠点となる「リサイクルポート」に指定し、広域的なリサイクル関連施設の臨海部への立地の推進等を行いました。さらに、首都圏の建設発生土を全国の港湾の用地造成等に用いる港湾建設資源の広域利用促進システムを推進しており、広島港において建設発生土の受入れを実施しました。

3　循環分野における人材育成、普及啓発等

我が国は、関係府省（財務省、文部科学省、厚生労働省、農林水産省、経済産業省、国土交通省、環境省、消費者庁）の連携の下、国民に対し3R推進に対する理解と協力を求めるため、毎年10月を「3R推進月間」と定めており、広く国民に向けて普及啓発活動を実施しました。

3R推進月間には、様々な表彰を行っています。3Rの推進に貢献している個人、グループ、学校及び特に貢献の認められる事業所等を表彰する「リデュース・リユース・リサイクル推進功労者等表彰」（主催：リデュース・リユース・リサイクル推進協議会）の開催を引き続き後援し、内閣総理大臣賞の授与を支援しました。経済産業省は、環境機器の開発・実用化による3Rの取組として2件の経済産業大臣賞を贈りました。国土交通省は、建設工事で顕著な実績を挙げている3Rの取組に対して、国土交通大臣賞4件を贈りました。環境省は資源循環分野における3Rの取組として3件の環境大臣賞を贈りました。厚生労働省は、1992年度以降、内閣総理大臣賞2件、厚生労働大臣賞19件、3R推進協議会会長賞23件を贈りました。

循環型社会の形成の推進に資することを目的として、2006年度から循環型社会形成推進功労者表彰を実施しています。2023年度の受賞者数は、1個人、5団体、5企業の計11件を表彰しました。さらに、新たな資源循環ビジネスの創出を支援している「資源循環技術・システム表彰」（主催：一般社団法人産業環境管理協会、後援：経済産業省）においては、産業技術環境局長賞4件を表彰しました。これらに加えて、農林水産省は「食品産業もったいない大賞」において、農林水産大臣賞等6件を表彰し、農林水産業・食品関連産業における3R活動、地球温暖化・省エネルギー対策等の意識啓発に取り組みました。

各種表彰以外にも、2006年から毎年3R推進月間中に実施している3R推進全国大会において、3R促進ポスター展示、3Rの事例紹介を兼ねた企業見学会や関係機関の実施する3R関連情報等のPRを行いました。さらに同期間内には、「選ぼう！3Rキャンペーン」も実施し、地方公共団体や流通事業者・小売事業者の協力を得て、「リデュース」につながる省資源商品や「リサイクル」などに関連した環境配慮型商品の購入など、3R行動の実践を呼び掛けました。

2023年10月に行われた3R促進ポスターコンクールには、全国の小・中学生から5,312点の応募が

あり、環境教育活動の促進にも貢献しました。

　消費者のライフスタイルの変革やプラスチックのリデュースを促進する取組として、各国でレジ袋の有料化やバイオマスプラスチック等の代替素材への転換など、その実情に応じて様々な取組が行われています。我が国においても、2020年からレジ袋の有料化の取組を開始するとともに、使い捨てのプラスチック製品の使用の合理化や代替素材への転換などの取組を進めています。

　優良事業者が社会的に評価され、不法投棄や不適正処理を行う事業者が淘汰される環境をつくるために、優良処理業者に優遇措置を講じる優良産廃処理業者認定制度を2011年4月から運用開始しています。優良認定業者数については、制度開始以降増加しており、2023年3月末時点で1,523者となっています。これまで、産業廃棄物の排出事業者と優良産廃処理業者の事業者間の連携・協働に向けた機会を創設するとともに、優良産廃処理業者の情報発信サイト「優良さんぱいナビ」の利便性向上のためのシステム改良を引き続き実施してきました。また、2020年2月に廃棄物の処理及び清掃に関する法律施行規則（昭和46年厚生省令第35号）の一部改正を公布、同年10月に完全施行し、産業廃棄物処理業界の更なる優良化を促進する環境の整備を行いました。2013年度に国等における温室効果ガス等の排出の削減に配慮した契約の推進に関する法律（環境配慮契約法）（平成19年法律第56号）に類型追加された「産業廃棄物の処理に係る契約」では、優良産廃処理業者が産廃処理委託契約で有利になる仕組みとなっており、2020年10月の廃棄物の処理及び清掃に関する法律施行規則の完全施行を踏まえ、裾切り方式の評価基準の変更を行いました。

　税制上の特例措置により、廃棄物処理施設の整備及び維持管理を推進しました。廃棄物処理業者による、特定廃棄物最終処分場における特定災害防止準備金の損金又は必要経費算入の特例、廃棄物処理施設に係る課税標準の特例及び廃棄物処理事業の用に供する軽油に係る課税免除の特例といった税制措置の活用促進を行いました。

　海洋プラスチックごみの削減に向け、プラスチックとの賢い付き合い方を全国的に推進する「プラスチック・スマート」において、企業、地方公共団体、NGO等の幅広い主体から、不必要なワンウェイのプラスチックの排出抑制や代替品の開発・利用、分別回収の徹底など、海洋プラスチックごみの発生抑制に向けた取組を募集、登録数は3,000件を超えました。これらの取組を特設サイトや様々な機会において積極的に発信しました。

第4章 水環境、土壌環境、地盤環境、海洋環境、大気環境の保全に関する取組

第1節 健全な水循環の維持・回復

1 流域における取組

(1) 流域マネジメントの推進等

2021年6月に改正された水循環基本法（平成26年法律第16号）や、2022年6月に一部変更を行った「水循環基本計画」に基づき、2023年度は、流域水循環協議会の設置、流域水循環計画の策定、資金確保等に関する実務的な手順等を体系的に取りまとめた「流域マネジメントの手引き」の見直しを行って公表しました。また、流域マネジメントに取り組む、又は取り組む予定の地方公共団体等を対象に、知識や経験を有するアドバイザーの現地派遣等を通じて、勉強会の開催や流域水循環計画の策定・実施に必要となる技術的な助言・提言を行う「水循環アドバイザー制度」により、取組の支援を行いました。また、「地下水マネジメント」の更なる推進に向けて、地下水データベースの運用など、「地下水マネジメント推進プラットフォーム」の活動を行いました。

(2) 環境保全上健全な水循環の確保

水循環基本法の施行を受け、広く国民に向けた情報発信等を目的とした官民連携プロジェクト「ウォータープロジェクト」の取組として、生物多様性保全や地域づくり等にも資する総合的な水環境管理を目指す「良好な水循環・水環境創出活動推進モデル事業」を実施するなど、水循環の維持又は回復に関する取組と情報発信を促進しました。

2 森林、農村等における取組

第2章第3節を参照。

3 水環境に親しむ基盤づくり

下水処理水の再利用の際の水質基準等マニュアルに基づき、適切な下水処理水等の有効利用を進めるとともに、雨水の貯留浸透や再利用を推進しました。

河口から水源地まで様々な姿を見せる河川とそれにつながるまちを活性化するため、地域の景観、歴史、文化、観光基盤等の資源や地域の創意に富んだ知恵を活かし、市町村、民間事業者と河川管理者が連携して、河川空間とまち空間が融合した良好な空間形成を目指す「かわまちづくり」を推進しました。

約750の市民団体等により全国の約5,400地点で実施された「第20回身近な水環境の全国一斉調査」の支援等、住民との協働による河川水質調査を新型コロナウイルス感染症感染予防対策を行った上で実施しました。

1　環境基準の設定、排水管理の実施等

(1) 環境基準の設定等

　水質汚濁に係る環境基準のうち、健康項目については、カドミウム、鉛等の重金属類、トリクロロエチレン等の有機塩素系化合物、シマジン等の農薬等、公共用水域において27項目、地下水において28項目が設定されています。

　生活環境項目については、生物化学的酸素要求量（BOD）、化学的酸素要求量（COD）、全窒素、全りん、全亜鉛等の基準が定められており、利水目的等から水域ごとに環境基準の類型指定を行っています。国が類型指定を行うこととされている水域のうち、渡良瀬貯水池（谷中湖）（全域）及び荒川貯水池（彩湖）（全域）におけるCOD等の環境基準について、2027年度までの暫定目標を設定しました（2023年7月施行）。

(2) 水環境の効率的・効果的な監視等の推進

　水質汚濁防止法に基づき、国及び地方公共団体は環境基準に設定されている項目について、公共用水域及び地下水の水質の常時監視を行っています。また、要監視項目についても、都道府県等の地域の実情に応じ、公共用水域等において水質測定が行われています。要監視項目であるPFOS（ペルフルオロオクタンスルホン酸）及びPFOA（ペルフルオロオクタン酸）を含むPFAS（ペルフルオロアルキル化合物及びポリフルオロアルキル化合物）については「PFOS・PFOAに係る水質の目標値等の専門家会議」と「PFASに対する総合戦略検討専門家会議」の2つの専門家会議にて検討を行っており、2023年7月には「PFASに関する今後の対応の方向性」及び「PFOS、PFOAに関するQ&A集」を公表しました。

　水質汚濁防止法が2013年に改正されたことを受けて、国は2014年度から全国の公共用水域及び地下水、それぞれ110地点において、放射性物質の常時監視を実施しています。モニタリング結果は、専門家による評価を経て公表しました。

　2022年度の全国47都道府県の公共用水域、地下水の放射性物質のモニタリングの結果では、水質及び底質における全β放射能及び検出されたγ線放出核種は、過去の測定値の傾向の範囲内でした。

　また、東京電力福島第一原子力発電所の事故を受けて、「総合モニタリング計画」（2011年8月モニタリング調整会議決定、2024年3月改定）に基づき、2011年から福島県及び周辺地域の水環境における放射性物質のモニタリングを継続的に実施しています。公共用水域のうち河川、沿岸域の水質からは近年放射性セシウムは検出されておらず、湖沼の水質について2022年度は164地点のうち2地点のみで検出されました。地下水中の放射性セシウムについては、2011年度に福島県において検出されたのみで、2012年度以降検出されていません。

(3) 公共用水域の水質汚濁

ア　健康項目

　水質汚濁に係る環境基準のうち、人の健康の保護に関する環境基準（健康項目）については、2022年度の公共用水域における環境基準達成率が99.1%（2021年度99.1%）でした。

イ　生活環境項目

　生活環境の保全に関する環境基準（生活環境項目）のうち、有機汚濁の代表的な水質指標であるBOD又はCODの環境基準の達成率は、2022年度は87.8%（2021年度88.3%）でした。水域別では、河川92.4%（同93.1%）、湖沼50.3%（同53.6%）、海域79.8%（同78.6%）であり、湖沼では

依然として達成率が低い状況です（図4-2-1）。

閉鎖性海域の海域別のCODの環境基準達成率は、2022年度は、東京湾は68.4%、伊勢湾は50.0%、大阪湾は66.7%、大阪湾を除く瀬戸内海は75.7%でした（図4-2-2）。

全窒素及び全りんの環境基準の達成率は、2022年度は湖沼54.0%（同52.8%）、海域90.1%（同90.8%）であり、湖沼では依然として低い水準で推移しています。閉鎖性海域の海域別の全窒素及び全りんの環境基準達成率は、2022年度は東京湾は100%（6水域中6水域）、伊勢湾は85.7%（7水域中6水域）、大阪湾は100%（3水域中3水域）、大阪湾を除く瀬戸内海は96.5%（57水域中55水域）でした。

2022年の赤潮の発生状況は、東京湾23件、伊勢湾25件、瀬戸内海59件、有明海45件でした。また、これらの海域では貧酸素水塊や青潮の発生も見られました。

図4-2-1　公共用水域の環境基準（BOD又はCOD）達成率の推移

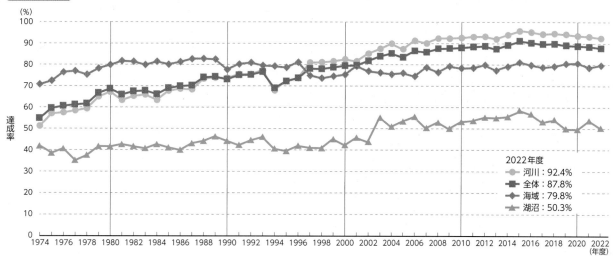

資料：環境省「令和4年度公共用水域水質測定結果」

図4-2-2　広域的な閉鎖性海域の環境基準（COD）達成率の推移

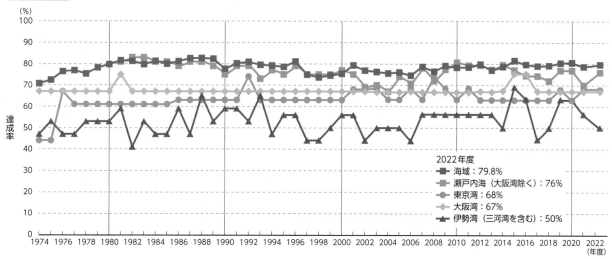

資料：環境省「令和4年度公共用水域水質測定結果」

（4）地下水質の汚濁

2022年度の地下水質の概況調査の結果では、調査対象井戸（2,830本）の5.3%（149本）において環境基準を超過する項目が見られました。調査項目別に見ると、過剰施肥、家畜排せつ物の不適正処理、生活排水の地下浸透等が原因と見られる硝酸性窒素及び亜硝酸性窒素の環境基準超過率が2.7%と

最も高くなっています。さらに、汚染源が主に事業場であるトリクロロエチレン等の揮発性有機化合物（VOC）についても、依然として新たな汚染が発見されています。また、汚染井戸の監視等を行う継続監視調査の結果では、3,942本の調査井戸のうち1,636本において環境基準を超過していました（図4-2-3、図4-2-4、図4-2-5）。

図4-2-3　2022年度地下水質測定結果

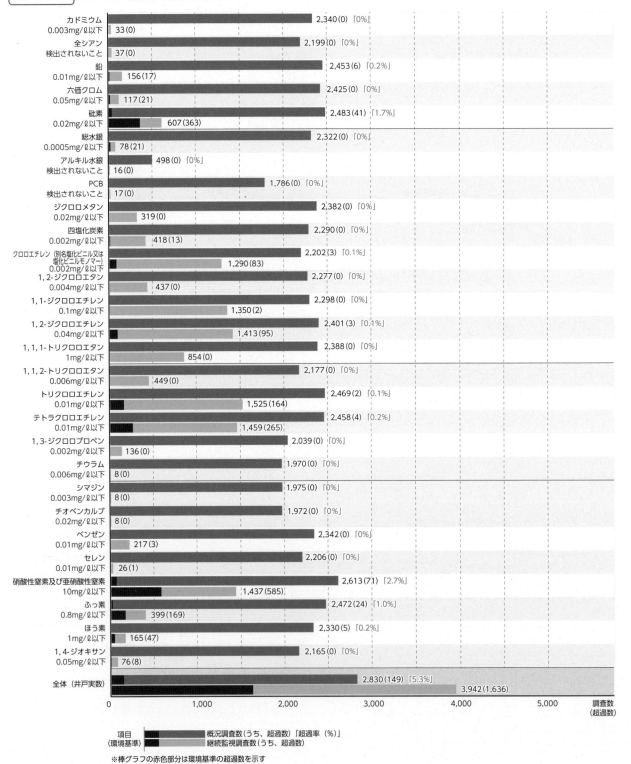

資料：環境省「令和4年度地下水質測定結果」

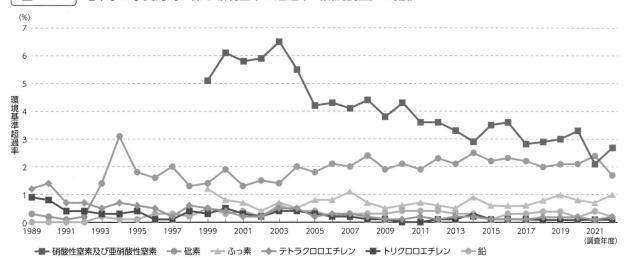

図4-2-4 地下水の水質汚濁に係る環境基準の超過率（概況調査）の推移

注1：超過数とは、測定当時の基準を超過した井戸の数であり、超過率とは、調査数に対する超過数の割合である。
　2：硝酸性窒素及び亜硝酸性窒素、ふっ素は、1999年に環境基準に追加された。
　3：このグラフは環境基準超過本数が比較的多かった項目のみ対象としている。
資料：環境省「令和4年度地下水質測定結果」

図4-2-5 地下水の水質汚濁に係る環境基準の超過本数（継続監視調査）の推移

注1：硝酸性窒素及び亜硝酸性窒素、ふっ素は、1999年に環境基準に追加された。
　2：このグラフは環境基準超過井戸本数が比較的多かった項目のみ対象としている。
資料：環境省「令和4年度地下水質測定結果」

（5）排水規制の実施

　公共用水域の水質保全を図るため、水質汚濁防止法により特定事業場から公共用水域に排出される水については、全国一律の排水基準が設定されていますが、環境基準の達成のため、都道府県条例においてより厳しい上乗せ基準の設定が可能であり、全ての都道府県において上乗せ排水基準が設定されています。

　2022年に水質環境基準の見直しが行われた六価クロム化合物及び大腸菌数に係る新たな排水基準の設定については、中央環境審議会の答申を踏まえ、必要な政省令等の改正を進めました。これらの新たな排水基準の施行時期は、六価クロム化合物については2024年4月1日、大腸菌数については2025年4月1日の予定です。このうち、六価クロム化合物の新たな一般排水基準に対応することが著しく困難と認められる1業種（電気めっき業）に対して暫定排水基準を設定しました。

2　湖沼

　湖沼については、富栄養化対策として、水質汚濁防止法に基づき、窒素及びりんに係る排水規制を実施しており、水質汚濁防止法の規制のみでは水質保全が十分でない湖沼については、湖沼水質保全特別措置法（昭和59年法律第61号）に基づき、環境基準の確保の緊要な湖沼を指定するとともに、「湖沼水質保全計画」を策定し（図4-2-6）、下水道整備、河川浄化等の水質の保全に資する事業、各種汚濁源に対する規制等の措置等を推進しています。また、湖辺域の植生や水生生物の保全など湖沼の水環境の適正化に向けた取組を行いました。

　琵琶湖を健全で恵み豊かな湖として保全及び再生を図ることなどを目的とする琵琶湖の保全及び再生に関する法律（平成27年法律第75号）に基づき主務大臣が定めた琵琶湖の保全及び再生に関する基本方針及び滋賀県が策定した「琵琶湖保全再生施策に関する計画」等を踏まえ、関係機関と連携して琵琶湖保全再生施策の推進に関する各種取組が行われています。

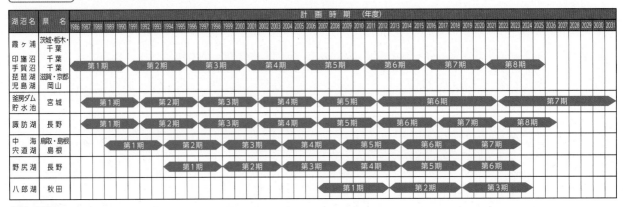

図4-2-6　湖沼水質保全計画策定状況一覧（2023年度現在）

資料：環境省

3　閉鎖性海域

（1）栄養塩類の適正管理

　閉鎖性が高く富栄養化のおそれのある海域として、全国で88の閉鎖性海域を対象に、水質汚濁防止法に基づき、窒素及びりんに係る排水規制を実施しています。

　また、瀬戸内海においては、瀬戸内海環境保全特別措置法の一部を改正する法律（令和3年法律第59号）に基づき、地域ごとのニーズに応じて一部の海域への栄養塩類供給を可能とする栄養塩類管理制度を創設しています。

　下水道終末処理場においては、豊かな海の再生や生物の多様性の保全に向け、近傍海域の水質環境基準の達成・維持等を前提に、冬期に下水放流水に含まれる栄養塩類の濃度を上げることで不足する窒素やりんを供給する、栄養塩類の能動的運転管理を進めました。

（2）水質総量削減

　人口、産業等が集中した広域的な閉鎖性海域である東京湾、伊勢湾及び瀬戸内海を対象に、COD、窒素含有量及びりん含有量を対象項目として、当該海域に流入する総量の削減を図る水質総量削減を実施しています。

　これまでの取組の結果、陸域からの汚濁負荷量は着実に減少し、これらの閉鎖性海域の水質は改善傾向にありますが、COD、全窒素・全りんの環境基準達成率は海域ごとに異なり（図4-2-7）、赤潮や貧酸素水塊といった問題が依然として発生しています。また、「きれいで豊かな海」を目指す観点から、藻場・干潟の保全・再生等を通じた生物の多様性及び生産性の確保等の総合的な水環境改善対策の必要

性が指摘されています。

　このような状況及び課題等を踏まえ、2022年1月に第9次総量削減基本方針を策定しました。本基本方針に基づき、関係都府県において総量削減計画の策定及び総量規制基準の設定が実施され、これらに基づく取組が進められています。

　具体的には、一定規模以上の工場・事業場から排出される汚濁負荷量について、都府県知事

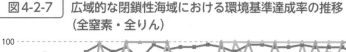

図4-2-7　広域的な閉鎖性海域における環境基準達成率の推移（全窒素・全りん）

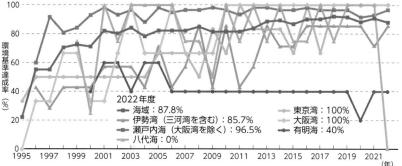

2022年度
海域：87.8%
伊勢湾（三河湾を含む）：85.7%
瀬戸内海（大阪湾を除く）：96.5%
八代海：0%
東京湾：100%
大阪湾：100%
有明海：40%

資料：環境省「令和4年度公共用水域水質測定結果」

が定める総量規制基準の遵守指導による産業排水対策を行うとともに、地域の実情に応じ、下水道、浄化槽、農業集落排水施設、コミュニティ・プラント等の整備等による生活排水対策、合流式下水道の改善、その他の対策を引き続き推進しました。

（3）瀬戸内海の環境保全

　瀬戸内海環境保全特別措置法（昭和48年法律第110号）の改正（2022年4月施行）や、同法に基づく「瀬戸内海環境保全基本計画」（2022年2月閣議決定）に基づき、瀬戸内海の有する多面的な価値及び機能が最大限に発揮された「豊かな海」を目指し、関係府県において、瀬戸内海の環境保全に関する府県計画の変更が進められました。加えて、法改正で新たに盛り込まれた栄養塩類管理制度について、兵庫県における「栄養塩類管理計画」の策定（2022年10月）に続き、2024年3月には、香川県においても「栄養塩類管理計画」が策定されました。

　また、湾・灘ごとの水環境の変化状況等の分析、藻場・干潟分布状況調査、気候変動による影響把握及び適応策の検討、水環境等と水産資源等の関係に係る調査・検討を進めています。

　同法に基づき、瀬戸内海における埋立て等については、海域環境、自然環境及び水産資源保全上の見地等から特別な配慮を求めています。同法施行以降、2023年11月1日までの間に埋立ての免許又は承認がなされた公有水面は、5,013件、13,730.4ha（うち2022年11月2日以降の1年間に11件、35.7ha）です。

（4）有明海及び八代海等の環境の保全及び改善

　有明海及び八代海等を再生するための特別措置に関する法律（平成14年法律第120号）に基づき設置された有明海・八代海等総合調査評価委員会が2017年3月に取りまとめた報告、及び2022年3月に取りまとめた中間取りまとめを踏まえ、有明海及び八代海等の再生に関する基本方針に基づく再生方策の実施を推進するとともに、赤潮・貧酸素水塊の発生や底質環境、魚類等の生態系回復に関する調査等を実施しました。また、2026年度をめどとした評価委員会報告の取りまとめに向け、評価委員会で審議を進めました。

（5）里海づくりの推進

　里海づくりの手引書や全国の里海づくり活動の取組状況等について、ウェブサイト「里海ネット」で情報発信を行いました。また、藻場・干潟の保全・再生・創出と地域資源の利活用の好循環を創出し、藻場・干潟が持つ多面的機能を最大限発揮することを目指す「令和の里海づくり」モデル事業を実施し、沿岸地域における里海づくりに取り組む団体を支援しました。

4 汚水処理施設の整備

汚水処理施設整備については、現在、2014年1月に国土交通省、農林水産省、環境省の3省で取りまとめた「持続的な汚水処理システム構築に向けた都道府県構想策定マニュアル」を参考に、都道府県において、早期に汚水処理施設の整備を概成することを目指し、また中長期的には汚水処理施設の改築・更新等の運営管理の観点で、汚水処理に係る総合的な整備計画である「都道府県構想」の見直しが進められています。2022年度末で汚水処理人口普及率は92.9％となりましたが、残り約880万人の未普及人口の解消に向け（図4-2-8）、「都道府県構想」に基づき、浄化槽、下水道、農業等集落排水施設、コミュニティ・プラント等の各種汚水処理施設の整備を推進しています。

浄化槽については、「循環型社会形成推進地域計画」等に基づく市町村の浄化槽整備事業に対する国庫助成により、整備を推進しました。特に、2023年度より汚水処理施設概成目標達成のため、アクションプランに定める整備進捗率を上回って

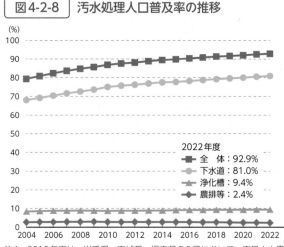

図4-2-8 汚水処理人口普及率の推移

注1：2010年度は、岩手県、宮城県、福島県の3県において、東日本大震災の影響により調査不能な市町村があるため、3県を除いた集計データを用いている。
　2：2011年度は、岩手県、福島県の2県において、東日本大震災の影響により調査不能な市町村があるため、2県を除いた集計データを用いている。
　3：2012年度～2014年度は、福島県において、東日本大震災の影響により調査不能な市町村があるため、福島県を除いた集計データを用いている。
　4：2015年度～2022年度は、福島県において、東日本大震災の影響により調査不能な市町村があるため、当該市町村を除いた集計データを用いている。
資料：環境省、農林水産省、国土交通省資料により環境省作成

浄化槽整備を加速化する事業への助成率を引き上げるとともに、公共浄化槽による整備促進についてはPFI方式を追加し、また少人数高齢世帯の維持管理費用の補助を開始するなど、浄化槽整備事業に対する一層の支援を行っています。2022年度においては、全国約1,700の市町村のうち約1,300の市町村で浄化槽の整備が進められました。

下水道整備については、「都道府県構想」に基づき、人口が集中している地区等の整備効果の高い区域において重点的に下水道整備を行うとともに、合流式下水道緊急改善事業等を活用し、重点的に合流式下水道の改善を推進しました。

下水道の未普及対策や改築については、「下水道クイックプロジェクト」の新たな手法を用いて、従来の技術基準にとらわれず地域の実状に応じた低コスト、早期かつ機動的な整備及び改築を推進しております。施工が完了した地域では大幅なコスト縮減や工期短縮等の効果を実現しました。

農業集落排水事業については、農業集落におけるし尿、生活雑排水等を処理する農業集落排水施設の整備又は改築を行うとともに、既存施設について、広域化・共同化対策、維持管理の効率化や長寿命化・老朽化対策を適時・適切に進めるため、地方公共団体による機能診断や計画策定等を推進しました。

水質汚濁防止法では生活排水対策の計画的推進等が規定されており、同法に基づき都道府県知事が重点地域の指定を行っています。2023年3月末時点で、41都府県、209地域、333市町村が指定されており、生活排水対策推進計画による生活排水対策が推進されました。

5 地下水

水質汚濁防止法に基づいて、地下水の水質の常時監視、有害物質の地下浸透制限、事故時の措置、汚染された地下水の浄化等の措置が取られています（図4-2-9）。また、2011年6月に水質汚濁防止法が改正され、地下水汚染の未然防止を図るため、届出義務の対象となる施設の拡大、施設の構造等に関す

る基準の遵守義務、定期点検の義務等に関する規定が新たに設けられました。これらの制度の施行のため、構造等に関する基準及び定期点検についてのマニュアルや、対象施設からの有害物質を含む水の地下浸透の有無を確認できる検知技術についての事例集等を作成・周知しています。

　環境基準項目の中で特に継続して超過率が高い状況にある硝酸性窒素及び亜硝酸性窒素による地下水汚染対策については、過剰施肥、不適正な家畜排せつ物管理及び生活排水処理等が主な汚染原因であると見られることから、地下水保全のための硝酸性窒素等地域総合対策の推進のため、「硝酸性窒素等地域総合対策ガイドライン」の周知を図るとともに、地域における窒素負荷低減の取組の技術的な支援等を行いました。

図4-2-9 水質汚濁防止法における地下水の規制等の概要

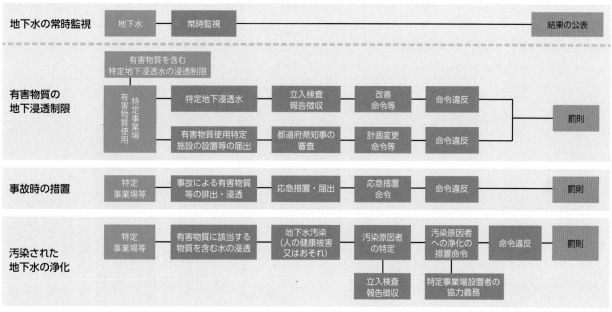

資料：環境省

第3節　　アジアにおける水環境保全の推進

1　アジア水環境パートナーシップ（WEPA）

　2024年1月に第19回WEPA年次会合を我が国（神奈川県三浦郡葉山町）で開催、各国の規制の遵守に関する課題の解決に向けて、情報共有及び意見交換を行いました。

2　アジア水環境改善モデル事業

　我が国企業による海外での事業展開を通じ、アジア等の水環境の改善を図ることを目的に、2011年度からアジア水環境改善モデル事業を実施しています。2023年度は、過年度に実施可能性調査を実施した3件（ベトナム2件、ラオス1件）の現地実証試験やビジネスモデルの検討を実施したほか、新たに公募により選定された民間事業者が、ベトナムにおける「有機汚泥減容化装置の導入による公共用水域の水環境改善事業」の実施可能性調査を実施しました。

第4節　土壌環境の保全

1　土壌環境の現状

　土壌汚染については、土壌汚染対策法（平成14年法律第53号）に基づき、有害物質使用特定施設の使用の廃止時や、一定規模以上の土地の形質変更の届出の際に、土壌汚染のおそれがあると都道府県知事等が認めるときに土壌汚染状況調査が行われています。また、土壌汚染対策法には基づかないものの、売却の際や環境管理等の一環として自主的な土壌汚染の調査が行われることもあり、土壌汚染対策法ではその結果を申請できる制度も存在します。

　都道府県等が把握している調査結果では、2022年度に土壌の汚染に係る環境基準（以下「土壌環境基準」という。）又は土壌汚染対策法の土壌溶出量基準又は土壌含有量基準を超える汚染が判明した事例は982件であり、同法や都道府県等の条例に基づき必要な対策が講じられています（図4-4-1）。なお、事例を有害物質の項目別で見ると、ふっ素、鉛、砒素等による汚染が多く見られます。

図4-4-1　年度別の土壌汚染判明事例件数

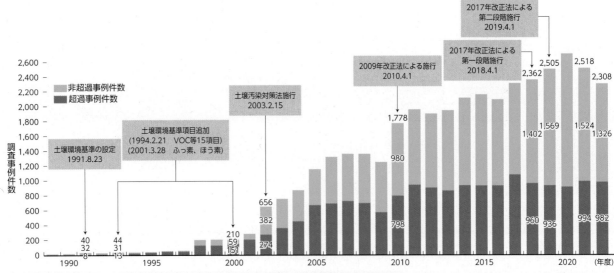

資料：環境省「令和4年度　土壌汚染対策法の施行状況及び土壌汚染状況調査・対策事例等に関する調査結果」

　また、農用地の土壌の汚染防止等に関する法律（昭和45年法律第139号）に定める特定有害物質（カドミウム、銅及び砒素）による農用地の土壌汚染の実態を把握するため、汚染のおそれのある地域を対象に細密調査が実施されており、2022年度は6地域96.1haにおいて調査が実施されました。これまでに基準値以上の特定有害物質が検出された、又は検出されるおそれが著しい地域（以下「基準値以上検出等地域」という。）は、2022年度末時点で累計134地域7,592haであり、同法に基づく対策等が講じられています。

　ダイオキシン類については第5章第1節4を参照。

2　環境基準等の見直し

　土壌環境基準については、土壌環境機能のうち、地下水等の摂取に係る健康影響を防止する観点と、食料を生産する機能を保全する観点から設定されており、既往の知見や関連する諸基準等に即し、現在29項目について設定されています。

　このうち、2022年4月に水質に係る環境基準が見直された六価クロムについて、土壌環境基準の見

直しに向けて必要な知見の収集等を行うとともに、土壌汚染状況調査等の手法の確立等が課題となっている1,4-ジオキサンについて、調査手法等の検討を行いました。

3 市街地等の土壌汚染対策

土壌汚染対策法に基づき、2022年度には、有害物質使用特定施設が廃止された土地の調査585件、一定規模以上の土地の形質変更の届出の際に、土壌汚染のおそれがあると都道府県知事等が認め実施された調査767件、土壌汚染による健康被害が生ずるおそれがある土地の調査0件、自主調査224件、汚染土壌処理施設の廃止又は許可が取り消された際の調査0件の合計1,576件行われ、同法施行以降の調査件数は、2022年度までに13,960件となりました。調査の結果、土壌溶出量基準又は土壌含有量基準を超過しており、かつ土壌汚染の摂取経路があり、健康被害が生ずるおそれがあるため汚染の除去等の措置が必要な地域（以下「要措置区域」という。）として、2022年度末までに939件指定されています（939件のうち648件は解除）。また、土壌溶出量基準又は土壌含有量基準を超過したものの、土壌汚染の摂取経路がなく、汚染の除去等の措置が不要な地域（以下「形質変更時要届出区域」という。）として、2022年度末までに5,411件指定されています（5,411件のうち1,986件は解除）（図4-4-2）。

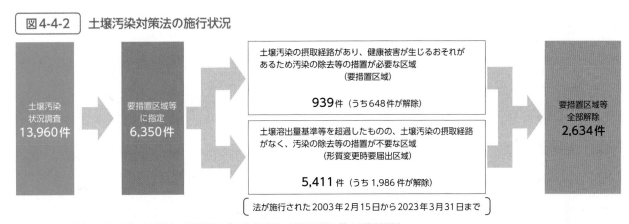

図4-4-2 土壌汚染対策法の施行状況

土壌汚染状況調査 13,960件 → 要措置区域等に指定 6,350件

土壌汚染の摂取経路があり、健康被害が生じるおそれがあるため汚染の除去等の措置が必要な区域（要措置区域）
939件（うち648件が解除）

土壌溶出量基準等を超過したものの、土壌汚染の摂取経路がなく、汚染の除去等の措置が不要な区域（形質変更時要届出区域）
5,411件（うち1,986件が解除）

法が施行された2003年2月15日から2023年3月31日まで

要措置区域等全部解除 2,634件

資料：環境省「令和4年度 土壌汚染対策法の施行状況及び土壌汚染調査・対策事例等に関する調査結果」

要措置区域においては、都道府県知事が汚染除去等計画の作成及び提出を指示することとされており、形質変更時要届出区域においては、土地の形質の変更を行う場合には、都道府県知事への届出が行われることとされています。また、汚染土壌を搬出する場合には、都道府県等への届出とともに、汚染土壌処理施設への搬出を管理票を用いて管理することとされており、これらにより、汚染された土地や土壌の適切な管理がなされるよう推進しました。

土壌汚染対策法に基づく土壌汚染の調査を適確に実施するため、調査を実施する機関は環境大臣又は都道府県知事の指定を受ける必要がありますが、2023年12月末時点で680件がこの指定を受けています。また、指定調査機関には、技術管理者の設置が義務付けられており、その資格取得のための土壌汚染調査技術管理者試験を2023年11月に実施しました。そのほか、低コスト・低負荷型の調査・対策技術の普及を促進するための実証試験等を行いました。

4 農用地の土壌汚染対策

農用地の土壌汚染対策は、農用地の土壌の汚染防止等に関する法律に基づいて実施されています。基準値以上検出等地域の累計面積（7,592ha）のうち、対策地域の指定がなされた地域の累計面積は2022年度末時点で6,609ha、対策事業等（県単独事業、転用を含む）が完了している地域の面積は

7,156haであり、基準値以上検出等地域の面積の94.3%になります。

第5節　　　地盤環境の保全

　地盤沈下は、地下水の過剰な採取により地下水位が低下し、粘性土層が収縮するために生じます。2022年度に地盤沈下観測のための測量が実施された22都道府県30地域の沈下の状況は、図4-5-1のとおりでした。

　2022年度の地盤沈下の経年変化は図4-5-2に示すとおりであり、2022年度までに地盤沈下が認められている地域は39都道府県64地域です。かつて著しい地盤沈下を示した東京都区部、大阪府大阪市、愛知県名古屋市等では、地下水採取規制等の結果、長期的には地盤沈下は沈静化の傾向をたどっています。しかし、消融雪地下水採取地、水溶性天然ガス溶存地下水採取地など、一部地域では依然として地盤沈下が発生しています。

　長年継続した地盤沈下により、建造物、治水施設、港湾施設、農地等に被害が生じた地域も多く、海抜ゼロメートル地域等では洪水、高潮、津波等による甚大な災害の危険性のある地域も少なくありません。

　地盤沈下の防止のため、工業用水法（昭和31年法律第146号）及び建築物用地下水の採取の規制に関する法律（昭和37年法律第100号）に基づく地下水採取規制の適切な運用を図りました。

　雨水浸透ますの設置など、地下水かん養の促進等による健全な水循環の確保に資する事業に対して補助を実施しました。

　濃尾平野、筑後・佐賀平野及び関東平野北部の3地域については、地盤沈下防止の施策の円滑な実施を図るため、協議会において情報交換を行いました。

　持続可能な地下水の保全と利用の方策として、「地下水保全」ガイドライン及び事例集の周知を図りました。また、全国の地盤沈下に関する測量情報を取りまとめた「全国の地盤沈下地域の概況」及び代表的な地下水位の状況や地下水採取規制に関する条例等の各種情報を整理した「全国地盤環境情報ディレクトリ」を公表しています。

　地下水・地盤環境の保全に留意しつつ地中熱利用の普及を促進するため、「地中熱利用にあたってのガイドライン（令和5年3月改訂）」及び一般・子供向けのパンフレットや動画で周知を図りました。

図4-5-1　全国の地盤沈下の状況（2022年度）

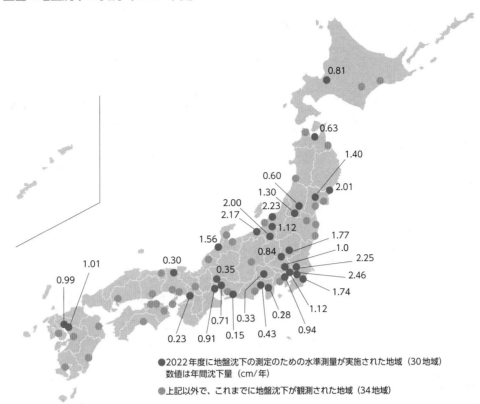

●2022年度に地盤沈下の測定のための水準測量が実施された地域（30地域）
数値は年間沈下量（cm/年）

●上記以外で、これまでに地盤沈下が観測された地域（34地域）

注：図中の数値は2022年度単年の沈下量であるが、毎年継続して測量を実施していない一部の地域は、前回の測量実施年度から2022年度までの沈下量を年度平均
　　して算出した数値としている。
資料：環境省「令和4年度全国の地盤沈下地域の概況」

図4-5-2　代表的地域の地盤沈下の経年変化

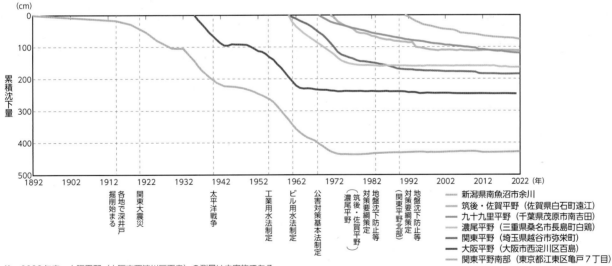

----- 新潟県南魚沼市余川
----- 筑後・佐賀平野（佐賀県白石町遠江）
----- 九十九里平野（千葉県茂原市南吉田）
----- 濃尾平野（三重県桑名市長島町白鶏）
----- 関東平野（埼玉県越谷市弥栄町）
----- 大阪平野（大阪市西淀川区百島）
----- 関東平野南部（東京都江東区亀戸7丁目）

注：2022年度、大阪平野（大阪市西淀川区百島）の測量は未実施である。
資料：環境省「令和4年度全国の地盤沈下地域の概況」

1 ┃ 海洋ごみ対策

　海洋ごみ（漂流・漂着・海底ごみ）は、生態系を含めた海洋環境の悪化や海岸機能の低下、景観への悪影響、船舶航行の障害、漁業や観光への影響等、様々な問題を引き起こしています。海洋ごみは人為的なものから流木等自然由来のものまで様々ですが、回収・処理された海洋ごみにはプラスチックごみが多く含まれています。また、近年、マイクロプラスチック（一般的に5mm未満とされる微細なプラスチック）による海洋生態系への影響が懸念されており、世界的な課題となっています。これらの問題に対し、美しく豊かな自然を保護するための海岸における良好な景観及び環境並びに海洋環境の保全に係る海岸漂着物等の処理等の推進に関する法律（平成21年法律第82号）及び同法に基づく基本方針、海洋プラスチックごみ対策アクションプラン、その他関係法令等に基づき、以下の海洋ごみ対策を実施しています。

　海洋ごみの回収・処理や発生抑制対策の推進のため、海岸漂着物等地域対策推進事業により地方公共団体への財政支援を行いました。また、通常回収が難しい漂流・海底ごみ対策として、漁業者等がボランティアで回収した海洋ごみを地方公共団体が処理する場合の費用を、都道府県当たり最大1,000万円まで定額補助する取組を進めています。さらに、洪水、台風等により異常に堆積した海岸漂着ごみや流木等が海岸保全施設の機能を阻害することとなる場合には、その処理をするため、災害関連緊急大規模漂着流木等処理対策事業による支援も行っています。

　漂流ごみについては、船舶航行の安全を確保し、海域環境の保全を図るため、東京湾、伊勢湾、瀬戸内海及び有明海・八代海等の閉鎖性海域において、海域に漂流する流木等のごみの回収等を行いました。また、2022年9月の台風や豪雨の影響により、有明海の水深が浅い海域において流木等の漂流物が発生し、船舶航行等に支障が及ぶおそれがあったため、海洋環境整備船にて漁業者と連携して回収作業を実施しました。

　海洋プラスチックごみの削減に向けては、プラスチックとの賢い付き合い方を全国的に推進する「プラスチック・スマート」において、企業、地方公共団体、NGO等の幅広い主体から、不必要なワンウェイのプラスチックの排出抑制や代替品の開発・利用、分別回収の徹底など、海洋プラスチックごみの発生抑制に向けた取組を募集し、特設サイトや様々な機会において発信しました。また、「ローカル・ブルー・オーシャン・ビジョン推進事業」では、地方公共団体と民間企業等との連携による海洋ごみ対策のモデル創出を進めました。さらに、2023年10月には、日本最大の閉鎖性海域である瀬戸内海において、関係14府県と環境省が連携・協力し、地域全体で効果的・効率的にプラスチックごみ対策に取り組むための「瀬戸内海プラごみ対策ネットワーク」を立ち上げました。

　海洋ごみの量や種類などの実態把握調査については、2019年度までの調査結果を踏まえて、2020年度に調査方針を見直し、同年度に地方公共団体向けの漂着ごみ組成調査ガイドラインを作成しました。地方公共団体の協力の下、同ガイドラインに基づき漂着ごみの組成や存在量、これらの経年変化の把握を進めています。

　マイクロプラスチックを含む海洋中のプラスチックごみや、プラスチックごみに残留している化学物質（添加剤）と環境中からプラスチックごみに吸着してきた化学物質が生物・生態系に及ぼす評価等については、まだ十分な科学的な知見が蓄積されていないことから、2020年6月に「海洋プラスチックごみに関する既往研究と今後の重点課題（生物・生態系影響と実態）報告書」を公表し、「生物・生態系影響」や「実態」に関する調査研究等を進め、2023年度にはこれら課題の進捗状況の確認を行いました。科学的知見の蓄積と並行して発生・流出抑制対策を推進することも重要であり、「マイクロプラスチック削減に向けたグッド・プラクティス集」を2021年5月に初版、2022年11月に第2版を公表し、日本企業が有する発生抑制・流出抑制・回収に資する先進的な技術・取組を、国内外に発信してい

ます。

マイクロプラスチックのモニタリング手法の国際的な調和に向けては、実証事業や国内外の専門家を招いた会合を開催して議論を行い、2019年度に「漂流マイクロプラスチックのモニタリング手法調和ガイドライン」を公表しました。2020年度には途上国等も利用しやすいよう改訂し、2023年度には更なるモニタリングデータの蓄積を進めていくため、モニタリング報告に最低限必要なデータ項目の明確化等の改訂を行いました。さらに海洋ごみに関する世界的なモニタリングデータ共有システムの整備を国際的に提案し、世界的なデータ集約の在り方等について、国内外の専門家の助言を得ながら、データ共有システムの整備を進めています。

船舶起源の海洋プラスチックごみの削減に向けて、海事関係者を対象とする講習会等を通じ、プラスチックごみを含む船上廃棄物に関する規制等について周知活動を実施しました。

2 海洋汚染の防止等

船舶等からの廃棄物等の海洋投入処分による海洋汚染の防止を目的としたロンドン条約1996年議定書、船舶から排出されるバラスト水を介した有害水生生物及び病原体の移動を防止することを目的とした船舶バラスト水規制管理条約及び船舶によりばら積み輸送される有害液体物質等による海洋汚染の防止を目的とした船舶汚染防止国際条約（MARPOL条約）附属書II等を国内担保するため、海洋汚染等及び海上災害の防止に関する法律（昭和45年法律第136号。以下「海洋汚染等防止法」という。）に基づき、廃棄物等の海洋投入処分及びCO_2の海底下廃棄に係る許可制度の適切な運用、有害水バラスト処理設備の確認等の着実な実施並びに有害性の査定がなされていない液体物質（未査定液体物質）の海洋環境保全の見地からの査定等を行っています。

日本海等における海洋環境の保全に向けた取組の枠組みである北西太平洋地域海行動計画（NOWPAP）に基づき、当該海域の状況を把握するため、人工衛星を利用したリモートセンシング技術による海洋環境モニタリング手法に係る研究等の取組等を実施しています。

1990年の油による汚染に係る準備、対応及び協力に関する国際条約及び2000年の危険物質及び有害物質による汚染事件に係る準備、対応及び協力に関する議定書に基づき、「油等汚染事件への準備及び対応のための国家的な緊急時計画」を策定しており、環境保全の観点から油等汚染事件に的確に対応するため、緊急措置の手引書の備付けの義務付け並びに沿岸海域環境保全情報の整備、関係地方公共団体等に対する油等に汚染された野生生物の救護及び事故発生時対応の在り方に対する研修・訓練を実施しました。

加えて、海洋汚染等防止法等にのっとり、船舶の事故等により排出された油等について、原因者のみでは十分な対応がとられていない又は時間的猶予がない場合等に、被害の局限化を図るため、油回収装置、航走拡散等により油等の防除を行っています。また、油等の流出への対処能力強化を推進するため、資機材の整備、現場職員の訓練及び研修を実施したほか、関係機関との合同訓練を実施するなど、連携強化を図り、迅速かつ的確な対処に努めています。2021年8月青森県八戸港沖で発生した貨物船座礁に伴う油流出事故の際には、北陸地方整備局所属の大型浚渫兼油回収船「白山」が出動し、漂流油の回収や航走及び放水拡散を行いました。

3 生物多様性の確保等

第2章第4節を参照。

4 沿岸域の総合的管理

第2章第4節を参照。閉鎖性海域に係る取組は第4章第2節3を参照。

5　気候変動・海洋酸性化への対応

　海水温上昇や海洋酸性化等の海洋環境や海洋生態系に対する影響を的確に把握するため、海洋における観測・監視を継続的に実施しました。

6　海洋の開発・利用と環境の保全との調和

　海底下への二酸化炭素回収・貯留（海底下CCS）に関しては、今後活発化することが予想される海底下CCSが海洋環境の保全と調和する形で適切かつ迅速に実施されるよう、中央環境審議会水環境・土壌環境部会に海底下CCS制度専門委員会を設置して、調査検討を行い、「今後の海底下への二酸化炭素回収・貯留に係る海洋環境の保全の在り方について」（答申）（2024年1月）をまとめました。この答申の内容も踏まえた「二酸化炭素の貯留事業に関する法律案」が2024年2月に、また、「1972年の廃棄物その他の物の投棄による海洋汚染の防止に関する条約の1996年の議定書の2009年の改正の受諾について承認を求めるの件」が2024年3月に、それぞれ閣議決定され、第213回国会に提出されました。

7　海洋環境に関するモニタリング・調査研究の推進

　陸域起源の汚染や廃棄物等の海洋投入処分による汚染を対象とした、日本周辺の海洋環境の経年的変化を捉え、総合的な評価を行うため、生体濃度調査及び生物群集調査、底質等の海洋環境モニタリング調査を実施しています。2023年度は、沖縄南西方の沖合海域で調査を実施しました。今後も引き続き定期的な監視を行い、汚染の状況に大きな変化がないか把握していくこととします。

　東日本大震災に係る津波による廃棄物の海上流出や油汚染、東京電力福島第一原子力発電所事故により環境中に放出された放射性物質への継続的な対応として、現状及び経年変化を把握するため、「総合モニタリング計画」に基づき、有害物質・放射性物質等の海洋環境モニタリング調査を実施しています。

　最近5か年（2019年〜2023年）の日本周辺海域における海洋汚染（油、廃棄物等）の発生確認件数の推移は図4-6-1のとおりです。2023年は397件と2022年に比べ71件減少しました。これを汚染物質別に見ると、油による汚染が259件で前年に比べ40件減少、廃棄物による汚染が129件で前年に比べ19件減少、有害液体物質による汚染が1件で前年に比べ7件減少、その他（工場排水等）による汚染が8件で前年に比べ5件減少しました。

　東京湾・伊勢湾・大阪湾における海域環境の観測システムを強化するため、各湾でモニタリングポスト（自動連続観測装置）により、水質の連続観測を行いました。

図4-6-1　海洋汚染の発生確認件数の推移

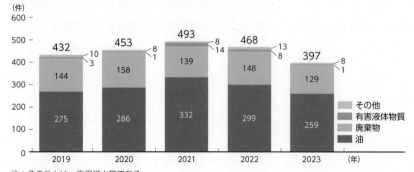

注：その他とは、工場排水等である。
資料：海上保安庁

8 監視取締りの現状

　海上環境事犯の一掃を図るため、沿岸調査や情報収集の強化、巡視船艇・航空機の効果的な運用等により、日本周辺海域及び沿岸の監視取締りを行っています。また、潜在化している廃棄物・廃船の不法投棄事犯や船舶からの油不法排出事犯など、悪質な海上環境事犯の徹底的な取締りを実施しました。最近5か年の海上環境関係法令違反送致件数は図4-6-2のとおりで、2023年は599件を送致しています。

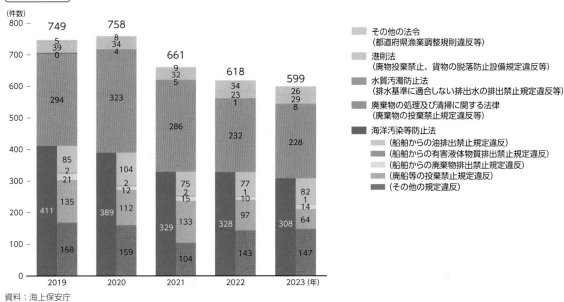

図4-6-2　海上環境関係法令違反送致件数の推移

資料：海上保安庁

第7節　大気環境の保全

1　大気環境の現状

（1）微小粒子状物質
ア　環境基準の達成状況

　2022年度の微小粒子状物質（PM$_{2.5}$）の環境基準達成率は、一般環境大気測定局（以下「一般局」という。）が99.9％（有効測定局数855局）、自動車排出ガス測定局（以下「自排局」という。）が100％（有効測定局数235局）でした（表4-7-1、図4-7-1）。また、年平均値は、一般局8.8μg/m³、自排局9.2μg/m³でした。

| 表4-7-1 | PM_{2.5}の環境基準達成状況の推移 | | | | | | |

年　度		2017	2018	2019	2020	2021	2022
有効測定局数	一般局	814	818	835	844	858	855
	自排局	224	232	238	237	240	235
環境基準達成局数							
一般局		732	765	824	830	858	854
		(89.9%)	(93.5%)	(98.7%)	(98.3%)	(100%)	(99.9%)
自排局		193	216	234	233	240	235
		(86.2%)	(93.1%)	(98.3%)	(98.3%)	(100%)	(100%)

資料：環境省「令和4年度大気汚染状況について（報道発表資料）」

| 図4-7-1 | 全国におけるPM_{2.5}の環境基準達成状況（2022年度） |

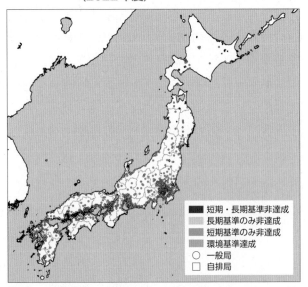

資料：環境省「令和4年度大気汚染状況について（報道発表資料）」

イ　PM_{2.5}注意喚起の実施状況

2013年2月に環境基準とは別に策定された「注意喚起のための暫定的な指針」に基づき、日平均値が70μg/m³を超えると予想される場合に都道府県等が注意喚起を実施しています。2022年度の注意喚起実施件数は0件でした。

（2）光化学オキシダント
ア　環境基準の達成状況

2022年度の光化学オキシダントの環境基準達成率は、一般局0.1％（測定局数1,143局）、自排局0％（測定局数31局）であり、依然として極めて低い水準です（図4-7-2）。一方、昼間の測定時間を濃度レベル別の割合で見ると、1時間値が0.06ppm以下の割合は94.8％（一般局）でした（図4-7-3）。

| 図4-7-2 | 昼間の1時間値の年間最高値の光化学オキシダント濃度レベル別の測定局数の推移（一般局） |

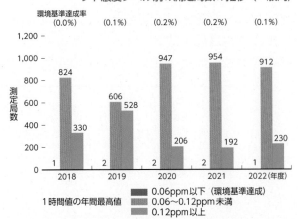

資料：環境省「令和4年度大気汚染状況について（報道発表資料）」

| 図4-7-3 | 昼間の測定時間の光化学オキシダント濃度レベル別割合の推移（一般局） |

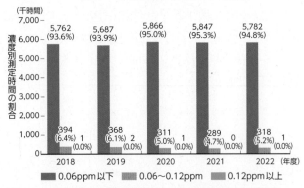

注：カッコ内は、昼間の全測定時間に対する濃度別測定時間の割合である。
資料：環境省「令和4年度大気汚染状況について（報道発表資料）」

光化学オキシダント濃度の長期的な改善傾向を評価するために、中央環境審議会大気・騒音振動部会微小粒子状物質等専門委員会が提言した新たな指標（8時間値の日最高値の年間99パーセンタイル値

の3年平均値）によれば、2020～2022年度の結果はいずれの地域においても2017～2019年度に比べて低下していました（図4-7-4）。

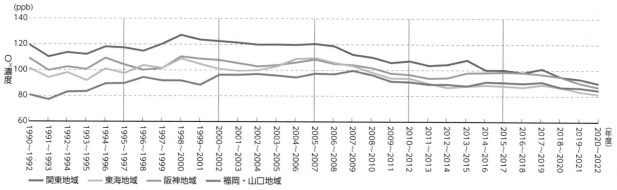

図4-7-4 光化学オキシダント濃度の長期的な改善傾向を評価するための指標（8時間値の日最高値の年間99パーセンタイル値の3年平均値）を用いた域内最高値の経年変化

資料：環境省「令和4年度大気汚染状況について（報道発表資料）」

イ　光化学オキシダント注意報等の発令状況等

2023年の光化学オキシダント注意報等の発令延日数（都道府県を一つの単位として注意報等の発令日数を集計したもの）は45日（17都府県）であり、月別に見ると、7月が最も多く32日、次いで5月が11日でした。また、光化学大気汚染によると思われる被害届出人数（自覚症状による自主的な届出による）は2人でした（図4-7-5）。

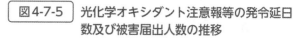

図4-7-5 光化学オキシダント注意報等の発令延日数及び被害届出人数の推移

資料：環境省「令和5年光化学大気汚染関係資料」

ウ　非メタン炭化水素の測定結果

2022年度の非メタン炭化水素の午前6時～午前9時の3時間平均値の年平均値は、一般局0.11ppmC、自排局0.12ppmCであり、近年、一般局、自排局共に緩やかな低下傾向にあります。

(3) その他の大気汚染物質

2022年度の二酸化窒素（NO_2）の環境基準達成率は、一般局100%、自排局100%、浮遊粒子状物質（SPM）の環境基準達成率は、一般局100%、自排局100%、二酸化硫黄（SO_2）の環境基準達成率は、一般局99.5%、自排局は100%、一酸化炭素（CO）の環境基準達成率は、一般局、自排局共に100%でした。

(4) 有害大気汚染物質

環境基準が設定されている4物質に係る測定結果（2022年度）は表4-7-2のとおりで、4物質は全ての地点で環境基準を達成しています（ダイオキシン類に係る測定結果については、第5章第1節4(1) 表5-1-1を参照）。

指針値（環境中の有害大気汚染物質による健康リスクの低減を図るための指針となる数値）が設定さ

れている物質のうち、ヒ素及びその化合物は5地点、1,2-ジクロロエタンは1地点、マンガン及びその化合物は1地点で指針値を超過しており、アクリロニトリル、アセトアルデヒド、塩化ビニルモノマー、塩化メチル、クロロホルム、水銀及びその化合物、ニッケル化合物、1,3-ブタジエンは全ての地点で指針値を達成しています。

表4-7-2 環境基準が設定されている物質（4物質）

物質名	測定地点数	環境基準超過地点数	全地点平均値（年平均値）	環境基準（年平均値）
ベンゼン	406 [400]	0 [0]	0.71 [0.80] $\mu g/m^3$	3 $\mu g/m^3$ 以下
トリクロロエチレン	358 [354]	0 [0]	0.89 [1.1] $\mu g/m^3$	130 $\mu g/m^3$ 以下
テトラクロロエチレン	356 [354]	0 [0]	0.084 [0.090] $\mu g/m^3$	200 $\mu g/m^3$ 以下
ジクロロメタン	365 [361]	0 [0]	1.4 [1.5] $\mu g/m^3$	150 $\mu g/m^3$ 以下

注1：年平均値は、月1回、年12回以上の測定値の平均値である。
　2：[ ] 内は2021年度実績である。
資料：環境省「令和4年度 大気汚染状況について（有害大気汚染物質モニタリング調査結果）」

(5) 放射性物質

　2022年度の大気における放射性物質の常時監視結果として、全国10地点における空間放射線量率の測定結果は、過去の調査結果と比べて特段の変化は見られませんでした。

(6) アスベスト（石綿）

　石綿による大気汚染の現状を把握し、今後の対策の検討に当たっての基礎資料とするとともに、国民に対し情報提供していくため、建築物の解体工事等の作業現場周辺等で、大気中の石綿濃度の測定を実施しました（2022年度の対象地点は全国40地点）。2022年度の調査結果では、一部の解体現場等において1本/Lを超えるアスベスト繊維数濃度が確認されましたので、調査地点が所在する自治体に依頼し、事業者に対して指導を行うとともに、2023年度も引き続き大気中のアスベスト濃度調査を行いました。

(7) 酸性雨・黄砂
ア　酸性雨

　2023年度に取りまとめた2022年のモニタリング結果によると、我が国の降水は引き続き酸性化した状態（全平均値pH5.07）にあり、欧米等と比べて低いpHを示しましたが、中国の大気汚染物質排出量の減少とともにpHの上昇（酸の低下）の兆候が見られました。また、生態系への影響については、大気汚染等が原因と見られる森林の衰退は確認されず、モニタリングを実施しているほとんどの湖沼で、酸性化からの回復の兆候が見られました。

　最近5か年度における降水中のpHの推移は図4-7-6のとおりです。

図4-7-6 降水中のpH分布図

利尻 4.87 4.85 ※ 5.04 5.06 (4.95)
札幌 4.92 4.81 4.99 5.03 5.03 (4.95)

佐渡関岬 ※ ※ ※ ※ 5.11 (5.11)
新潟巻 4.81 4.92 4.96 4.97 ※(4.92)
八方尾根 5.16 ※ 5.24 5.25 5.22 (5.21)

落石岬 5.14 ※ ※ ※ ※ (5.14)

伊自良湖 4.91 4.78 5.02 5.05 4.98 (4.95)
隠岐 4.87 4.86 4.86 ※ ※(4.86)

筬岳 5.14 5.03 5.13 5.17 5.18 (5.12)
赤城 5.10 4.96 5.10 5.11 5.26 (5.09)
東京 4.93 5.01 5.11 5.16 5.17 (5.07)

対馬 ※ 4.96 4.91 4.94 5.04 (4.96)

尼崎 5.02 4.84 5.02 5.06 4.96 (4.98)

筑後小郡 4.78 4.71 4.92 ※ 4.90 (4.82)
えびの 4.73 4.76 5.01 5.11 ※(4.88)

橿原 4.99 4.95 5.00 5.16 4.95 (5.00)

屋久島 4.63 4.65 4.68 4.80 ※(4.69)

辺戸岬 5.05 5.03 ※ ※ 5.20 (5.09)

小笠原 5.17 5.15 5.08 5.24 5.14 (5.15)

全地点平均 4.89 4.86 4.96 5.04 5.07 (4.95)

2018年度 2019年度 2020年度 2021年度 2022年度（5年間平均値）

※：当該年平均値が有効判定基準に適合せず、棄却された。
注：平均値は降水量加重平均により求めた。
資料：環境省

イ 黄砂

　我が国における黄砂の2023年の観測日数は、気象庁の公表によると14日でした。黄砂は過放牧や耕地の拡大等の人為的な要因も影響していると指摘されています。年により変動が大きく、長期的な傾向は明瞭ではありません。

2 窒素酸化物・光化学オキシダント・PM_{2.5}等に係る対策

　大気汚染防止法（昭和43年法律第97号）に基づく固定発生源対策及び移動発生源対策を適切に実施するとともに、光化学オキシダント及びPM_{2.5}の生成の原因となり得る窒素酸化物（NO_X）、揮発性有機化合物（VOC）等の排出対策を進めています。また、大気保全施策の推進等に必要な基礎資料となる常時監視体制を整備しています。

　特に、光化学オキシダントは環境基準の達成率が低く、国内における削減が急務となっています。また、光化学オキシダントの主成分であるオゾンは、それ自体が温室効果ガスであると同時に、植物の光合成を阻害し二酸化炭素吸収を減少するとして、気候変動への影響も懸念されています。このため、2022年1月に「気候変動対策・大気環境改善のための光化学オキシダント総合対策について〈光化学オキシダント対策ワーキングプラン〉」を策定し、環境基準の再評価に向けた検討を含め、気候変動対策・大気環境改善に資する総合的な対策について取組を進めています。

第4章

（1）ばい煙に係る固定発生源対策

大気汚染防止法に基づき、ばい煙（NOₓ、硫黄酸化物（SOₓ）、ばいじん等）を排出する施設（ばい煙発生施設）について排出基準を定めて規制等を行うとともに、施設単位の排出基準では良好な大気環境の確保が困難な地域においては、工場又は事業場の単位でNO_X及びSO_Xの総量規制を行っています。

（2）移動発生源対策

運輸・交通分野における環境保全対策については、自動車一台ごとの排出ガス規制の強化を着実に実施しました。また、自動車から排出される窒素酸化物及び粒子状物質の特定地域における総量の削減等に関する特別措置法（平成4年法律第70号。以下「自動車NO_X・PM法」という。）に基づき、自動車からのNO_X及び粒子状物質（PM）の排出量の削減に向けた施策を実施しました。

ア　自動車単体対策と燃料対策

自動車の排出ガス及び燃料については、大気汚染防止法等に基づき規制を逐次強化してきています（図4-7-7、図4-7-8、図4-7-9）。「今後の自動車排出ガス低減対策のあり方について（第十四次答申）」（2020年8月中央環境審議会）を踏まえ、特殊自動車の排出ガス低減対策等について審議を行っています。

図4-7-7　ガソリン・LPG乗用車規制強化の推移

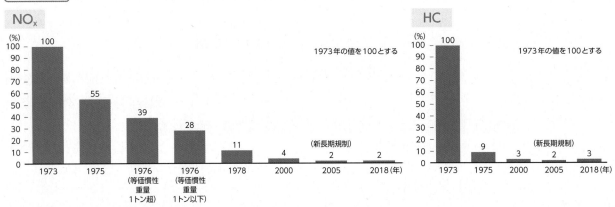

注1：等価慣性重量とは排出ガス試験時の車両重量のこと。
　2：1973年〜2000年までは暖機状態のみにおいて測定した値に適用。
　3：2005年は冷機状態において測定した値に0.25を乗じた値と暖機状態において測定した値に0.75を乗じた値との和で算出される値に適用。
　4：2018年は冷機状態のみにおいて測定した値に適用。
資料：環境省

図4-7-8　ディーゼル重量車（車両総重量3.5トン超）規制強化の推移

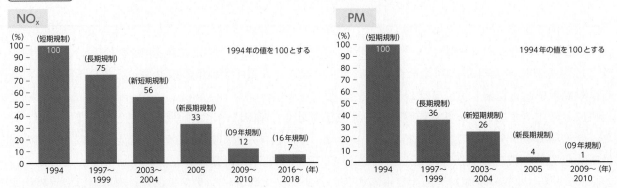

注1：2004年まで重量車の区分は車両総重量2.5トン超。
　2：NO_Xに係る規制は1974年から実施。図4-7-8は濃度規制から現在の質量規制に変更した1994年を基準として記載。
資料：環境省

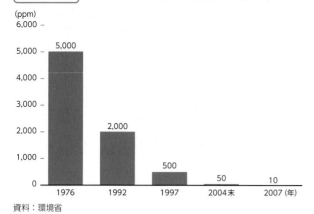

図4-7-9　軽油中の硫黄分規制強化の推移

(ppm)

資料：環境省

イ　大都市地域における自動車排出ガス対策

　自動車交通が集中する大都市地域の大気汚染状況に対応するため、自動車NOₓ・PM法の総量削減基本方針に基づき、自動車からのNOₓ及びPMの排出量の削減に向けた施策を計画的に進めています。同基本方針に規定される目標年度については、中央環境審議会の「今後の自動車排出ガス総合対策の在り方について（答申）」（2022年4月）を踏まえて、2020年度から2026年度に改め、新たな目標年度までに対策地域の全常時監視測定局において、安定的かつ継続的な環境基準の達成を目指していくこととなりました。

ウ　電動車の普及促進

　乗用車は、2035年までに、新車販売に占める電動車の割合を100％にする、商用車は、8t以下の車については、2030年までに、新車販売に占める電動車の割合を20〜30％にする、8t超の車については、2030年までに電動車を5,000台先行導入するとの目標に基づき、電動車の普及のための各種施策に取り組みました。

　電動車の普及を促す施策として、車両導入に対する各種補助、自動車税・軽自動車税の軽減措置及び自動車重量税の免除・軽減措置等の税制上の特例措置を講じました。

エ　交通流対策
（ア）交通流の分散・円滑化施策

　道路交通情報通信システム（VICS）の情報提供エリアの更なる拡大を図るとともに、ETC2.0や高度化光ビーコン等を活用し、道路交通情報の内容・精度の改善・充実に努めたほか、信号機の改良、公共車両優先システム（PTPS）の整備、観光地周辺の渋滞対策、総合的な駐車対策等により、環境改善を図りました。また、環境ロードプライシング施策を試行し、住宅地域の沿道環境の改善を図りました。

（イ）交通量の抑制・低減施策

　交通に関わる多様な主体で構成される協議会による「都市・地域総合交通戦略」の策定及びそれに基づく公共交通機関の利用促進等への取組を支援しました。また、交通需要マネジメント施策の推進により、地域における自動車交通需要の調整を図りました。

オ　船舶・航空機・建設機械の排出ガス対策

　船舶からの排出ガスについては、IMOの基準を踏まえ、海洋汚染等防止法により、NOₓ、燃料油中硫黄分濃度（SOₓ、PM）について規制されています。

　航空機からの排出ガスについては、国際民間航空機関（ICAO）の排出物基準を踏まえ、航空法（昭

和27年法律第231号）により、炭化水素（HC）、CO、NO$_X$、不揮発性粒子状物質（nvPM）等について規制されています。

建設機械からの排出ガスについては、特定特殊自動車排出ガスの規制等に関する法律（平成17年法律第51号。以下、「オフロード法」という）に基づき2006年10月から順次使用規制を開始し、2011年及び2014年に規制を順次強化するとともに、「建設業に係る特定特殊自動車排出ガスの排出の抑制を図るための指針」に基づきNO$_X$、PMなど大気汚染物質の排出抑制に取り組みました。

オフロード法の対象外機種（可搬型発動発電機や小型の建設機械等）についても、「排出ガス対策型建設機械の普及促進に関する規程」等により、排出ガス対策型建設機械の普及を図りました。さらに、融資制度により、これらの建設機械を取得しようとする中小企業等を支援しました。

カ　普及啓発施策等

警察庁、経済産業省、国土交通省及び環境省で構成するエコドライブ普及連絡会の枠組みを活用し、CO$_2$削減につながる環境負荷の軽減に配慮した自動車利用の取組「エコドライブ」を推進し、環境にやさしく、安全運転にもつながることを呼び掛けました。

（3）VOC対策

VOCは光化学オキシダント及びPM$_{2.5}$の生成原因の一つであるため、その排出削減により、大気汚染の改善が期待されます。

VOCの排出抑制対策は、法規制と自主的取組のベストミックスにより実施しており、2022年度の総排出量は2000年度に対し60％削減されました。

VOCの一種である燃料蒸発ガスを回収する機能を有する給油機（Stage2）の普及促進のため、当該給油機を導入している給油所を大気環境配慮型SS（e→AS）として認定する制度を2018年2月に創設し、2024年3月末までに628件の給油所を認定しました。

（4）監視・観測、調査研究
ア　大気汚染物質の監視体制

大気汚染の状況を全国的な視野で把握するとともに、大気保全施策の推進等に必要な基礎資料を得るため、国設大気環境測定所（9か所）、国設自動車交通環境測定所（9か所）、大気汚染防止法に基づき都道府県等が設置する一般局及び自排局において、大気の汚染状況の常時監視を実施しています。測定データ（速報値）、都道府県等が発令した光化学オキシダント注意報等やPM$_{2.5}$注意喚起の情報について、環境省では「大気汚染物質広域監視システム（そらまめくん）」によりリアルタイムに収集し、インターネット及び携帯電話用サイトで情報提供しています。また、気象庁では光化学スモッグに関連する気象状態を都道府県等に通報し、光化学スモッグの発生しやすい気象状態が予想される場合にはスモッグ気象情報や全般スモッグ気象情報を発表して国民へ周知しています。

国及び都道府県等では季節ごとのPM$_{2.5}$成分の測定を行っています。また、国において、全国10か所でPM$_{2.5}$成分の連続測定、全国4か所でPM$_{2.5}$の原因物質であるVOCの連続測定を行っています。これらの測定データを基に、国内の発生源寄与割合や大陸からの越境汚染による影響等、PM$_{2.5}$による汚染の原因解明や効果的な対策の実施に向けた検討を進めています。

イ　酸性雨・黄砂の監視体制

国内における越境大気汚染及び酸性雨による影響の早期把握、大気汚染原因物質の長距離輸送や長期トレンドの把握、将来影響の予測を目的として、「越境大気汚染・酸性雨長期モニタリング計画」に基づき、国内の湿性・乾性沈着モニタリング、湖沼等を対象とした陸水モニタリング、土壌・植生モニタリング等を離島など遠隔地域を中心に実施しています。

国立研究開発法人国立環境研究所と協力して、高度な黄砂観測装置（ライダー装置）によるモニタリ

ングネットワークを整備し、「環境省黄砂飛来情報（ライダー黄砂観測データ提供ページ）」において観測データをリアルタイムで提供しています。

ウ　放射性物質の監視体制

　関係機関が実施している放射性物質モニタリングを含めて、全国307地点で空間放射線量率の測定を行うなど、放射性物質による大気の汚染の状況を監視しており、2022年度の大気における放射性物質の常時監視結果を専門家による評価を経て公表しています。

　東京電力福島第一原子力発電所事故により環境中に放出された放射性物質のモニタリングについては、政府が定めた「総合モニタリング計画」に基づき、関係府省、地方公共団体、原子力事業者等が連携して実施しています。また、放射線モニタリング情報のポータルサイトにおいて、モニタリングの結果を一元的に情報提供しています。

　航空機モニタリングによる2023年11月時点の東京電力福島第一原子力発電所から80km圏内の地表面から1mの高さの空間線量率は、引き続き減少傾向にあります。

3　アジアにおける大気汚染対策

　アジア地域における大気環境の改善に向け、様々な二国間・多国間協力を通じて、政策・技術に関する情報共有、モデル的な技術の導入、共同研究等を進めています。

(1)　二国間協力

　第6章第4節1（2）イを参照。

(2)　日中韓三カ国環境大臣会合（TEMM）の下の協力

　TEMMの枠組みの下で、大気汚染に関する政策対話、黄砂に関する共同研究等を実施しました。
　第6章第4節1（2）ア（イ）を参照。

(3)　多国間協力

ア　アジアEST地域フォーラム

　2023年10月にマレーシアのクアラルンプールにおいて第15回アジアEST（環境的に持続可能な交通）地域フォーラムを開催し、アジア地域各国のESTに関する政策の共有を図るなどとともに、第14回フォーラムで採択された「愛知宣言2030」の目標に対する各国の取組状況についてフォローアップが実施されました。

イ　東アジア酸性雨モニタリングネットワーク（EANET）

　東アジア地域において、酸性雨問題に関する地域の協力体制を確立することを目的として、我が国のイニシアティブにより、2001年に東アジア酸性雨モニタリングネットワーク（EANET）を設立し、現在、東アジア地域の13か国が参加しています。EANETは、2020年の政府間会合で、酸性雨に限らずより広い大気環境問題を扱うことができるよう活動スコープを拡大し、2021年の政府間会合で、具体的な対象物質と取り組む活動、プロジェクトごとに予算を執行する新たな仕組みの導入とそのガイドラインについて合意しました。これにより、従来の活動に加え、より柔軟かつ迅速に課題に対応する活動を実施しています。

ウ　コベネフィット・アプローチの推進

　アジア太平洋地域の大気環境改善に向けた活動を促進するため、2014年に国連環境計画（UNEP）と連携して立ち上げたアジア太平洋クリーン・エア・パートナーシップ（APCAP）の活動の推進、ク

リーン・エア・アジア（CAA）と連携した国際会議等における情報発信、国際応用システム分析研究所（IIASA）との共同研究の実施、2010年に創設したアジア・コベネフィット・パートナーシップの活動の推進、我が国の技術の普及拡大等、多国間の連携や二国間の協力等を通じて、大気環境改善と温室効果ガス排出削減に同時に資するコベネフィット・アプローチを推進しました。

4 多様な有害物質による健康影響の防止

（1）アスベスト（石綿）対策

大気汚染防止法では、全ての建築物及びその他の工作物の解体等工事について、吹付け石綿や石綿を含有する断熱材、保温材、耐火被覆材、仕上塗材及び成形板等の使用の有無を事前調査で確認し、当該建材が使用されている場合には作業基準を遵守することなどを求めており、地方公共団体と連携して、石綿の大気環境への飛散防止対策に取り組んできました。

2020年6月の大気汚染防止法等の改正により、建築物に係る事前調査は、有資格者による実施が義務付けられましたが、より一層の対策の強化のため、2023年6月に大気汚染防止法施行規則等を改正し、建築物に加え主な工作物に係る事前調査についても、有資格者による実施を義務付けることとしました。改正後の大気汚染防止法の円滑な運用がなされるように対応を徹底します。

（2）水銀大気排出対策

水銀に関する水俣条約の的確かつ円滑な施行を確保するため、改正大気汚染防止法が2018年4月に施行されました。同法に基づく水銀大気排出対策の着実な実施を図るため、水銀排出施設の届出情報及び水銀濃度の測定結果の把握や、要排出抑制施設における自主的取組のフォローアップ、水銀大気排出インベントリーの作成等を行いました。また、2023年4月に、水銀に係る改正大気汚染防止法施行後5年が経過したこと、水銀に関する水俣条約が締結されてから8年近く経過し、脱炭素化を含め様々な社会情勢の変化が生じていることから、中央環境審議会大気・騒音振動部会大気排出基準等専門委員会において、水銀に関する情報を収集・整理しました。

（3）有害大気汚染物質対策等

有害大気汚染物質による大気汚染の状況を把握するため、大気汚染防止法に基づき、地方公共団体と連携して有害大気汚染物質モニタリング調査を実施しました。特に酸化エチレンについては、2022年10月に策定した「事業者による酸化エチレンの自主管理促進のための指針」により排出抑制対策を推進しており、同指針に基づく事業者団体等の取組状況を、2023年9月に開催した中央環境審議会大気・騒音振動部会有害大気汚染物質排出抑制対策等専門委員会において報告しました。

有害大気汚染物質から選定された優先取組物質のうち、環境目標値が設定されていない物質については、迅速な値の設定を目指すこととされており、科学的知見の充実のため、有害性情報等の収集を行いました。

5 地域の生活環境保全に関する取組

（1）騒音・振動対策

騒音に係る環境基準は、地域の類型及び時間の区分ごとに設定されており、類型指定は、2022年度末時点で765市、415町、38村、23特別区において行われています。また、環境基準達成状況の評価は、「個別の住居等が影響を受ける騒音レベルによることを基本」とされ、一般地域（地点）と道路に面する地域（住居等）別に行うこととされています。

2022年度の一般地域における騒音の環境基準の達成状況は、全測定地点で90.8%、地域の騒音状況を代表する地点で90.6%、騒音に係る問題を生じやすい地点等で91.5%となっています。

騒音苦情の件数は2022年度には前年度より736件増加し、20,436件でした（図4-7-10）。発生源別に見ると、建設作業騒音に係る苦情の割合が37.9％を占め、次いで工場・事業場騒音に係る苦情の割合が25.6％を占めています。

振動の苦情件数は、2022年度は前年度より242件増加し、4,449件でした。発生源別に見ると、建設作業振動に対する苦情件数が71.4％を占め、次いで工場・事業場振動に係るものが14.7％を占めています。

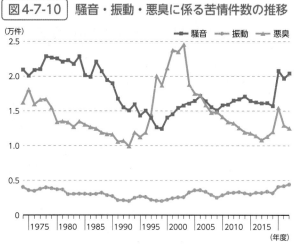

図4-7-10 騒音・振動・悪臭に係る苦情件数の推移

注：2018年度までは、2003年度から2018年度までの悪臭苦情件数について、苦情発生年度に苦情処理が完結しなかったものについては、翌年度も苦情件数に含めて集計を行っていたが、2019年度以降の集計においては当該年度発生分のみ集計。
資料：環境省「騒音規制法施行状況調査」、「振動規制法施行状況調査」、「悪臭防止法施行状況調査」より作成

ア　自動車交通騒音・振動対策

自動車単体の構造の改善による騒音の低減等の発生源対策、道路構造対策、交通流対策、沿道対策等の諸施策を総合的に推進しました（表4-7-3）。また、「今後の自動車単体騒音低減対策のあり方について（第四次答申）」（2022年6月中央環境審議会）を踏まえ、四輪車及び二輪車走行騒音規制の見直し等について検討を行っています。

道路に面する地域における騒音の環境基準の達成状況については、2022年度において、全国約937万8,600戸の住居等を対象に行った評価では、昼間・夜間のいずれか又は両方で環境基準を超過したのは約47万9,800戸（5.1％）でした（図4-7-11）。このうち、幹線交通を担う道路に近接する空間にある約402万800戸のうち昼間・夜間のいずれか又は両方で環境基準を超過した住居等は約33万300戸（8.2％）でした。

要請限度制度の運用状況については、自動車騒音に関して、2022年度に地方公共団体が苦情を受け測定を実施した51地点のうち要請限度値を超過したのは5地点でした。また同様に、道路交通振動に関して、測定を実施した79地点のうち要請限度値を超過したのは0地点でした。なお、要請限度制度とは、自動車からの騒音や振動が環境省令で定める限度を超えていることにより道路の周辺の生活環境が著しく損なわれると認められる場合に、市町村長が都道府県公安委員会に対して道路交通法（昭和35年法律第105号）の規定による措置等を要請することができる制度です。

表4-7-3　道路交通騒音対策の状況

対策の分類	個別対策	概要及び実績等
発生源対策	自動車騒音単体対策	自動車構造の改善により自動車単体から発生する騒音の大きさそのものを減らす。 ・2012年4月の中央環境審議会答申に基づき、二輪車の加速走行騒音試験法について国際基準（UN R41-04）と調和を図った。 ・2015年7月の中央環境審議会答申に基づき、四輪車の加速走行騒音試験法について国際基準（UN R51-03）と調和を図った。また、二輪車及び四輪車の使用過程車に対し、新車時と同等の近接排気騒音値を求める相対値規制に移行。さらに、四輪車のタイヤに騒音規制（UN R117-02）を導入した。
交通流対策	交通規制等	信号機の改良等を行うとともに、効果的な交通規制、交通指導取締りを実施することなどにより、道路交通騒音の低減を図る。 ・大型貨物車等の通行禁止 　例：環状7号線以内及び環状8号線の一部（土曜日22時から日曜日7時） ・大型貨物車等の中央寄り車線規制 　例：環状7号線の一部区間（終日）、国道43号の一部区間（22時から6時） ・信号機の改良 　11万7,001基（2022年度末現在における集中制御、感応制御、系統制御の合計） ・最高速度規制 　例：国道43号の一部区間（40km/h）、国道23号の一部区間（40km/h）
	バイパス等の整備	環状道路、バイパス等の整備により、大型車の都市内通過の抑制及び交通流の分散を図る。
	物流拠点の整備等	物流施設等の適正配置による大型車の都市内通過の抑制及び共同輸送等の物流の合理化により交通量の抑制を図る。 ・流通業務団地の整備状況／札幌1、花巻1、郡山2、宇都宮1、東京5、新潟1、富山1、名古屋1、岐阜1、大阪2、神戸3、米子1、岡山1、広島1、福岡1、鳥栖1、熊本1、鹿児島1（2022年度末） 　（数字は都市計画決定されている流通業務団地地区数） ・一般トラックターミナルの整備状況／3,500バース（2023年9月1日現在）
道路構造対策	低騒音舗装の設置	空げきの多い舗装を敷設し、道路交通騒音の低減を図る。 ・環境改善効果／平均的に約3デシベル
	遮音壁の設置	遮音効果が高い。 沿道との流出入が制限される自動車専用道路等において有効な対策。 ・環境改善効果／約10デシベル（平面構造で高さ3mの遮音壁の背面、地上1.2mの高さでの効果（計算値））
	環境施設帯の設置	沿道と車道の間に10又は20mの緩衝空間を確保し道路交通騒音の低減を図る。 ・「道路環境保全のための道路用地の取得及び管理に関する基準」（昭和49年建設省都市局長・道路局長通達） 　環境改善効果（幅員10m程度）／5〜10デシベル
沿道対策	沿道地区計画の策定	道路交通騒音により生ずる障害の防止と適正かつ合理的な土地利用の推進を図るため都市計画に沿道地区計画を定め、幹線道路の沿道にふさわしい市街地整備を図る。 ・幹線道路の沿道の整備に関する法律（沿道法　昭和55年法律第34号） 　沿道整備道路指定要件／夜間騒音65デシベル超（L$_{Aeq}$）又は昼間騒音70デシベル超（L$_{Aeq}$） 　　　　　　　　　　　　日交通量1万台超ほか 　沿道整備道路指定状況／11路線132.9kmが都道府県知事により指定されている。 　　　　　　　　　　　　国道4号、国道23号、国道43号、国道254号、環状7、8号線等 　沿道地区計画策定状況／50地区107.1kmで沿道地区計画が策定されている。 　　　　　　　　　　　　（実績は、2022年3月時点）
障害防止対策	住宅防音工事の助成の実施	道路交通騒音の著しい地区において、緊急措置としての住宅等の防音工事助成により障害の軽減を図る。また、各種支援措置を行う。 ・道路管理者による住宅防音工事助成 ・高速自動車国道等の周辺の住宅防音工事助成 ・市町村の土地買入れに対する国の無利子貸付 ・道路管理者による緩衝建築物の一部費用負担
推進体制の整備	道路交通公害対策推進のための体制づくり	道路交通騒音問題の解決のために、関係機関との密接な連携を図る。 ・環境省／関係省庁との連携を密にした道路公害対策の推進 ・地方公共団体／国の地方部局（一部）、地方公共団体の環境部局、道路部局、都市部局、都道府県警察等を構成員とする協議会等による対策の推進（全都道府県が設置）

資料：警察庁、国土交通省、環境省

図4-7-11　2022年度道路に面する地域における騒音の環境基準の達成状況

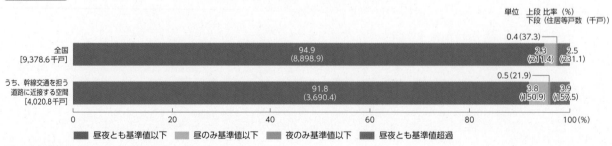

注：戸数及び比率は端数処理の関係で合計が合わない場合がある。
資料：環境省「令和4年度自動車交通騒音の状況について（報道発表資料）」

イ　鉄道騒音・振動、航空機騒音対策

　新幹線鉄道騒音に係る環境基準の達成状況は、2022年度において、468地点の測定地点のうち260地点（55.6％）で環境基準を達成しました（図4-7-12）。なお、新幹線鉄道の軌道中心から25m以内に住居がない地域数の割合は、2022年度において18.1％であり、近年ほとんど変動がありません（図4-7-13）。また、整備新幹線開業時における障害防止対策及び新幹線鉄道振動に係る指針値は、おおむね達成されています。

　新幹線鉄道騒音対策としては、従来の音源対策である75デシベル対策に加え、新幹線鉄道沿線の地方公共団体に対し、新幹線鉄道騒音による著しい騒音が及ぶ地域については、沿線の土地利用計画の決定又は変更に際し、新たな市街化を極力抑制するとともに、具体的な土地利用において騒音により機能を害されるおそれの少ない公共施設等を配置するなど、騒音防止可能な措置を講じるよう指導しているところです。また、新幹線鉄道騒音の測定・評価に関する標準的な方法を示した「新幹線鉄道騒音測定・評価マニュアル」に基づく測定・評価等を行い、現状の把握に努めています。

　航空機騒音については、測定・評価に関する標準的な方法を示した「航空機騒音測定・評価マニュアル」に基づく測定・評価等を行い、現状の把握に努めています。

　公共用飛行場周辺における航空機騒音対策としては、耐空証明（旧騒音基準適合証明）制度による騒音基準に適合しない航空機の運航を禁止するとともに、緊急時等を除き、成田国際空港では夜間の航空機の発着を禁止し、大阪国際空港等では発着数の制限を行っています。

　航空機騒音対策を実施してもなお航空機騒音の影響が及ぶ地域については、公共用飛行場周辺における航空機騒音による障害の防止等に関する法律（昭和42年法律第110号）等に基づき空港周辺対策を行っています。同法に基づく対策を実施する特定飛行場は、東京国際空港、大阪国際空港、福岡空港など14空港であり、これらの空港周辺において、学校、病院、住宅等の防音工事及び共同利用施設整備の助成、移転補償、緩衝緑地帯の整備等を行っています（表4-7-4）。また、大阪国際空港及び福岡空港については、周辺地域が市街化されているため、同法により計画的周辺整備が必要である周辺整備空港に指定されており、大阪国際空港周辺の事業は関西国際空港及び大阪国際空港の一体的かつ効率的な設置及び管理に関する法律（平成23年法律第54号）等に基づき新関西国際空港株式会社より空港運営権者に選定された関西エアポート株式会社が、福岡空港周辺の事業は国及び関係地方公共団体の共同出資で設立された独立行政法人空港周辺整備機構が関係府県知事の策定した空港周辺整備計画に基づき、上記施策に加えて、再開発整備事業等を実施しています。

　自衛隊等の使用する飛行場等に係る周辺対策としては、防衛施設周辺の生活環境の整備等に関する法律（昭和49年法律第101号）等に基づき、学校、病院、住宅等の防音工事の助成、移転補償、緑地帯等の整備、テレビ受信料の助成等の各種施策を行っています（表4-7-5）。

　航空機騒音に係る環境基準の達成状況は、2022年度において、585地点の測定地点のうち、517地点（88.3％）で達成しました（図4-7-14）。

図4-7-12　新幹線鉄道騒音に係る環境基準における音源対策の達成状況

資料：環境省

図4-7-14　航空機騒音に係る環境基準の達成状況

資料：環境省

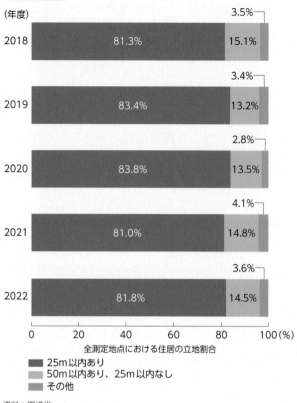

図4-7-13　新幹線鉄道沿線における住居の状況

全測定地点における住居の立地割合

- 25m以内あり
- 50m以内あり、25m以内なし
- その他

資料：環境省

表4-7-4　空港周辺対策事業一覧表

（国費予算額、単位：百万円）

区　分	2021年度	2022年度	2023年度
教育施設等防音工事	218	367	7
住宅防音工事	235	210	191
移転補償等	413	635	611
緩衝緑地帯整備	63	39	41
空港周辺整備機構（補助金、交付金）	0	0	0
周辺環境基盤施設	0	0	0
計	929	1,251	850

資料：国土交通省

表4-7-5　防衛施設周辺騒音対策関係事業一覧表

（国費予算額、単位：億円）

事項　　　　　　　区分	2021年度	2022年度	2023年度
騒音防止事業			
（学校・病院等の防音）	101.9	83.9	72.2
（住宅防音）	625.0	615.4	590.8
（防音関連維持費）	15.7	15.7	15
民生安定助成事業			
（学習等供用施設等の防音助成）	10.5	3.7	7.5
（放送受信障害）	18.4	17.8	17.4
（空調機器稼働費）	0.0	0.1	0.1
移転措置事業	50.1	50.6	56.1
緑地整備事業	8.5	8.8	11.1
計	829.9	795.7	770.2

注1：表中の数値には、航空機騒音対策以外の騒音対策分も含む。
　2：百万円単位を四捨五入してあるので、合計とは端数において一致しない場合がある。

資料：防衛省

ウ　工場・事業場及び建設作業の騒音・振動対策

　騒音規制法（昭和43年法律第98号）及び振動規制法（昭和51年法律第64号）では、騒音・振動を防止することにより生活環境を保全すべき地域内における法で定める工場・事業場及び建設作業の騒音・振動を規制しています。

　振動規制法に基づく特定施設であるコンプレッサーについて、「一定の限度を超える大きさの振動を発生しないものとして環境大臣が指定する圧縮機を定める告示」及び「低振動型圧縮機の指定に関する規程」を2022年5月に公布し、同年12月に施行されました。2023年度末時点で、低振動型圧縮機として10,436型式を指定しました。

エ　新しい騒音問題等の対策

　風力発電施設については、近年設置数が増加していること、騒音等による苦情が発生していることなどから、その実態の把握と知見の充実が求められており、風力発電施設からの騒音等の評価手法等についての検討及び新たな知見の集積を行い、2017年5月に公表した「風力発電施設から発生する騒音に関する指針」と「風力発電施設から発生する騒音等測定マニュアル」の周知徹底に努めています。また、省エネ型温水器等から発生する騒音等について、人への影響等に関する調査を実施し、2020年3月に公表した「地方公共団体担当者のための省エネ型温水器等から発生する騒音対応に関するガイドブック」の周知徹底に努めています。

　2022年度には全国の地方公共団体で、人の耳には聞き取りにくい低周波の音がガラス窓や戸、障子等を振動させる、気分のイライラ、頭痛、めまいを引き起こすといった苦情が335件受け付けられました。

　低周波音問題への対応に資するため、地方公共団体職員を対象として、低周波音問題に対応するための知識・技術の習得を目的とした低周波音の測定評価方法に係る講習を行っています。

　近年、営業騒音、拡声機騒音、生活騒音等のいわゆる近隣騒音は、騒音に係る苦情全体の約18.0%を占めています。近隣騒音対策は、各人のマナーやモラルに期待するところが大きいことから、近隣騒音に関するパンフレットを作成して普及啓発活動を行っています。また、各地方公共団体においても取組が進められており、2022年度末時点で、深夜営業騒音は41の都道府県及び106の市町村で、拡声機騒音は43の都道府県及び137の市町村で条例を制定しています。

(2) 悪臭対策

　悪臭苦情の件数は2018年度からは増加していましたが、2021年度からは減少傾向になり、2022年度の悪臭苦情件数は12,435件と、前年度に比べ515件減少しました。

　悪臭防止法（昭和46年法律第91号）に基づき、工場・事業場から排出される悪臭の規制等を実施しています。2023年度には、嗅覚測定法における現告示法の見直し、嗅覚パネルの選定に関する見直しの検討等を行いました。また、臭気指数等の測定を行う臭気測定業務従事者についての国家資格を認定する臭気判定士試験を毎年1回実施しています。

(3) ヒートアイランド対策

　ヒートアイランド現象が大都市を中心に生じており、30℃を超える時間数が増加しています（図4-7-15）。近年は、猛暑による熱中症救急搬送人員も増加傾向にあり、暑熱環境の改善について社会的な要請が高まっています。

　暑さ指数（WBGT：湿球黒球温度）等の熱中症予防情報の提供を実施するとともに、人工排熱の低減、地表面被覆の改善、都市形態の改善、ライフスタイルの改善、人の健康への影響等を軽減する適応策の推進を柱とするヒートアイランド対策の推進を図りました。

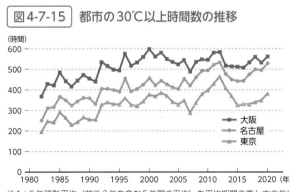

図4-7-15　都市の30℃以上時間数の推移

注1：5年移動平均（前後2年を含む5年間の平均）を平均期間の真ん中の年に表示。
　　2：大阪で1993年、東京で2014年にそれぞれ観測地が移転している。
資料：気象庁観測データより環境省作成

(4) 光害対策等
ひかりがい

　不適切な屋外照明等の使用から生じる光は、人間の諸活動や動植物の生息・生育に悪影響を及ぼすとともに、過度な明るさはエネルギーの浪費であり、地球温暖化の原因にもなります。

　このため、良好な光環境の形成に向けて、2020年度に近年のLED照明の普及など照明技術を取り巻く環境の変化も踏まえて改定した光害対策ガイドライン等を活用し、普及啓発を図りました。また、星
ひかりがい

空観察を通じて光害に気づき、環境保全の重要性を認識してもらうことを目的として、夏と冬の2回、肉眼観察とデジタルカメラによる夜空の明るさ調査を呼び掛けました。

　また、良好な感覚環境の創出に向けて、五感を活かした地域の取組等について文献、事例調査を行い、よいかおりや心地よい音などの良好な感覚環境の創出と健康増進効果に関する知見収集を行うなどの取組を進めています。

第5章 包括的な化学物質対策に関する取組

第1節 化学物質のリスク評価の推進及びライフサイクル全体のリスクの削減

1 化学物質の環境中の残留実態の現状

　現代の社会においては、様々な産業活動や日常生活に多種多様な化学物質が利用され、私たちの生活に利便を提供しています。また、物の焼却等に伴い非意図的に発生する化学物質もあります。化学物質の中には、適切な管理が行われない場合に環境汚染を引き起こし、人の健康や生活環境に有害な影響を及ぼすものがあります。

　化学物質の一般環境中の残留実態については、毎年、化学物質環境実態調査を行い、「化学物質と環境」として公表しています。2023年度においては、[1] 初期環境調査、[2] 詳細環境調査、[3] モニタリング調査の三つの体系で実施しました。これらの調査結果は、化学物質の審査及び製造等の規制に関する法律（昭和48年法律第117号。以下「化学物質審査規制法」という。）のリスク評価及び規制対象物質の追加の検討や特定化学物質の環境への排出量の把握等及び管理の改善の促進に関する法律（平成11年法律第86号。以下「化学物質排出把握管理促進法」という。）の指定化学物質の指定の検討、環境リスク評価の実施のための基礎資料など、各種の化学物質関連施策に活用されています。

（1）初期環境調査

　初期環境調査は、化学物質排出把握管理促進法の指定化学物質の指定の検討やその他化学物質による環境リスクに係る施策の基礎資料とすることを目的としています。2022年度は、調査対象物質の特性に応じて、水質、底質又は大気について調査を実施し、対象とした13物質のうち、6物質が検出されました。また、2023年度は、14物質（群）について調査を実施しました。

（2）詳細環境調査

　詳細環境調査は、化学物質審査規制法の優先評価化学物質のリスク評価を行うための基礎資料とすることを目的としています。2022年度は、調査対象物質の特性に応じて、水質又は底質について調査を実施し、対象とした6物質（群）が全てが検出されました。また、2023年度は、5物質（群）について調査を実施しました。

（3）モニタリング調査

　モニタリング調査は、難分解性、高蓄積性等の性質を持つポリ塩化ビフェニル（PCB）、ジクロロジフェニルトリクロロエタン（DDT）等の化学物質の残留実態を経年的に把握するための調査であり、残留性有機汚染物質に関するストックホルム条約（以下「POPs条約」という。）の対象物質及びその候補となる可能性のある物質並びに化学物質審査規制法の特定化学物質等を対象に、物質の特性に応じて、水質、底質、生物又は大気について調査を実施しています。

　2022年度は、11物質（群）について調査を実施しました。数年間の結果が蓄積された物質を対象に統計学的手法を用いて解析したところ、全ての媒体で濃度レベルが総じて横ばい又は漸減傾向を示して

いました。また、2023年度は、11物質（群）について調査を実施しました。

2 化学物質の環境リスク評価

　環境施策上のニーズや前述の化学物質環境実態調査の結果等を踏まえ、化学物質の環境経由ばく露に関する人の健康や生態系に有害な影響を及ぼすおそれ（環境リスク）についての評価を行っています。その取組の一つとして、2023年度に環境リスク初期評価の第22次取りまとめを行い、9物質について健康リスク及び生態リスクの初期評価を、4物質について生態リスクの初期評価を実施しました。その結果、相対的にリスクが高い可能性がある「詳細な評価を行う候補」とされた物質はなく、健康リスク初期評価で1物質、生態リスク初期評価で3物質について「更なる関連情報の収集が必要」と判定されました。

　化学物質審査規制法では、包括的な化学物質の管理を行うため、法制定以前に製造・輸入が行われていた既存化学物質を含む一般化学物質等を対象に、スクリーニング評価を行い、リスクがないとは言えない化学物質を絞り込んで優先評価化学物質に指定した上で、それらについて段階的に情報収集し、国がリスク評価を行っています。2024年4月時点で、優先評価化学物質225物質が指定されています（図5-1-1）。優先評価化学物質については段階的に詳細なリスク評価を進めており、2023年度までに86物質についてリスク評価（一次）評価Ⅱ及び評価Ⅲに着手し、46物質について評価Ⅱ等の評価結果等を審議しました。この審議において、「α－（ノニルフェニル）－ω－ヒドロキシポリ（オキシエチレン）（別名ポリ（オキシエチレン）＝ノニルフェニルエーテル）（NPE）」は、化学物質審査規制法に基づく第二種特定化学物質に指定することが適当であるとの結論が得られるとともに、当該化学物質を使用した水系洗浄剤について、技術上の指針の遵守及び環境汚染防止のための表示の義務が課される製品に指定することが適当であるとの結論が得られました。

　ナノ材料については、環境・省エネルギー等の幅広い分野で便益をもたらすことが期待されている一方で、人の健康や生態系への影響が十分に解明されていないことから、ナノ材料の生態影響に関する国内外の知見を収集・整理を進めました。

図5-1-1　化学物質の審査及び製造等の規制に関する法律のポイント

○リスクの高い化学物質による環境汚染の防止を目的
○化学物質に関するリスク評価とリスク管理の2本柱

1. リスク評価
・新規化学物質の製造・輸入に際し、①環境中での難分解性、②生物への蓄積性、③人や動植物への毒性の届出を事業者に義務付け、国が審査
・難分解性・高蓄積性・長期毒性のある物質は第一種特定化学物質に指定
・難分解性・高蓄積性物質・毒性不明の既存化学物質は監視化学物質に指定
・その他の一般化学物質等（上記に該当しない既存化学物質及び審査済みの新規化学物質）については、製造・輸入量や毒性情報等を基にスクリーニング評価を行い、リスクがないとは言えない物質は優先評価化学物質に指定

区分	措置
監視化学物質 （38物質）	・製造・輸入の実績の届出 ・有害性調査の指示等を行い、長期毒性が認められれば第一種特定化学物質に指定
優先評価化学物質 （225物質）	・製造・輸入の実績の届出 ・リスク評価を行い、リスクが認められれば、第二種特定化学物質に指定

2. リスク管理
・リスク評価等の結果、指定された特定化学物質について、性状に応じた製造・輸入・使用に関する規制により管理

区分	規制
第一種特定化学物質 （PCB等35物質）	・原則、製造・輸入、使用の事実上の禁止 ・限定的に使用を認める用途について、取扱いに係る技術基準の遵守
第二種特定化学物質 （トリクロロエチレン等23物質）	・製造・輸入の予定及び実績の届出 ・（必要に応じ）製造・輸入量の制限 ・取扱いに係る技術指針の遵守

注：各物質の数は2024年4月1日時点。
資料：厚生労働省、経済産業省、環境省

3 化学物質の環境リスクの管理

（1）化学物質の審査及び製造等の規制に関する法律に基づく取組

　新たに製造・輸入される新規化学物質について、化学物質審査規制法に基づき、2023年度は、281

件（うち低生産量新規化学物質は112件）の届出を事前審査しました。

　また、2024年2月に、ペルフルオロヘキサンスルホン酸（PFHxS）若しくはその異性体又はこれらの塩を化学物質審査規制法における第一種特定化学物質に指定しました。さらに、2023年5月に開催されたPOPs条約第11回締約国会議の議論を踏まえ、新たに条約上の廃絶対象とすることが決定されたメトキシクロル、デクロランプラス及びUV-328を化学物質審査規制法における第一種特定化学物質に指定し、それらが使用されている製品で輸入してはならないもの（輸入禁止製品）を指定すること等について審議しました。

（2）特定化学物質の環境への排出量の把握等及び管理の改善の促進に関する法律に基づく取組

　化学物質排出把握管理促進法の対象物質の見直しを行った化学物質排出把握管理促進法施行令（平成12年政令第138号）が2021年10月に公布、2023年4月に施行されました。化学物質排出移動量届出（PRTR）制度については、事業者が把握した2022年度の排出量等が都道府県経由で国へ届出されました。届出された個別事業所のデータ、その集計結果及び国が行った届出対象外の排出源（届出対象外の事業者、家庭、自動車等）からの排出量の推計結果を、2024年2月に公表しました（図5-1-2、図5-1-3、図5-1-4）。また、個別事業所ごとのPRTRデータは、地図上で視覚的に分かりやすく表示し、ウェブサイトで公開しています。

　なお、2021年10月公布の改正施行令に基づく対象物質のPRTR制度は、把握が2023年度から、届出は2024年度から適用になりました。

図5-1-2 化学物質の排出量の把握等の措置（PRTR）の実施の手順

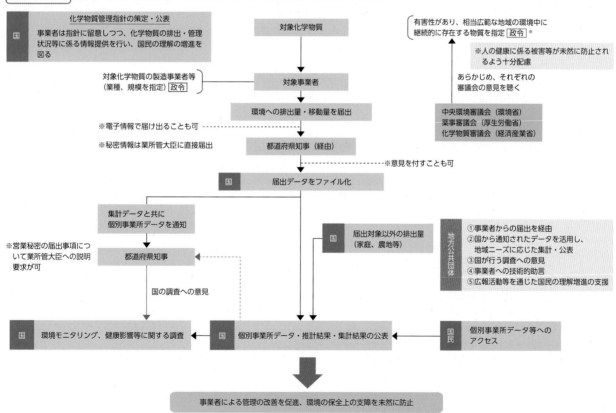

資料：経済産業省、環境省

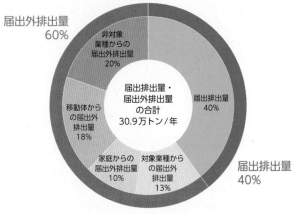

図5-1-3 届出排出量・届出外排出量の構成（2022年度分）

届出外排出量 60%

- 非対象業種からの届出外排出量 20%
- 移動体からの届出外排出量 18%
- 家庭からの届出外排出量 10%
- 対象業種からの届出外排出量 13%

届出排出量・届出外排出量の合計 30.9万トン／年

届出排出量 40%

届出排出量 40%

注：四捨五入しているため合計値にずれがある場合があります。
資料：経済産業省、環境省

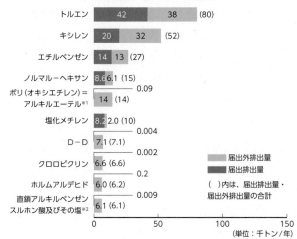

図5-1-4 届出排出量・届出外排出量上位10物質とその排出量（2022年度分）

物質	届出排出量	届出外排出量	合計
トルエン	42	38	(80)
キシレン	20	32	(52)
エチルベンゼン	14	13	(27)
ノルマル－ヘキサン	8.6	6.1	(15)
ポリ（オキシエチレン）＝アルキルエーテル※1	14	0.09	(14)
塩化メチレン	8.2	2.0	(10)
Ｄ－Ｄ	7.1	0.004	(7.1)
クロロピクリン	6.6	0.002	(6.6)
ホルムアルデヒド	6.0	0.2	(6.2)
直鎖アルキルベンゼンスルホン酸及びその塩※2	6.1	0.009	(6.1)

（単位：千トン／年）

凡例：
- 届出外排出量
- 届出排出量

（）内は、届出排出量・届出外排出量の合計

※1：アルキル基の炭素数が12から15までのもの及びその混合物に限る。
※2：アルキル基の炭素数が10から14までのもの及びその混合物に限る。
注：百トンの位の値で四捨五入しているため合計値にずれがある場合があります。
資料：経済産業省、環境省

4 ダイオキシン類問題への取組

（1）ダイオキシン類による汚染実態と人の摂取量

2022年度のダイオキシン類に係る環境調査結果は表5-1-1のとおりです。

2022年度に人が一日に食事及び環境中から平均的に摂取したダイオキシン類の量は、体重1kg当たり約0.42pg-TEQと推定されました（図5-1-5）。

食品からのダイオキシン類の一日摂取量は、平均0.42pg-TEQ／kg bw／日です。この数値は耐容一日摂取量の4pg-TEQ／kg bw／日を下回っています（図5-1-6）。

表5-1-1 2022年度ダイオキシン類に係る環境調査結果（モニタリングデータ）（概要）

環境媒体	地点数	環境基準超過地点数	平均値[1]	濃度範囲[1]
大気[2]	570地点	0地点（0%）	0.015pg-TEQ/m^3	0.0024〜0.31pg-TEQ/m^3
公共用水域水質	1,348地点	28地点（2.0%）	0.18pg-TEQ/ℓ	0.0012〜2.3pg-TEQ/ℓ
公共用水域底質	1,120地点	3地点（0.3%）	6.1pg-TEQ/g	0.033〜470pg-TEQ/g
地下水質[3]	459地点	0地点（0%）	0.045pg-TEQ/ℓ	0.00018〜0.56pg-TEQ/ℓ
土壌[4]	697地点	0地点（0%）	2.3pg-TEQ/g	0〜130pg-TEQ/g

※1：平均値は各地点の年間平均値の平均値であり、濃度範囲は年間平均値の最小値及び最大値である。
※2：大気については、全調査地点（633地点）のうち、年間平均値を環境基準により評価することとしている地点についての結果であり、環境省の定点調査結果及び大気汚染防止法政令市が独自に実施した調査結果を含む。
※3：地下水については、環境の一般的状況を調査（概況調査）した結果であり、汚染の継続監視等の経年的なモニタリングとして定期的に実施される調査等の結果は含まない。
※4：土壌については、環境の一般的状況を調査（一般環境把握調査及び発生源周辺状況把握調査）した結果であり、汚染範囲を確定するための調査等の結果は含まない。
資料：環境省「令和4年度ダイオキシン類に係る環境調査結果」（2024年3月）

第5章

図5-1-5	日本におけるダイオキシン類の一人一日摂取量（2022年度）

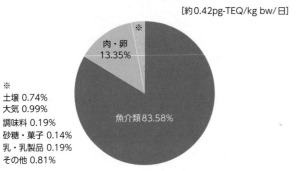

[約0.42pg-TEQ/kg bw/日]

肉・卵 13.35%
魚介類 83.58%

※
土壌 0.74%
大気 0.99%
調味料 0.19%
砂糖・菓子 0.14%
乳・乳製品 0.19%
その他 0.81%

資料：厚生労働省、環境省資料より環境省作成

図5-1-6	食品からのダイオキシン類の一日摂取量の経年変化

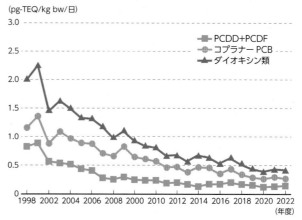

資料：厚生労働省「食品からのダイオキシン類一日摂取量調査」

（2）ダイオキシン類対策

　ダイオキシン類対策は、「ダイオキシン対策推進基本指針（以下「基本指針」という。）」及びダイオキシン類対策特別措置法（平成11年法律第105号。以下「ダイオキシン法」という。）の二つの枠組みにより進められています。

　1999年3月に策定された基本指針では、排出インベントリ（目録）の作成、測定分析体制の整備、廃棄物処理・リサイクル対策の推進等を定めています。

　ダイオキシン法では、施策の基本とすべき基準（耐容一日摂取量及び環境基準）の設定、排出ガス及び排出水に関する規制、廃棄物焼却炉に係るばいじん等の処理に関する規制、汚染状況の調査、土壌汚染に係る措置、国の削減計画の策定等が定められています。

　基本指針及びダイオキシン法に基づき国の削減計画で定めたダイオキシン類の排出量の削減目標が達成されたことを受け、2012年に国の削減計画を変更し、新たな目標として、当面の間、改善した環境を悪化させないことを原則に、可能な限り排出量を削減する努力を継続することとしました。2022年における削減目標の設定対象に係る排出総量は、102g-TEQ/年（図5-1-7）で、削減目標量176g-TEQ/年を下回っています。

　ダイオキシン法に定める排出基準の超過件数は、2022年度は大気基準適用施設で30件、水質基準適用事業場で0件、合計30件（2021年度36件）でした。また、2022年度において、同法に基づく命令が発令された件数は、大気関係14件、水質関係0件で、法に基づく命令以外の指導が行われた件数は、大気関係669件、水質関係41件でした。

　ダイオキシン類による土壌汚染対策については、環境基準を超過し、汚染の除去等を行う必要があるものとして、2021年度末までに6地域がダイオキシン類土壌汚染対策地域に指定され、対策計画に基づく事業が完了しています。また、ダイオキシン類に係る土壌汚染対策を推進するための各種調査・検討を実施しており、2021年度末に「ダイオキシン類に係る土壌調査測定マニュアル」等を改定し、公表しました。

図5-1-7 ダイオキシン類の排出総量の推移

（g-TEQ/年）

排出量

	その他発生源
	産業系発生源
	小型廃棄物焼却炉等
	産業廃棄物焼却施設
	一般廃棄物焼却施設

1998 1999 2000 2001 2002 2003 2004 2005 2006 2007 2008 2009 2010 2011 2012 2013 2014 2015 2016 2017 2018 2019 2020 2021 2022 （年度）

対1997年削減割合 （単位：％）

1998年	1999年	2000年	2001年	2002年	2003年	2004年	2005年	2006年	2007年	2008年	2009年	2010年
46.0〜54.6	58.3〜64.7	67.2〜70.6	73.9〜76.7	87.5〜88.5	94.9〜95.5	95.3〜95.8	95.5〜96.0	95.9〜96.5	96.1〜96.5	97.2〜97.4	98.0〜98.1	98.0〜98.1

2011年	2012年	2013年	2014年	2015年	2016年	2017年	2018年	2019年	2020年	2021年	2022年
98.2〜98.3	98.3〜98.4	98.3〜98.4	98.4〜98.5	98.5〜98.6	98.5〜98.6	98.6〜98.7	98.5〜98.6	98.7〜98.8	98.8	98.8	98.6〜98.7

注：1997年から2007年の排出量は毒性等価係数としてWHO-TEF（1998）を、2008年以後の排出量は可能な範囲でWHO-TEF（2006）を用いた値で表示した。
資料：環境省「ダイオキシン類の排出量の目録（排出インベントリー）」（2024年3月）より作成

5 農薬のリスク対策

　農薬は、農薬取締法（昭和23年法律第82号）に基づき、定められた方法で使用した際の人の健康や環境への安全性が確認され、農林水産大臣の登録を受けなければ製造、販売等ができません。登録の可否を判断する要件のうち、作物残留、土壌残留、生活環境動植物の被害防止及び水質汚濁に係る基準（農薬登録基準）を環境大臣が定めています。このうち、生活環境動植物の被害防止に係る基準は、農薬取締法の一部を改正する法律（平成30年法律第53号。以下「改正農薬取締法」という。）に基づき、農薬の影響評価対象となる動植物が、水産動植物から陸域を含む生活環境動植物に拡大されたことを受けて設けられた基準であり、2020年4月には水草及び鳥類を、同年10月には野生ハナバチ類を、従来の魚類や甲殻類等に加えて評価対象としました。

　生活環境動植物の被害防止及び水質汚濁に係る農薬登録基準は、個別農薬ごとに基準値を設定しており、2023年度はそれぞれ8農薬と9農薬について設定又は改正しました。

　また、改正農薬取締法に基づき、全ての既登録農薬について、最新の科学的知見に基づき定期的に安全性等の再評価を行う制度が導入され、2021年度に、国内使用量が多い農薬から再評価を開始しました。

第2節　化学物質に関する未解明の問題への対応

1 子どもの健康と環境に関する全国調査（エコチル調査）の推進

　2010年度から全国で、約10万組の親子を対象とした大規模かつ長期の出生コホート調査「子どもの健康と環境に関する全国調査（エコチル調査）」を実施しています。エコチル調査では、臍帯血、血液、尿、母乳、乳歯等の生体試料を採取保存・分析するとともに、質問票等によるフォローアップを行い、子供の健康に影響を与える環境要因を明らかにすることとしています。また、全国調査約10万人の中から抽出された5,000人程度の子供を対象として医師による診察や身体測定、居住空間の化学物質の採取等の詳細調査を実施しています。2023年度は、12歳における学童期検査を開始しました。

　この調査の実施体制としては、国立研究開発法人国立環境研究所がコアセンターとして研究計画の立案や生体試料の化学分析等を、国立研究開発法人国立成育医療研究センターがメディカルサポートセン

ターとして医学的な支援等を、全国15地域のユニットセンターが参加者のフォローアップを担っており、環境省はこの調査研究の結果を政策に反映していくこととしています（図5-2-1）。

図5-2-1　子どもの健康と環境に関する全国調査（エコチル調査）の概要

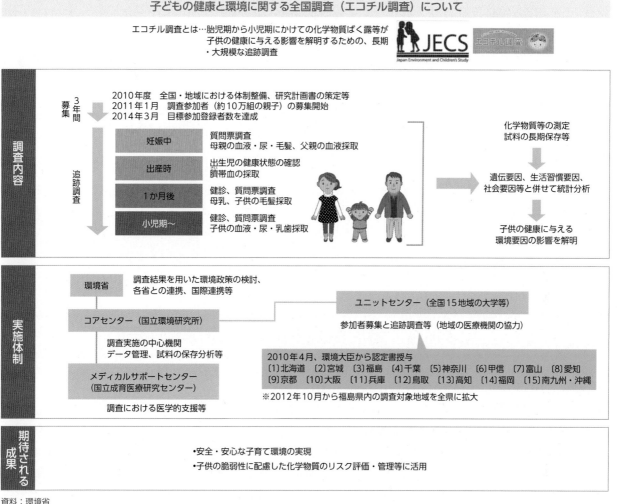

資料：環境省

2　化学物質の内分泌かく乱作用に係る取組

　化学物質の内分泌かく乱作用については、その有害性など未解明な点が多く、関係府省が連携して、環境中濃度の実態把握、試験方法の開発、生態系影響やヒト健康影響等に関する科学的知見を集積するための調査研究を、経済協力開発機構（OECD）における活動を通じた多国間協力や二国間協力など国際的に協調して実施しています。

　環境省では、化学物質の内分泌かく乱作用が環境中の生物に及ぼす影響を評価するため、2022年に取りまとめた「化学物質の内分泌かく乱作用に関する今後の対応—EXTEND2022—」に基づき、試験法の開発、既存知見の信頼性評価、試験候補物質の絞り込み、試験・評価の実施などの取組を進めています。

第3節　　化学物質に関するリスクコミュニケーションの推進

　化学物質やその環境リスクに対する国民の不安に適切に対応するため、これらの正確な情報を市民・

産業・行政等の全ての者が共有しつつ相互に意思疎通を図るリスクコミュニケーションを推進しています。

　化学物質のリスクに関する情報の整備のため、「PRTRデータを読み解くための市民ガイドブック」を作成し、「かんたん化学物質ガイド」等と共に配布しました。さらに、環境省においては、化学物質の名前等を基に、信頼できるデータベースに直接リンクできるシステム「化学物質情報検索支援サイト（ケミココ）」を公開しています。独立行政法人製品評価技術基盤機構のウェブサイト上では、既存化学物質等の安全性の点検結果等の情報を掲載した化審法データベース（J-CHECK）や、化学物質の有害性や規制等に関する情報を総合的に検索できるシステム「化学物質総合情報提供システム（NITE-CHRIP）」等の情報の提供を行っています。

　地域ごとの対策の検討や実践を支援する化学物質アドバイザーの派遣を行っており、2023年度にはPRTR制度についての講演会講師等として延べ11件の派遣を行うとともに、より多くの方にアドバイザーの活動を知ってもらい、活用してもらうため、環境省ウェブサイト上で情報更新等を行うなど、広報活動に取り組みました。

　市民、労働者、事業者、行政、学識経験者等の様々な主体による意見交換を行い合意形成を目指す場として、「化学物質と環境に関する政策対話」を開催しています。2023年度は、12月と2月に政策対話を実施し、「化学物質に関するグローバル枠組み（GFC）—化学物質や廃棄物の有害な影響から解放された世界へ」の採択を受けた対応について参加メンバーで意見交換を行いました。

第4節　化学物質に関する国際協力・国際協調の推進

1　国際的な化学物質管理の新たな枠組み（GFC）

　2002年の持続可能な開発に関する世界首脳会議（WSSD）で定められた「2020年までに化学物質の製造と使用による人の健康と環境への著しい悪影響の最小化を目指す」との目標を達成するため、2006年2月、第1回国際化学物質管理会議（ICCM1）において採択された国際的な化学物質管理のための戦略的アプローチ（SAICM）に基づき、「SAICM国内実施計画」を策定し、包括的な化学物質管理を推進してきました。2020年2月にはその進捗結果を取りまとめ、SAICM事務局に提出しています。2023年9月には、2020年以降の新たな国際的な化学物質管理の枠組み策定のため、第5回国際化学物質管理会議（ICCM5）が開催され、GFCが採択されました。なお、本会議において我が国は今後のGFCに関するアジア太平洋地域のフォーカルポイントに選出されています。また、この枠組みの中では、化学物質・廃棄物の適正管理におけるセクター間連携の強化が求められており、我が国とタイが共同議長を務める「環境と保健に関するアジア太平洋地域フォーラム」のテーマ別ワーキンググループにおいては、セクター間連携による取組を推進しています。

2　国連の活動

　PCB、DDTなど残留性有機汚染物質（POPs）34物質（群）の製造・使用の禁止・制限、排出の削減、廃棄物の適正処理等を規定しているPOPs条約及び有害な化学物質の貿易に際して人の健康及び環境を保護するための当事国間の共同の責任と協同の努力を促進する「国際貿易の対象となる特定の有害な化学物質及び駆除剤についての事前のかつ情報に基づく同意の手続に関するロッテルダム条約（PIC条約）」の締約国会合が2023年5月にスイス・ジュネーブで合同開催されました。同会合では、POPs条約の対象物質として新たに、メトキシクロル、デクロランプラス、UV-328を廃絶の対象として追加することなどが決議され、2025年2月に発効予定となりました。なお、POPs条約においては、補

助機関である残留性有機汚染物質検討委員会（POPRC）の2024年から2028年までの委員が我が国から選出されています。また、東アジアPOPsモニタリングプロジェクトを通じて、東アジア地域の国々と連携して環境モニタリングを実施するとともに、2023年11月にフィリピン・マニラで第15回東アジアPOPsモニタリングワークショップを開催し、同地域におけるモニタリング能力の強化に向けた取組を進めています。

　化学物質の分類と表示の国際的調和を図ることを目的とした「化学品の分類及び表示に関する世界調和システム（GHS）」については、関係省庁が作業を分担しながら、化学物質の有害性に関する分類事業を行うとともに、ウェブサイトを通じて分類結果の情報発信を進めました。

　また、2022年2～3月に開催された国連環境総会再開セッションにおける決議を踏まえ、「化学物質・廃棄物の適正管理及び汚染の防止に関する政府間科学・政策パネル」の設置に向け、2023年末までに2回の公開作業部会が開催され、本パネルの対象とする分野・範囲や組織構造等について議論されました。

3　水銀に関する水俣条約

　水銀による地球規模での環境汚染から人の健康と環境を保護するため、2013年10月に我が国で開催された外交会議において、水銀に関する水俣条約（以下「水俣条約」という。）が採択されました。水俣条約は2017年8月に発効し、同日、水銀による環境の汚染の防止に関する法律（平成27年法律第42号）が施行されました。

　同法の施行から5年が経過したことを踏まえ、2022年度から施行状況の点検に着手、2024年2月に「水銀による環境の汚染の防止に関する法律の施行状況及び今後の方向性について」が取りまとめられました。また、沖縄県辺戸岬及び秋田県男鹿半島において、水銀の大気中濃度等のモニタリング調査を実施しています。水俣条約締約国会合（COP）の議論にも積極的に貢献しており、2019年のCOP3から2023年のCOP5まで実施された実施遵守委員会の委員の一人を我が国が務めました（2021年からは副議長）。

　我が国は過去の経験と教訓を活かし、途上国による水俣条約の適切な履行を支援する国際協力と水俣発の情報発信・交流の二つの柱からなる「MOYAIイニシアティブ」を推進しています。途上国への水銀対策支援については、ネパールに対して条約の批准を支援するための研修を実施したほか、アジア太平洋水銀モニタリングネットワーク（APMMN）と協力して、途上国の技術者向けのモニタリング能力向上支援研修を行いました。さらに、我が国の優れた水銀対策技術の国際展開を推進すべく、インドネシア等で調査を実施しました。

4　OECDの活動

　我が国は、OECDの化学品・バイオ技術委員会において、環境保健安全プログラムを通じて、化学物質の安全性試験の技術的基準であるテストガイドラインの作成及び改廃など、化学物質の適正な管理に関する種々の活動に貢献しています。これに関する作業として、新規化学物質の試験データの信頼性確保及び各国間のデータ相互受入れのため、優良試験所基準（GLP）に関する国内体制の維持・更新、生態影響評価試験法等に関する我が国としての評価作業、化学物質の安全性を総合的に評価するための手法等の検討、内外の化学物質の安全性に係る情報の収集、分析等を行っています。また、環境省と国立環境研究所で開発している定量的構造活性相関（QSAR）プログラムである生態毒性予測システム（KATE）が、OECD QSAR Toolboxに接続されるなど連携を深めています。内分泌かく乱作用については、生態影響評価のための試験法の開発に主導的に参加するなど、OECDの取組に貢献しています。また、「PRTR作業部会」では、2023年末まで我が国が議長を務めるとともに、PRTRデータセンターの運営や各国データの比較可能性向上に関するプロジェクトを主導するなど、その取組に積極的

に貢献しました。

5 諸外国の化学物質規制の動向を踏まえた取組

欧州連合（EU）では、化学物質の登録、評価、認可及び制限に関する規則（REACH）や化学品の分類、表示及び包装に関する規則（CLP規則）等の化学物質管理制度に基づく化学物質管理が実施されており、我が国との関係が特に深いアジア地域においても、関係法令の施行による化学物質対策の強化が進められています。このため、我が国でも化学物質を製造・輸出又は利用する様々な事業者の対応が求められています。こうした我が国の経済活動にも影響を及ぼす海外の化学物質対策の動きへの対応を強化するため、化学産業や化学物質のユーザー企業、関係省庁等で構成する「化学物質国際対応ネットワーク」を通じて、ウェブサイト等による情報発信やセミナーの開催による海外の化学物質対策に関する情報の収集・共有を行いました。

日中韓三か国による化学物質管理に関する情報交換及び連携・協力を進め、2023年11月に「第17回日中韓化学物質管理政策対話」が韓国の済州島で開催されました。日中韓の政府関係者による政府事務レベル会合では、化学物質管理政策の最新動向、化学物質管理に関する国際動向への対応、各国の最新の課題に関する対応の状況等について情報・意見交換を行いました。また、同政策対話の一環で開催された専門家会合では、生態毒性試験の実施手法の調和に向けた共同研究として各国で実施した藻類生長阻害試験の比較結果の取りまとめ及び日中韓の既存化学物質のリスク評価や代替毒性試験における技術的手法についての情報・意見交換を行うとともに、今後は共同でオオミジンコ繁殖試験に関する研究を実施することなどについて合意しました。さらに、近年成長著しい東南アジアの化学物質管理に貢献するため、アジア地域において化学物質対策能力の向上を促進し、適正な化学物質対策の実現を図るためのワークショップ等を開催しています。

第5節　国内における毒ガス弾等に係る対策

2002年9月以降、神奈川県寒川町及び平塚市内の道路建設現場等において、作業従事者が毒ガス入りの不審びんにより被災する事案が発生しました。また、2003年3月には、茨城県神栖市の住民から、ふらつき、手足の震え等の訴えがあり、飲用井戸を検査した結果、旧軍の化学剤の原料に使用された歴史的経緯があるジフェニルアルシン酸（有機ヒ素化合物）が検出されました。こうした問題が相次いで発生したことを受けて、同年6月に閣議了解、さらに12月には閣議決定を行い、政府が一体となって、以下の取組を進めています。

1 個別地域の事案

神栖市の事案については、ジフェニルアルシン酸による地下水汚染と健康影響が発生したことを受け、2003年6月の閣議了解に基づき、これにばく露したと認められる住民に対して、医療費等の給付や健康管理調査、小児精神発達調査（2011年6月開始）、調査研究等の緊急措置事業を実施し、その症候や病態の解明を図ってきました。また、地下水モニタリングを実施するとともに、2004年度には地下水汚染源の掘削・除去を行い、2009年から2011年度にかけては高濃度汚染地下水対策を実施しました。地下水モニタリングについては、現在も継続的に実施しており、汚染状況を監視しています。さらに、平塚市の事案においても、地下水から有機ヒ素化合物が検出されたことから、地下水モニタリングを継続して汚染状況を監視するとともに、汚染土壌処理等を実施しています。

そのほか、平塚市・寒川町、千葉県習志野市におけるA事案（毒ガス弾等の存在に関する確実性が

高く、かつ地域も特定されている事案）区域においては、毒ガス弾等による被害を未然に防止するため、土地改変時における所要の環境調査等を実施しています。

2　毒ガス情報センター

　2003年12月から毒ガス弾等に関する情報を一元的に扱う情報センターで情報を受け付けるとともに、ウェブサイトやパンフレット等を通じて被害の未然防止について周知を図っています。

第6章 各種施策の基盤となる施策及び国際的取組に係る施策

第1節 政府の総合的な取組

1 環境基本計画

　2023年5月、環境大臣から中央環境審議会に対する環境基本計画見直しの諮問を受け、同審議会において審議を行いました。

　私たちは、気候変動、生物多様性の損失及び汚染という3つの危機に直面しています。現代文明は持続可能ではなく転換が不可避であり、社会変革が必要であるとともに、2030年頃までに行う選択や実施する対策は、現在から数千年先まで影響を持つ可能性が高いとも指摘されています。こうした状況を踏まえ、第六次環境基本計画では、環境保全を通じた「ウェルビーイング／高い生活の質」の実現を最上位の目的とし、環境収容力を守りつつ、環境の質を上げることによって経済社会が成長・発展できる「循環共生型社会」（「環境・生命文明社会」）をビジョンとして掲げました。そして、自然資本（環境）があらゆる経済社会活動の基盤であるという認識の下、環境負荷の総量削減や「新たな成長」などの視点を踏まえ、第六次環境基本計画を2024年5月に閣議決定しました。

2 環境保全経費

　政府の予算のうち環境保全に関係する予算について、環境保全に係る施策が政府全体として効率的、効果的に展開されるよう、環境省において見積り方針の調整を図り、環境保全経費として取りまとめています。2024年度予算における環境保全経費の総額は、2兆1,427億円となりました。

3 予防的な取組方法の考え方に基づく環境施策の推進

　地球温暖化による環境への影響、化学物質による健康や生態系への影響等、環境問題の多くには科学的な不確実性があります。しかし、一度問題が発生すれば、それに伴う被害や対策コストが非常に大きくなる可能性や、長期間にわたる極めて深刻な、あるいは不可逆的な影響をもたらす可能性があります。このため、このような環境影響が懸念される問題については、科学的に不確実であることを理由に対策を遅らせず、知見の充実に努めながら、予防的な対策を講じるという「予防的な取組方法」の考え方に基づいて対策を講じていくべきです。この予防的取組は、「第五次環境基本計画」においても「環境政策における原則等」として位置付けられており、様々な環境政策における基本的な考え方として取り入れられています。関係府省は、「第五次環境基本計画」に基づき、予防的な取組方法の考え方に関する各種施策を実施しました。

4 SDGsに関する取組の推進

　「第五次環境基本計画」で提唱されたSDGsを地域で実践するためのビジョンである「地域循環共生圏」の創造を進めていくため、環境省では、「環境で地域を元気にする地域循環共生圏づくりプラット

フォーム事業」等により各地域での地域循環共生圏のビジョンづくりを進めるとともに、全国各地でつくられた地域循環共生圏のビジョンを実現するため、2019年に運用を開始したポータルサイト「環境省ローカルSDGs－地域循環共生圏－」を活用し取組を進めています。

詳細については、第1部第3章第1節を参照。

また、SDGsの環境的側面における各主体の取組を促進するため、環境省では2016年から「ステークホルダーズ・ミーティング」を開催しています。これは、先行してSDGsに取り組む企業、自治体、市民団体、研究者や関係府省が一堂に会し、互いの事例の共有や意見交換、さらには広く国民への広報を行う公開の場です。先駆的な事例を認め合うことで、他の主体の行動を促していくことを目的としています。

企業・団体等によるSDGs達成に向けた活動が拡大している中、企業・団体等の優れた取組を政府全体として表彰することにより、こうした潮流を更に後押ししていくことを目的として、2017年に「ジャパンSDGsアワード」が創設されました。2023年12月に第7回目の表彰が行われ、「SDGs推進本部長（内閣総理大臣）賞」に一般社団法人WheeLogが選ばれました。

また、「デジタル田園都市国家構想総合戦略」（2023年12月閣議決定）において、地方創生に取り組むに当たって、SDGsの理念に沿った経済・社会・環境の三側面を統合した取組を進めることで、政策の全体最適化や地域の社会課題解決の加速化を図ることが重要であるとしています。国、地方公共団体等において、様々な取組に経済、社会及び環境の統合的向上等の要素を最大限反映することが重要です。したがって、持続可能なまちづくりや地域活性化に向けて取組を推進するに当たっても、SDGsの理念に沿って進めることにより、政策の全体最適化や地域課題解決の加速化という相乗効果が期待でき、地方創生の取組の一層の充実・深化につなげることができます。このため、SDGsを原動力とした地方創生の推進や地域循環共生圏の創造の後押しを行います。

さらに、内閣府では2018年度から2023年度にかけて、地方公共団体（都道府県及び市区町村）によるSDGsの達成に向けた取組を公募し、優れた取組を提案する都市をSDGs未来都市として計182都市選定し、その中でも特に先導的な取組を自治体SDGsモデル事業として計60事業選定しました。これらの取組を引き続き支援するとともに、成功事例の普及展開を図り、2024年度までに、SDGs未来都市を累計210都市選定することを目指します。また、2022年度から2023年度にかけて、地方公共団体が広域で連携し、SDGsの理念に沿って地域のデジタル化や脱炭素化等を行う地域活性化に向けた取組を「広域連携SDGsモデル事業」として選定し、5団体を支援しました。加えて、SDGsの推進に当たっては、多様なステークホルダーとの連携が不可欠であることから、官民連携の促進を目的として「地方創生SDGs官民連携プラットフォーム」を設置し、マッチングイベントや分科会開催等による支援を実施しています。さらに、金融面においても地方公共団体と地域金融機関等が連携して、地域課題の解決やSDGsの達成に取り組む地域事業者を支援し、地域における資金の還流と再投資を生み出す「地方創生SDGs金融」を通じた、自律的好循環の形成を目指しています。また、SDGsの取組を積極的に進める事業者等を「見える化」するために、2020年10月には「地方公共団体のための地方創生SDGs登録・認証等制度ガイドライン」を公表するとともに、2021年11月には、SDGsの達成に取り組む地域事業者等に対する優れた支援を連携して行う地方公共団体と地域金融機関等を表彰する「地方創生SDGs金融表彰」を創設しました。

このような取組を通じて、「デジタル田園都市国家構想総合戦略」において設定されている、SDGsの達成に向けた取組を行っている都道府県及び市区町村の割合の目標を2024年度に60％と設定しており、2023年度には65％と目標達成となりましたが、引き続き地方創生SDGsの普及促進活動を進めていきます（表6-1-1）。

表6-1-1　SDGs未来都市一覧

2018年度選定（全29都市） ※都道府県・市区町村コード順

都道府県	選定都市	都道府県	選定都市
北海道	★北海道	静岡県	静岡市
	札幌市		浜松市
	ニセコ町※	愛知県	豊田市
	下川町※	三重県	志摩市
宮城県	東松島市	大阪府	堺市
秋田県	仙北市	奈良県	十津川村
山形県	飯豊町	岡山県	岡山市
茨城県	つくば市		真庭市※
神奈川県	★神奈川県	広島県	★広島県
	横浜市	山口県	宇部市
	鎌倉市	徳島県	上勝町
富山県	富山市	福岡県	北九州市※
石川県	珠洲市	長崎県	壱岐市※
	白山市	熊本県	小国町
長野県	★長野県		

2019年度選定（全31都市） ※都道府県・市区町村コード順

都道府県	選定都市	都道府県	選定都市
岩手県	陸前高田市	滋賀県	★滋賀県
福島県	郡山市	京都府	舞鶴市
栃木県	宇都宮市		生駒市
群馬県	みなかみ町	奈良県	三郷町
埼玉県	さいたま市		広陵町
東京都	日野市	和歌山県	和歌山市
神奈川県	川崎市		智頭町
	小田原市※	鳥取県	日南町
新潟県	見附市※	岡山県	西粟倉村※
富山県	★富山県		大牟田市
	南砺市※	福岡県	福津市
石川県	小松市	熊本県	熊本市
福井県	鯖江市※		大崎町
	★愛知県	鹿児島県	徳之島町
愛知県	名古屋市	沖縄県	恩納村
	豊橋市		

2020年度選定（全33都市） ※都道府県・市区町村コード順

都道府県	選定都市	都道府県	選定都市
岩手県	岩手町	滋賀県	湖南市
宮城県	仙台市	京都府	亀岡市
	石巻市※	大阪府・大阪市※	★大阪府・大阪市
山形県	鶴岡市	大阪府	豊中市
埼玉県	春日部市		富田林市※
東京都	豊島区	兵庫県	明石市
神奈川県	相模原市	岡山県	倉敷市
石川県	金沢市	広島県	東広島市
	加賀市	香川県	三豊市
	能美市	愛媛県	松山市
長野県	大町市	高知県	土佐町
岐阜県	★岐阜県	福岡県	宗像市
静岡県	富士市	長崎県	対馬市
	掛川市	熊本県	水俣市
愛知県	岡崎市	鹿児島県	鹿児島市
三重県	★三重県	沖縄県	石垣市
	いなべ市※		

2021年度選定（全31都市） ※都道府県・市区町村コード順

都道府県	選定都市	都道府県	選定都市
北海道	上士幌町		高山市
岩手県	一関市	岐阜県	美濃加茂市
山形県	米沢市	静岡県	富士宮市
福島県	福島市		小牧市
茨城県	境町	愛知県	知立市
群馬県	★群馬県		京都市
埼玉県	★埼玉県	京都府	京丹後市
千葉県	市原市	大阪府	能勢町
東京都	墨田区		姫路市
	江戸川区	兵庫県	西脇市
神奈川県	松田町	鳥取県	鳥取市
新潟県	妙高市	愛媛県	西条市
福井県	★福井県	熊本県	菊池市
長野県	長野市		山都町
	伊那市	沖縄県	★沖縄県
岐阜県	岐阜県		

2022年度選定（全30都市） ※都道府県・市区町村コード順

都道府県	選定都市	都道府県	選定都市
宮城県	大崎市	静岡県	御殿場市
秋田県	大仙市	愛知県	安城市
山形県	長井市	大阪府	阪南市
埼玉県	戸田市		加西市
	入間市	兵庫県	多可町
千葉県	松戸市	和歌山県	田辺市
東京都	板橋区	鳥取県	★鳥取県
	足立区	徳島県	徳島市
新潟県	★新潟県		美波町
	新潟市	愛媛県	新居浜市
	佐渡市	福岡県	直方市
石川県	輪島市		八代市
長野県	上田市	熊本県	上天草市
	根羽村		南阿蘇村
岐阜県	恵那市	鹿児島県	薩摩川内市

2023年度選定（全28都市） ※都道府県・市区町村コード順

都道府県	選定都市	都道府県	選定都市
青森県	弘前市※		★兵庫県
群馬県	桐生市	兵庫県	加古川市
埼玉県	鴻巣市		三木市
	深谷市		三田市
千葉県	木更津市	鳥取県	八頭町
東京都	大田区	島根県	松江市
	東村山市	岡山県	備前市
富山県	氷見市	広島県	福山市
石川県	七尾市	愛媛県	四国中央市
	野々市市	福岡県	糸島市
福井県	大野市	佐賀県	鹿島市
山梨県	★山梨県	宮崎県	延岡市
長野県	松本市		出水市
京都府	宮津市	鹿児島県	奄美市

累計	
SDGs未来都市（183自治体）	182都市
自治体SDGsモデル事業	60都市

※：「自治体SDGsモデル事業」選定自治体
★：SDGs未来都市のうち都道府県
資料：内閣府

第2節　グリーンな経済システムの構築

1　企業戦略における環境ビジネスの拡大・環境配慮の主流化

（1）環境配慮型製品の普及等

ア　グリーン購入

　国等による環境物品等の調達の推進等に関する法律（グリーン購入法）（平成12年法律第100号）に基づく基本方針に即して、国及び独立行政法人等の各機関は、環境物品等の調達の推進を図るための方針の策定・公表を行い、これに基づいて環境物品等の調達を推進しました。

　基本方針の見直しを行い、ヒートポンプ式電気給湯器を始めとした7品目においてカーボンフットプリントの算定・開示を配慮事項に設定しました。また、電気便座、ヒートポンプ式電気給湯器、ガス温水機器、石油温水機器において、エネルギー消費効率基準を強化、乗用車、小型貨物車において、燃費基準値を引き上げました。さらに、プロジェクタにおいて、5,000ルーメン以上の製品を対象に追加するとともに、ガス温水機器において、ハイブリッド給湯器を対象に追加しました。

　グリーン購入の取組を更に促進するため、最新の基本方針について、国の地方支分部局、地方公共団体、事業者等を対象とした全国説明会及びオンライン説明会を開催しました。

　そのほか、地方公共団体等でのグリーン購入を推進するため、実務支援等による普及・啓発活動を行いました。

　国際的なグリーン購入の取組を推進するため、グリーン購入に関する世界各国の制度・基準について情報を収集し、環境省ウェブサイトで公開しました。

イ　環境配慮契約

　国等における温室効果ガス等の排出の削減に配慮した契約の推進に関する法律（環境配慮契約法）（平成19年法律第56号）に基づく基本方針に従い、国及び独立行政法人等の各機関は、温室効果ガス等の排出の削減に配慮した契約（以下「環境配慮契約」という。）を推進しました。

　環境配慮契約の取組を更に促進するため、最新の基本方針について、国の地方支分部局、地方公共団体、事業者等を対象とした全国説明会及びオンライン説明会を開催しました。

　地方公共団体等での環境配慮契約の推進のため、実務支援等による普及・啓発活動を行いました。

ウ　環境ラベリング

　消費者が環境負荷の少ない製品を選択する際に適切な情報を入手できるように、環境ラベル等環境表示の情報の整理を進めました。我が国で唯一のタイプⅠ環境ラベル（ISO14024準拠）であるエコマーク制度では、ライフサイクルを考慮した指標に基づく商品類型を継続して整備しており、2024年3月31日時点でエコマーク対象商品類型数は74、認定商品数は5万3,556となっています。

　事業者の自己宣言による環境主張であるタイプⅡ環境ラベルや民間団体が行う環境ラベル等については、各ラベリング制度の情報を整理・分類して提供する「環境ラベル等データベース」を引き続き運用しました。

　なお、製品の環境負荷を定量的に表示する環境ラベルとしてはSuMPO環境ラベルプログラムがあり、複数影響領域を表すタイプⅢ環境ラベル（ISO14025準拠）のエコリーフと、地球温暖化の単一影響領域を表すカーボンフットプリント（CFP、ISO/TS14067準拠）の2通りの宣言方法があります。

(2) 事業活動への環境配慮の組込みの推進
ア　環境マネジメントシステム

　ISO14001を参考に環境省が策定した、中堅・中小事業者向け環境マネジメントシステム「エコアクション21」を通じて、環境マネジメントシステムの認知向上と普及・促進を行いました。2024年3月時点でエコアクション21の認証登録件数は7,521件となりました。

イ　環境報告

　環境情報の提供の促進等による特定事業者等の環境に配慮した事業活動の促進に関する法律（平成16年法律第77号。以下「環境配慮促進法」という。）では、環境報告書の普及促進と信頼性向上のための制度的枠組みの整備や一定の公的法人に対する環境報告書の作成・公表の義務付け等について規定しています。環境報告書の作成・公表及び利活用の促進を図るため、環境配慮促進法に基づく特定事業者の環境報告書を一覧できるウェブサイトとして「もっと知りたい環境報告書」を運用しました。また、バリューチェーンマネジメントの取組促進のために、2020年8月に公表した「バリューチェーンにおける環境デュー・ディリジェンス入門～OECDガイダンスを参考に～」や2023年5月に公表した「バリューチェーンにおける環境デュー・ディリジェンス入門～環境マネジメントシステム（EMS）を活用した環境デュー・ディリジェンスの実践～」を題材に、環境デュー・ディリジェンスや情報開示の普及促進を図りました。

ウ　公害防止管理者制度

　各種公害規制が遵守され、公害の防止に資するよう、特定工場における公害防止組織の整備に関する法律（昭和46年法律第107号）に基づき、特定工場に対し、公害防止管理者等を選任し、公害防止組織を整備すること及びその旨を都道府県知事等に届け出ることを義務付けています。

　国家資格である公害防止管理者は、国家試験の合格又は資格認定講習の修了のいずれかにより取得が可能であり、国家試験は1971年度から、資格認定講習は一定の技術資格を有する者又は公害防止に関する実務経験と一定の学歴を有する者を対象として、1972年度から実施されています。

エ　その他環境に配慮した事業活動の促進

　環境保全に資する製品やサービスを提供する環境ビジネスの振興は、環境と経済の好循環が実現する持続可能な社会を目指す上で、極めて重要な役割を果たすものであると同時に、経済の活性化、国際競争力の強化や雇用の確保を図る上でも大きな役割を果たすものです。

　我が国の環境ビジネスの市場・雇用規模については、2022年の市場規模は約118.8兆円、雇用規模は約296.3万人となり、2000年との比較では市場規模は約1.9倍、雇用規模は約1.5倍に成長しました。環境ビジネスの市場規模は、2009年に世界的な金融危機で一時的に落ち込んだものの、それ以降は市場規模、雇用規模共に着実に増加しています。

2 金融を通じたグリーンな経済システムの構築

　民間資金を環境分野へ誘引する観点からは、金融機能を活用して、環境負荷低減のための事業への投融資を促進するほか、企業活動に環境配慮を組み込もうとする経済主体を金融面で評価・支援することが重要です。そのため、以下に掲げる取組を行いました。

(1) 金融市場を通じた環境配慮の織り込み

　我が国におけるESG金融（環境（Environment）・社会（Social）・企業統治（Governance）といった非財務情報を考慮する金融）の主流化のため、金融・投資分野の各業界トップと国が連携し、ESG金融に関する意識と取組を高めていくための議論を行い、行動する場として「ESG金融ハイレベル・パネル」を開催し、GX（グリーン・トランスフォーメーション）に向けた動きを踏まえつつ、生物多様性・自然資本や循環経済との一体的な推進に向けた金融面からの取組について議論を行いました。さらに、ESG金融に関する幅広い関係者を表彰する我が国初の大臣賞である「ESGファイナンス・アワード・ジャパン」を引き続き開催し、積極的にESG金融に取り組む金融機関、諸団体やサステナブル経営に取り組む企業を多数の応募者の中から選定し、2024年2月に開催された表彰式において発表しました。また、気候変動関連情報を開示する枠組みであるTCFD（気候関連財務情報開示タスクフォース）フレームワーク、生物多様性・自然資本関連情報を開示する枠組みであるTNFD（自然関連財務情報開示タスクフォース）フレームワーク、さらにはISSB（国際サステナビリティ基準審議会）によるサステナビリティ開示基準等にのっとり、気候関連リスクや自然関連リスクとその備えについて金融機関や投資家から情報開示が求められており、我が国ではこれらのフレームワークに基づく情報開示を推進しているところです。具体的には、環境省では、2023年度に地域金融機関3社に対してTCFD開示を踏まえ、投融資先に対する脱炭素に向けた実効的なエンゲージメントを支援するパイロットプログラムを、金融機関4社に対して、ポートフォリオのカーボン分析パイロットプログラムを実施しました。加えて、気候変動が地域社会にとって「機会」となるよう、多様な地域金融機関による脱炭素化事業支援事例を調査し、事例集として公表しました。事業者向けには、情報開示の実施・高度化を促進することを目的に、気候関連財務情報開示に加え、関連する自然関連財務情報開示を拡充した勉強会を全10回開催しました。本勉強会内容や最新動向について調査した結果は「サステナビリティ（気候・自然関連）情報開示を活用した経営戦略立案のススメ（2024年3月）」に反映し、我が国の事業者へ周知しました。経済産業省においても、2019年に世界の産業界や金融界のトップが一堂に会する、世界初の「TCFDサミット」を開催し、2023年10月には国際GX会合（GGX）と統合し「GGX×TCFDサミット」を開催しました。また、経済産業省が2018年12月に策定した「気候関連財務情報開示に関するガイダンス（TCFDガイダンス）」について、民間主導で設立されたTCFDコンソーシアムがその改訂作業を引き継ぎ、2020年7月「TCFDガイダンス2.0」、2022年10月には改訂版として「TCFDガイダンス3.0」として公表しました。こうした取組等を通じて、2023年9月時点で、我が国のTCFD賛同機関数は約1,454となり、世界最多となっています。

（2）環境金融の普及に向けた基礎的な取組

　金融機関が自主的に策定した「持続可能な社会の形成に向けた金融行動原則（21世紀金融行動原則）」（約300機関が署名）について、引き続き支援を行いました。経済産業省は2021年5月に金融庁、経済産業省、環境省が共同で「クライメート・トランジション・ファイナンスに関する基本指針」を策定し、鉄鋼、化学、電力、ガス、石油、紙・パルプ、セメント、自動車分野における技術ロードマップを取りまとめ、公表しました。また、国内におけるトランジション・ファイナンスの促進に資するため、トランジション・ファイナンスの調達に要する費用に対する補助や情報発信も行っています。2023年6月には、資金供給後のトランジション戦略の着実な実行と企業価値向上への貢献を担保するために、金融機関向けのフォローアップガイダンスを策定しました。また、トランジション・ファイナンスを通じて金融機関の投融資先の排出量（ファイナンスド・エミッション）が一時的に増加することを懸念し、投融資を控える行動が生じ得るという課題について、2023年10月に課題解決に向けた考え方を整理し公表しました。

　さらに、今後10年間で150兆円超のGX投資を実現する呼び水として、2024年2月には世界初の国によるトランジション・ボンドとしてクライメート・トランジション利付国債を発行しました。

（3）環境関連事業への投融資の促進

　民間資金が十分に供給されていない再生可能エネルギー事業等の脱炭素化プロジェクトに対する「地域脱炭素投資促進ファンド」からの出資による支援、中小企業等がリースで脱炭素機器を導入する場合に総リース料の一定割合を補助する事業、地域脱炭素に資するESG融資に対する利子補給事業など、再生可能エネルギー事業創出や省エネ設備導入に向けた支援を引き続き実施したほか、地域資源を活用した金融機関の取組に対する支援の結果を踏まえて「ESG地域金融実践ガイド3.0」を公表しました。

　国内におけるグリーンボンド等による調達促進に資するため、グリーンボンド等の調達に要する費用に対する補助や、グリーンボンド等による資金調達の概要やメリット等をテーマとした「グリーンファイナンスセミナー」を実施しました。また、グリーンファイナンスポータルにて、国内におけるグリーンファイナンスの実施状況等、ESG金融に関する情報の一元的な発信を行いました。加えて、2023年8月には、我が国のサステナブルファイナンス市場をさらに健全かつ適切に拡大していくことを目的とした「グリーンファイナンスに関する検討会」の下に「グリーンリストに関するワーキンググループ」を設置し、グリーンな資金使途等を例示したガイドラインの付属書1別表について、内容の拡充に係る検討を進めています。

　日本政策金融公庫においては、大気汚染対策や水質汚濁対策、廃棄物の処理・排出抑制・有効利用、温室効果ガス排出削減、省エネ等の環境対策に係る融資施策を引き続き実施しました。

（4）政府関係機関等の助成

　政府関係機関等による環境保全事業の助成については、表6-2-1のとおりでした。

| 表6-2-1 | 政府関係機関等による環境保全事業の助成 |

日本政策金融公庫	産業公害防止施設等に対する特別貸付 家畜排せつ物処理施設の整備等に要する資金の融通
独立行政法人中小企業基盤整備機構の融資制度	騒音、ばい煙等の公害問題等により操業に支障を来している中小企業者が、集団で適地に移転する工場の集団化事業等に対する都道府県を通じた融資
独立行政法人石油天然ガス・金属鉱物資源機構による融資	金属鉱業等鉱害対策特別措置法に基づく使用済特定施設に係る鉱害防止事業に必要な資金、鉱害防止事業基金への拠出金及び公害防止事業費事業者負担法（昭和45年法律第133号）による事業者負担金に対する融資

資料：財務省、農林水産省、経済産業省、環境省

3 グリーンな経済システムの基盤となる税制

(1) 税制上の措置等

2023年度税制改正において、[1] 地球温暖化対策のための税の着実な実施、[2] 車体課税のグリーン化、[3] 株式会社脱炭素化支援機構の法人事業税の資本割に係る課税標準特例の創設（法人事業税）、[4] 低公害自動車に燃料を充てんするための設備に係る課税標準の特例措置の延長（固定資産税）、[5] 試験研究を行った場合の法人税額等の特別控除の延長（所得税、法人税、法人住民税）、[6] 福島国際研究教育機構に係る税制上の所要の措置（所得税、法人税、消費税、印紙税、登録免許税、相続税、個人住民税、法人住民税、事業税、地方消費税、不動産取得税、固定資産税、都市計画税、事業所税）を講じました。

(2) 税制のグリーン化

環境関連税制等のグリーン化については、2050年カーボンニュートラルのための重要な施策です。

我が国では、税制による地球温暖化対策を強化するとともに、エネルギー起源CO_2排出抑制のための諸施策を実施していく観点から、2012年10月に「地球温暖化対策のための石油石炭税の税率の特例」が導入されました。具体的には、我が国の温室効果ガス排出量の8割以上を占めるエネルギー起源CO_2の排出削減を図るため、全化石燃料に対してCO_2排出量に応じた税率（289円／トンCO_2）を石油石炭税に上乗せするものです。急激な負担増を避けるため、税率は3年半かけて段階的に引き上げることとされ、2016年4月に最終段階への引上げが完了しました。この課税による税収は、エネルギー起源CO_2の排出削減を図るため、省エネルギー対策、再生可能エネルギー普及、化石燃料のクリーン化・効率化などに充当されています。

車体課税については、自動車重量税におけるエコカー減税や、自動車税及び軽自動車税におけるグリーン化特例（軽課）及び環境性能割といった環境性能に優れた車に対する軽減措置が設けられています。

第3節　技術開発、調査研究、監視・観測等の充実等

1 環境分野におけるイノベーションの推進

(1) 環境研究・技術開発の実施体制の整備

ア　環境研究総合推進費及び地球環境保全等試験研究費

環境省では、環境研究総合推進費において、環境政策への貢献をより一層強化するため、環境省が必要とする研究テーマ（行政ニーズ）を明確化し、その中に地方公共団体がニーズを有する研究開発テーマも組み入れました。また、気候変動に関する研究のうち、各府省が関係研究機関において中長期的視点から計画的かつ着実に実施すべき研究を、地球環境保全等試験研究費により効果的に推進しました。

イ　環境省関連試験研究機関における研究の推進

（ア）国立水俣病総合研究センター

国立水俣病総合研究センターでは、水俣病発生の地にある国の直轄研究機関としての使命を達成するため、水俣病や環境行政を取り巻く社会的状況の変化を踏まえ、2020年4月に今後5年間の実施計画「中期計画2020」を策定しました。「中期計画2020」における調査・研究分野とそれに付随する業務に関する重点項目は、[1] メチル水銀曝露の健康影響評価と治療への展開、[2] メチル水銀の環境動態、[3] 地域の福祉向上への貢献、[4] 国際貢献とし、中期計画3年目の研究及び業務を推進しまし

た。

特に、地元医療機関との共同による脳磁計（MEG）・磁気共鳴画像診断装置（MRI）を活用した水俣病患者の慢性期における臨床病態の客観的評価法の確立に関する研究、メチル水銀中毒の予防及び治療に関する基礎研究を推進するとともに、国内外諸機関と連携し、環境中の水銀モニタリング及び水俣病発生地域の地域創生に関する調査・研究を進めました。

水銀に関する水俣条約（以下「水俣条約」という。）締約国会議の結果及び成果等を踏まえ、水銀分析技術の簡易・効率化を進め、分析精度向上に有効となる標準物質の作成と配布等を行い、また、熊本県水俣市において「水俣条約の有効性評価に資するアジア太平洋及びアフリカ地域の環境中水銀モニタリングの現状と課題」をテーマに研究会議「NIMD FORUM」を主催するなどの国際貢献を進めるとともに国立水俣病総合研究センターの研究成果及び施設を積極的に活用した地域貢献を進めました。

これらの施策や研究内容について、国立水俣病総合研究センターウェブサイトをリニューアルし、具体的かつ分かりやすい情報発信を実施しました。

（イ）国立研究開発法人国立環境研究所

国立研究開発法人国立環境研究所では、環境大臣が定めた中長期目標（2021年度～2025年度）に基づく第5期中長期計画が2021年度から開始されました。中長期計画に基づき、環境研究の中核的研究機関として、[1] 重点的に取り組むべき課題への統合的な研究、[2] 環境研究の各分野における科学的知見の創出等、[3] 国の計画に基づき中長期目標期間を超えて実施する事業（衛星観測及び子どもの健康と環境に関する全国調査に関する事業）及び [4] 国内外機関との連携及び政策貢献を含む社会実装を推進しました。

特に、[1] では、統合的・分野横断的アプローチで取り組む戦略的研究プログラムを設定し、「気候変動・大気質」、「物質フロー革新」、「包括環境リスク」、「自然共生」、「脱炭素・持続社会」、「持続可能地域共創」、「災害環境」及び「気候変動適応」の8つの課題解決型プログラムを推進しています。

また、環境の保全に関する国内外の情報を収集、整理し、環境情報メディア「環境展望台」によってインターネット等を通じて広く提供しました。さらに、気候変動適応法（平成30年法律第50号）に基づき地方公共団体等への技術的援助等の業務を推進しました。

ウ　各研究開発主体による研究の振興等

文部科学省では、科学研究費助成事業等の研究助成を行い、大学等における地球環境問題に関連する幅広い学術研究・基礎研究の推進や研究施設・設備の整備・充実への支援を図るとともに、関連分野の研究者の育成を行いました。あわせて、「Future Earth」等の国際協働研究を通じた人文学・社会科学を含む分野横断的な課題解決型の研究の振興により、SDGsの進展に貢献しました。

地方公共団体の環境関係試験研究機関は、監視測定、分析、調査、基礎データの収集等を広範に実施するほか、地域固有の環境問題等についての研究活動を推進しました。これらの地方環境関係試験研究機関との緊密な連携を確保するため、環境省では、地方公共団体環境試験研究機関等所長会議を開催するとともに、全国環境研協議会と共催で環境保全・公害防止研究発表会を開催し、研究者間の情報交換の促進を図りました。

（2）環境研究・技術開発の推進

環境省では、2050年カーボンニュートラルに向けて、分野やステークホルダーの垣根を越えた地域共創による開発・実証を支援するため、「地域共創・セクター横断型カーボンニュートラル技術開発・実証事業を実施しています。本事業では、既存建築物のZEB化普及拡大に向けた高意匠・高性能な建材一体型太陽光発電システムの開発等に取り組むとともに、スタートアップ企業の事業化検討に必要な実現可能性調査（FS）や概念実証（PoC）を支援する枠を新設し、全体で43件の技術開発・実証事業を実施しました。また、ライフスタイルに関連の深い多種多様な電気機器（照明、パワーコンディショ

ナー、サーバー等）に組み込まれている各種デバイスを、高品質窒化ガリウム（GaN）半導体素子を用いることで高効率化し、徹底したエネルギー消費量の削減を実現するための技術開発及び実証を2014年度から実施しています。2019年度までに、GaNインバーターの基本設計を完了するとともに、これをEV車両に搭載した超省エネ電気自動車「All GaN Vehicle」（AGV）を開発し、世界で初めて駆動に成功しました。GaN技術を普及させるため、AGVやGaNインバーターを含むGaN技術を活用したアプリケーション等を「エコプロ」や「SEMICON Japan」等の展示会において継続的に出展しました。そのほかに、二酸化炭素回収・有効利用・貯留（CCUS）技術の導入に向けて、廃棄物焼却施設等の排ガス中の二酸化炭素から化学原料を製造する技術の開発・実証、CO_2の分離・回収技術の実証及び未だ実用化されていない浮体式洋上圧入技術の検討や制度審議等を進めました。

　文部科学省では、2050年カーボンニュートラルを支える超省エネ・高性能なパワーエレクトロニクス機器の創出に向けて、窒化ガリウム（GaN）等の次世代パワー半導体を用いたパワエレ機器等の研究開発を推進しました。あわせて、省エネ・高性能な半導体集積回路の創生に向けた新たな切り口による研究開発と将来の半導体産業を牽引する人材育成を推進するため、アカデミアにおける中核的な拠点形成を推進しました。また、2050年カーボンニュートラル実現等への貢献を目指し、従来の延長線上にない非連続なイノベーションをもたらす革新的技術を創出するため、2023年度から新たに、革新的GX技術創出事業（GteX）及び先端的カーボンニュートラル技術開発（ALCA-Next）を開始しました。GteXでは「蓄電池」、「水素」、「バイオものづくり」の3つの重点領域を設定し、材料等の開発やエンジニアリング、評価・解析等を統合的に行うオールジャパンのチーム型研究開発を推進するとともに、ALCA-Nextでは幅広い領域でのチャレンジングな提案を募り、大学等における基礎研究の推進により様々な技術シーズを育成する探索型の研究開発を推進しました。さらに、未来社会創造事業「地球規模課題である低炭素社会の実現」領域において、2050年の社会実装を目指し、温室効果ガスの大幅削減に資する革新的技術の研究開発を推進しました。加えて、未来社会創造事業大規模プロジェクト型においては、省エネ・低炭素化社会が進む未来水素社会の実現に向けて、高効率・低コスト・小型長寿命な革新的水素液化技術の開発を、また、Society 5.0の実現に向けて、センサ用独立電源として活用可能な革新的熱電変換技術の開発を推進しました。さらに、理化学研究所においては、植物科学、ケミカルバイオロジー、触媒化学、バイオマス工学の異分野融合により、持続的な成長及び地球規模の課題に貢献する「課題解決型」の研究開発を推進するとともに、強相関物理、超分子機能化学、量子情報エレクトロニクスの3分野の有機的な連携により、超高効率なエネルギーの収集・変換や、超低エネルギー消費のエレクトロニクスの実現に資する研究開発を推進しました。また、気候変動予測先端研究プログラムにおいて、スーパーコンピュータ「地球シミュレータ」等を活用して、気候モデルの開発や気候変動メカニズムの解明やニーズを踏まえた全ての気候変動対策の基盤となる高精度な気候変動予測データの創出などの研究開発を推進しました。また、気候変動予測データや地球観測データなどの地球環境ビッグデータを蓄積・統合解析・提供する「データ統合・解析システム（DIAS）」を活用し、地球環境ビッグデータを利活用した気候変動、防災等の地球規模課題の解決に貢献する研究開発を実施しました。加えて、大学の力を結集した、地域の脱炭素化加速のための基盤研究開発において、人文学・社会科学から自然科学までの幅広い知見を活用し、大学等と地域が連携して地域のカーボンニュートラルを推進するためのツール等に係る分野横断的な研究開発等を推進しました。あわせて、「カーボンニュートラル達成に貢献する大学等コアリション」を通じて、各大学等による情報共有やプロジェクト創出を促進しました。

　経済産業省では、省エネルギー、再生可能エネルギー、原子力、クリーンコールテクノロジー、分離回収したCO_2を地中へ貯留するCCSに関わる技術開発を実施しました。

　大型車の脱炭素化等に資する革新的技術を早期に実現するため、産学官連携のもと、電動化技術や内燃機関の高効率化といった次世代大型車関連の技術開発及び実用化の促進を図るための調査研究を行いました。

ア　中長期的なあるべき社会像を先導する環境分野におけるイノベーションのための統合的視点からの政策研究の推進

　環境政策の経済・社会への影響・効果や両者の関係を分析・評価する手法及び環境・経済・社会が調和した持続可能な社会の進展状況を把握・評価するための手法等を確立することにより、経済・社会の課題解決にも貢献する環境政策に関する基礎的な分析・理論等の知見を得て、それらの成果を政策の企画立案等に活用することを目的とした環境経済の政策研究を実施しています。2021年度から「第V期環境経済の政策研究」として、原則3年の研究期間を設け、2件の研究を行いました。

イ　統合的な研究開発の推進

　「第6期科学技術・イノベーション基本計画」では、我が国が目指す社会として、Society 5.0を具体化し、「国民の安全と安心を確保する持続可能で強靱な社会」、「一人ひとりの多様な幸せ（well-being）が実現できる社会」の実現を掲げています。その実現に向けて、本計画では、経済・社会が大きく変化し、国内、そして地球規模の様々な課題が顕在化する中で、2030年を見据えて、[1] デジタルを前提とした社会構造改革（我が国の社会を再設計し、地球規模課題の解決を世界に先駆けて達成し、国家の安全・安心を確保することで、国民一人ひとりが多様な幸せを得られるようにする）、[2] 研究力の抜本的強化（多様性や卓越性を持った「知」を創出し続ける、世界最高準の研究力を取り戻す）、[3] 新たな社会を支える人材育成（日本全体をSociety 5.0へと転換するため、多様な幸せを追求し、課題に立ち向かう人材を育成する）の3つを大目標として定め、科学技術・イノベーション政策を推進することとしています。

　2023年6月に閣議決定した「統合イノベーション戦略2023」においても、重点的に取り組むべき事項の一つとして「地球規模課題の克服に向けた社会変革と非連続なイノベーションの推進」を掲げ、「第6期科学技術・イノベーション基本計画」における目標である、「我が国の温室効果ガス排出量を2050年までに実質ゼロとし、世界のカーボンニュートラルを牽引するとともに、循環経済への移行を進めることで、気候変動をはじめとする環境問題の克服に貢献し、SDGsを踏まえた持続可能性を確保される。」ことを踏まえ、関係府省庁、産官学が連携して研究開発から社会実装まで一貫した取組の具体化を図り推進していくこととしました。

　内閣府では、2023年度から開始した戦略的イノベーション創造プログラム（SIP）第3期のエネルギー・環境関連の課題として「スマートエネルギーマネジメントシステムの構築」及び「サーキュラーエコノミーシステムの構築」を採択しました。前者は、再生可能エネルギーを主力エネルギー源とするため、従来のひとつの建物やひとつの地域における電力マネジメントの枠を超えて、熱・水素・合成燃料なども包含するエネルギーマネジメントシステムを構築して次世代の社会インフラを確立することを目指し、後者は、素材・製品開発といった動脈産業とリサイクルを担う静脈産業が連携して素材、製品、回収、分別、リサイクルの各プレイヤーが循環に配慮した取組を通じてプラスチックの循環経済（サーキュラーエコノミー）バリューチェーンを構築することを目指すもので、両者とも社会実装に向けた研究開発を行うものです。

　環境省では、「第五次環境基本計画」に基づき、今後5年間で取り組むべき環境研究・技術開発の重点課題やその効果的な推進方策を提示するものとして、環境研究・環境技術開発の推進戦略を策定することとしています。

　総務省や国立研究開発法人情報通信研究機構等では、電波や光を利用した地球環境のリモートセンシング技術や、環境負荷を増やさず飛躍的に情報通信ネットワーク設備の大容量化を可能にするフォトニックネットワーク技術等の研究開発を実施しています。

　農林水産省では、農林水産分野における気候変動の影響評価、地球温暖化の進行に適応した生産安定技術の開発等について推進しました。さらに、これらの研究開発等に必要な生物遺伝資源の収集・保存や特性評価等を推進しました。また、東京電力福島第一原子力発電所事故の影響を受けた被災地において、福島国際研究教育機構を通じ、ICTやロボットを活用した農林水産分野の先端技術の開発を行う

とともに、状況変化等に起因して新たに現場が直面している課題の解消に資する現地実証や社会実装に向けた取組を推進するため、農業用水利施設管理省力化ロボットの開発や土壌肥沃度のばらつき改善技術の開発等を行いました。さらに、森林・林業の再生を図るため、放射性物質対策に資する森林施業等の検証を行うとともに、木材製品等に係る放射性物質の調査・分析及び木材製品等の安全を確保するための効果的な検査等の安全証明体制の構築を支援しました。

経済産業省では、生産プロセスの低コスト化や省エネ化の実現を目指し、植物機能や微生物機能を活用して工業原料や高機能タンパク質等の高付加価値物質を生産する高度モノづくり技術の開発及びバイオものづくりの製造基盤技術の確立に向けた実証事業を実施しました。

国土交通省では、地球温暖化対策にも配慮しつつ、地域の実情に見合った最適なヒートアイランド対策の実施に向けて、様々な対策の複合的な効果を評価できるシミュレーション技術の運用や、地球温暖化対策に資するCO_2の吸収量算定手法の開発等を実施しました。低炭素・循環型社会の構築に向け、下水道革新的技術実証事業（B-DASH）等による下水汚泥の有効利用技術等の実証と普及を推進しました。

(3) 環境研究・技術開発の効果的な推進方策
ア　各主体の連携による研究技術開発の推進

2022年12月、「第13回気候中立社会実現のための戦略研究ネットワーク（LCS-RNet：Leveraging a Climate-neutral Society - Strategic Research Network）年次会合」を開催しました。年次会合では、「気候変動に関する政府間パネル（IPCC）第6次評価報告書を踏まえた、一層の行動強化に向けた新たな科学の挑戦」をテーマに、IPCC第6次評価報告書に関与した研究者計8名を登壇者に迎え、科学的知見を行動に結び付け、トランジションとイノベーションをどのように系統的に進めるかを議論しました。

世界適応ネットワーク（GAN）及びその地域ネットワークの一つであるアジア太平洋適応ネットワーク（APAN）を他の国際機関等との連携により支援しました。アジア太平洋地球変動研究ネットワーク（APN）を支援し、気候変動、生物多様性など各分野横断型研究に関する国際共同研究及び能力強化プロジェクトが実施され、アジア太平洋地域内の途上国を中心とする研究者及び政策決定者の能力向上に大きく貢献しました。

エネルギー・環境分野のイノベーションにより気候変動問題の解決を図るため、世界の学界・産業界・政府関係者間の議論と協力を促進する国際的なプラットフォーム「Innovation for Cool Earth Forum（ICEF）」の第10回年次総会を2023年10月にハイブリッド形式で開催しました。

CO_2大幅削減に向けた非連続なイノベーション創出を目的とした、G20の研究機関のリーダーによる「Research and Development 20 for Clean Energy Technologies（RD20）」の第4回会合をハイブリッド形式により2023年10月に福島県郡山市で開催しました。

イ　環境技術普及のための取組の推進

先進的な環境技術の普及を図る環境技術実証事業では、気候変動対策技術領域、資源循環技術領域など計6領域を対象とし、対象技術の環境保全効果等を実証し、結果の公表等を実施しました。

ウ　成果の分かりやすい発信と市民参画

環境研究総合推進費及び地球環境保全等試験研究費に係る研究成果については、学術論文、研究成果発表会・シンポジウム等を通じて公開し、関係行政機関、研究機関、民間企業、民間団体等へ成果の普及を図りました。また、環境研究総合推進費ウェブサイトにおいて、研究成果やその評価結果等を公開しました。

地域共創・セクター横断型カーボンニュートラル技術開発・実証事業についても、環境省ウェブサイトにおいて成果や評価結果等を公開しています。

エ　研究開発における評価の充実

環境省では、環境研究総合推進費において終了した課題を対象に追跡評価を行いました。

2　官民における監視・観測等の効果的な実施

(1) 地球環境に関する監視・観測

監視・観測については、国連環境計画（UNEP）における地球環境モニタリングシステム（GEMS）、世界気象機関（WMO）における全球大気監視計画（GAW計画）、全球気候観測システム（GCOS）、全球海洋観測システム（GOOS）等の国際的な計画に参加して実施しました。さらに、「全球地球観測システム（GEOSS）」を推進するための国際的な枠組みである地球観測に関する政府間会合（GEO）においては、執行委員会のメンバー国を務めるとともに、2023年11月に採択された2026年以降のGEO新戦略の策定に当たって主導的立場で貢献するなど、GEOの活動に寄与しています。また、気象庁は、GCOSの地上観測網の推進のため、世界各国からの地上気候観測データの入電状況や品質を監視するGCOS地上観測網監視センター（GSNMC）業務や、アジア地域の気候観測データの改善を図るためのWMO関連の業務を、各国気象機関と連携して推進しました。

気象庁は、WMOの地区気候センター（RCC）を運営し、アジア太平洋地域の気象機関に対し基礎資料となる気候情報やウェブベースの気候解析ツールを引き続き提供しました。さらに、域内各国の気候情報の高度化に向けた取組と人材育成に協力しました。

温室効果ガス等の観測・監視に関し、WMO温室効果ガス世界資料センターとして全世界の温室効果ガスのデータ収集・管理・提供業務を、WMO品質保証科学センターとしてアジア・南西太平洋地域における観測データの品質向上に関する業務を、さらにWMO全球大気監視較正センターとしてメタン等の観測基準（準器）の維持を図る業務を引き続き実施しました。超長基線電波干渉法（VLBI）や全球測位衛星システム（GNSS）を用いた国際観測に参画するとともに、験潮等と組み合わせて、地球規模の地殻変動等の観測・研究を推進しました。

東アジア地域における残留性有機汚染物質（POPs）の汚染実態把握のため、これら地域の国々と連携して大気中のPOPsについて環境モニタリングを実施しました。また、水俣条約の有効性の評価にも資する水銀モニタリングに関し、UNEP等と連携してアジア太平洋地域の国を中心に技術研修を開催し、地域ネットワークの強化に取り組みました。

大気における気候変動の観測について、気象庁はWMOの枠組みで地上及び高層の気象観測や地上放射観測を継続的に実施するとともに、GCOSの地上及び高層や地上放射の気候観測ネットワークの運用に貢献しています。

さらに、世界の地上気候観測データの円滑な国際交換を推進するため、WMOの計画に沿って各国の気象局と連携し、地上気候観測データの入電数向上、品質改善等のための業務を実施しています。

温室効果ガスなど大気環境の観測については、国立研究開発法人国立環境研究所及び気象庁が、温室効果ガスの測定を行いました。国立研究開発法人国立環境研究所では、波照間島、落石岬、富士山等における温室効果ガス等の高精度モニタリングのほか、アジア太平洋を含むグローバルなスケールで民間航空機・民間船舶を利用し大気中及び海洋表層における温室効果ガス等の測定を行うとともに、陸域生態系における炭素収支の推定を行いました。これら観測に対応する国際的な標準ガス等精度管理活動にも参加しました。また、気候変動による影響把握の一環として、サンゴや高山植生のモニタリングを行いました。気象庁では、GAW計画の一環として、温室効果ガス、クロロフルオロカーボン（CFC）等オゾン層破壊物質、オゾン層、有害紫外線及び大気混濁度等の定常観測を東京都南鳥島等で行っているほか、航空機による北西太平洋上空の温室効果ガスの定期観測を行っています。さらに、日本周辺海域及び北西太平洋海域における洋上大気・海水中のCO_2等の定期観測を実施しています。これらの観測データについては、定期的に公表しています。また、黄砂及び有害紫外線に関する情報を発表しています。

海洋における観測については、海洋地球研究船「みらい」や観測機器等を用いて、海洋の熱循環、物質循環、生態系等を解明するための研究、観測技術開発を推進しました。また、国際協力の下、自動昇降型観測フロート約4,000個による全球高度海洋監視システムを構築する「アルゴ（Argo）計画」にハード・ソフトの両面で貢献し、計画を推進しました。南極地域観測については、「南極地域観測第X期6か年計画」に基づき、海洋、気象、電離層等の定常的な観測のほか、地球環境変動の解明を目的とする各種研究観測等を実施しました。また、持続可能な社会の実現に向けて、北極の急激な環境変化が我が国に与える影響を評価し、社会実装を目指すとともに、北極における国際的なルール形成のための法政策的な対応の基礎となる科学的知見を国内外のステークホルダーに提供するため、北極域研究加速プロジェクト（ArCS Ⅱ）を推進しました。さらに、2023年11月に、北極域に関する科学や政策・工学・先住民への関与などを共有し、日本の新しい北極域研究船を国際的な研究プラットフォームとしてどのように活用できるかを議論するための国際ワークショップを開催しました。

　GPS装置を備えた検潮所において、精密型水位計により、地球温暖化に伴う海面水位上昇の監視を行い、海面水位監視情報の提供業務を継続しました。また、国内の影響・リスク評価研究や地球温暖化対策の基礎資料として、温暖化に伴う気候の変化に関する予測情報を「日本の気候変動2020―大気と陸・海洋に関する観測・予測評価報告書―」によって提供しており、情報の高度化のため、大気の運動等を更に精緻化させた詳細な気候の変化の予測計算を実施しています。

　衛星による地球環境観測については、全球降水観測（GPM）計画主衛星搭載の我が国の二周波降水レーダ（DPR）や水循環変動観測衛星「しずく（GCOM-W）」搭載の高性能マイクロ波放射計2（AMSR2）、気候変動観測衛星「しきさい（GCOM-C）」搭載の多波長光学放射計（SGLI）から取得された観測データを提供し、気候変動や水循環の解明等の研究に貢献しました。また、DPRの後継ミッションである降水レーダ衛星（PMM）について、NASAが計画している国際協力ミッション（AOSミッション）への参画を前提に開発に着手しました。さらに、環境省、国立研究開発法人国立環境研究所及び国立研究開発法人宇宙航空研究開発機構の共同プロジェクトである温室効果ガス観測技術衛星1号機（GOSAT）の観測データの解析を進め、主たる温室効果ガスの全球の濃度分布、月別・地域別の吸収・排出量の推定結果等の一般提供を行いました。パリ協定に基づき世界各国が温室効果ガス排出量を報告する際に衛星観測データを利活用できるよう、GOSATの観測データ及び統計データ等から算出した排出量データを用いて推計した人為起源温室効果ガス濃度について比較・評価を行いました。さらに、後継機である2号機（GOSAT-2）により、全球の温室効果ガス濃度を観測するほか、新たに設けた燃焼起源のCO_2を特定する機能により、今後も各国のパリ協定に基づく排出量報告の透明性向上への貢献を目指します。なお、水循環変動観測衛星GCOM-W後継センサと相乗りし、温室効果ガス観測精度を飛躍的に向上させた3号機に当たる温室効果ガス・水循環観測技術衛星（GOSAT-GW）は2024年度打ち上げを目指して開発を進めています。また、「今後の環境省におけるスペースデブリ問題に関する取組について（中間取りまとめ）」を2020年10月に公表し、GOSATシリーズについては、主にデブリ化のリスク低減のため、設計寿命を超え利用可能な状態であっても、適切なタイミングで廃棄処分に移る方向性を示し、それらのスペースデブリ化防止対策の検討に着手しました。2023年12月のCOP28において、GOSATシリーズによるこれまでの成果や今後の取組の方向性を取りまとめた特別報告書を公表するとともに、引き続き、各国の排出削減状況に係る情報の信頼性向上を支援する旨を発信しました。

　また、観測データ、気候変動予測、気候変動影響評価等の気候変動リスク関連情報等を体系的に整理し、分かりやすい形で提供することを目的とし、2016年に構築された気候変動適応情報プラットフォーム（A-PLAT）において、気候変動の予測等の情報を充実させました。

　2020年8月に、文部科学省の地球観測推進部会において取りまとめられた、「今後10年の我が国の地球観測の実施方針のフォローアップ報告書」等を踏まえ、地球温暖化の原因物質や直接的な影響を的確に把握する包括的な観測態勢を整備するため、地球環境保全等試験研究費において、2023年度は「民間航空機を利用した大都市から全球までの温室効果ガス監視体制の構築」等の研究を継続しています。

（2）技術の精度向上等

　地方公共団体及び民間の環境測定分析機関における環境測定分析の精度の向上及び信頼性の確保を図るため、環境汚染物質を調査試料として、「環境測定分析統一精度管理調査」を実施しました。

3 技術開発などに際しての環境配慮等

　新しい技術の開発や利用に伴う環境への影響のおそれが予見される場合や、科学的知見の充実に伴って、環境に対する新たなリスクが明らかになった場合には、予防的取組の観点から必要な配慮がなされるよう適切な施策を実施する必要があります。「第五次環境基本計画」に基づき、上記の観点を踏まえつつ、各種の研究開発を実施しました。

第4節　　国際的取組に係る施策

1 地球環境保全等に関する国際協力の推進

（1）質の高い環境インフラの普及
ア　環境インフラの海外展開

　「インフラシステム海外展開戦略2025」の重点戦略の柱の一つである「脱炭素社会に向けたトランジションの加速」の実現に向けて、相手国のニーズも踏まえ、実質的な排出削減につながる「脱炭素移行政策誘導型インフラ輸出支援」を推進しています。2021年6月には、二国間クレジット制度（JCM）を通じた環境インフラの海外展開を一層強力に促進するため、「脱炭素インフライニシアティブ」を策定しました（資金の多様化による加速化を通じて、官民連携で事業規模最大1兆円程度）。2021年10月に閣議決定した「地球温暖化対策計画」においては、JCMにより、官民連携で2030年度までの累計で、1億トンCO_2程度の国際的な排出削減・吸収量を確保するという目標が示されています。さらに、環境インフラの海外展開を積極的に取り組む民間企業等の活動を後押しする枠組みとして、2020年9月に環境インフラ海外展開プラットフォーム（JPRSI）を立ち上げました。本プラットフォームには現在480の団体（設立当初は277団体）が会員として参加しています。JPRSIでは、セミナー・メールマガジン等を通じた現地情報へのアクセス支援、日本企業が有する環境技術等の会員情報の海外発信、タスクフォース・相談窓口の運営等を通じた個別案件形成・受注獲得支援を行いました。

　また、2021年度から、再エネ水素の国際的なサプライチェーン構築を促進するため、再エネが豊富な第三国と協力し、再エネ由来水素の製造、島嶼国等への輸送・利活用の実証事業を実施しています。また、2023年度には、これまでJCMを通じた事業化の実績のない先進的な技術導入を目的とした実証事業を新たに開始しました。

　アジアの4か国及び4都市を対象として、脱炭素社会に向けて効果的な技術・政策を定量的に検討するために、国立環境研究所等が開発した、GHG排出量の予測や対策、影響を評価するための統合評価モデル「アジア太平洋統合評価モデル（AIM)」を用いたシナリオ作成支援や人材育成を行いました。

イ　技術協力

　国際協力機構（JICA）を通じた研修員の受入れ、専門家の派遣、技術協力プロジェクト等、我が国の技術・知識・経験を活かし、開発途上国の人材育成や、課題解決能力の向上を図りました。

　例えば、課題別研修「気候変動への適応」、「脱炭素で持続可能な都市・地域開発のための自治体能力強化」等、地球環境保全に資する講義等の協力を行いました。

(2) 地域／国際機関との連携・協力

地球環境問題に対処するため、[1] 国際機関の活動への支援、[2] 条約・議定書の国際交渉への積極的参加、[3] 諸外国との協力、[4] 開発途上地域への支援を積極的に行っています。

ア　多数国間の枠組みによる連携
(ア) 国連や国際機関を通じた取組
○　SDGs等における取組

2015年9月の国連サミットにおいて「持続可能な開発のための2030アジェンダ」が採択され、2030年を達成期限とする持続可能な開発目標（SDGs）が定められました。SDGsは、エネルギー、持続可能な消費と生産、気候変動、生物多様性等の多くの環境関連の目標を含む、17の目標と169のターゲットで構成され、毎年開催される「国連持続可能な開発に関するハイレベル政治フォーラム（HLPF）」において、SDGsの達成状況についてフォローアップとレビューが行われます。

2023年7月にはHLPF、同年9月には4年ぶりにSDGサミットが開催されました。環境省からは、柳本顕環境大臣政務官（当時）がHLPF公式サイドイベントとして開催された「第4回パリ協定とSDGsのシナジー強化に関する国際会議」等に参加し、パリ協定の目標とSDGsの様々な目標の同時達成につながる相乗効果のある行動を加速化すべく、日本での好事例を紹介し、世界へ発信しました。

○　UNEPにおける取組

我が国は、UNEPの環境基金に対して継続的に資金を拠出するとともに、我が国の環境分野での多くの経験と豊富な知見を活かし、多大な貢献を行っています。

大阪に事務所を置くUNEP国際環境技術センター（UNEP/IETC）に対しても、継続的に財政的な支援を実施するとともに、UNEP/IETC及び国内外の様々なステークホルダーと連携するために設置されたコラボレーティングセンターが実施する開発途上国等への環境上適正な技術の移転に関する支援、環境保全技術に関する情報の収集・整備・発信、廃棄物管理に関するグローバル・パートナーシップ等への協力を行いました。さらに、関係府市等と協力して、同センターの円滑な業務の遂行を支援しました。また、UNEP/IETCは、2019年度から民間企業の協力も得て、持続可能な社会を目指す新たな取組である「UNEPサステナビリティアクション」の展開を開始しており、環境省としても支援しています。

UNEPが、気候変動適応の知見共有を図るために2009年に構築したGAN及びアジア太平洋地域の活動を担うAPANへの拠出金等により、脆弱性削減に向けたパートナーシップの強化、能力強化活動を支援しました。その活動の一環として、APANは2023年7月韓国・松島にて、アジア太平洋地域の適応関連の最大規模のイベントである第8回APANフォーラムを開催しました。

○　経済協力開発機構（OECD）における取組

OECDは経済・社会分野において、調査、分析や政策提言を行う「世界最大のシンクタンク」で、環境分野においても質の高いスタンダードを形成し、先進的課題のルールづくりを先取りしています。我が国は、2010年より環境政策委員会のビューローを務めるなどして、積極的にその活動に貢献しています。なお、2023年4月には、我が国が議長国を務めた「G7札幌気候・エネルギー・環境大臣会合」にOECD事務次長が参加し、会合の成功に必要な貢献を行うなど、いわゆる「環境外交」における我が国の国際的なプレゼンスにも貢献しています。

○　国際再生可能エネルギー機関（IRENA）における取組

我が国は、国際再生可能エネルギー機関（IRENA）の設立当初より2018年まで理事国に選出、2019年のアジア太平洋地域の理事国を務め、2020年は代替国に就任しました。具体的には、IRENAに対して分担金を拠出するとともに、特に島嶼国における人材育成及び再生可能エネルギー普及の観点

から、2024年3月には、IRENA及びGCFとの共催により、オンラインで国際ワークショップを実施しました。

（イ）アジア太平洋地域における取組
○　日中韓三カ国環境大臣会合（TEMM）

2023年11月に第24回日中韓三カ国環境大臣会合（TEMM24）が愛知県名古屋市において4年ぶりに対面で開催されました。TEMM24では、TEMM22で採択された三カ国共同行動計画（2021-2025年）の進捗状況について評価するとともに、各国の主要な環境政策、地球及び地球規模の環境課題について意見交換を行いました。

○　日ASEAN環境協力イニシアティブ

2023年8月の日ASEAN環境気候変動閣僚級対話において、日ASEAN気候環境戦略プログラム（SPACE）が発足しました。SPACEは、我が国が気候変動、汚染、生物多様性の損失という3つの世界的危機にASEANと協力して対処していくためのイニシアティブです。2017年に安倍元総理が提唱した「日ASEAN環境協力イニシアティブ」、2021年に岸田総理が提唱した「日ASEAN気候変動アクション・アジェンダ2.0」等、既存の首脳級イニシアティブの下で行ってきた協力関係を、日ASEAN友好協力50周年を契機に更に強化するものです。

SPACEに基づく主要な協力分野は以下のとおりです：(i)　気候変動（温室効果ガス排出量算定・報告にかかわる透明性の向上、緩和、適応）、(ii)　汚染（プラスチック汚染、電気・電子機器廃棄物及び重要鉱物に関するパートナーシップ、水・大気汚染等）、および (iii)　生物多様性の損失（生物多様性日本基金（JBF）を通じた生物多様性国家戦略及び行動計画（NBSAP）策定支援、SATOYAMAイニシアティブの促進等）

特に、気候変動の透明性については、我が国が設立した透明性パートナーシップ（PaSTI）に基づき、ASEAN加盟国における企業等の温室効果ガス排出量の透明性向上の制度構築に向けた技術的助言や、透明性向上に係るインセンティブに関する調査や発信等を実施しました。

（ウ）アジア太平洋地域における分野別の協力

自然と共生しつつ経済発展を図り、低炭素社会、循環型社会の構築を目指すクリーンアジア・イニシアティブの理念の下、2008年から様々な環境協力を戦略的に展開してきました。2016年以降は特に、SDGsの実現にも注力し、アジア地域を中心に低炭素技術移転及び技術政策分野における人材育成に係る取組等を推進しています。

気候変動については第1章第1節7、資源循環・3Rについては第3章第7節1、汚水処理については第3章第7節2、水分野については第4章第3節、大気については第4章第7節3（3）を参照。

イ　二国間の枠組みによる連携
（ア）先進国との連携
○　米国

2022年9月、西村明宏環境大臣（当時）とマイケル・リーガン米国環境保護庁長官は、日米環境政策対話を行い、日米共通の重要課題である気候変動と脱炭素、海洋ごみと循環経済、化学物質管理、環境教育と若者の分野における日米の協力強化や連携について、意見交換を行いました。本対話の成果として「日米環境政策対話共同声明」を発表しました。2023年4月、山田美樹環境副大臣（当時）は、G7札幌気候・エネルギー・環境大臣会合に出席のため来日したマッケイブ米国環境保護庁副長官と会談し、環境分野における日米の連携について意見交換を行い、政策対話を継続していくことを確認しました。

○ EU

2021年5月、菅義偉内閣総理大臣（当時）とシャルル・ミシェル欧州理事会議長及びウァズラ・フォン・デア・ライエン欧州委員長はテレビ会議形式で会談を行い、「日EUグリーン・アライアンス」の立ち上げを発表しました。これは、グリーン成長と2050年温室効果ガス排出実質ゼロを達成するため、気候中立で、生物多様性に配慮した、かつ、資源循環型の経済の実現を目指すものであり、日EUで、[1] エネルギー移行、[2] 環境保護、[3] 民間部門支援、[4] 研究開発、[5] 持続可能な金融、[6] 第三国における協力、[7] 公平な気候変動対策の分野での協力を定めております。

○ カナダ

2023年7月、西村明宏環境大臣（当時）とカナダのスティーブン・ギルボー環境・気候変動大臣は、気候・環境に関する日加環境政策対話を実施しました。2023年12月、伊藤信太郎環境大臣は、COP28に出席のため訪問したドバイ（UAE）で、ギルボー大臣と会談を行い、気候変動、プラスチック汚染、資源循環、生物多様性等の重要課題について意見交換しました。

（イ）開発途上国との連携

○ 中国

対中国政府開発援助（ODA）が2021年度末に終了し、今後は、日中両国に裨益がある形で二国間の環境協力を発展させるため、ODAに代わって官民連携が主体となる日中環境協力の新段階においては、両国企業の連携による環境ビジネスを通じた脱炭素で環境汚染の少ない社会の構築への貢献を促していくことが望まれます。一方、優れた技術を有するものの、経営資源の制約により十分なビジネス展開ができない日本の中小企業にとっては、単独で中国市場に進出するのは困難です。そのようなことから、環境ビジネス市場に係る情報提供や官公庁との関係構築、中国企業との連携促進等を支援するため、日中友好環境保全センターが設立した国家生態環境科学技術成果実用化総合サービスプラットフォーム（CEETT）を介して、中国における日本企業と中国企業とのビジネスマッチングを進める体制を整備してきました。また、「日中植林・植樹国際連帯事業」を通じ、中国政府・関係機関の若手職員を2024年1月末から2月初旬にかけて日本に招聘し、環境及び防災意識の啓発を図ることなどを目的に交流する事業を行いました。

海洋プラスチックごみについては、2022年11月に第14回日中高級事務レベル海洋協議において合意された、第4回日中海洋ごみ協力専門家対話プラットフォーム会合及び第4回日中海洋ごみワークショップを2023年6月に日本主催で開催しました。両国の行政官及び専門家出席の下、海洋ごみの分布特性や将来予測、デジタルを活用した実態把握研究、汚染対策における官民連携の事例や取組等について議論を行い、協力を継続していくことで一致しました。

○ インドネシア

2019年6月に署名された海洋担当調整大臣との共同声明に基づき、海洋プラスチックごみについては、モニタリングの技術協力として、研修を行いました。

2022年8月には、環境林業省との間で環境協力に関する新たな協力覚書を締結し、また、海洋投資調整府との間で、日インドネシア包括環境協力パッケージに合意・署名し、インドネシアが重視する優先課題に関して、脱炭素移行、生物多様性保全、循環経済の同時推進を目指した包括的な協力を進め、官民投資の促進を図っています。2023年7月に環境林業省及び海洋投資調整府、各々と進捗状況を確認し、今後の協力に関する協議を行いました。

また、2017年の日尼首脳会談を契機に、環境省、JICA、IFCが共同でPPP方式による大型廃棄物発電の案件形成を支援しています。環境省では制度構築（焼却灰規制等）支援を行い、2023年7月に日本コンソーシアムが落札者に選定されました。

○　インド

　2018年10月にインド環境・森林・気候変動省と署名した環境分野における包括的な協力覚書に基づき、「第1回日本・インド環境政策対話」を2021年9月に開催しました。本政策対話では気候変動分野の二国間協力等について議論するとともに、JCMに関する政府間協議の実施等、今後両省の協力を一層推進していくことに合意しました。2023年1月に日・インド環境ウィークを開催し、気候変動や廃棄物管理、大気汚染対策などに関するセミナーや両国企業による展示・ビジネスマッチ等、複数のイベントを一体的に開催し、官民における二国間環境協力を推進しました。また、2023年3月にはJCM構築に向けた意向を確認する、エイド・メモワールに署名しました。

○　モンゴル

　2022年5月のバトウルジー・バトエルデネモンゴル国自然環境観光大臣来訪時に行われた協力の進捗に係るハイレベル意見交換時に更新されたモンゴル自然環境・観光省との環境協力に関する協力覚書に基づき、「第15回日本・モンゴル環境政策対話」を2023年6月にウランバートルで開催し、大気汚染対策、気候変動対策（GOSATシリーズ、JCM）、生物多様性等について、意見交換を行いました。

　特に、GOSATシリーズについては、モンゴル国の温室効果ガスインベントリに計上された二酸化炭素の排出量と、GOSATの観測データ等より推計した排出量が高い精度で一致することを確認しました。モンゴル政府は、2023年11月に、この結果を自国の隔年更新報告書の一部として、日本政府への謝辞とともに国連に提出しました。

○　フィリピン

　2023年10月には、2015年よりフィリピン環境天然資源省と開催している廃棄物分野に関する環境対話（第8回）を実施しました。また2023年12月には、フィリピン環境天然資源省と「環境保護分野における協力覚書」に署名し、廃棄物管理から協力範囲を広げ、気候変動やプラスチック汚染、生物多様性といった分野を始めとする包括的な環境協力を進めていくことに合意しました。

○　シンガポール

　2017年6月に更新されたシンガポール環境水資源省との間の「環境協力に関する協力覚書」に基づき、2023年2月に持続可能性・環境省と「第7回日本・シンガポール環境政策対話」を東京で開催し、循環経済・廃棄物管理、気候変動、大気汚染、プラスチック汚染等について意見交換を行いました。また、2023年8月に閣僚級政策対話を実施しその成果として今後の二国間及びASEAN地域における環境協力に関する共同声明を発出しました。

○　タイ

　2018年5月にタイ王国天然資源環境省と署名した「環境協力に関する協力覚書」に基づき、「第2回日本・タイ環境政策対話」を2022年5月にオンラインで開催し、気候変動、大気環境、海洋プラスチックごみ・廃棄物管理、水質管理の分野において日タイの二国間環境協力を一層推進することに合意しました。また、2022年4月に環境省環境再生・資源循環局とタイ王国工業省工業局（DIW）で締結した産業廃棄物管理に関する協力覚書に基づき、産業廃棄物の適正管理に関する知見の共有等を進めるとともに、2022年8月に環境省環境再生・資源循環局とタイ王国内務省地方自治振興局（DLA）で締結した都市廃棄物管理に関する協力覚書に基づき、一般廃棄物の適正管理に関する知見の共有等を進めたほか、廃棄物管理に係るオンライン研修を実施し、タイ政府のキャパビル向上に貢献しました。2023年10月には、タイとのJCM第5回合同委員会を開催し、新たなJCMの協力覚書内容について協議し、署名に向けた国内手続きを進めることに同意しました。

○　ベトナム

　ベトナム天然資源環境省と2013年12月に「環境分野に関する協力覚書」を締結し、以来同国と緊密な協力関係を築いています。2024年1月にハノイにて第8回日本・ベトナム環境政策対話を開催するとともに、同覚書を再更新しました。また同月には、ベトナムの2050年までのカーボンニュートラル目標の実現のため、2021年11月に両大臣により署名された「2050年までのカーボンニュートラルに向けた気候変動に関する共同協力計画」に基づく第3回合同作業部会を開催し、本共同協力計画に基づく気候変動分野などの協力を議論しました。また、海洋プラスチックごみについては、これまで、2019年度以来、研究者及び政府担当者の人材育成のための研修を行い、2020年度には海洋ごみモニタリングの分野における協力に関する基本合意書を締結していたところですが、同合意書の終期に伴い、協力を更に進展させるため、2023年8月、ベトナム天然資源環境省との間で、海洋ごみの管理等に関する協力に係る基本合意書を締結しました。これも踏まえ、2023年度には、ベトナム周辺で海洋ごみ共同パイロットモニタリング調査・研究の実施、モニタリングや処理を含む、海洋ごみ（廃棄物）管理に関する人材育成研修の実施、海洋ごみ（廃棄物）管理に関する知見共有、マニュアル等の策定支援等を行いました。また、第5回日越政策対話（2018年）において設置が合意された廃棄物管理に関する合同委員会では、ベトナムにおける廃棄物管理や3R、公衆衛生の向上等を目的に、廃棄物処理基準やガイドライン等の制度設計支援、廃棄物発電の案件形成、重点取組自治体への支援等を促進したほか、廃棄物管理に係る研修を実施し、ベトナム政府のキャパビル向上に貢献しました。

○　UAE

　2022年11月にアラブ首長国連邦気候変動・環境省と署名した「日本国環境省とアラブ首長国連邦気候変動・環境省との間の環境協力に関する協力覚書」に基づき、2023年9月、「日・UAE政策交流会」をオンラインで開催し、循環型経済、グリーンファイナンス、大気環境政策についての取組を紹介するとともに、今後の協力に向け意見交換を行いました。

○　ブラジル

　2022年7月に、環境省とブラジル連邦共和国環境省との間で、気候変動対策を中心とする二国間環境協力を進めるため、「日本国環境省及びブラジル連邦共和国環境省との宣言書」に署名をしました。

○　ウズベキスタン

　2022年10月にJCMの構築に係る協力覚書に署名しました。2022年12月に環境省とウズベキスタン共和国国家生態系・環境保護委員会との間で環境保護分野における協力覚書に署名しました。セミナーの開催も含めて具体的な協力活動に向けた準備を進めています。

ウ　海外広報の推進

　海外に向けた情報発信の充実を図るため、英語での報道発表、環境白書・循環型社会白書・生物多様性白書の英語抄訳版等、海外広報資料の作成・配布や環境省ウェブサイト・SNS等を通じた海外広報を行いました。

エ　開発途上地域の環境の保全

　我が国は政府開発援助（ODA）による開発協力を積極的に行っています。環境問題については、2023年6月に閣議決定した新たな「開発協力大綱」において複雑化・深刻化する地球規模課題への国際的取組の主導を重点政策の一つとして位置付けるとともに、地球環境の保全は地球の未来に対する我々の責任であると認識し、生物多様性の主流化やプラスチック汚染対策を含む海洋環境・森林・水資源の保護等の自然環境保全の取組を強化していくことが明記されています。また、特に小島嶼開発途上国については、気候変動による海面上昇等、地球規模の環境問題への対応を課題として取り上げ、ニー

ズに即した支援を行うこととしています。

（ア）無償資金協力

居住環境改善（都市の廃棄物処理、上水道整備、地下水開発、洪水対策等）、地球温暖化対策関連（森林保全、クリーン・エネルギー導入）等の各分野において、無償資金協力を実施しています。

草の根・人間の安全保障無償資金協力についても貧困対策に関連した環境分野の案件を実施しています。

（イ）有償資金協力

下水道整備、大気汚染対策、地球温暖化対策等の各分野において、有償資金協力（円借款・海外投融資）を実施しています。

（ウ）国際機関を通じた協力

我が国は、UNEPの環境基金、UNEP/IETC技術協力信託基金等に対し拠出を行っています。また、我が国が主要拠出国及び出資国となっているUNDP、世界銀行、アジア開発銀行、東アジア・アセアン経済研究センター（ERIA）等の国際機関も環境分野の取組を強化しており、これら各種国際機関を通じた協力も重要になってきています。

（3）多国間資金や民間資金の積極的活用

地球環境ファシリティ（GEF）は、開発途上国等が地球環境問題に取り組み、環境条約の実施を行うために、無償資金等を提供する多国間基金です。我が国はGEFトップドナーの一つとして意思決定機関である評議会の場を通じ、GEFの活動・運営に係る決定に積極的に参画しています。第8次GEF増資期間（2022年7月－2026年6月）の増資規模は53.3億ドルであり、このうち我が国から6.38億ドルの拠出を表明しています。増資交渉で我が国はプログラムの優先事項の特定及び政策方針等の作成に貢献し、2023年8月に開催された第7回GEF総会において、GEFの更なる効果的・効率的な成果への期待を表明しました。

開発途上国の温室効果ガス削減と気候変動の影響への適応を支援する緑の気候基金（GCF）については、初期拠出の15億ドルと第1次増資ハイレベル・プレッジング会合の15億ドルの拠出に続いて、2023年10月の第2次増資ハイレベル・プレッジング会合において、我が国から最大1,650億円の拠出表明を行い、2023年12月までに我が国を含む31か国が総額約128億ドルの拠出を表明しました。また、2023年12月までに129か国における243件の支援案件がGCF理事会で承認されました。我が国は基金への最大級のドナーとして資金面での貢献に加え、GCF理事国として、支援案件の選定を含む基金の運営に積極的に貢献しています。また、我が国は、途上国の要請に基づき技術移転に関する能力開発やニーズの評価を支援する「気候技術センター・ネットワーク（CTCN）」に対して2023年度に約36.5万ドルを拠出し、積極的に貢献しました。

（4）国際的な各主体間のネットワークの充実・強化
ア　地方公共団体間の連携

脱炭素社会形成に関するノウハウや経験を有する日本の地方公共団体等の協力の下、アジア等各国の都市との間で、都市間連携を活用し、脱炭素社会実現に向けて基盤制度の策定支援や、優れた脱炭素技術の普及支援を実施しました。2023年度は、北海道札幌市、富山県富山市、神奈川県川崎市、神奈川県横浜市、東京都、埼玉県さいたま市、滋賀県、大阪府大阪市、大阪府堺市、福岡県、福岡県北九州市、愛媛県、沖縄県浦添市による23件の取組を支援しました。

イ　市民レベルでの連携

　独立行政法人環境再生保全機構が運営する地球環境基金では、プラットフォーム助成制度に基づいて、国内の環境NGO・NPOが国内又は開発途上地域において他のNGO・NPO等との横断的な協働・連携の下で実施する環境保全活動に対する支援を行いました。

(5) 国際的な枠組みにおける主導的役割

　2023年4月、我が国が議長国を務めたG7札幌気候・エネルギー・環境大臣会合では、経済成長とエネルギー安全保障を確保し、ネットゼロ、循環経済、ネイチャーポジティブ経済の統合的な実現に向けたグリーントランスフォーメーションを行う重要性を確認しました。また、大阪ブルー・オーシャン・ビジョンの目標年より10年早い2040年までに、追加的なプラスチック汚染をゼロにする野心を持って、プラスチック汚染を終わらせることに合意したほか、7つの附属文書（G7ネイチャーポジティブ経済アライアンス、循環経済及び資源効率性原則、質の高い炭素市場の原則、G7気候災害対策支援インベントリ、地方の気候行動に関するG7ラウンドテーブル、産業脱炭素化アジェンダに関する結論、重要鉱物セキュリティのための5ポイントプラン）及び侵略的外来種に関するG7ワークショップ等の4つのイニシアティブをまとめました。

　2023年5月のG7広島サミットでは、気候変動について、1.5℃目標と整合していない全ての締約国（特に主要経済国）に対し、2025年までの世界全体の温室効果ガス排出量のピークアウト、全ての部門・全ての温室効果ガスを対象とした総量削減目標の策定を呼びかけるとともに、排出削減対策が講じられていない化石燃料のフェーズアウトの加速、化石燃料への依存の低下、排出削減対策が講じられていない新規の石炭火力発電所の建設終了に向けて取り組んでいくことなどを表明しました。また、生物多様性については、「昆明・モントリオール生物多様性枠組」の実施、ネイチャーポジティブ経済への移行の推進を確認しました。循環経済等については、企業による循環経済や資源効率性に関する自主行動を促進する「循環経済及び資源効率性原則」の支持、2040年までに追加的なプラスチック汚染をゼロにする野心を共有しました。

　2023年7月にインド・チェンナイで開催されたG20環境・気候大臣会合では、気候変動、生物多様性、プラスチック汚染等の各分野に関する成果文書及び議長総括が取りまとめられました。2023年9月のG20ニューデリー・サミットにおいて、気候変動については、1.5℃目標のためには2025年までに世界全体の温室効果ガス排出量のピークアウトが必要であるというIPCCの予測への留意、全ての部門・全ての温室効果ガスを対象とした排出削減目標を策定することの奨励、2030年までに世界全体の再生可能エネルギー発電容量を3倍とすること、「持続可能な開発のためのライフスタイル（LiFE：ライフ）」を主流化することなどに合意しました。また、生物多様性については、G20各国が、「昆明・モントリオール生物多様性枠組」の完全な実施にコミットし、2030年までに生物多様性の損失を止め、反転させるための行動を奨励しました。循環経済や汚染の防止については、資源効率性と循環経済の推進は気候変動、生物多様性の損失、汚染等に対する取組に大きく貢献することや産業界が重要な役割を果たし得ることを認識し、G20資源効率性対話（G20RED）へのコミットメントや2030年までに廃棄物の発生を大幅に削減するというコミットメントを再確認しました。プラスチック汚染対策については、プラスチック汚染を終わらせる決意を固め、2024年末までにプラスチック汚染に関する法的拘束力のある国際文書を策定するための政府間交渉委員会（INC）の協議に建設的に関与することにコミットしました。

　なお、宇宙空間のごみ（スペースデブリ）が、新たな国際的な課題となっており、国際社会が協力してスペースデブリ対策に取り組む必要があることから、我が国では、JAXAにおいて、2019年4月から、大型デブリの除去技術獲得及び民間による事業化を目指して、商業デブリ除去技術実証プロジェクトを進めています。

　また、「G20海洋プラスチックごみ対策実施枠組」に基づき報告された国・機関等の海洋プラスチックごみ対策を、2023年のG20議長国だったインドが我が国支援の下、「第5次G20海洋プラスチック

ごみ対策報告書」として取りまとめました。第5次報告書では、34か国と10の国際機関・NGOの優良事例や課題が共有されました。

また、2023年8月に日ASEAN環境気候変動閣僚級対話において発足した、日ASEAN気候環境戦略プログラム（SPACE）において、気候変動対策に加え、2019年に設立された海洋プラスチックごみ地域ナレッジ・センター（RKC-MPD）の活用を含むプラスチック汚染に関する日ASEAN協力アクション・アジェンダ、及び、電気電子機器廃棄物（E-waste）及び重要鉱物に関する日ASEAN資源循環パートナーシップ（ARCPEC）を立ち上げました。

パリ協定6条（市場メカニズム）の実施により、脱炭素市場や民間投資が活性化され、世界全体の温室効果ガスが更に削減されるとともに、経済成長にも寄与することが期待されている一方、パリ協定6条を実施するための体制整備や知見の共有等が課題とされています。国際的な連携の下、6条ルールの理解促進や研修の実施等、各国の能力構築を支援するため、我が国は、2022年11月、COP27において「パリ協定6条実施パートナーシップ」（2023年12月31日現在、74か国、118機関が参加）を立ち上げ、COP28にて、各国の実施体制の構築等に向けた「6条実施支援パッケージ」を公表しました。今後も我が国が主導して、パートナーシップ参加国、国際機関等と連携しつつ、各国の6条実施に向けた支援を加速し、パリ協定6条に沿った市場メカニズムを世界的に拡大し、世界の温室効果ガスの更なる削減に貢献していきます。

第5節　地域づくり・人づくりの推進

1　国民の参加による国土管理の推進

（1）多様な主体による国土の管理と継承の考え方に基づく取組
ア　多様な主体による森林整備の促進

国、地方公共団体、森林所有者等の役割を明確化しつつ、地域が主導的役割を発揮でき、現場で使いやすく実効性の高い森林計画制度の定着を図りました。所有者の自助努力等では適正な整備が見込めない森林について、針広混交林化等公的な関与による整備を促進しました。多様な主体による森林づくり活動の促進に向け、企業・NPO等に対する森林づくり活動の普及啓発に取り組みました。

イ　環境保全型農業の推進

第2章第6節1（1）を参照。

（2）国土管理の理念を浸透させるための意識啓発と参画の促進

国土から得られる豊かな恵みを将来の世代へと受け継いでいくための多様な主体による国土の国民的経営の実践に向けた普及や検討として、市町村管理構想・地域管理構想の全国展開などに取り組んでいます。また、持続可能な開発のための教育（ESD）の理念に基づいた環境教育等の教育を通じて、国民が国土管理について自発的に考え、実践する社会を構築するための意識啓発や参画を促進しました。

ア　森林づくり等への参画の促進

森林づくり活動のフィールドや情報の提供等を通じて多様な主体による「国民参加の森林づくり」を促進するとともに、身近な自然環境である里山林等を活用した森林体験活動等の機会提供、地域の森林資源の循環利用を通じた森林の適切な整備・保全につながる「木づかい運動」等を推進しました。

イ　公園緑地等における意識啓発

　公園、緑地等のオープンスペースは、良好な景観や環境、にぎわいの創出など、潤いのある豊かな都市をつくる上で欠かせないものです。また、災害時の避難地としての役割も担っています。都市内の農地も、近年、住民が身近に自然に親しめる空間として評価が高まっています。

　このように、様々な役割を担っている都市の緑空間を、民間の知恵や活力をできる限り活かしながら保全・活用していくため、2017年5月に都市緑地法等の一部を改正する法律（平成29年法律第26号）が公布され、必要な施策を総合的に講じました。

2　持続可能な地域づくりのための地域資源の活用と地域間の交流等の促進

（1）地域資源の活用と環境負荷の少ない社会資本の整備・維持管理

ア　地域資源の保全・活用と地域間の交流等の促進

　東日本大震災や東京電力福島第一原子力発電所事故を契機として、地域主導のローカルなネットワーク構築が危機管理・地域活性化の両面から有効との見方が拡大しています。また、中長期的な地球温暖化対策や、気候変動による影響等への適応策、資源ひっ迫への対処を適切に実施するためには、地域特性に応じた脱炭素化や地域循環共生圏の構築、生物多様性の確保への取組等を通じ、持続可能な地域づくりを進めることが不可欠です。

　2023年度においては、地域における再エネの最大限の導入を促進するため、地方公共団体による脱炭素社会を見据えた計画の策定や再エネ促進区域の設定に向けたゾーニング等を補助する「地域脱炭素実現に向けた再エネの最大限導入のための計画づくり支援事業」や地域防災計画に災害時の避難施設等として位置付けられた公共施設、又は業務継続計画により災害など発生時に業務を維持するべき公共施設に、平時の温室効果ガス排出削減に加え、災害時にもエネルギー供給等の機能発揮を可能とする再生可能エネルギー設備等の導入を補助する「地域レジリエンス・脱炭素化を同時実現する公共施設への自立・分散型エネルギー設備等導入推進事業」等を実施しました。さらに、「株式会社脱炭素化支援機構」による地域資源を活用した脱炭素プロジェクト等への資金供給、その他グリーンボンド発行・投資の促進等を行いました。

　「第五次環境基本計画」において目指すべき持続可能な社会の姿として掲げられた循環共生型の社会である「環境・生命文明社会」を実現するためには、ライフスタイルのイノベーションを創出し、パートナーシップを強化していくことが重要です。このため、国民一人一人が自らのライフスタイルを見直す契機とすることを目的として、企業、団体、個人等の幅広い主体による「環境と社会によい暮らし」を支える地道で優れた取組を募集し、表彰するとともに、その取組を広く国民に対して情報発信する「グッドライフアワード」を、2013年度から実施しています。2023年度は、応募があった202の取組の中から、最優秀賞1、優秀賞3、各部門賞6、計10の取組を環境大臣賞として表彰しました。

　特別な助成を行う防災・省エネまちづくり緊急促進事業により、省エネルギー性能の向上に資する質の高い施設建築物を整備する市街地再開発事業等に対し支援を行いました。

イ　地域資源の保全・活用の促進のための基盤整備

　地域循環共生圏づくりに取り組む28の活動団体を選定し、地域の総合的な取組となる構想策定及びその構想を踏まえた事業計画の策定、地域の核となるステークホルダーの組織化等の環境整備を実施しました。また、2019年度より運用を開始している「地域循環共生圏づくりプラットフォーム」では、各実証地域の取組から得られた知見を取りまとめ、地域の実情に応じた支援の在り方や効果を測る指標等の検討を実践的に行ったほか、オンラインにて「地域循環共生圏フォーラム2023」（主催：環境省）を開催し、民間企業や団体、地方公共団体関係者を中心に、400名以上が参加しました。このフォーラムでは脱炭素分野や資源循環など、様々なテーマの分科会を開き、地域循環共生圏づくりに取り組んでいる民間企業等や地域の双方向の活発な議論が行われ、「学び」や「出会い・交流」の場となりました。

持続可能な地域づくりのためには、SDGsの達成を目指して、業種や分野を超えた人々の連携・協働が必要とされます。パートナーシップによるプラットフォームを形成し、環境・経済・社会課題の同時解決を目指すためには、多様なビジョンを持ち、主体的に地域課題解決に取り組む人材が期待されることから、地域の次世代リーダーを育成することを目的として、「地域循環共生圏創造を担うローカルSDGsリーダー研修」を全国2か所を対象地として開催しました。

資源循環分野については、第3章第3節を参照。

ウ　森林資源の活用と人材育成

中大規模建築物等の木造化、住宅や公共建築物等への地域材の利活用、木質バイオマス資源の活用等による環境負荷の少ないまちづくりを推進しました。

人材育成に関しては、地域の森林・林業を牽引する森林総合監理士（フォレスター）、持続的な経営プランを立て、循環型林業を目指し実践する森林経営プランナー、施業集約化に向けた合意形成を図る森林施業プランナー、伐採や再造林、路網作設等を適切に行える現場技能者を育成しました。

エ　災害に強い森林づくりの推進

東日本大震災で被災した海岸防災林の復旧・再生や豪雨や地震等により被災した荒廃山地の復旧・予防対策、流木による被害を防止・軽減するための効果的な治山対策など、災害に強い森林づくりの推進により、地域の自然環境等を活用した生活環境の保全や社会資本の維持に貢献しました。

オ　景観保全

景観の保全に関しては、自然公園法（昭和32年法律第161号）によって優れた自然の風景地を保護しているほか、景観法（平成16年法律第110号）に基づき、2023年3月末時点で655団体において景観計画が定められています。また、文化財保護法（昭和25年法律第214号）に基づき、2024年3月末時点で重要文化的景観として72地域が選定されています（第2章第3節2（1）の表2-3-1を参照）。

カ　歴史的環境の保全・活用

2023年度中に史跡名勝天然記念物の新指定12件を行うとともに、2023年度は5都市の歴史的風致維持向上計画を新規認定し、文化財の保護と一体となった歴史的風致の維持及び向上のための取組を行いました。

(2) 地方環境事務所における取組

地域の行政・専門家・住民や各省庁の地方支分部局等と協働しながら、地域における脱炭素の取組支援、資源循環政策の推進、気候変動適応等の環境対策、国立公園保護管理等の自然環境の保全整備、希少種保護や外来種防除等の野生生物の保護管理、また東日本大震災からの被災地の復興・再生について、地域の実情に応じた環境保全施策を展開しました。

3　環境教育・環境学習等の推進と各主体をつなぐネットワークの構築・強化

(1) あらゆる年齢階層に対するあらゆる場・機会を通じた環境教育・環境学習等の推進

環境省では、環境教育等による環境保全の取組の促進に関する法律（平成15年法律第130号。以下「環境教育等促進法」という。）に基づく、「環境保全活動、環境保全の意欲の増進及び環境教育並びに協働取組の推進に関する基本的な方針」（以下「基本方針」という。）について、環境教育等推進専門家会議及び環境教育等推進会議等での検討を踏まえ、令和6年5月に改定しました。

環境教育等促進法及び基本方針に基づき、環境教育のための人材認定等事業の登録制度（環境教育等促進法第11条第1項）、環境教育等支援団体の指定制度（同法第10条の2第1項）、体験の機会の場の

認定制度（同法第20条）の運用等を通じ、環境教育等の指導者等の育成や体験学習の場の確保等に努めました。

　また、発達段階に応じ、学校、家庭、職場、地域等において自発的な環境教育等の取組が促進されるよう、文部科学省との連携による教職員、地方公共団体職員、企業や団体職員向けの研修を行ったほか、学校や民間団体等が実施する環境教育や環境活動に役立つ情報を、ウェブサイト（環境学習ステーション）にて提供しました。

　加えて、「体験の機会の場」研究機構との間で締結された環境教育等促進法に基づく協定（同法第21条の4第1項）の趣旨を踏まえ、同機構と連携して若年層を対象とした動画プレゼンテーションコンクール「Green Blue Education Forumコンクール2023」を実施するなど、体験の機会の場の利用及び認定促進に向けた取組を進めました。

　各地方公共団体において設置された地域環境保全基金により、環境アドバイザーの派遣、地域の住民団体等の環境保全実践活動への支援、セミナーや自然観察会等のイベントの開催、ポスター等の啓発資料の作成等が行われました。

　文部科学省では、環境を考慮した学校施設（エコスクール）の整備に対し、関係省庁と連携してエコスクールパイロットモデル事業を実施し、1997年度から2016年度までに1,663校認定しました。2017年度からは「エコスクール・プラス」に改称し、エコスクールとして整備する学校を2023年度までに262校認定しました。

　ESDについては、「持続可能な開発のための教育：SDGs実現に向けて（ESD for 2030）」という2020年から2030年までの新たな国際的実施枠組みが2019年11月に第40回ユネスコ総会で採択され、同年12月には第74回国連総会で承認されました。「ESD for 2030」の理念を踏まえ、関係省庁が連携し、2021年5月、「第2期ESD国内実施計画」を策定し、同日に「ESD推進の手引」も更新しました。また、学習指導要領では、小・中・高等学校の各段階において、児童生徒が「持続可能な社会の創り手」となることが期待されることを明記しており、引き続き、ESDの提唱国として、持続可能な社会の創り手を育成するESDを推進していきます。

　文部科学省では、ユネスコスクール（ユネスコ憲章に示されたユネスコの理想を実現するため、平和や国際的な連携を実践する学校であり、ユネスコが認定する学校）をESDの推進拠点として位置付けています。ユネスコスクール全国大会の開催等を通じて、ESDの実践例の共有や議論等を行いESDの活動の振興を図るほか、補助金事業を通じて、持続可能な社会の創り手育成の推進につながる教員養成、カリキュラム作成及び多様なステークホルダーとの協働による人材育成に取り組んでいます。

　環境省では、2023年度から環境教育やESDに取り組む方の負担軽減、ネットワーク化、取組支援を目的に「環境教育・ESD実践動画100選」として、学校教育又は社会教育における幼少期～高校生を対象とした環境教育やESDに関連する実践取組の短編動画の優良事例を発信する取組を始め、同年度には81件の動画を選定、公表しました。

(2) 各主体をつなぐ組織・ネットワークの構築・強化

　ESD活動に取り組む様々な主体が参画・連携する地域活動の拠点を形成し、地域が必要とする取組支援や情報・経験を共有できるよう、文部科学省や関係団体と連携して、ESD活動支援センター及び地方ESD活動支援センター（全国8か所）を活用したESDに関する情報収集・発信、地域間の連携・ネットワークの構築に努めるとともに、気候変動を切り口としたテーマ別の学び合いプロジェクトを実施しました。このほか、国連大学が実施する世界各地でのESDの地域拠点（RCE）の認定、アジア太平洋地域における高等教育機関のネットワーク（ProSPER.Net）構築等の事業を支援しました。

　また、日中韓三カ国環境大臣会合（TEMM）における三カ国共同のプロジェクトとして、日中韓環境教育ネットワーク（TEEN）、日中韓環境ユースフォーラム（TEMMユースフォーラム）において、環境教育推進のための意見交換を行いました。

(3) 市民、事業者、民間団体等による環境保全活動の支援

環境カウンセラー登録制度の活用により、事業者、市民、民間団体等による環境保全活動等を促進しました。

独立行政法人環境再生保全機構が運営する地球環境基金では、国内外の民間団体が行う環境保全活動に対する助成やセミナー開催等により、それぞれの活動を振興するための事業を行いました。このうち、2023年度の助成については、289件の助成要望に対し、161件、総額約5.4億円の助成決定が行われました。

環境省、独立行政法人環境再生保全機構、国連大学サステイナビリティ高等研究所の共催により、環境活動を行う全国の高校生に対し、相互交流や実践発表の機会を提供する「全国ユース環境活動発表大会（全国大会）」を2024年2月に開催し、優秀校に対して環境大臣賞等を授与しました。

持続可能な地域づくりのための中間支援機能を発揮する拠点として「環境パートナーシップオフィス（EPO）」を全国8か所に展開しています。各地方環境事務所と各地元のNGO・NPOが協働で運営、環境情報の受発信といった静的なセンター機能だけではなく、地域の環境課題解決への伴走等といった動的な役割を担いました。EPOの結節点として、各EPOの成果の取りまとめや相互参照、ブロックを超えた横展開等、全国EPOネットワーク事業を「地球環境パートナーシッププラザ（GEOC）」が行いました。また、GEOCは環境省・国連大学との協働事業として時機に見合った国際情報の発信やシンポジウムの開催等を行いました。

環境教育等促進法に基づく体験の機会の場等の各種認定の状況等を環境省ウェブサイトにおいて発信しました。

事業者、市民、民間団体等のあらゆる主体のパートナーシップによる取組を支援するための情報をGEOC及びEPOを拠点としてウェブサイトやメールマガジンを通じて、収集、発信しました。

また、団体が実施する環境保全活動を支援するデータベース「環境らしんばん」により、イベント情報等の広報のための発信支援を行いました。

(4) 環境研修の推進

環境調査研修所においては、国及び地方公共団体等の職員を対象に、行政研修、分析研修及び職員研修の各種研修を実施しています。

2023年度においては、新型コロナウイルス感染症の影響により近年中止していた合宿制による集合研修を一部再開するとともに、集合研修とオンライン配信を組み合わせるなど研修形式の柔軟な検討を行い、各研修を実施しました。

2023年度には、行政研修7コース（7回）（日中韓三カ国合同環境研修の協同実施を含む）、分析研修7コース（8回）及び職員研修8コース（8回）の合計22コース（23回）を実施しました。加えて、分析研修等の研修内容に関連する支援教材の動画配信を希望者に対して行いました。また、地方公共団体等の職員を対象に、環境行政に対する視野の拡大及び環境政策立案等の職務遂行能力の向上を図ることを目的として実施する環境行政実務研修の一環として、「地域脱炭素」をテーマに集合研修を行いました。2023年度の研修修了者は、887名となりました。修了者の研修区分別数は、行政研修（職員研修含む）が779名、分析研修が108名でした。所属機関別の修了者の割合は、国が50％、地方公共団体が43％、独立行政法人等が6％となっています。

第6節　環境情報の整備と提供・広報の充実

1　EBPM推進のための環境情報の整備

環境に関するデータの利活用を推進するため、基礎的データを収集・整理した「環境統計集」を最新のデータに更新し、環境省ウェブサイトで公開しています。

2　利用者ニーズに応じた情報の提供

行政データ連携の推進、行政保有データの100%オープン化を効率的・効果的に進め、環境情報に関するオープンデータの取組の強化を図るため、環境省が保有するデータの全体像を把握し、相互連携・オープン化するデータの優先付けを行った上で、必要な情報システム・体制を確保し、データの標準化や品質向上を組織全体で図るなどのデータマネジメントを推進することを目的とした「環境省データマネジメントポリシー」を、2021年3月に策定しました。それに基づいて、環境データ公開の一元的ポータルサイトとして「環境データショーケース」を2022年3月に開設し、環境データのオープン化のための「場」を整備しました。

「環境白書・循環型社会白書・生物多様性白書（以下「白書」という。）」の内容を広く普及するため、全国5か所で「白書を読む会」をオンラインで開催しました。

視覚的に分かりやすいよう地理情報システム（GIS）を用いた「環境GIS」による環境の状況等の情報や環境研究・環境技術など環境に関する情報の整備を図り、「環境展望台」において提供しました。

港湾など海域における環境情報を、より多様な主体間で広く共有するため、環境情報データベースの運用を行いました。また、沿岸海域環境保全情報の整備・提供を行うとともに、関係府省・機関が収集した、衛星情報を含め広範な海洋情報を集約・共有する「海洋状況表示システム（海しる）」について、掲載情報の充実、機能の拡充を行いました。

自然環境保全基礎調査やモニタリングサイト1000等の成果に関する情報を「生物多様性情報システム（J-IBIS）」において、Web-GISによる提供情報も含めて整備・拡充するとともに、全国の国立公園等のライブ画像を配信する「インターネット自然研究所」においては、全国各地の様々な自然情報を安定的に継続して提供できるよう、ライブカメラの更新などの取組を進めました。また、「いきものログ」を通じて、全国の生物多様性データの収集と提供を広く行いました。

国際サンゴ礁研究・モニタリングセンターにおいて、サンゴ礁の保全に必要な情報の収集・公開等を行いました。

第7節　環境影響評価

1　環境影響評価制度の在り方に関する検討

再生可能エネルギーの中でも今後の導入拡大が期待される風力発電のうち、とりわけ洋上風力発電については、再生可能エネルギーの主力電源化の切り札として推進していくことが期待され、今後更なる開発の後押しが必要とされています。こうした状況を踏まえ、2022年規制改革実施計画において「環境アセスメント制度について、立地や環境影響等の洋上風力発電の特性を踏まえた最適な在り方を、関係府省、地方公共団体、事業者等の連携の下検討する」とされたことを受け、2022年度に取りまとめた新たな環境影響評価制度の方向性に基づき、2023年5月から「洋上風力発電の環境影響評価制度の

最適な在り方に関する検討会」において、最適な制度の在り方について具体的な検討が行われ、2023年8月に報告書が取りまとめられました。その後、当該報告書も踏まえ、2023年9月、環境大臣から中央環境審議会に対し、風力発電に係る環境影響評価の在り方について諮問がなされ、当該諮問に対する一次答申において、洋上風力発電（排他的経済水域で実施されるものも含む。）に係る適正な環境配慮を確保するための新たな制度の在り方が2024年3月に示されました。この結論を踏まえ、「海洋再生可能エネルギー発電設備の整備に係る海域の利用の促進に関する法律の一部を改正する法律案」を2024年3月に閣議決定し、第213回国会に提出しました。

　また、陸上風力発電については、2021年規制改革実施計画において「立地に応じ地域の環境特性を踏まえた、効果的・効率的なアセスメントに係る制度的対応の在り方について迅速に検討・結論を得る」とされたことを受け、2022年度に「令和4年度再生可能エネルギーの適正な導入に向けた環境影響評価のあり方に関する検討会」において取りまとめた大きな枠組みについて、有識者や関係者へのヒアリングを行うなど、制度の実現に向けた検討を行いました。

2　質の高い適切な環境影響評価制度の施行に資する取組の展開

（1）環境影響評価法の対象事業に係る環境影響審査の実施

　環境影響評価法（平成9年法律第81号）では、道路、ダム、鉄道、飛行場、発電所、埋立て・干拓、土地区画整理事業等の開発事業のうち、規模が大きく、環境影響の程度が著しいものとなるおそれがある事業について環境影響評価の手続の実施を義務付けています。環境影響評価法に基づき、2024年3月末までに計854件の事業について手続が実施されました。このうち、2023年度においては、新たに26件の手続が開始され、また、16件の評価書手続が完了し、環境配慮の確保が図られました（表6-7-1）。

表6-7-1　環境影響評価法に基づき実施された環境影響評価の施行状況

（2024年3月31日時点）

	道路	河川	鉄道	飛行場	発電所	火力	風力	太陽光	その他	処分場	埋立て、干拓	面整備	合計
手続実施	97	11	19	16	662	83	542	16	21	7	20	22	854
手続中	14	1	2	2	367	10	341	12	4	1	3	2	392
手続完了	72	9	15	13	204	60	125	3	16	6	15	15	349
手続中止	11	1	2	1	91	13	76	1	1	0	2	5	113
環境大臣意見・助言	86	10	17	19	721	89	591	17	24	1	4	17	875
配慮書	15	0	2	5	462	30	417	9	6	1	0	2	487
方法書	0	0	0	0	0	0	0	0	0	0	0	0	0
準備書・評価書	71	10	15	13	259	59	174	8	18	0	4	15	387
報告書	0	0	0	1	0	0	0	0	0	0	0	0	1

資料：環境省

　近年、特に審査件数の多い風力発電所については、環境影響の程度は事業規模よりも立地に依拠する特徴があり、陸上の風力発電所に係る立地選定において適正な配慮がなされていないと判断される事業に対しては、事業計画の見直し等の厳しい環境大臣意見を述べました。洋上の風力発電所については、これまで国内における導入実績が少なく、運転開始後の環境影響に係る知見が十分に得られていないことから、最新の知見、専門家の助言等を踏まえ、適切に調査、予測及び評価を実施することなどを求める環境大臣意見を述べました。太陽光発電所については、ゴルフ場跡地等の既に開発済みの土地で行われる事業に対して、水生生物への影響を回避又は低減することや廃棄物等の適正な処理を求めた環境大臣意見を述べました。

　火力発電所については、国内外の情勢を踏まえ、温室効果ガスの排出削減に向けた取組の道筋が1.5℃目標と整合する形で描けない場合には、事業の休廃止も含めあらゆる選択肢を勘案して検討するよう求めるなど、厳しい環境大臣意見を述べました。

(2) 環境影響評価に係る情報基盤の整備

　質の高い環境影響評価を効率的に進めるために、環境省及び経済産業省共同で「洋上風力発電に係る環境評価手法の技術ガイド」を公表しました。また、環境省は、環境影響評価に活用できる地域の環境基礎情報を収録した「環境アセスメントデータベース "EADAS（イーダス）"」において、情報の拡充や更新を行い公開しました。

(3) 環境影響評価図書の継続公開に係る取組

　情報アクセスの利便性を向上させ、国民と事業者の情報交流の拡充及び事業者における環境影響の予測・評価技術の向上を図るため、環境影響評価法に基づき事業者が縦覧・公表する環境影響評価図書について、法定の縦覧・公表期間を過ぎた場合においても図書の閲覧ができるよう、事業者の任意の協力を得て、環境省ホームページにおいて環境影響評価図書を掲載する取組を進めました。

第8節　環境保健対策

1　放射線に係る住民の健康管理・健康不安対策

(1) 福島県における健康管理

　国は、福島県の住民の方々の中長期的な健康管理を可能とするため、福島県が2011年度に創設した福島県民健康管理基金に交付金を拠出するなどして福島県を財政的、技術的に支援しており、福島県は、同基金を活用し、2011年6月から県民健康調査等を実施しています。具体的には、[1] 福島県の全県民を対象とした個々人の行動記録と線量率マップから外部被ばく線量を推計する基本調査、[2]「甲状腺検査」、「健康診査」、「こころの健康度・生活習慣に関する調査」、「妊産婦に関する調査」の詳細調査を実施しています。また、ホールボディ・カウンタによる内部被ばく線量の検査や、市町村に補助金を交付し、個人線量計による測定等も実施しています。

　「甲状腺検査」について、2016年3月に福島県「県民健康調査」検討委員会が取りまとめた「県民健康調査における中間取りまとめ」では、甲状腺検査の先行検査（検査1回目）で発見された甲状腺がんについては、放射線による影響とは考えにくいと評価されています。また、2023年11月には、同委員会甲状腺検査評価部会において、「先行検査から検査4回目までにおいて、甲状腺がんと放射線被ばくの間の関連は認められない。」とまとめられています。

　また、「妊産婦に関する調査」については、2022年5月、福島県「県民健康調査」検討委員会において、県民健康調査「妊産婦に関する調査」結果まとめ（平成23年度～令和2年度）として報告され、妊娠結果（早産の割合、先天奇形・先天異常の発生率）に関しては、「平成23年度から令和2年度調査の結果では、各年度とも政府統計や一般的に報告されているデータとの差はほとんどない。また、先天奇形・先天異常の発生率を地域別に見ても同様に差はない。」とされています。

(2) 国による健康管理・健康不安対策

　環境省では、2015年2月に公表した「東京電力福島第一原子力発電所事故に伴う住民の健康管理のあり方に関する専門家会議の中間取りまとめを踏まえた環境省における当面の施策の方向性」に基づき、[1] 事故初期における被ばく線量の把握・評価の推進、[2] 福島県及び福島近隣県における疾病罹患動向の把握、[3] 福島県の県民健康調査「甲状腺検査」の充実、[4] リスクコミュニケーション事業の継続・充実に取り組んでいます。
[1] 事故初期における被ばく線量の把握・評価の推進
　　大気拡散シミュレーションや住民の行動データ、ホールボディ・カウンタ等による実測値等、被ば

く線量に影響する様々なデータを活用し、事故後の住民の被ばく線量をより精緻に評価する研究事業を実施しています。

[2] 福島県及び福島近隣県における疾病罹患動向の把握

福島県及び福島近隣県における、がん及びがん以外の疾患の罹患動向を把握するために、人口動態統計やがん登録等の統計情報を活用し、地域ごとに、循環器疾患を含む各疾病の罹患率及び死亡率の変化等を分析する研究事業を実施しています。

[3] 福島県の県民健康調査「甲状腺検査」の充実

福島県は、県民健康調査「甲状腺検査」の結果、引き続き医療が必要になった方に対して、治療にかかる経済的負担を支援するとともに、診療情報を活用させていただくことで「甲状腺検査」の充実を図る「甲状腺検査サポート事業」に取り組んでおり、国は、この取組を支援しています。このほか、国として甲状腺検査の結果、詳細な検査（二次検査）が必要になった方へのこころのケアの充実や、また県内検査者の育成や県外検査実施機関の拡充に向け、医療機関への研修会等を開催しています。

[4] リスクコミュニケーション事業の継続・充実

環境省では、2014年度から福島県いわき市に「放射線リスクコミュニケーション相談員支援センター」を開設し、避難指示が出された12市町村を中心に、住民を支える放射線相談員や自治体職員等の活動を科学的・技術的な面から組織的かつ継続的な支援を実施していくため、研修会や車座集会の開催等を行っています。

そのほか、希望する住民には、個人線量計を配布して外部被ばく線量を測定してもらい、またホールボディ・カウンタによって内部被ばく線量を測定することにより、住民に自らの被ばく線量を把握してもらうとともに、専門家から測定結果や放射線の健康影響に関する説明を行うことにより、不安軽減へつなげています。

一方、福島県外では、企業や学校、地域住民の方を対象に、不安軽減や放射線リテラシーの向上のため、受講者のニーズを踏まえつつ、放射線の健康影響や原発事故後の福島県でのリスクコミュニケーションに関するセミナー等を行うなどの住民からの相談に対応する保健医療福祉関係者、自治体職員等の人材育成のための研修や、地域のニーズを踏まえた住民セミナーの開催等のリスクコミュニケーション事業に取り組んでいます。

2 健康被害の補償・救済及び予防

（1）被害者の補償・救済

ア 大気汚染の影響による呼吸器系疾患

（ア）既被認定者に対する補償給付等

我が国では、昭和30年代以降の高度経済成長により、工業化が進んだ都市を中心に大気汚染の激化が進み、四日市ぜんそくを始めとして、大気汚染の影響による呼吸器系疾患の健康被害が全国で発生しました。これらの健康被害者に対して迅速に補償等を行うため、1973年、公害健康被害の補償等に関する法律（昭和48年法律第111号。以下「公害健康被害補償法」という。）に基づく公害健康被害補償制度が開始されました。

公害健康被害補償法のうち、自動車重量税の収入見込額の一部相当額を独立行政法人環境再生保全機構に交付する旨を定めた法附則（法附則第9条）については、2018年度以降も当分の間、自動車重量税の収入見込額の一部に相当する金額を独立行政法人環境再生保全機構に交付することができるよう措置する、公害健康被害の補償等に関する法律の一部を改正する法律（平成30年法律第11号）が2018年3月に公布されました。

2023年度は、同制度に基づき、被認定者に対し、[1] 認定更新、[2] 補償給付（療養の給付及び療養費、障害補償費、遺族補償費、遺族補償一時金、療養手当、葬祭料）、[3] 公害保健福祉事業（リハ

ビリテーションに関する事業、転地療養に関する事業、家庭における療養に必要な用具の支給に関する事業、家庭における療養の指導に関する事業、インフルエンザ予防接種費用助成事業）等を実施しました。2023年12月末時点の被認定者数は27,479人です。なお、1988年3月をもって第一種地域の指定が解除されたため、旧第一種地域では新たな患者の認定は行われていません（表6-8-1）。

表6-8-1 公害健康被害補償法の被認定者数等

(2023年12月末時点)

区分		地域			実施主体	指定年月日	現存被認定者数
旧第一種地域 非特異的疾患	慢性気管支炎 気管支ぜん息 ぜん息性気管支炎 及び肺気しゅ 並びに これらの続発症	千葉市	南部臨海	地域	千葉市	1974.11.30	185
		東京都	千代田区	全域	千代田区	〃	102
		〃	中央区	〃	中央区	1975.12.19	159
		〃	港区	〃	港区	1974.11.30	279
		〃	新宿区	〃	新宿区	〃	718
		〃	文京区	〃	文京区	〃	342
		〃	台東区	〃	台東区	1975.12.19	261
		〃	品川区	〃	品川区	1974.11.30	550
		〃	大田区	〃	大田区	〃	1,182
		〃	目黒区	〃	目黒区	1975.12.19	376
		〃	渋谷区	〃	渋谷区	1974.11.30	347
		〃	豊島区	〃	豊島区	1975.12.19	408
		〃	北区	〃	北区	〃	652
		〃	板橋区	〃	板橋区	〃	1,236
		〃	墨田区	〃	墨田区	〃	411
		〃	江東区	〃	江東区	1974.11.30	910
		〃	荒川区	〃	荒川区	1975.12.19	468
		〃	足立区	〃	足立区	〃	1,120
		〃	葛飾区	〃	葛飾区	〃	791
		〃	江戸川区	〃	江戸川区	〃	1,120
		東京都計					11,432
		横浜市	鶴見臨海地域		横浜市	1972.2.1	324
		川崎市	川崎区・幸区		川崎市	1969.12.27 1972.2.1 1974.11.30	1,095
		富士市	中部地域		富士市	1972.2.1 1977.1.13	320
		名古屋市	中南部地域		名古屋市	1973.2.1 1975.12.19 1978.6.2	1,543
		東海市	北部・中部地域		愛知県	1973.2.1	259
		四日市市	臨海地域・楠町全域		四日市市	1969.12.27 1974.11.30	281
		大阪市	全域		大阪市	1969.12.27 1974.11.30 1975.12.19	4,689
		豊中市	南部地域		豊中市	1973.2.1	122
		吹田市	南部地域		吹田市	1974.11.30	145
		守口市	全域		守口市	1977.1.13	843
		東大阪市	中西部地域		東大阪市	1978.6.2	896
		八尾市	中西部地域		八尾市	〃	490
		堺市	西部地域		堺市	1973.8.1 1977.1.13	981
		神戸市	臨海地域		神戸市	〃	493
		尼崎市	東部・南部地域		尼崎市	1970.12.1 1974.11.30	1,374
		倉敷市	水島地域		倉敷市	1975.12.19	807
		玉野市	南部臨海地域		岡山県	〃	18
		備前市	片上湾周辺地域		岡山県	〃	18
		北九州市	洞海湾沿岸地域		北九州市	1973.2.1	690
		大牟田市	中部地域		大牟田市	1973.8.1	474
		計					27,479
第二種地域 特異的疾患	水俣病	阿賀野川	下流地域		新潟県	1969.12.27	37
	〃	〃	〃		新潟市	〃	60
	〃	水俣湾	沿岸地域		鹿児島県	〃	55
	〃	〃	〃		熊本県	〃	179
	イタイイタイ病	神通川	下流地域		富山県	〃	1
	慢性砒(ひ)素中毒症	島根県	笹ヶ谷地区		島根県	1974.7.4	0
	〃	宮崎県	土呂久地区		宮崎県	1973.2.1	41
	計						373
合計							27,852

注：旧指定地域の表示は、いずれも指定当時の行政区画等による。
資料：環境省

（イ）公害健康被害予防事業の実施

独立行政法人環境再生保全機構により、以下の公害健康被害予防事業が実施されました。

[1] 大気汚染による健康影響に関する総合的研究、局地的大気汚染対策に関する調査等を実施しました。また、ぜん息等の予防・回復等のためのパンフレットの作成、講演会の実施及びぜん息の専門医による電話相談事業を行いました。さらに、地方公共団体の公害健康被害予防事業従事者に対する研修を行いました。

[2] 地方公共団体に対して助成金を交付し、旧第一種地域等を対象として、ぜん息等に関する健康相談、幼児を対象とする健康診査、ぜん息患者等を対象とした機能訓練等を推進しました。

イ　水俣病

（ア）水俣病被害の救済

○　水俣病の認定

水俣病は、熊本県水俣湾周辺において1956年5月に、新潟県阿賀野川流域において1965年5月に公式に確認されたものであり、四肢末端の感覚障害、運動失調、求心性視野狭窄、中枢性聴力障害を主要症候とする神経系疾患です。それぞれチッソ株式会社、昭和電工株式会社の工場から排出されたメチル水銀化合物が魚介類に蓄積し、それを経口摂取することによって起こった神経系疾患であることが1968年に政府の統一見解として発表されました。

水俣病の認定は、公害健康被害補償法に基づき行われており、2023年11月末までの被認定者数は、3,000人（熊本県1,791人、鹿児島県493人、新潟県716人）で、このうち生存者は、332人（熊本県180人、鹿児島県55人、新潟県97人）となっています。

○　1995年の政治解決

公害健康被害補償法及び1992年から開始した水俣病総合対策医療事業（一定の症状が認められる者に療養手帳を交付し、医療費の自己負担分等を支給する事業）による対応が行われたものの、水俣病をめぐる紛争と混乱が続いていたため、1995年9月当時の与党三党により、最終的かつ全面的な解決に向けた解決策が取りまとめられました。

これを踏まえ、原因企業から一時金を支給するとともに、水俣病総合対策医療事業において、医療手帳（療養手帳を名称変更）を交付しました。また、医療手帳の対象とならない方であっても、一定の神経症状を有する方に対して保健手帳を交付し、医療費の自己負担分等の支給を行っています。

これにより、関西訴訟を除いた国家賠償請求訴訟については、原告が訴えを取り下げました。一方、関西訴訟については、2004年10月に最高裁判所判決が出され、国及び熊本県には、水俣病の発生拡大を防止しなかった責任があるとして、賠償を命じた大阪高等裁判所判決が是認されました（表6-8-2）。

表6-8-2　水俣病関連年表

1956年（昭和31年）	5月	水俣病公式確認
1959年（昭和34年）	3月	水質二法施行
1965年（昭和40年）	5月	新潟水俣病公式確認
1967年（昭和42年）	6月	新潟水俣病第一次訴訟提訴（46年9月原告勝訴判決（確定））
1968年（昭和43年）	9月	厚生省及び科学技術庁　水俣病の原因はチッソ及び昭和電工の排水中のメチル水銀化合物であるとの政府統一見解を発表
1969年（昭和44年）	6月	熊本水俣病第一次訴訟提訴（48年3月原告勝訴判決（確定））
1969年（昭和44年）	12月	「公害に係る健康被害の救済に関する特別措置法（救済法）」施行
1973年（昭和48年）	7月	チッソと患者団体との間で補償協定締結（昭和電工と患者団体の間は同年6月）
1974年（昭和49年）	9月	「公害健康被害の補償等に関する法律」施行
1977年（昭和52年）	7月	環境庁「後天性水俣病の判断条件について（52年判断条件）」を通知
1979年（昭和54年）	2月	「水俣病の認定業務の促進に関する臨時措置法」施行
1991年（平成3年）	11月	中央公害対策審議会「今後の水俣病対策のあり方について」を答申
1995年（平成7年）	9月	与党三党　「水俣病問題の解決について」（最終解決策）決定
1995年（平成7年）	12月	「水俣病対策について」閣議了解
1996年（平成8年）	5月	係争中であった計10件の訴訟が取り下げ（関西訴訟のみ継続）
2004年（平成16年）	10月	水俣病関西訴訟最高裁判所判決（国・熊本県の敗訴が確定）
2005年（平成17年）	4月	環境省　「今後の水俣病対策について」発表
2006年（平成18年）	5月	水俣病公式確認50年
2009年（平成21年）	7月	「水俣病被害者の救済及び水俣病問題の解決に関する特別措置法」公布
2010年（平成22年）	4月	「水俣病被害者の救済及び水俣病問題の解決に関する特別措置法の救済措置の方針」閣議決定
2012年（平成24年）	7月	「水俣病被害者の救済及び水俣病問題の解決に関する特別措置法の救済措置の方針」に基づく特措法の申請受付が終了
2013年（平成25年）	4月	水俣病の認定をめぐる行政訴訟の最高裁判所判決（1件は熊本県敗訴、1件は熊本県勝訴の高等裁判所判決を破棄差し戻し）
2013年（平成25年）	10月	水俣条約の採択・署名のための外交会議が熊本市及び水俣市で開催
2014年（平成26年）	3月	環境省「公害健康被害の補償等に関する法律に基づく水俣病の認定における総合的検討について」を通知（具体化通知）
2014年（平成26年）	7月	臨時水俣病認定審査会において具体化通知に基づく審査を実施
2014年（平成26年）	8月	特措法の判定結果を公表
2015年（平成27年）	5月	新潟水俣病公式確認50年
2017年（平成29年）	8月	水銀に関する水俣条約発効

資料：環境省

○　関西訴訟最高裁判所判決を受けた各施策の推進

　政府は、2006年に水俣病公式確認から50年という節目を迎えるに当たり、1995年の政治解決や関西訴訟最高裁判所判決も踏まえ、2005年4月に「今後の水俣病対策について」を発表し、これに基づき以下の施策を行っています。

[1] 水俣病総合対策医療事業について、高齢化の進展等を踏まえた拡充を図り、また、保健手帳については、交付申請の受付を2005年10月に再開（2010年7月受付終了）。

[2] 2006年9月に発足した水俣病発生地域環境福祉推進室等を活用して、胎児性患者を始めとする水俣病被害者に対する社会活動支援、地域の再生・振興等の地域づくりの対策への取組。

○　水俣病被害者救済特措法

　2004年の関西訴訟最高裁判所判決後、公害健康被害補償法の認定申請の増加及び新たな国賠訴訟が6件提起されました。

　このような事態を受け、自民党、公明党、民主党の三党の合意により、2009年7月に水俣病被害者の救済及び水俣病問題の解決に関する特別措置法（平成21年法律第81号。以下「水俣病被害者救済特措法」という。）が成立し、公布・施行されました。その後、2010年4月に水俣病被害者救済特措法の救済措置の方針（以下「救済措置の方針」という。）を閣議決定しました。この救済措置の方針に基づき、一定の要件を満たす方に対して関係事業者から一時金を支給するとともに、水俣病総合対策医療事業により、水俣病被害者手帳を交付し、医療費の自己負担分や療養手当等の支給を行っています。また、これに該当しなかった方であっても、一定の感覚障害を有すると認められる方に対して、水俣病被害者手帳を交付し、医療費の自己負担分等の支給を行っています。

　水俣病被害者救済特措法に基づく救済措置には6万4,836人が申請し、判定結果は3県合計で、一時金等対象該当者は3万2,249人、療養費対象該当者は6,071人となりました（2018年1月判定終了）。また、裁判で争っている団体の一部とは和解協議を行い、2010年3月には熊本地方裁判所から提示された所見を原告及び被告双方が受け入れ、和解の基本的合意が成立しました。これと同様に新潟地方裁判所、大阪地方裁判所、東京地方裁判所でも和解の基本的合意が成立し、これを踏まえて、和解に向け

た手続が進められ、2011年3月に各裁判所において、和解が成立しました。

　なお、認定患者の方々への補償責任を確実に果たしつつ、水俣病被害者救済特措法や和解に基づく一時金の支払いを行うため、2010年7月に同法に基づいて、チッソ株式会社を特定事業者に指定し、同年12月にはチッソ株式会社の事業再編計画を認可しました。

（イ）水俣病対策をめぐる現状

　公害健康被害補償法に基づく水俣病の認定に関する2013年4月の最高裁判所判決を受けて発出した、総合的検討の在り方を具体化する通知に沿って、現在、関係県・市の認定審査会において審査がなされています。

　こうした健康被害の補償や救済に加えて、高齢化が進む胎児性患者とその家族の方など、皆さんが安心して住み慣れた地域で暮らしていけるよう、生活の支援や相談体制の強化等の医療・福祉の充実や、慰霊の行事や環境学習等を通じて地域のきずなを修復する再生・融和（もやい直し）、環境に配慮したまちづくりを進めながら地域の活性化を図る地域振興にも取り組んでいます。

（ウ）普及啓発及び国際貢献

　毎年、公害問題の原点、日本の環境行政の原点ともなった水俣病の教訓を伝えるため、教職員や学生等を対象にセミナーを開催するとともに、開発途上国を中心とした国々の行政担当者を招いて研修を行っています。

ウ　イタイイタイ病

　富山県神通川流域におけるイタイイタイ病は、1955年10月に原因不明の奇病として学会に報告され、1968年5月、厚生省（当時）が、「イタイイタイ病はカドミウムの慢性中毒によりまず腎臓障害を生じ、次いで骨軟化症を来し、これに妊娠、授乳、内分泌の変調、老化及び栄養としてのカルシウム等の不足等が誘引となって生じたもので、慢性中毒の原因物質としてのカドミウムは、三井金属鉱業株式会社神岡鉱業所の排水以外は見当たらない」とする見解を発表しました。イタイイタイ病の認定は、公害健康被害補償法に基づき行われており、2023年12月末時点の公害健康被害補償法の現存被認定者数は1人（認定された者の総数は201人）です。また、富山県は将来イタイイタイ病に発展する可能性を否定できない者を要観察者として経過を観察することとしていますが、2023年12月末時点で要観察者は1人となっています。

エ　慢性砒素中毒症

　宮崎県土呂久地区及び島根県笹ヶ谷地区における慢性砒素中毒症については、2024年3月末時点の公害健康被害補償法の現存被認定者数は、土呂久地区で41人（認定された者の総数218人）、笹ヶ谷地区で0人（認定された者の総数21人）となっています。

オ　石綿健康被害

　石綿を原因とする中皮腫及び肺がんは、[1]ばく露から30～40年と長い期間を経て発症することや、石綿そのものが当時広範かつ大量に使用されていたことから、どこでばく露したかの特定が困難なこと、[2]予後が悪く、多くの方が発症後1～2年で亡くなること、[3]現在発症している方が石綿にばく露したと想定される30～40年前には、重篤な疾患を発症するかもしれないことが一般に知られておらず、自らには非がないにもかかわらず、何の補償も受けられないままに亡くなる方がいることなどの特殊性に鑑み、健康被害を受けた方及びその遺族に対し、医療費等を支給するための措置を講ずることにより、健康被害の迅速な救済を図る、石綿による健康被害の救済に関する法律（平成18年法律第4号）が2006年2月に成立・公布されました。救済給付に係る申請等については、2022年度末時点で2万4,294件を受け付け、うち1万8,038件が認定、3,873件が不認定、2,383件が取下げ又は審議中と

されています。

　また、2023年6月に取りまとめられた中央環境審議会環境保健部会石綿健康被害救済小委員会の報告書を踏まえ、石綿健康被害救済制度の運用に必要な調査や更なる制度周知等の措置を講じています。

(2) 被害等の予防
ア　環境保健施策基礎調査等
（ア）大気汚染による呼吸器症状に係る調査研究

　地域人口集団の健康状態と環境汚染との関係を定期的・継続的に観察し、必要に応じて所要の措置を講ずるため、全国34地域で3歳児、全国35地域で6歳児を対象とした環境保健サーベイランス調査を1996年から継続して実施しています。これまでの調査結果では、大気汚染物質濃度とぜん息の有症率が常に有意な正の関連性を示すような状況にはなく、大気汚染によると思われるぜん息有症率の増加を示す地域は見られませんでした。今後も調査を継続し、大気汚染とぜん息の関連性について、注意深く観察していきます。

　そのほか、独立行政法人環境再生保全機構においても、大気汚染の影響による健康被害の予防に関する調査研究を行いました。

（イ）環境要因による健康影響に関する調査研究

　花粉症対策には、発生源対策、飛散対策、発症・曝露対策の総合的な推進が不可欠なことから、2023年5月の花粉症に関する関係閣僚会議で決定された「花粉症対策の全体像」に基づき、関係省庁が協力して対策に取り組んでいます。

　また、他にも、花粉や紫外線、黄砂、電磁界等についても、マニュアル等を用いて、その他の環境要因による健康影響について普及啓発に努めました。

イ　重金属等の健康影響に関する総合研究

　メチル水銀が人の健康に与える影響に関する調査の手法を開発するに当たり、必要となる課題を推進することを目的とした研究及びその推進に当たり有用な基礎的知見を得ることを目的とした研究を行い、最新の知見の収集に取り組みました。

　イタイイタイ病の発症の仕組み及びカドミウムの健康影響については、なお未解明な事項もあるため、基礎医学的な研究や富山県神通川流域の住民を対象とした健康調査等を実施し、その究明に努めました。

ウ　石綿ばく露者の健康管理に関する調査等

　石綿関連所見や疾患の読影体制整備及びばく露の程度に応じた石綿ばく露者の健康管理の在り方について検討を行うため、協力の得られた自治体において、既存検診を活用した石綿関連所見・疾患の読影精度管理や有所見者を対象とした追加的な画像検査を実施し、疾患の早期発見の可能性を検証しました。また、石綿関連疾患に係る医学的所見の解析調査及び諸外国の制度に関する調査等を行いました。

第9節　　公害紛争処理等及び環境犯罪対策

1　公害紛争処理等

(1) 公害紛争処理

　公害紛争については、公害等調整委員会及び都道府県に置かれている都道府県公害審査会等が公害紛

争処理法（昭和45年法律第108号）の定めるところにより処理することとされています。公害紛争処理手続には、あっせん、調停、仲裁及び裁定の4つがあります。

公害等調整委員会は、裁定を専属的に行うほか、重大事件（水俣病やイタイイタイ病のような事件）、広域処理事件（航空機騒音や新幹線騒音）等について、あっせん、調停及び仲裁を行い、都道府県公害審査会等は、それ以外の紛争について、あっせん、調停及び仲裁を行っています。

ア　公害等調整委員会に係属した事件

2023年中に公害等調整委員会が受け付けた公害紛争事件は29件で、これに前年から繰り越された50件を加えた計79件（責任裁定事件35件、原因裁定事件37件、調停事件4件、義務履行勧告事件3件）が2023年中に係属しました。その内訳は、表6-9-1のとおりです。このうち2023年中に終結した事件は30件で、残り49件が2024年に繰り越されました。

終結した主な事件としては、「稲敷市における土砂埋立てに伴う土壌汚染による財産被害等責任裁定申請事件」があります。この事件は、土木関係会社が、山林及び共同墓地を無許可で埋め立てたため、茨城県稲敷市の申請人らが、土壌が汚染され、周辺井戸の水質が汚染されたとして、土木関係会社及び許可権限がある稲敷市らに対して損害賠償を求めたものです。公害等調整委員会は、本件について、直ちに裁定委員会を設け、専門委員による現地調査等を実施するなど、手続を進めた結果、2023年10月、被申請人らの損害賠償責任を認め、申請を一部認容する裁定を行いました。

イ　都道府県公害審査会等に係属した事件

2023年中に都道府県の公害審査会等が受け付けた公害紛争事件は40件で、これに前年から繰り越された41件を加えた計81件（調停事件80件、義務履行勧告事件1件）が2023年中に係属しました。このうち2023年中に終結した事件は39件で、残り42件が2024年に繰り越されました。

ウ　公害紛争処理に関する連絡協議

公害紛争処理制度の利用の促進を図るため、都道府県・市区町村、裁判所及び弁護士会に向けて制度周知のための広報を行いました。また、公害紛争処理連絡協議会、公害紛争処理関係ブロック会議等を開催し、都道府県公害審査会等との相互の情報交換、連絡協議に努めました。

（2）公害苦情処理

ア　公害苦情処理制度

公害紛争処理法においては、地方公共団体は、関係行政機関と協力して公害に関する苦情の適切な処理に努めるものと規定され、公害等調整委員会は、地方公共団体の長に対し、公害に関する苦情の処理状況について報告を求めるとともに、地方公共団体が行う公害苦情の適切な処理のための指導及び情報の提供を行っています。

イ　公害苦情の受付状況

2022年度に全国の地方公共団体の公害苦情相談窓口で受け付けた苦情件数は7万1,590件で、前年度に比べ2,149件減少しました（対前年度比2.9％減）。

このうち、典型7公害（環境基本法（平成5年法律第91号）第2条第3項において定義されている「大気汚染」「水質汚濁」「土壌汚染」「騒音」「振動」「地盤沈下」及び「悪臭」）の苦情件数は5万723件で、前年度に比べ大気汚染が690件減少するなど、全体でも672件減少しました（対前年度比1.3％減）。

また、典型7公害以外の苦情件数は2万867件で、前年度に比べ廃棄物投棄が849件減少するなど、全体でも1,477件減少しました（対前年度比6.6％減）。

表6-9-1　2023年中に公害等調整委員会に係属した公害紛争事件

		事　件　名	件数
責任裁定事件	1	新宿区における排気ダクト等からの低周波音による健康被害等責任裁定申請事件	1
	2	稲敷市における土砂埋立てに伴う土壌汚染による財産被害等責任裁定申請事件	2
	3	南島原市における工場からの騒音等による生活環境被害責任裁定申請事件	1
	4	浜松市における写真スタジオからの騒音による健康被害等責任裁定申請事件	1
	5	燕市における工場からの振動・騒音・悪臭による財産被害等責任裁定申請事件	1
	6	東海市における工場からの粉じん・悪臭等による財産被害・健康被害責任裁定申請事件	1
	7	熊本市における駐車場からの騒音・振動による健康被害責任裁定申請事件	1
	8	札幌市における室外機からの騒音・低周波音による健康被害責任裁定申請事件	1
	9	宮城県亘理町における町道からの騒音による財産被害・健康被害責任裁定申請事件	1
	10	市川市における銭湯からの大気汚染・悪臭による健康被害等責任裁定申請事件	1
	11	品川区におけるアパート設備からの騒音・悪臭による健康被害等責任裁定申請事件	1
	12	大田区における飲食店からの騒音・悪臭による健康被害等責任裁定申請事件	1
	13	神奈川県大磯町におけるマンション上階からの騒音・振動による健康被害責任裁定申請事件	1
	14	さいたま市におけるキュービクル等からの騒音・低周波音による健康被害等責任裁定申請事件	1
	15	自動車排出ガスによる大気汚染被害責任裁定申請事件	2
	16	西宮市における高速道路等からの騒音・振動・低周波音・大気汚染による健康被害等責任裁定申請事件	1
	17	柏市における家屋からの騒音による健康被害等責任裁定申請事件	1
	18	恵那市における鉄工所からの騒音による生活環境被害責任裁定申請事件	1
	19	江東区における工場からの化学物質排出に伴う大気汚染による財産被害責任裁定申請事件	1
	20	松戸市における工場からの騒音による生活環境被害責任裁定申請事件	1
	21	神戸市における認定こども園からの騒音による健康被害責任裁定申請事件	1
	22	熊本市における飲食店からの悪臭・騒音・振動による健康被害等責任裁定申請事件	1
	23	荒川区における建築工事に伴う振動による財産被害責任裁定申請事件	1
	24	品川区におけるアパート解体工事等からの振動・騒音による健康被害責任裁定申請事件	1
	25	流山市における道路拡張工事に伴う騒音・振動・粉じんによる健康被害責任裁定申請事件	1
	26	川口市における工場からの悪臭・振動・粉じんによる健康被害責任裁定申請事件	1
	27	鎌ケ谷市における病院の空調設備からの騒音による健康被害責任裁定申請事件	1
	28	町田市におけるレンタルスタジオからの低周波音及び振動による健康被害責任裁定申請事件	1
	29	葛飾区における介護施設からの騒音による健康被害責任裁定申請事件	1
	30	横浜市における室外機等からの低周波音による健康被害責任裁定申請事件	1
	31	渋谷区における換気設備からの騒音による健康被害責任裁定申請事件	1
	32	北斗市における事業所からの大気汚染・悪臭による健康被害責任裁定申請事件	1
	33	仙台市における病院からの騒音・低周波音による健康被害責任裁定申請事件	1
原因裁定事件	1	南島原市における工場からの騒音等による生活環境被害原因裁定申請事件	1
	2	浜松市における写真スタジオからの騒音による健康被害等原因裁定申請事件	1
	3	熊本市における駐車場からの騒音・振動による健康被害原因裁定申請事件	1
	4	横浜市における解体工事等に伴う振動等による財産被害原因裁定申請事件	1
	5	丹波篠山市における養鶏場等からの悪臭等被害原因裁定申請事件	2
	6	札幌市における室外機からの騒音・低周波音による健康被害原因裁定申請事件	1
	7	神戸市における再生砕石埋立てによる土壌汚染・水質汚濁被害原因裁定申請事件	1
	8	川越市における室内機等からの騒音による健康被害原因裁定嘱託事件	1
	9	鉾田市における給湯機等からの低周波音による健康被害・振動被害原因裁定申請事件	1
	10	市川市における銭湯からの大気汚染・悪臭による健康被害等原因裁定申請事件	1
	11	品川区におけるアパート設備からの騒音・悪臭による健康被害等原因裁定申請事件	1
	12	名古屋市における鉄くず等搬入・搬出作業に伴う騒音被害原因裁定申請事件	1
	13	大阪市における樋交換工事に伴う粉じんによる財産被害原因裁定嘱託事件	1
	14	札幌市における室外機等からの振動・低周波音による健康被害原因裁定申請事件	1
	15	宝塚市における宅地造成工事に伴う振動による財産被害原因裁定嘱託事件	1
	16	足立区における菓子製造機械等からの振動・低周波音による生活環境被害原因裁定申請事件	1
	17	港区における高層マンション上階からの騒音・振動による健康被害原因裁定申請事件	1
	18	越谷市におけるガソリンスタンド建設に伴う地盤沈下による財産被害原因裁定申請事件	1
	19	江東区における工場からの化学物質排出に伴う大気汚染による財産被害原因裁定申請事件	1
	20	足立区における工場からの騒音・低周波音による健康被害原因裁定申請事件	1
	21	神奈川県葉山町におけるヒートポンプ設備からの低周波音による健康被害原因裁定申請事件	1
	22	周南市における工場からの騒音による健康被害原因裁定申請事件	1
	23	武蔵野市におけるエネファーム等からの騒音・低周波音・振動による健康被害原因裁定申請事件	1
	24	日野市における飲食店からの大気汚染・悪臭による財産被害等原因裁定申請事件	1
	25	周南市における工場からの騒音による健康被害原因裁定申請事件	1
	26	品川区におけるアパート解体工事等からの振動・騒音による健康被害原因裁定申請事件	1
	27	中野区における解体工事の振動による財産被害原因裁定申請事件	1
	28	周南市における工場からの騒音による健康被害原因裁定申請事件	1
	29	八王子市における換気システム等からの騒音・振動による健康被害原因裁定申請事件	1
	30	座間市における解体工事からの振動による財産被害原因裁定申請事件	1
	31	一宮市における工場からの粉じんによる財産被害原因裁定申請事件	1
	32	尾道市における化学物質による健康被害原因裁定申請事件	1
	33	北茨城市における鉄加工工場からの粉じんによる財産被害原因裁定申請事件	1
	34	栃木県上三川町における飲食店からの騒音等による健康被害原因裁定申請事件	1
	35	横浜市における飲食店からの大気汚染・悪臭による健康被害原因裁定申請事件	1
	36	名古屋市における小売店舗からの低周波音による健康被害原因裁定申請事件	1
調停事件	1	東久留米市における入浴施設からの騒音による生活環境被害調停申請事件	1
	2	不知火海沿岸における水俣病に係る損害賠償調停申請事件	1
	3	横浜市における東海道新幹線騒音被害防止等調停申請事件	1
	4	鳥栖市におけるごみ処理施設からの大気汚染被害防止調停申請事件	1
義務履行勧告事件	1	木更津市における飲食店等からの騒音による財産被害等職権調停事件の調停条項に係る義務履行勧告申出事件	1
	2	宮城県亘理町における町道からの騒音による財産被害・健康被害職権調停事件の調停条項に係る義務履行勧告申出事件	1
	3	東久留米市における入浴施設からの騒音による生活環境被害調停申請事件の調停条項に係る義務履行勧告申出事件	1

資料：公害等調整委員会

ウ　公害苦情の処理状況

2022年度の典型7公害の直接処理件数（苦情が解消したと認められる状況に至るまで地方公共団体において措置を講じた件数）4万5,781件のうち、3万328件（66.2%）が、苦情を受け付けた地方公共団体により、1週間以内に処理されました。

エ　公害苦情処理に関する指導等

地方公共団体が行う公害苦情の処理に関する指導等を行うため、公害苦情の処理に当たる地方公共団体の担当者を対象とした公害苦情相談員等ブロック会議等を実施しました。

2　環境犯罪対策

（1）環境事犯の取締り

環境事犯について、特に産業廃棄物の不法投棄事犯、暴力団が関与する悪質な事犯等に重点を置いた取締りを推進しました。2023年中に検挙した環境事犯の検挙事件数は5,832事件（2022年中は6,111事件）で、過去5年間における環境事犯の法令別検挙事件数の推移は、表6-9-2のとおりです。

表6-9-2　環境事犯の法令別検挙事件数の推移（2019年～2023年）

（単位：事件）

区分 ＼ 年次	2019年	2020年	2021年	2022年	2023年
総数	6,189	6,649	6,627	6,111	5,832
廃棄物処理法	5,375	5,759	5,772	5,275	5,054
水質汚濁防止法	3	1	0	0	2
その他※1	811	889	855	836	776

注：その他は、種の保存法、鳥獣保護管理法、自然公園法等である。
資料：警察庁

（2）廃棄物事犯の取締り

2023年中に廃棄物の処理及び清掃に関する法律（昭和45年法律第137号。以下「廃棄物処理法」という。）違反で検挙された5,054事件（2022年中は5,275事件）の態様別検挙件数は、表6-9-3のとおりです。このうち不法投棄事犯が52.1%（2022年中は52.8%）、また、産業廃棄物事犯が12.9%（2022年中は12.9%）を占めています。

表6-9-3　廃棄物処理法違反の態様別検挙事件数（2023年）

（単位：事件）

	不法投棄	委託違反(注1)	無許可処分業(注2)	その他	計
総数	2,633	14	22	2,385	5,054
産業廃棄物	213	10	12	419	654
一般廃棄物	2,420	4	10	1,966	4,400

注1：委託基準違反を含み、許可業者間における再委託違反は含まない。
　　2：廃棄物の無許可収集運搬業及び同処分業を示す。
資料：警察庁

（3）水質汚濁事犯の取締り

2023年中の水質汚濁防止法（昭和45年法律第138号）違反に係る水質汚濁事犯の検挙事件数は2事件（2022年中は0事件）でした。

（4）検察庁における環境関係法令違反事件の受理・処理状況

2023年中における主な罪名別環境関係法令違反事件の通常受理・処理人員は、表6-9-4のとおりで、受理人員は、廃棄物処理法違反の6,388人が最も多く、表全体の約90%を占めています。次いで、動物の愛護及び管理に関する法律（昭和48年法律第105号）違反（263人）となっています。処理人員は、起訴が3,624人、不起訴が3,504人であり、起訴率は約50.8%です。起訴人員のうち公判請求は199人、略式命令請求は3,425人です。

表6-9-4　罪名別環境関係法令違反事件通常受理・処理人員（2023年）

罪名	受理	処理			起訴率（%）
		起訴	不起訴	計	
廃棄物の処理及び清掃に関する法律違反	6,388	3,384	3,007	6,391	52.9
鳥獣の保護及び管理並びに狩猟の適正化に関する法律違反	180	62	117	179	34.6
海洋汚染等及び海上災害の防止に関する法律違反	259	72	207	279	25.8
動物の愛護及び管理に関する法律違反	263	101	169	270	37.4
水質汚濁防止法違反	16	5	4	9	55.6
合計	7,106	3,624	3,504	7,128	50.8

注1：2024年3月時点集計値。
　2：起訴率は、起訴人員／（起訴人員＋不起訴人員）×100による。
資料：法務省

第6章

令和 6 年度

環境の保全に関する施策
循環型社会の形成に関する施策
生物の多様性の保全及び
持続可能な利用に関する施策

2024/25

この文書の記載事項については、数量、金額等は概数によるものがあるほか、国会において審議中の内容もあることから、今後変更される場合もあることに注意して下さい。

第1章　地球環境の保全

第1節　地球温暖化対策

1　研究の推進、監視・観測体制の強化による科学的知見の充実

　気候変動問題の解決には、最新の科学的知見に基づいて対策を実施することが必要不可欠です。気候変動に関する政府間パネル（IPCC）の各種報告書が提供する科学的知見は、世界全体の気候変動対策に大きく貢献しており、この活動を拠出金等により支援するとともに、国内の科学者の研究を支援することにより、我が国の科学的知見を同報告書に反映させていきます。

　また、温室効果ガス観測技術衛星「いぶき」（GOSAT）や「いぶき2号」（GOSAT-2）による全球の温室効果ガス濃度の継続的な観測を行うとともに、2024年度打ち上げ予定の3号機に当たる温室効果ガス・水循環観測技術衛星（GOSAT-GW）による継続的な観測体制の維持と、後継機の検討を進めます。加えて、気候変動観測衛星「しきさい」（GCOM-C）等を活用した気候変動に伴う地球環境変化の衛星観測を行います。さらに、航空機・船舶・地上観測等による観測・監視、観測データの蓄積・利活用、気候変動予測、影響評価、調査研究の推進等により気候変動に係る科学的知見を充実させます。加えて、パリ協定に基づき各国が作成・公表する温室効果ガスインベントリ報告と、独立性の高いGOSAT観測データに基づく排出量推計値とを比較し、各国排出量報告の透明性の確保を目指すとともに、排出量推計技術の国際標準化を目指していきます。

2　持続可能な社会を目指した脱炭素社会の姿の提示

　1.5℃目標の達成に向けた我が国の取組として、地球温暖化対策計画に基づき、2050年カーボンニュートラルに加え、2030年度に温室効果ガスを2013年度から46％削減することを目指し、さらに、50％の高みに向けて挑戦を続けていきます。経済と環境の好循環を生み出し、2030年度の野心的な目標に向けて力強く成長していくため、徹底した省エネルギーの推進や再生可能エネルギーの最大限の導入、公共部門や地域の脱炭素化等、あらゆる分野で、でき得る限りの取組を進めます。

3　グリーントランスフォーメーション（GX）の実現に向けて

　産業革命以来の化石エネルギー中心の産業構造・社会構造をクリーンエネルギー中心へ転換する、「グリーントランスフォーメーション」（GX）の実現に向けて、脱炭素成長型経済構造への円滑な移行の推進に関する法律（令和5年法律第32号）及び同法に基づくGX推進戦略を踏まえ、GX経済移行債を活用した先行投資支援と、成長志向型カーボンプライシングによるGX投資先行インセンティブを組み合わせつつ、重点分野でのGX投資を分野別投資戦略を通じ促進するなど、我が国のGXを加速していきます。

4 エネルギー起源CO₂の排出削減対策

経済の発展や質の高い国民生活の実現、地域の活性化、自然との共生を図りながら温室効果ガスの排出削減等を推進すべく、徹底した省エネルギーの推進、再生可能エネルギーの最大限の導入、公共部門や地域の脱炭素化、技術開発の一層の加速化や社会実装、ライフスタイル・ワークスタイルの変革等を実行します。

(1) 脱炭素でレジリエントかつ快適な地域・くらしの創造

「地域脱炭素ロードマップ」、「地球温暖化対策計画」及びGX推進戦略に基づき、脱炭素先行地域づくり、脱炭素の基盤となる重点対策の全国実施を推進するとともに、地域の実施体制構築のための積極支援を行います。具体的な施策については、第6章第5節1（2）を参照。

新しい国民運動「デコ活」について、令和5年度策定の「くらしの10年ロードマップ」に基づき、官民連携で国民の「新しい豊かな暮らし」に向けた脱炭素型製品・サービス等の大規模な需要創出と、行動変容・ライフスタイル転換を持続的かつ強力に促していきます。

脱炭素社会を実現するため、再生可能エネルギーの主力化を着実に進めることが必要です。再生可能エネルギーの最大限の導入に向け、地球温暖化対策推進法に基づく地域脱炭素化促進事業制度等も活用しながら、環境に適正に配慮され、地域の合意形成が図られた地域共生型再エネを推進していきます。また、公共施設での率先導入により需要を創出することや、民間企業による自家消費型太陽光の導入、エネルギーの面的利用の拡大、窓・壁等と一体となった太陽光発電設備の導入、エネルギーの地産地消を目指す地域における浮体式洋上風力発電の導入に向けた計画策定支援等、様々な取組を通してCO₂排出削減対策を進めていきます。

一度建設されると長期にわたりCO₂の排出に影響を与える住宅・建築物分野の脱炭素化を着実に推進するため、ZEH・ZEBを普及します。また、国内に多数存在する省エネ性能の低い住宅・建築物の脱炭素改修を加速するとともに、省エネルギー性能の高い設備・機器の導入促進や、家庭・ビル・工場のエネルギーマネジメントシステム（HEMS／BEMS／FEMS）の活用や省エネルギー診断等による徹底的なエネルギー管理の実施を図ります。

省エネトップランナー制度により、家電・自動車・建材等の省エネルギー性能の更なる向上を図ります。

電力部門においては、2035年までの電力部門の完全又は大宗の脱炭素化というG7の合意も踏まえつつ、脱炭素電源を最大限活用することに加え、火力発電については、電力の安定供給を大前提に、できる限り発電比率を引き下げていくべく、2030年に向けて非効率石炭火力のフェードアウトを着実に進めます。さらに、2050年に向けて水素・アンモニアやCCUS／カーボンリサイクル等の活用により、脱炭素型の火力発電に置き換える取組を推進していきます。

(2) バリューチェーン・サプライチェーン全体の脱炭素移行の促進

民間投資も活用した企業のバリューチェーンの脱炭素経営の実践、地域・くらしを支える物流・交通、資源循環などサプライチェーン全体の脱炭素移行を促進します。

「経団連カーボンニュートラル行動計画」の着実な実施と評価・検証による産業界における自主的取組を推進していきます。

工場や事業場に対してもCO₂削減計画の策定、省エネルギー性能の高い設備等の導入への支援や企業間で連携した取組への支援を行うことで企業の脱炭素化を進めていきます。

ネット・ゼロ社会の実現には自社のみならず、バリューチェーン全体の削減取組が重要であり、この取組を進めることは企業の競争力強化につながります。このため、バリューチェーンにおける温室効果ガス排出量算定の環境整備、算定及び削減に向けた支援等を進めます。

(3) 地域・くらしの脱炭素化の基盤となる先導技術実証と情報基盤等整備

CO_2排出削減技術の高効率化や低コスト化等のための技術的な課題を解決し、優れたCO_2排出削減技術を生み出し、実社会に普及させていくことで、将来的な地球温暖化対策の強化につなげることが重要です。このため、開発リスク等の問題から民間の自主的な取組だけでは十分に進まないCO_2排出削減効果の高い技術の開発・実証を進めます。

廃プラスチック、未利用の農業系バイオマス、廃プラスチック等の地域資源の活用・循環と大幅なCO_2削減を実現する、革新的で省資源な触媒技術等に係る技術開発・実証を実施します。

次世代エネルギーの社会実装に向け、地域資源を活用して製造した水素を地域で使う地産地消型のサプライチェーンを構築する実証を実施します。

CCUS／カーボンリサイクルの早期社会実装に向け、CO_2の分離・回収技術の実証及び未だ実用化されていない浮体式洋上圧入技術の検討や、廃棄物処理施設等から出る排ガスのCO_2を利用して化学原料、燃料等を生成する技術の実証事業等に取り組みます。

(4) モビリティの脱炭素化

電動車の導入や充電・水素充てんインフラの整備を促進するなどの道路交通をグリーン化する取組を進めます。また、第六次環境基本計画が指摘していることを踏まえ、いわゆる誘発・転換交通が発生する可能性があることを認識しつつ、渋滞を原因とする当該区間におけるCO_2の排出削減を図る渋滞対策としての幹線道路ネットワークの強化等の道路交通を適正化する取組のほか、安全・安心な歩行空間や自転車等通行空間の整備等による自動車交通量の減少等を通じたCO_2排出量の削減や、ダブル連結トラックの利用環境の整備等による物流の効率化、道路整備・管理等のライフサイクル全体の低炭素化による道路施設の脱炭素化を推進します。さらに、ゼロエミッション船等の開発・生産基盤構築・導入、水素燃料電池鉄道車両の開発・導入等、モビリティ全般について次世代技術の開発や性能向上を促しながら普及を促進していきます。港湾については、脱炭素化に配慮した港湾機能の高度化や水素・アンモニア等の受入環境の整備等を図るカーボンニュートラルポート（CNP）の形成を推進します。航空分野については、持続可能な航空燃料（SAF）の導入促進、管制の高度化等による運航の改善、航空機環境新技術の導入、空港の再生可能エネルギー拠点化等を推進していきます。

また、相対的に低炭素な輸送モードの利活用を促進するため、鉄道を始めとする公共交通の利用促進や、貨物輸送のモーダルシフトの促進に取り組みます。

5 エネルギー起源CO_2以外の温室効果ガスの排出削減対策

非エネルギー起源CO_2、メタン、一酸化二窒素、代替フロン等の排出削減については、廃棄物処理やノンフロン製品の普及等の個別施策を推進します。フロン類については、モントリオール議定書キガリ改正も踏まえ、上流から下流までのライフサイクルにわたる包括的な対策により、排出抑制を推進します。

6 森林等の吸収源対策、バイオマス等の活用

森林等の吸収源対策として、エリートツリー等の再造林や森林・林業の担い手の育成、生産基盤の整備、建築物等への木材利用の拡大等、総合的な取組を通じて、森林資源の循環利用の確立を図るとともに、農地等の適切な管理、都市緑化等を推進します。

また、これらの対策を着実に実施するため、バイオマス等の活用による農山漁村の活性化と一体的に推進します。

さらに、藻場・干潟等の海洋生態系が蓄積する炭素（ブルーカーボン）を活用した取組は、CO_2の吸収・固定、海洋環境や漁業資源の保全、観光、地域経済の発展など、多面的価値を有するものであ

り、ネット・ゼロ、循環経済、ネイチャーポジティブ経済の3つの統合的推進を象徴するものであるため、ブルーカーボン生態系（マングローブ林、塩性湿地・干潟、海草藻場・海藻藻場）の維持・拡大に向けた取組や吸収源対策の検討を精力的に進めます。炭素貯留のメカニズムが異なるブルーカーボン生態系のCO_2排出・吸収量の算定については、我が国沿岸域における藻場の分布面積等のより高精度な算定手法の確立を進めるとともに、IPCCガイドラインを踏まえつつ、実現可能なものから速やかに温室効果ガスインベントリに反映していきます。

7 国際的な地球温暖化対策への貢献

COP28で実施されたグローバル・ストックテイクの結果を踏まえ、世界の進む道筋が1.5℃目標と整合的となるよう、我が国として最大限貢献していきます。

具体的には、相手国との協働に基づき、我が国の強みである技術力を活かして、戦略策定・制度構築・人材育成等脱炭素が評価される市場の創出に向けて更なる環境整備を進めるとともに、パリ協定に沿って実施する二国間クレジット制度（JCM）等を農業等も含む幅広いセクターに活用して環境性能の高い技術・製品等のビジネス主導による国際展開を促進し、世界の排出削減と持続可能な発展に最大限貢献していきます。また、グローバルメタンプレッジなど我が国も参加する気候変動対策推進のための様々な国際的イニシアティブと連携しつつ、JCM、都市間連携事業等を活用して、途上国等の脱炭素化に向けた取組に協力していきます。

土地利用変化による温室効果ガスの排出量は、世界の総排出量の2割を占め、その排出を削減することが地球温暖化対策を進める上で重要な課題となっていることから、特に途上国における森林減少・劣化に由来する排出の削減等（REDD＋）や植林を積極的に推進し、森林分野における排出の削減及び吸収の確保に貢献します。適応分野においても各国の適応活動の促進のため、アジア太平洋気候変動適応情報プラットフォーム（AP-PLAT）において科学的情報・知見の基盤整備や支援ツールの整備、能力強化・人材育成等を実施し、その活動を広報していきます。

8 横断的施策

我が国の産業競争力の強みであるバリューチェーンを構成する中堅・中小企業の脱炭素化を推進するため、各地域の自治体、金融機関、経済団体等が連携して地域ぐるみで支援する体制を構築するとともに、「知る」「測る」「減らす」の3ステップに沿った取組を促進します。

地球温暖化対策推進法に定める温室効果ガス排出量の算定・報告・公表制度について、バリューチェーン全体での温室効果ガス排出量の削減や、CCUS／カーボンリサイクル、森林吸収等の新たな取組の促進にもつながるよう、制度の見直し等の検討を進めます。また、省エネ法・温対法・フロン法電子報告システム（EEGS）の拡充等により、報告義務のない中堅・中小企業を含む事業者が排出量算定・公表を容易にできる環境を整備します。

脱炭素の実現に貢献する製品やサービスを消費者が選択する際に必要な情報を提供するため、企業及び業界による製品・サービスのカーボンフットプリント（CFP）の算定・表示に向けた取組をモデル事業等により支援するとともに、消費者の選択に寄与する効果的な表示の在り方を検討します。さらに、付加価値に転換する観点から、温室効果ガス削減効果など環境負荷の低減効果や削減貢献量、マスバランス方式等も活用したグリーン製品の提供も有効な取組と考えられ、今後、普及に向けた検討を行っていきます。

地球温暖化対策推進法に基づき、温室効果ガスの排出削減等のために事業者が講ずべき措置を取りまとめた温室効果ガス排出削減等指針について、技術の進歩やその他の事業活動を取り巻く状況の変化に応じた対策メニューの拡充を検討するとともに、その利便性の向上を図ることで、活用を促進します。

9　公的機関における取組

(1) 政府実行計画

　政府は、2021年10月に閣議決定した「政府がその事務及び事業に関し温室効果ガスの排出の削減等のため実行すべき措置について定める計画（政府実行計画）」に基づき、2013年度を基準として、政府全体の温室効果ガス排出量を2030年度までに50%削減することを目標とし、太陽光発電の導入、新築建築物のZEB化、電動車の導入、LED照明の導入、再生可能エネルギー電力（目標（60%）を超える電力についても、排出係数が可能な限り低い電力）の調達等の取組を率先実行していきます。

(2) 地方公共団体実行計画

　地球温暖化対策推進法に基づき、全ての地方公共団体は、自らの事務・事業に伴い発生する温室効果ガスの排出削減等に関する地方公共団体実行計画（事務事業編）の策定が義務付けられています。また、その区域の自然的社会的条件に応じた温室効果ガスの排出量削減等を推進するための総合的な計画として、都道府県、指定都市、中核市及び施行時特例市（以下「都道府県等」という。）は、地方公共団体実行計画（区域施策編）の策定が義務付けられているとともに、都道府県等以外の市町においても同計画の策定に努めることとされています。具体的な取組の方向性については、第6章第5節1（2）を参照。

第2節　気候変動の影響への適応の推進

　極端な大雨や猛暑など、国内外で顕在化しつつある気候変動の影響に対処するため、温室効果ガスの排出の抑制等を行う「緩和」だけでなく、既に現れている気候変動の影響や中長期的に避けられない影響に対処し、被害を回避・軽減する「適応」の取組を進める必要性が高まっています。気候変動の影響は、農業・林業・水産業、水環境、水資源、自然生態系、自然災害、健康等の様々な面で生じる可能性があり、全体で整合のとれた取組を推進することが重要となっています。

　このため、気候変動適応法（平成30年法律第50号）及び気候変動適応計画（以下「適応計画」という。）に基づき、科学的知見の充実及び気候変動影響の評価、政府の関係府省庁が実施する施策への気候変動適応の組込み、国際協力等を推進します。とりわけ、熱中症対策については、熱中症対策実行計画に基づき、関係府省庁と連携して熱中症対策関連施策を推進するとともに、地方公共団体や民間団体等を通じた国民への熱中症対策の普及等に取り組みます。気候変動の影響を最も受けやすい産業の一つである農林水産業では、みどりの食料システム戦略等を踏まえ改定された農林水産省気候変動適応計画に基づき、幅広い対策を進めていきます。

　また、気候変動影響や適応に関する様々な知見を収集・整理・分析し、地方公共団体、事業者、国民等の各主体に気候変動影響や適応策に関する情報提供等を行うことにより、地方公共団体の適応計画の充実や、各主体の適応の取組を支援していきます。さらに、気候変動の影響に特に脆弱な途上国に対して、我が国の知見や技術を活用し、気候変動影響評価及び適応策の推進に係る支援や人材育成、科学的な情報基盤の整備等を行うことにより、途上国の適応の取組の推進に貢献していきます。

　上記の施策を関係者が連携しながら効果的に推進できるよう、適応の充実・強化を図っていくための仕組みづくりを進めていきます。

第3節　　オゾン層保護対策等

　フロン類については、フロン類の使用の合理化及び管理の適正化に関する法律（平成13年法律第64号）に基づく上流から下流までのライフサイクルにわたる包括的な対策に加え、脱フロン化に向けた政策支援により、排出抑制を推進します。

　また、特定物質等の規制、観測・監視の情報の公表については、特定物質等の規制等によるオゾン層の保護に関する法律（昭和63年法律第53号）に基づき、オゾン層破壊物質や代替フロンの生産規制及び貿易規制を行うとともに、オゾン層等の観測成果及び監視状況を毎年公表します。さらに、途上国における取組の支援については、アジア等の途上国に対して、フロン類を使用した製品・機器からの転換やフロン類の回収・破壊等についての技術協力や政策等の知見・経験の提供により取組を支援します。

第2章 生物多様性の保全及び持続可能な利用に関する取組

第1節 生物多様性の主流化に向けた取組の強化

1 多様な主体の参画

　国内のあらゆる主体の参画と連携を促進し、生物多様性の保全とその持続可能な利用の確保に取り組むため、多様な主体で構成される「2030生物多様性枠組実現日本会議」（J-GBF）を通じた各主体間のパートナーシップによる取組や、地域における多様な主体の連携による生物の多様性の保全のための活動の促進等に関する法律（平成22年法律第72号）に基づく地域連携保全活動に対する各種支援を行います。

　生物多様性基本法（平成22年法律第58号）に基づく生物多様性地域戦略について、地域の実情に即した適切な目標や指標や地域の各主体が連携した具体的な施策等を盛り込みつつ、多くの地方公共団体で策定されるよう、技術的支援等の方策を講じます。

2 ネイチャーポジティブ経済の実現

　2024年3月に関係省庁連名で策定した「ネイチャーポジティブ経済移行戦略」に基づき、企業活動における生物多様性との接点・影響の把握と、そのリスク・機会への対応に関する情報開示や目標設定が進むようワークショップの開催等を通じて支援するとともに、経済団体と協力し生物多様性に関するビジネスマッチングの場の創出や、企業間の互助・協業を目的としたプラットフォームの形成、G7ネイチャーポジティブ経済アライアンスを活用した国内企業の生物多様性の取組の国際発信等により、企業のネイチャーポジティブ経営への移行を推進します。また、事業活動による生物多様性への負荷を可能な限り減らしてもなお残る負荷に関するオフセットや、生物多様性クレジット等の経済的手法も含め、生物多様性を主流化するための方策について検討を進めます。さらに、生物多様性に配慮した製品の消費・購買活動に関する行動変容に向け、マーケットにおける検証やネイチャーポジティブな消費行動の促進策の検討と情報発信を図ります。

3 自然とのふれあいの推進

　子供の自然体験活動の推進、「みどりの月間」等における自然とのふれあい関連行事の全国的な実施や各種表彰の実施、情報の提供、自然公園指導員及びパークボランティアの人材の活用、由緒ある沿革と都市の貴重な自然環境を有する国民公園等の庭園としての質や施設の利便性を高めるための整備運営、都市公園・海辺等の身近な場所における環境教育・自然体験活動等に取り組みます。

　インバウンドの急速な回復を踏まえ、国立公園満喫プロジェクトの取組を更に進め、美しい自然の中での感動体験を柱とした滞在型・高付加価値観光や、サステナブルツーリズム、アドベンチャーツーリズムの推進を図ります。これまで、8つの国立公園を中心に進めてきた各種受入環境整備（利用拠点の滞在環境の上質化や多言語解説の充実、ビジターセンター等の再整備や機能充実、質の高いツアー・プログラムの充実やガイド等の人材育成支援、利用者負担による公園管理の仕組みの導入等）の成果を踏

まえ、公園の特性や体制に応じて、自然体験活動促進計画・利用拠点整備改善計画制度も活用し、34国立公園全体で取組を推進します。

また、国立公園における滞在体験の魅力向上に向けて、「国立公園における滞在体験の魅力向上のための先端モデル事業」の対象公園とする、十和田八幡平国立公園（十和田湖地域）、中部山岳国立公園（南部地域）、大山隠岐国立公園（大山蒜山地域）、やんばる国立公園の4つの国立公園において、引き続き自治体と連携し、民間提案を取り入れて、国立公園の利用の高付加価値化に向けた基本構想の策定や、選定された利用拠点におけるマスタープランの策定等の取組を進めます。

さらに、ビジターセンターや歩道等の整備、多言語解説やツアー・プログラムの充実、その質の確保・向上に向けた検討、ガイド人材等の育成支援、利用者負担による公園管理の仕組みの調査検討、国立公園オフィシャルパートナー等の企業との連携の強化、国内外へのプロモーション等を行います。

このように、国立公園の優れた自然を守ることに加え、適正な利用を推進することにより、地域を活性化し、更なる保全につなげていく「保護と利用の好循環」を実現するため、関係省庁や地方公共団体、観光関係者を始めとする企業、団体など、幅広い関係者との協働の下、取組を進めていきます。

また、貴重な自然資源である温泉の保護管理、適正利用及び温泉地の活性化を図ります。

第2節　生物多様性保全と持続可能な利用の観点から見た国土の保全管理

1　生態系ネットワークの形成

生物の生息・生育空間のまとまりとして核となる地域（コアエリア）及び、その緩衝地域（バッファーゾーン）を適切に配置・保全するとともに、これらを生態的な回廊（コリドー）で有機的につなぐことにより、生態系ネットワーク（エコロジカルネットワーク）の形成に努めます。生態系ネットワークの形成に当たっては、流域圏など地形的なまとまりや、国境を越えて移動する、渡り鳥等の生物の生息環境の地球規模での生態学的連結性も考慮し、保護地域やOECMも活用しながら、様々なスケールで森・里・川・海を連続した空間として積極的に保全・再生を図りつつ、鳥獣被害対策にも留意した取組を関係機関が横断的に連携して総合的に進めます。

2　重要地域の保全

各重要地域について、保全対象に応じて十分な規模、範囲、連結性を考慮した適切な配置、規制内容、管理水準、相互の連携等を考慮しながら、関係機関が連携・協力して、その保全に向けた総合的な取組を進めます。

(1) 自然環境保全地域等

自然環境保全地域等（原生自然環境保全地域、自然環境保全地域、沖合海底自然環境保全地域、都道府県自然環境保全地域）については、引き続き行為規制や現状把握等を行うとともに、新たな地域指定を含む生物多様性の保全上必要な対策を検討・実施します。

(2) 自然公園

自然公園（国立公園、国定公園及び都道府県立自然公園）については、国立・国定公園の新規指定・拡張を始めとする公園計画等の見直しを進めつつ、公園計画に基づく行為規制や利用のための施設整備等を行います。また、国立公園満喫プロジェクトの全国展開及び滞在体験の魅力向上など、国立公園の

保護と利用の好循環により、優れた自然を守り、地域活性化を図るための取組を推進します。

（3）鳥獣保護区

鳥獣保護区内の鳥獣の生息環境を保全、管理及び整備し、これらを通じて地域の生物多様性の保全に貢献します。また、鳥獣保護区内の特に必要な地域を特別保護地区に指定し、鳥獣の生息環境の確保（鳥獣の健全な生息環境の確保に必要な地域の生物多様性の維持回復や向上を含む。）を図ります。

（4）生息地等保護区

国内希少野生動植物種の保存のため必要があると認めるときは、その個体の生息地又は生育地及びこれらと一体的にその保護を図る必要がある区域を指定し、生息環境の把握及び維持管理、施設整備、普及啓発を行い、必要に応じ、立入り制限地区を設け、種の特性に応じた保護の方針を定めてその保存を図ります。

（5）天然記念物

行為規制等の各種制度とともに現況把握等の実施により、計画的な指定を進めるとともに、適正な保全に努めます。

（6）国有林野における保護林及び緑の回廊

原生的な天然林や希少な野生生物が生育・生息する「保護林」や、これらを中心としたネットワークを形成し、野生生物の移動経路となる「緑の回廊」において、モニタリング調査等を行いながら、適切な保護・管理を推進します。

（7）保安林

「全国森林計画」（2023年10月閣議決定）に基づき、保安林の配備を計画的に推進するとともに、その適切な管理・保全に取り組みます。

（8）特別緑地保全地区・近郊緑地特別保全地区等

多様な主体による良好な緑地管理がなされるよう、管理協定制度等の適正な緑地管理を推進するための制度の活用を図ります。

（9）ラムサール条約湿地

湿地の保全と賢明な利用及びそのための普及啓発を図るとともに、国際的に重要な湿地の基準を満たし、ラムサール条約湿地への登録によって保全等が円滑に推進されると考えられる湿地について、地域のニーズ及び民間等の取組も踏まえて登録を推進するほか、ラムサール条約湿地を自然体験の機会の場として活用した環境教育の推進を図ります。

（10）世界自然遺産

世界の文化遺産及び自然遺産の保護に関する条約に基づき登録された5地域（白神山地・屋久島・知床・小笠原諸島・奄美大島、徳之島、沖縄島北部及び西表島）において、科学的知見に基づく順応的な保全管理を推進することにより、全人類共通の資産である世界自然遺産の顕著な普遍的価値を将来にわたって保護するとともに、持続可能な利活用を推進し、地域活性化に貢献します。

（11）生物圏保存地域（ユネスコエコパーク）

国立公園等の管理を通じて、登録された生物圏保存地域（ユネスコエコパーク）の適切な保全管理を推進するとともに、地元協議会への参画を通じて、持続可能な地域づくりを支援します。また、新規登

録を目指す地方公共団体に対する情報提供、助言等を行います。

(12) ジオパーク

国立公園と重複するジオパークにおいて、地形・地質の多様性等の保全活用を図るとともに、ジオツアーや環境教育のプログラムづくり等について、地方公共団体等のジオパークを推進する機関と連携して進めます。

(13) 世界農業遺産・日本農業遺産

世界農業遺産及び日本農業遺産に認定された地域の農林水産業システムの維持・保全等に係る活動を推進するとともに、本制度や認定地域に対する国民の認知度を向上させるための情報発信に取り組みます。

3 自然再生

河川、湿原、干潟、藻場、里山、里地、森林等、生物多様性の保全上重要な役割を果たす自然環境について、自然再生推進法（平成14年法律第148号）の枠組みを活用し、多様な主体が参加し、科学的知見に基づき、長期的な視点で進められる自然再生事業を推進します。また、防災・減災等の自然環境の持つ機能に着目し、地域づくりにも資する自然環境の保全・再生や、地域住民等が行う「小さな自然再生」を始めとする全国各地における自然環境の保全・再生の推進を図ります。

4 里地里山の保全活用

里地里山等に広がる二次的自然環境の保全と持続的利用を将来にわたって進めていくため、人の生活・生産活動と地域の生物多様性を一体的かつ総合的に捉え、民間保全活動とも連携しつつ、持続的な管理を行う取組を推進します。「生物多様性保全上重要な里地里山」（重要里地里山）等においては、里地里山の資源を活用した環境的課題と社会経済的課題解決に向けた取組など、里地里山の保全・活用に資する先進的・効果的な活動の支援等を行います。

5 都市の生物多様性の確保

(1) 都市公園の整備

都市における生物多様性を確保し、また、自然とのふれあいを確保する観点から、都市公園の整備等を計画的に推進します。

(2) 地方公共団体における生物多様性に配慮した都市づくりの支援

都市と生物多様性に関する国際自治体会議等に関する動向及び決議「準国家政府、都市及びその他地方公共団体の行動計画」の内容等を踏まえつつ、都市のインフラ整備等に生物多様性への配慮を組み込むことなど、地方公共団体における生物多様性に配慮した都市づくりの取組を促進するため、「緑の基本計画における生物多様性の確保に関する技術的配慮事項」の普及を図るほか、「都市の生物多様性指標」に基づき、都市における生物多様性保全の取組の進捗状況を地方公共団体が把握・評価し、将来の施策立案等に活用されるよう普及を図ります。

6 30by30目標の達成に向けた取組

30by30目標について、生物多様性国家戦略2023-2030の附属書として位置付けられている

30by30ロードマップに基づき、本目標の達成に向けた取組を推進します。

（1）保護地域の拡張と管理の質の向上

　我が国では、2023年1月時点で、陸地の約20.5%、海洋の約13.3%が生物多様性の観点からの保護地域に指定されていますが、今後、30by30目標を達成するため、国立公園等の拡張により現状からの上乗せを目指していきます。国立・国定公園については、2022年の「国立・国定公園総点検事業」のフォローアップにおいて選定した全国14か所の国立・国定公園の新規指定・大規模拡張候補地について、基礎情報の収集整理を継続するとともに、自然環境や社会条件等の詳細調査及び関係機関との具体的な調整を実施し、2030年までに順次国立・国定公園区域に指定・編入することを目指します。また、2030年までに国立・国定公園の再検討や点検作業を強化し、必要に応じて周辺エリアの国立・国定公園への編入や地種区分の格上げを進めていきます。加えて、特に景観・利用の観点からも重要で生物多様性の保全にも寄与する沿岸域において、国立公園の海域公園地区の面積を2030年までに倍増させることを目指します。さらに、広範な関係者と連携しつつ、国立公園満喫プロジェクト等により対象となる自然の保護と利用の好循環を形成するとともに、自然再生、希少種保全、外来種対策、鳥獣保護管理を始めとした保護管理施策や管理体制の充実を図ります。

（2）保護地域以外で生物多様性保全に資する地域（OECM）の設定・管理

　30by30目標は、主にOECMの設定により達成を目指すこととしています。このため、まずは、民間の取組等によって生物多様性の保全が図られている区域（企業緑地、里地里山、都市の緑地、藻場・干潟等）について、「自然共生サイト」としての認定を進めます。認定された区域は、既存の保護地域との重複を除いてOECM国際データベースに登録することで、30by30目標の達成に貢献します。また、国の制度等に基づき管理されている森林、河川、港湾、都市の緑地、海域等についても、関係省庁が連携し、OECMに該当する可能性のある地域を検討します。

7　民間等による場所に紐付いた活動の促進

　ネイチャーポジティブの実現のためには、自然共生サイトのような生物多様性が豊かな場所における活動に加え、管理放棄地等において生態系を回復又は創出するものも含めて民間等による自主的な活動を更に促進することが必要です。そのため、2024年3月に第213回国会に提出した「地域における生物の多様性の増進のための活動の促進等に関する法律案」を始めとした制度的検討を進めます。

8　生物多様性の状況の「見える化」

　30by30目標の達成や生態系ネットワークの形成等を支える取組として、第7節1で収集された自然環境データを基盤として、生物多様性の現状や保全上効果的な地域のマップ化等、生物多様性の重要性や保全活動の効果を国土全体で「見える化」し、生態系の質的な変化も含めて評価・把握する手法の構築を図り、提供します。

9　生態系を活用した防災・減災（Eco-DRR）等の自然を活用した解決策（NbS）の推進

　かつての氾濫原や湿地等の再生による流域全体での遊水機能等の強化による、自然生態系を基盤とした気候変動への適応や防災・減災を進めるため、2022年度に公表した生態系保全・再生ポテンシャルマップの作成・活用方法の手引きと全国規模のベースマップ等を基に、自治体等に対する各種計画策定等への技術的な支援を進めます。また、自然の有する機能を持続的に利用し多様な社会課題の解決につ

なげる自然を活用した解決策（NbS）について、我が国における考え方を整理するとともに、効果的な生態系の保全管理に必要な技術的情報等を通じ、地域における活用策を推進します。

第3節　海洋における生物多様性の保全

　我が国は、これまでに生物多様性の観点から重要度の高い海域を抽出しており、今後、海洋保護区の拡充とネットワーク化を推進します。30by30目標について、海域では約17％の追加的な保全が必要であり、関係省庁が連携し、持続可能な産業活動が結果として生物多様性の保全に貢献している海域をOECMとすることを検討します。また、漁業等の従来の活動に加えて今後想定される海底資源の開発、自然エネルギーの活用等の人間活動と海洋における生物多様性の保全との両立を図ります。

第4節　野生生物の適切な保護管理と外来種対策の強化等

1　絶滅のおそれのある種の保存

　絶滅のおそれのある野生生物の情報を的確に把握し、第5次レッドリストの公表に向けたレッドリストの見直し作業を行います。第5次レッドリストは2024年度に一部の分類群について公表することを目指しています。絶滅危惧種のうち、人為の影響により存続に支障を来す事情のある種については、絶滅のおそれのある野生動植物の種の保存に関する法律（平成4年法律第75号。以下「種の保存法」という。）に基づく国内希少野生動植物種に指定し捕獲や譲渡等を規制するほか、生息地等保護区の指定や、個体の繁殖の促進や生息地等の整備・保全等が必要と認められる種について保護増殖事業を実施します。事業の実施に当たっては生息域内保全を基本としつつ、動植物園等と連携しながら生息域外保全や野生復帰の取組を進めます。また、絶滅のおそれの高い種や個体群について、生殖細胞や種子等の保存を進め、絶滅危惧種の絶滅リスクの低減と遺伝資源の確保に努めます。さらに、定量的な目標設定の下、生息・生育状況の改善を図り、事業を完了する事例を創出することなどにより、効果的な保全を推進します。さらに、国際的に協力して種の保存を図るため、ワシントン条約及び二国間渡り鳥条約等に基づいて指定した国際希少野生動植物種の流通管理を徹底します。そして、改正法施行日（2018年6月）以後5年を経過したことから、種の保存法附則及び附帯決議に基づき、規定の施行評価及び講ずべき措置の検討を進めます。

2　野生鳥獣の保護管理

（1）感染症等への対応
　野生鳥獣に高病原性鳥インフルエンザ等の感染症が発生した場合や、油汚染事故による被害が発生した場合に備えて、サーベイランス、情報収集、人材育成等を行います。

（2）鳥獣被害対策
　近年、我が国においては、ニホンジカやイノシシ等の野生鳥獣が全国的に分布を拡大し、希少な高山植物の食害など生態系被害、生活環境被害、農林水産業被害が深刻化しています。ニホンジカ・イノシシについては、2013年度に策定した2023年度までに個体数を半減する目標（2011年度比）の期限を2028年度まで延長し、引き続き捕獲対策を強化します。また、クマ類については、人の生活圏への出

没による人身被害の発生が増加していることから、地域個体群の存続を維持しつつ、人の生活圏への出没防止によって人とクマ類の空間的なすみ分けを図るための対策を推進します。これらの捕獲の担い手の確保・育成、捕獲技術の開発、生息環境管理、被害防除、広域的な管理等の取組を進めます。さらに、ジビエ利用量を2019年度の水準から2025年度までに倍増させる目標も踏まえ、ジビエ利用拡大を考慮した狩猟者の育成等の取組を進めジビエ利用拡大を図ります。

3　外来種対策

外来種対策については、特定外来生物による生態系等に係る被害の防止に関する法律（平成16年法律第78号）に基づき、特定外来生物の新規指定、輸入・飼養等の規制、生物多様性保全上重要な地域における防除事業や「要緊急対処特定外来生物」であるヒアリ類を始めとする侵入初期の侵略的外来種の防除事業の実施、国際協力の推進、ビジネスセクターを含む多様な主体の参加、適正な飼養等の確保のための普及啓発等、総合的な外来種対策を推進します。また、これらの取組の更なる推進を図るため、「外来種被害防止行動計画」、「生態系被害防止外来種リスト」の改定等を行います。

4　遺伝子組換え生物対策

遺伝子組換え生物については、環境中で使用する場合の生物多様性への影響について事前に的確な評価を行うとともに、生物多様性への影響の監視を進めます。また、研究開発段階における遺伝子組換え生物の使用の円滑化に向けて必要な措置について、今後検討を進めることとしています。

5　動物の愛護及び適正な管理

動物の愛護及び管理に関する法律（昭和48年法律第105号）、愛がん動物用飼料の安全性の確保に関する法律（平成20年法律第83号）及び愛玩動物看護師法（令和元年法第50号）に基づき、動物の虐待防止や適正な飼養等の動物愛護に係る施策及び動物による人への危害や迷惑の防止等の動物の適正な管理に係る施策を総合的に進めます。

第5節　持続可能な利用

1　環境と調和のとれた食料システムの確立

農林水産業は、人間の生存に必要な食料や生活資材等を供給する必要不可欠な活動である一方、我が国では、昔から農林水産業の営みが、身近な自然環境を形成し、多様な生物種の生育・生息に重要な役割を果たしてきました。今後、安全な食料や木材等の安定供給への期待に応えつつ、環境と調和のとれた持続可能な食料システムの構築とそれを支える農山漁村の活性化が必要です。そのため、食料・農林水産業の生産力向上と持続性の両立をイノベーションで実現させるために、2021年5月に策定された「みどりの食料システム戦略」やその実現に向けて2022年7月に施行された環境と調和のとれた食料システムの確立のための環境負荷低減事業活動の促進等に関する法律（令和4年法律第37号）に基づき温室効果ガス削減や化学農薬・化学肥料の使用低減等の環境負荷低減の取組を促進します。また、持続可能な森林経営等を積極的に進めるとともに、生態系に配慮した再生可能エネルギー等の利用を促進します。さらに、農業生産現場において、環境保全に配慮した農業生産工程管理（GAP）の普及・推進を図るとともに、農業者が有機農業に積極的に取り組むことができるよう環境整備を図ります。

　食料・農林水産業の持続可能な生産・消費を後押しするため、消費者庁、農林水産省、環境省の3省庁連携の下、官民協働のプラットフォームである「あふの環2030プロジェクト〜食と農林水産業のサステナビリティを考える〜」において、参加メンバーが一斉に情報発信を実施するサステナウィークや全国各地のサステナブルな取組動画を募集・表彰するサステナアワード等を実施します。

　「みどりの食料システム戦略」に基づき、農産物の生産段階における環境負荷低減の努力を星の数で表示し、消費者に分かりやすく伝える「見える化」の取組を推進します。また、温室効果ガスの削減・吸収量をクレジットとして国が認証し、民間資金を呼びこむ、J−クレジット制度の農林水産分野での活用を促進します。さらに、農林水産省の全ての補助事業等を対象に、最低限行うべき環境負荷低減の取組を要件化する環境負荷低減のクロスコンプライアンスを令和6年度から試行実施しています。こうした取組を通じて、「みどりの食料システム戦略」を強力に推進します。我が国における「みどりの食料システム戦略」に基づく取組は、気象条件や農業生産構造の類似するアジアモンスーン地域の持続的な食料システムのモデルとなり得るものであり、2023年10月の日ASEAN農林大臣会合において採択された「日ASEANみどり協力プラン」に基づき、ASEAN各国のニーズに応じながら、我が国の技術や経験を活かした協力プロジェクトを推進します。

2　エコツーリズムの推進

　自然資源の保全活用により持続的な地域振興に取り組む地域への支援、エコツーリズムの基本的な考え方や各地の取組状況のホームページ等による発信、ガイド等人材の育成、情報の収集・整理、戦略的な広報活動、他施策との連携等を推進します。

第6節　　国際的取組

1　生物多様性の保全に関する世界目標の達成に向けた貢献

　2022年12月に採択された新たな世界目標である昆明・モントリオール生物多様性枠組（GBF）の達成に積極的に貢献します。そのため、生物多様性日本基金第二期や、GBF基金への拠出等を通じて、生物多様性国家戦略の策定・改定等、GBFの達成に必要となる各種取組に関する途上国の能力養成等を支援します。

2　生物多様性及び生態系サービスに関する科学と政策の
　　インターフェースの強化

　生物多様性に関する科学と政策のつながりを強化し、効果的・効率的に生物多様性の保全を図るため、科学的評価、知見生成、能力養成、政策立案支援を行うIPBESの運営に積極的に参画します。特に、2024年3月に業務を開始した「IPBESシナリオ・モデルタスクフォース」の技術支援機関の活動を支援します。また、IPBESの成果を踏まえて研究や対策等の取組が促進されるよう、公表されたIPBESアセスメント報告書を含むIPBESの成果の発信等を実施します。

　加えて、生物多様性に関する全球規模の情報基盤である海洋生物多様性情報システム（OBIS）や地球規模生物多様性情報機構（GBIF）へのデータ提供に貢献します。

3 二次的自然環境における生物多様性の保全と持続可能な利用・管理の促進

二次的自然環境における生物多様性の保全と持続可能な利用・管理を国際的に促進するため、SATOYAMAイニシアティブ国際パートナーシップ（IPSI）の取組への支援等により、SATOYAMAイニシアティブを推進します。

4 アジア保護地域パートナーシップの推進

アジアにおける保護地域の管理水準の向上に向けて、保護地域の関係者がワークショップの開催等を通じて情報共有を図る枠組みである「アジア保護地域パートナーシップ」を推進します。

5 森林の保全と持続可能な森林経営及び木材利用の推進

世界における持続可能な森林経営に向けた取組を推進するため、国連森林フォーラム（UNFF）、モントリオールプロセス等の国際対話への積極的な参画、国際熱帯木材機関（ITTO）、国連食糧農業機関（FAO）等の国際機関を通じた協力、国際協力機構（JICA）、緑の気候基金（GCF）等を通じた技術・資金協力等により、多国間、地域間、二国間の多様な枠組みを活用した取組の推進に努めます。また、脱炭素社会の実現に資する持続可能な木材利用の促進についても、FAOやITTO等の国際機関を通じた取組を展開していきます。

6 砂漠化対策の推進

砂漠化対処条約（UNCCD）に関する国際的動向を踏まえつつ、同条約への科学技術面からの貢献を念頭に砂漠化対処のための技術の活用に関する調査等をとりわけモンゴルにおいて進めるとともに、二国間協力等の国際協力の推進に努めます。

7 南極地域の環境の保護

南極地域の環境保護を図るため、南極地域での観測、観光等に対する確認制度等を運用し、普及啓発を行うなど、環境保護に関する南極条約議定書及びその国内担保法である南極地域の環境の保護に関する法律（平成9年法律第61号）の適正な施行を推進します。

8 サンゴ礁の保全

国際サンゴ礁イニシアティブ（ICRI）の枠組みの中で策定した「地球規模サンゴ礁モニタリングネットワーク（GCRMN）東アジア地域解析実施計画書」に基づき、サンゴ礁生態系のモニタリングデータの地球規模の解析を各国と協力して進めます。

9 東アジア・オーストラリア地域フライウェイ・パートナーシップ（EAAFP）の活動推進

渡り性水鳥とその重要な生息地を保全するための国際的な枠組みである東アジア・オーストラリア地域フライウェイ・パートナーシップ（EAAFP）について、国内の34か所のネットワーク参加地における普及啓発、調査研究、研修、情報交換等の取組に加えて、フライウェイに位置する各国の関係省庁、国際機関、NGO等の様々な主体と連携・協力を促進します。

10 生物多様性関連諸条約の実施

ワシントン条約に基づく絶滅のおそれのある野生生物種の保全と持続可能な利用、ラムサール条約に基づく国際的に重要な湿地の保全及び賢明な利用（ワイズユース）、二国間渡り鳥等保護条約や協定を通じた渡り鳥等の保全、カルタヘナ議定書に基づく遺伝子組換え生物等の使用等の規制を通じた生物多様性への影響の防止、名古屋議定書に基づく遺伝資源の適正な取得と利益配分等の国際的取組を推進します。

第7節 生物多様性の保全及び持続可能な利用に向けた基盤整備

1 自然環境データの整備・提供

生物多様性保全上の様々な課題に取り組むためには、科学的知見の集積とそれに基づく政策立案が不可欠です。このため、自然環境保全基礎調査（緑の国勢調査）や植生図の作成、モニタリングサイト1000等の各種モニタリングの継続的な実施、各主体間の連携によるデータの収集・提供等の体制整備を進めます。また、市民参加型モニタリングの充実と基礎的データとしての活用、海外を含めた大学や地方・民間の調査研究機関、博物館等相互のネットワークの強化等を通じた情報の共有と公開等を通じて、自然環境データの充実を図ります。

2 放射線による野生動植物への影響の把握

東京電力福島第一原子力発電所事故に起因する放射線による自然生態系への影響を把握するため、野生動植物の試料採取及び放射能濃度の測定等による調査を実施します。また、調査研究報告会の開催等を通じて、情報を集約し、関係機関及び各分野の専門家等との情報共有を図ります。

3 生物多様性及び生態系サービスの総合評価

生物多様性及び生態系サービス等の状態や変化及びその要因等について最新の科学的知見等を踏まえて評価を行い、「生物多様性及び生態系サービスの総合評価」として取りまとめ、政策決定を支える客観的情報とするとともに、国民に分かりやすく伝えていきます。また、生物多様性国家戦略2023-2030の達成状況の評価を効果的・効率的に進めるために本評価との連携を行います。

第3章 循環型社会の形成

第1節　循環型社会形成に向けた循環経済への移行による持続可能な地域と社会づくり

　循環経済への移行は、資源確保や資源制約への対応や、国際的な産業競争力の強化に加え、経済安全保障の強化にも資するものです。これを踏まえ、バリューチェーン全体における資源効率性及び循環性の向上等に効果的な循環経済アプローチを推進することによって循環型社会の形成を促進します。循環経済への移行に当たっては、各主体にとっては短期的に経済合理的ではない取組の実施が必要となる場合もあるため、各主体の取組が円滑に進み、社会的に評価されるようになる方向で政策を進めます。

　循環経済への移行を推進することは、温室効果ガスの排出削減を通じたネット・ゼロの実現や廃棄物の削減・汚染の防止、自然資本への負荷軽減等を通じたネイチャーポジティブの実現といった環境的側面のほか、経済・社会的側面を含めた持続可能な社会の実現に貢献するものです。よって、それぞれの取組間の関係性を踏まえ、最大限トレードオフを回避しつつ、相乗効果が出るような統合的な政策を進めます。

　循環経済への移行を推進することにより、例えば、地域課題の解決や地場産業の振興にも貢献し得るものであり、持続可能な地域づくりや地方創生の実現にもつなげるとともに、こうした持続可能な地域を基礎として成り立つ循環共生型社会、すなわち脱炭素社会・循環型社会・自然共生社会が同時実現した持続可能な社会の実現につなげます。

第2節　資源循環のための事業者間連携によるライフサイクル全体での徹底的な資源循環

　循環経済への移行には、資源確保段階、生産段階、流通段階、使用段階、廃棄段階のライフサイクルの各段階を最適化し、ライフサイクル全体での徹底的な資源循環を実施する必要があり、製造業・小売業などの動脈産業における取組と廃棄物処理・リサイクル業など静脈産業における取組が有機的に連携する動静脈連携が重要です。これを踏まえて国内外の資源循環を加速し、我が国の状況に応じて中長期的にレジリエントな資源循環市場の創出を支援するための施策を進めます。例えば、現下の国際情勢を踏まえ、世界的な鉱物資源等の需給逼迫等に対応し、経済安全保障に貢献する、重要鉱物のサプライチェーンの強靱化に資する国内におけるレアメタル等の金属資源循環の強化のための施策を進めます。また、国内外で再生材の利用を促す取組が進みつつあるところ、動静脈連携により必要な再生材を確保し、再生材の利用が円滑に進むようにするための施策を進めます。

　製造業・小売業等の動脈側においては、事業者による環境配慮設計の推進、持続可能な調達、リデュース、リユース、バイオマス化・再生材利用、自主回収等の取組を強化するための施策を進めます。また、リユースの深掘りとして、製品の適切な長期利用を促進する観点から、シェアリング、サブスクリプション等のサービス化、リペア・メンテナンス、二次流通仲介等の製品の適切な長期利用を促進する「リコマース（Re-commerce）」のビジネスを育成するための施策を進めます。

また、廃棄物処理・リサイクル業等の静脈側においては、企業や地域における先進的な事例を踏まえ、動脈産業との連携の取組を全国に広げていくための施策や、静脈産業の資源循環に係る情報を活用し、脱炭素化を促進するための施策など、循環型社会を実現するために必要な静脈産業の脱炭素型資源循環システムを構築するための施策を進めます。動静脈連携により資源循環を促進するに当たっては、製品の安全性の確保、有害物質のリスク管理、不法投棄・不適正処理の防止等の観点にも留意し、各主体による適正な取組を推進します。

そして、循環資源の分別・収集・利用等に関して、消費者や住民との対話等を通じた、またこれらを活かした前向きで主体的な意識変革や環境価値の可視化等を通じた行動変容、具体的取組につなげるための施策を進めます。

環境への負荷や廃棄物の発生量、脱炭素への貢献といった観点から、ライフサイクル全体で徹底的な資源循環を考慮すべきプラスチック・廃油、食品廃棄物等を含むバイオマス、金属、土石・建設材料等の素材や建築物、自動車、小型家電・家電、太陽光発電設備やリチウムイオン電池や衣類等の製品について、循環経済工程表（2022年9月）で示した今後の方向性等を基に、例えばプラスチック資源の回収量倍増、金属のリサイクル原料の処理量倍増といった目標に向けた、更なる取組を進めるための具体的な施策を進めます。

経済的側面からは、循環産業を始めとする循環経済関連ビジネスを成長のエンジンとし、産業競争力を高めながら、循環経済への移行に向けた取組を持続的なものとし、かつ主流化していくことが不可欠の要素となります。成長戦略フォローアップ工程表（2021年6月閣議決定）や循環経済工程表等も踏まえ、2030年までに循環経済関連ビジネスの市場規模を80兆円以上にするという目標に向け、グリーントランスフォーメーション（GX）への投資を活用した施策も含め、循環経済への移行の推進に関する施策を進めます。

動静脈連携を促進するための資源循環情報の把握や、電子マニフェストなど各種デジタル技術を活用した情報基盤整備に関する施策を進めます。

また、拡大生産者責任の適用、事業者による自主的な行動の促進、経済的インセンティブの活用、情報的措置、公共調達、ビジネスとのパートナーシップ等のポリシーミックスの適用について進めます。

第3節　多種多様な地域の循環システムの構築と地方創生の実現

1　地域の循環システムづくり

人口減少・少子高齢化の進む状況下においても資源生産性の高い循環型社会を構築していくためには、循環資源を各地域・各資源に応じた最適な規模で循環させることや、地域の再生可能資源を継続的に地域で活用すること、地域のストックを適切に維持管理し、できるだけ長く賢く使っていくことにより資源投入量や廃棄物発生量を抑えた持続可能で活気のあるまちづくりを進めていくことが重要です。循環共生型社会の実現に向け、地域においても脱炭素社会、循環型社会、自然共生社会の統合を図るための施策を進めます。

具体的には、食料システムにおける食品ロス削減や食品リサイクル等による資源を最大限活用するための取組、使用済製品等のリユース、有機廃棄物（生ごみ・し尿・浄化槽汚泥・下水汚泥）や未利用資源等のバイオマス資源の肥料やエネルギーとしての循環利用、木材の利用拡大やプラスチックや金属資源等の資源循環、使用済紙おむつの再生利用等の取組及びみどりの食料システム戦略に基づく堆肥等の地域資源の活用を進め、環境と調和のとれた持続可能な農林水産業を地域産業として確立させることで、地域コミュニティの再生、雇用の創出、地場産業の振興や高齢化への対応、生態系保全等地域課題の解決や地方創生の実現につなげるための施策を進めます。

2 循環システムづくりを支える広域的取組

1を支える取組として、金融機関も含めた循環分野の経済活動による地域の経済社会の活性化と地域の課題解決に向けた施策を進めます。

また、資源循環に関する施策の先行地域の取組について、広く情報収集するとともに、収集した情報を整理・共有し、取組を全国的に横展開していくための施策を進めます。

さらに、各地域における徹底的な資源循環や脱炭素、地域コミュニティづくり等の多様な目的を促進するため、分散型の資源回収拠点ステーションやそれに対応した施設の整備等の地域社会において資源循環基盤となる取組の構築に向けた施策や、生活系ごみ処理の有料化の検討・実施や廃棄物処理の広域化・集約的な処理、地域の特性に応じた効果的なエネルギー回収技術を導入する取組等を地域で実践するための施策を進めます。

3 廃棄物により汚染された地域環境の再生

マイクロプラスチックを含む海洋・河川等環境中に流出したごみに関して、実態把握や発生抑制対策、回収・処理等を進めるための施策を進めます。

生活環境保全上の支障等がある廃棄物の不法投棄等について支障の除去等を進めるとともに、未然防止や拡大防止の施策を進めます。

第4節 資源循環・廃棄物管理基盤の強靱化と着実な適正処理・環境再生の実行

1 技術開発、情報基盤、各主体間連携、人材育成の強化

ライフサイクル全体での徹底した資源循環を図るために、使用済製品等の解体・破砕・選別等のリサイクルの高度化、バイオマス化・再生材利用促進、急速に普及が進む新製品・新素材についての3R確立、環境負荷の見える化など、地域及び社会全体への循環経済関連の新たなビジネスモデル普及等に向けて必要な技術開発、トレーサビリティ確保や効率性向上の観点からのデジタル技術やロボティクス等の最新技術の徹底活用を行うことにより資源循環・廃棄物管理基盤の強靱化と資源循環分野の脱炭素化を両立する施策を進めます。

具体的には、地域において資源循環を担う幅広い分野の総合的な人材の育成・確保、様々な場での教育や主体間の連携を促進するための施策を進めます。

個々人の意識を高め、さらに、様々な問題意識を有するあらゆる立場の者が実際の行動に結びつくような情報発信や仕組みづくりを進めるための施策を進め、とりわけ、新たな技術やサービスを活用し新たなライフスタイルで生きる若者世代について、そのライフスタイルや意識の変化を踏まえつつ、より効果的な施策を進めます。

さらに、ESG投資が拡大する中で、我が国の資源循環に率先して取り組む企業が投資家等から適切に評価され、企業価値の向上と産業競争力の強化につながることが重要であることから、循環経済に関する積極的な情報開示や投資家等との建設的な対話に関する取組を後押しする施策を進めます。

加えて、マイクロプラスチックを含む海洋等環境中に流出したごみに関して、プラスチック汚染に関する法的拘束力のある国際文書（条約）の策定に向けた政府間交渉委員会（INC）等の国際的な動向を踏まえ、国際連携を推進するとともに、モニタリング手法の調和や影響評価等の科学的知見の集積を進めるための施策を進めます。

2 　災害廃棄物処理体制の構築及び着実な処理

　平時から災害時における生活ごみやし尿に加え、災害廃棄物の処理を適正かつ迅速に実施するため、国、地方公共団体、研究・専門機関、民間事業者等の人的支援や広域処理の連携を促進するなど、地方公共団体レベル、地域ブロックレベル、全国レベルで重層的に廃棄物処理システムの強靱化を進めるための施策を進めます。

　その際、風水害等については温暖化対策における適応策との統合、災害時のアスベスト・化学物質等への対応との統合、住民等との災害時の廃棄物対策に関する情報共有について考慮して検討を進めます。また、災害廃棄物の適正処理のため、関係省庁と連携します。

　さらに、継続的に災害廃棄物の仮置場として適用可能な土地をリストアップするとともに、災害発生時に確実に運用できるよう準備を進めるなど、実効性のある災害廃棄物処理計画の策定及び改定を促進するための施策を進めます。

3 　適正処理の更なる推進

　有害廃棄物対策や化学物質管理も含め、廃棄物の適正処理は、生活環境の保全及び公衆衛生の向上の観点から厳然として不可欠であり、今後も循環経済への移行に向けた取組を進めるに当たって大前提となるものです。資源循環及び廃棄物処理の原則としては、まずは3R＋Renewable（バイオマス化・再生材利用等）を徹底し、これを徹底した後になお残る廃棄物の適正な処理を確保するという優先順位で取り組みます。また、これらの資源循環の促進に当たっては、製品の安全性の確保、有害物質のリスク管理、不法投棄・不適正処理の防止等の観点にも留意し、各主体による適正な取組を推進します。

　さらに、廃棄物の不適正処理への対応強化、不法投棄の撲滅に向けた施策、アスベスト、POPs廃棄物、水銀廃棄物等の有害廃棄物対策を着実に進めるための施策を進め、ポリ塩化ビフェニル（PCB）廃棄物については、期限内の確実かつ適正な処理を推進するための施策を進めます。

4 　東日本大震災からの環境再生

　東日本大震災の被災地の環境再生のため、特定帰還居住区域については、帰還意向のある住民が帰還できるよう、2020年代をかけて、除染やインフラ整備等の避難指示解除に向けた取組を進めます。また、放射性物質により汚染された廃棄物の適正処理に向けた取組を着実に進めるとともに、除去土壌等の最終処分に向けた減容・再生利用については、地方公共団体等の関係者と連携しつつ、関係省庁等の連携強化等により、政府一体となった体制整備に向けた取組を進めます。

　また、福島の復興に、脱炭素、資源循環、自然共生等の環境施策でも貢献し、産業創成や地域創生など地元ニーズに応えながら未来志向の取組を推進します。

第5節　適正な国際資源循環体制の構築と循環産業の海外展開の推進

1 　国際的な循環政策形成及び国内外一体的な循環政策の推進

　G7、G20やOECD等の国際的な政策形成の場において、資源循環政策等に関する議論・交渉、ルール形成や合意形成等をリードし、国際的な循環経済促進を進めるとともに、こうした国際的な潮流や政策を適切に取り入れ、国内の循環政策を向上させる好循環を実現するための施策を進めます。

2 適正な国際資源循環体制の構築

ASEAN・OECD各国など海外で発生した重要鉱物資源を含む金属資源（電子スクラップ等）について、日本の環境技術の先進性を活かした適正なリサイクルを増加させ、サプライチェーンで再利用する国際金属資源循環体制を構築するための施策を進めます。

不法輸出入対策について、関係省庁、関係国・関係国際機関との連携を一層進め、取締りの実効性を確保するための施策を進めます。再生材やその原料に関する円滑な輸出入の促進に関する国際的な議論を進めていきます。またリサイクルハブとしての日本への輸入を更に円滑にすべく、特定有害廃棄物等の輸出入等の規制に関する法律（平成4年法律第108号）の認定制度の更なる促進と電子化手続の検討を進めていきます。アジア各国との関係性を更に強化し、違法輸出への水際対処能力の向上を図ることが必要です。

3 我が国の循環産業の国際展開の推進と途上国の循環インフラ整備の促進

ASEAN等の途上国で、プラスチック汚染を含む環境汚染や健康被害を防止するため、関係省庁や関係国とも連携しながら、日本の優れた廃棄物処理やリサイクル等に関する制度構築・技術導入・人材育成等をパッケージで展開し、環境上適正な廃棄物管理及びインフラ整備を推進するための施策を進めます。

また、下水道、浄化槽等について、集合処理と個別処理のそれぞれの長所を活かしたバランスの取れた包括的な汚水処理サービスの国際展開を図るための施策を進めます。

さらに、我が国が主導する国際的なプラットフォームを活用し、アジア及びアフリカの途上国における循環経済移行や処分場からのメタンの排出削減を含む廃棄物管理の取組を促進し、我が国の優位性のある廃棄物管理等の需要拡大を図り、循環産業の国際展開・循環インフラ輸出につなげるための施策を進めます。

第6節　原子力災害からの環境再生の推進

1 放射性物質に汚染された土壌等の除染等の措置等

東日本大震災に伴う東京電力福島第一原子力発電所の事故により放出された放射性物質によって汚染された廃棄物及び除染等の措置に伴い発生した土壌等については、平成二十三年三月十一日に発生した東北地方太平洋沖地震に伴う原子力発電所の事故により放出された放射性物質による環境の汚染への対処に関する特別措置法（平成23年法律第110号。以下「放射性物質汚染対処特措法」という。）及び同法に基づく基本方針等に基づき、引き続き、適正かつ安全に処理を進めていきます。

福島県内の除染に伴い発生した土壌や廃棄物等を福島県外で最終処分するまでの間、安全かつ集中的に管理・保管するための中間貯蔵施設の整備や、中間貯蔵施設への除去土壌等の搬入を推進します。

福島県外において除染等の措置に伴い発生した土壌等については、適正かつ安全な処分の実施とそれまでの適切な保管の継続が確保されるよう市町村等に対する技術的、財政的支援を行い、着実に処理を進めていきます。

2 福島県外最終処分に向けた取組

「中間貯蔵・環境安全事業株式会社法」（平成15年法律第44号）において、中間貯蔵開始後30年以

内に福島県外で最終処分を完了するために必要な措置を講ずることが明記されており、国として責任を持って取り組んでいきます。「中間貯蔵除去土壌等の減容・再生利用技術開発戦略」の目標年度である2024年度に、それまでの検討結果を踏まえ、福島県外での最終処分に向けた2025年度以降の取組の進め方を示していきます。再生利用先の創出等については、関係省庁等の連携強化等により、政府一体となった体制整備に向けた取組を進め、地元の理解を得ながら具体化を推進します。

3　放射性物質に汚染された廃棄物の処理

　福島県においては、特定廃棄物の減容化や埋立処分事業に引き続き取り組みます。福島県外の指定廃棄物については、引き続き、技術的、財政的支援も行い適正な保管を確保するとともに、各県の実情に応じて指定廃棄物の指定解除の仕組みも活用して処理を進めていきます。

4　帰還困難区域の復興・再生に向けた取組

　特定復興再生拠点区域外については、まずは2020年代をかけて、帰還意向のある住民の方々が全員帰還できるよう「特定帰還居住区域」制度を創設し、除染やインフラ整備などの避難指示解除に向けた取組を進めていきます。

5　放射性物質による環境汚染対策についての検討

　放射性物質による環境の汚染の防止のための関係法律の整備に関する法律（平成25年法律第60号）において放射性物質に係る適用除外規定の削除が行われなかった廃棄物の処理及び清掃に関する法律（昭和45年法律第137号）等の取扱いについて、放射性物質汚染対処特措法の施行状況の点検結果も踏まえて検討します。

第1節　健全な水循環の維持・回復

　2014年に施行された水循環基本法（平成26年法律第16号）に基づき、良好な水循環の維持・回復に取り組むため、官民連携「ウォータープロジェクト」を通じ、良好な水循環・水環境の保全活動の普及啓発を実施します。

　また、「水循環基本計画」（令和4年6月一部変更）に基づき、健全な水循環の維持・回復のため、流域マネジメントの更なる展開と質の向上、気候変動や大規模自然災害等によるリスクへの対応、健全な水循環に関する普及啓発、広報及び教育と国際貢献に取り組むとともに、地下水の適正な保全及び利用等の取組を推進していきます。

第2節　水環境の保全

1　環境基準等の設定、排水管理の実施等

　水質汚濁に係る環境基準については、新しい環境基準である底層溶存酸素量の活用を推進しつつ、将来及び各地域のニーズに応じた生活環境の保全に関する環境基準の在り方について検討を進めます。また、水系感染症を引き起こす原虫やウイルス等の病原体について知見の集積に努め、大腸菌数の衛生指標としての有効性や大腸菌数以外の指標についても検討を行います。薬剤耐性菌に関する水環境中などにおける存在状況及び健康影響等に関する基礎情報が不足していることから、これらの情報の収集を進めます。環境中の化学物質等に係る最新の知見や化学物質管理に係る検討を踏まえ、水生生物の保全に関わる環境基準や人の健康の保護に関する環境基準等の追加や見直しについても検討を行います。

　水質汚濁防止法等に基づき、国及び都道府県等は、公共用水域及び地下水の水質について、放射性物質を含め、引き続き常時監視を行います。

　水質環境基準等の達成、維持を図るため、工場・事業場排水、生活排水、市街地・農地等の非特定汚染源からの排水等の発生形態に応じ、水質汚濁防止法等に基づく排水規制、水質総量削減、農薬取締法（昭和23年法律第82号）に基づく農薬の使用規制、下水道、農業集落排水施設及び浄化槽等の生活排水処理施設の整備等の汚濁負荷対策を推進します。また、各業種の排水実態等を適切に把握しつつ、特に経過措置として一部の業種に対して期限付きで設定されている暫定排水基準については、随時必要な見直しを行います。また、必要に応じて適正な支援策を講じます。

2　水道の水質・衛生

　水道水質基準に適合する安全な水道水を国民に供給するため、最新の科学的知見に基づき、水道水質基準等の設定・見直しを、引き続き着実に実施します。

　また、水道水の水質及び衛生管理に当たっては、環境省がこれまで培ってきた一般環境中の水質の保

全に関する科学的知見や専門的な能力を活かし、水道の水源から蛇口の水まで一体的なリスク管理を進めます。また、PFOS等については「PFASに関する今後の対応の方向性」（2023年7月、「PFASに対する総合戦略検討専門家会議」）を踏まえ、科学的知見の充実など、安全・安心のための取組を進めます。さらに、自然災害や事故に起因する水道水源等の汚染に係るリスク管理に当たっては、事例・科学的知見の収集を行い、水質事故等を想定した水道水質の安全対策の強化について検討します。

3　湖沼

　湖沼については、湖沼水質保全特別措置法（昭和59年法律第61号）に基づく湖沼水質保全計画が策定されている11の指定湖沼について、同計画に基づき、各種規制措置のほか、下水道及び浄化槽の整備、その他の事業を総合的・計画的に推進します。

　琵琶湖については、琵琶湖の保全及び再生に関する法律（平成27年法律第75号）に基づく「琵琶湖の保全及び再生に関する基本方針」等を踏まえ、水質の保全及び改善や外来動植物対策等の各種施策を、関係機関と連携して推進します。

　また、気候変動の影響や生態系の変化を踏まえ、従来の湖沼水質保全の考え方における流入負荷を減らして湖内の水質を改善するという考え方に加え、物質循環を円滑にすることで水産資源を保全し、水質の保全との両立を図るという考え方の下、底層溶存酸素量の低下、植物プランクトンの異常増殖、水草大量繁茂などの課題についての知見の充実や対策の検討を行い、地域における取組の支援を進めていきます。これらを着実に実施し、湖沼の健全性や物質循環について評価指標等の検討も進めていきます。

4　閉鎖性海域

　瀬戸内海においては、瀬戸内海環境保全特別措置法（昭和48年法律第110号）による取組を推進し、改正瀬戸内法施行（令和4年4月）後5年をめどに実施されるフォローアップに向け、生物多様性・生物生産性の確保に対する栄養塩類管理の効果等について情報収集・調査・研究を進め、より適切な改善対策へとつなげていきます。また、東京湾、伊勢湾、瀬戸内海に適用されている水質総量削減制度については、よりきめ細かな海域の状況に応じた水環境管理の在り方について、制度の見直し等も含め検討を進めていきます。

　さらに、浄化機能、生物多様性の確保及び炭素固定機能の観点から、自然海岸、ブルーインフラ（藻場・干潟等及び生物共生型港湾構造物）等の、適切な保全・再生・創出を促進するための事業や、それらを通じたブルーカーボンに係る取組等を推進します。また、港湾工事等で発生する浚渫土砂等を有効活用した覆砂等による底質環境の改善、貧酸素水塊が発生する原因の一つである深掘跡について埋め戻し等の対策、失われた生態系の機能を補完する環境配慮型構造物等の導入など健全な生態系の保全・再生・創出に向けた取組を推進します。その際、里海づくりの考え方を取り入れつつ、流域全体を視野に入れて、官民で連携した総合的施策を推進します。

　また、有明海及び八代海等については、有明海及び八代海等を再生するための特別措置に関する法律（平成14年法律第120号）に基づく再生に係る評価及び再生のための施策を推進します。

5　地下水・地盤環境

　地下水の水質については、有機塩素化合物等の有害物質による汚染が引き続き確認されていることから、水質汚濁防止法に基づく有害物質の地下浸透規制や、有害物質を貯蔵する施設の構造等に関する基準の順守及び定期点検等により、地下水汚染の未然防止の取組を進めます。また、硝酸性窒素及び亜硝酸性窒素による地下水汚染対策について、地域における取組支援の事例等を地方公共団体に提供するな

ど、負荷低減対策の促進方策に関する検討を進めます。

　また、地盤沈下等の地下水位の低下による障害を防ぐため、地下水採取の抑制のための施策を推進するとともに、地球温暖化対策として再生可能エネルギーである地中熱の利用を普及促進し、持続可能な地下水の保全と利用を推進するための方策に関する検討を進めます。

　さらに、2021年6月の水循環基本法及び2022年6月の水循環基本計画の一部改正により、「地下水の適正な保全及び利用」等が追加された趣旨を踏まえ、流域全体を通じて、地下水・地盤環境の保全上健全な水循環の確保に向けた取組を推進します。

6 アジアにおける水環境保全の推進

　日本が段階的に水環境を改善してきた法制度や人材育成、技術等の知見を活かし、アジア地域13か国の水環境管理に携わる行政官のネットワークであるアジア水環境パートナーシップ（WEPA）により、アジア各国との連携強化・情報共有の促進、各国の要請に基づく水環境改善プログラム（アクションプログラム）支援等を実施し、水環境ガバナンスの強化を目指します。さらに、それらの情報を世界フォーラム等の場で発信し、世界の水環境改善に貢献すべく国際協力を進めていきます。

　また、アジア水環境改善モデル事業による民間企業の海外展開の支援等により、アジアにおける途上国の水環境改善と日本の優れた技術の海外展開促進を図ります。

第3節　土壌環境の保全

　土壌汚染に関する適切なリスク管理を推進し、人の健康への影響を防止するため、土壌汚染対策法（平成14年法律第53号）に基づき、土壌汚染の適切な調査や対策を推進します。また同法について、2017年5月に成立した土壌汚染対策法の一部を改正する法律（平成29年法律第33号）の施行状況を点検し、必要に応じて新たな措置を検討します。

　ダイオキシン類による土壌汚染については、ダイオキシン類対策特別措置法（平成11年法律第105号）、農用地の土壌汚染については、農用地の土壌の汚染防止等に関する法律（昭和45年法律第139号）に基づき、必要な対策を推進します。

第4節　海洋環境の保全

1 海洋ごみ対策

　海洋ごみやプラスチック汚染に関する国際的な合意や野心の下、プラスチックに係る資源循環の促進等に関する法律（令和3年法律第60号）その他の関係法令等によるプラスチック製品の設計から廃棄物の処理に至るまでのライフサイクル全般にわたる包括的な資源循環体制の強化等とともに、海岸漂着物処理推進法等に基づき、海岸漂着物対策を総合的かつ効果的に推進します。具体的には、マイクロプラスチックを含む海洋・河川等環境中に流出したごみに関する量・分布等の実態把握や、マイクロプラスチックを含む海洋プラスチックごみによる生物・生態系への影響に関する科学的知見の集積、地方公共団体等が行う海洋ごみの回収・処理（大規模な自然災害等により大量に発生する海岸漂着物等の処理を含む。）や発生抑制対策への財政支援、地方公共団体・企業・漁業者・住民等の地域内の多様な主体の連携及び瀬戸内海での広域連携、広報活動等を通じた普及啓発等を実施します。また、海洋環境整備

船を活用した漂流ごみ回収の取組を実施します。さらに、外国由来の海洋ごみへの対応も含めた国際連携として、海洋表層マイクロプラスチック等のモニタリング手法の調和、データを収集・一元化するデータ共有システムの利用促進や、アジア地域等においてプラスチックを含む海洋ごみの実態把握や発生抑制に関する協力を進めます。

2 海洋汚染の防止等

ロンドン条約1996年議定書、船舶バラスト水規制管理条約、海洋汚染防止条約（マルポール条約）及び油濁事故対策協力（OPRC）条約等を国内担保する、海洋汚染等及び海上災害の防止に関する法律（昭和45年法律第136号）に基づき、廃棄物等の海洋投入処分等に係る許可制度の適切な運用、バラスト水処理装置等の審査、未査定液体物質の査定及び排出油等の防除体制の整備等を適切に実施します。また、船舶事故等で発生する流出油による海洋汚染の拡散防止等を図るため、関係機関と連携し、大型浚渫兼油回収船を活用するなど、流出油の回収を実施します。さらに、我が国周辺海域における海洋環境データ及び科学的知見の集積、北西太平洋地域海行動計画（NOWPAP）等への参画等を通じた国際的な連携・協力体制の構築等を推進します。二酸化炭素回収・貯留（CCS）については、2030年までに民間事業者によるCCS事業の実施が見込まれることを踏まえ、海底下CCSが海洋環境の保全と調和する形で適切かつ迅速に実施されるよう、法制度の整備を進めます。

3 海洋環境に関するモニタリング・調査研究の推進

我が国周辺海域の底質・生体濃度・生物群集等を調査する海洋環境モニタリング調査や、東日本大震災への対応としての放射性物質等の環境モニタリング調査、海水温上昇や海洋酸性化等の海洋環境や海洋生態系に対する影響の把握等を行います。

第5節　大気環境の保全

1 窒素酸化物・光化学オキシダント・PM$_{2.5}$等に係る対策

大気汚染防止法等に基づく固定発生源対策及び移動発生源対策を適切に実施するとともに、光化学オキシダント及びPM$_{2.5}$の生成の原因となり得る窒素酸化物（NOx）、揮発性有機化合物（VOC）に関する排出実態の把握に努め、科学的知見を集積し、排出抑制技術の開発・普及の状況等を踏まえて、経済的及び技術的考慮を払いつつ、対策を進めます。

特に光化学オキシダントについては、「光化学オキシダント対策ワーキングプラン」に基づき、人の健康への影響に係る環境基準の再評価、気候変動に着目した科学的検討、光化学オキシダント濃度低減に向けた新たな対策の検討等を行い、科学的知見を基にした各種施策を着実に推進し、光化学オキシダントに係る環境基準達成率向上を図ります。

なお、光化学オキシダントとPM$_{2.5}$の削減対策は、人の健康の保護に加え、オゾンやブラックカーボン（BC）といった短寿命気候汚染物質（SLCPs）の削減による気候変動対策にも効果的な場合があることから、最適な対策の検討及び総合的な取組を進めます。

(1) ばい煙に係る固定発生源対策
大気汚染防止法に基づく排出規制の状況及び科学的知見や排出抑制技術の開発・普及の状況等を踏まえて、経済的及び技術的考慮を払いつつ、追加的な排出抑制策の可能性を検討します。

（2）移動発生源対策

　電動車等のよりクリーンな自動車への代替を促進するほか、国内の自動車の走行実態や国際基準への調和等を考慮した自動車排出ガスの許容限度（自動車単体排出ガス規制）の見直しに向けた検討、中央環境審議会による「今後の自動車排出ガス総合対策の在り方について（答申）」（令和4年4月28日）を踏まえた検討を進めるなど、大気環境の更なる改善に向けた取組を継続していきます。

（3）VOC対策

　VOCの排出実態の把握を進めることなどにより、実効性あるVOC排出抑制対策の検討を行うとともに、大気汚染防止法による規制と事業者による自主的取組のベストミックスによる排出抑制対策を引き続き進めます。

（4）監視・観測、調査研究

　大気汚染の状況を全国的な視野で把握するとともに、大気保全施策の推進等に必要な基礎資料を得るため、大気汚染防止法に基づき、国及び都道府県等では常時監視を行っています。引き続き、リアルタイムに収集したデータ（速報値）を「大気汚染物質広域監視システム（そらまめくん）」により、国民に分かりやすく情報提供していきます。その他、酸性雨や黄砂、越境大気汚染の長期的な影響を把握することを目的としたモニタリングや、放射性物質モニタリングを引き続き実施します。

2　多様な有害物質による健康影響の防止

（1）石綿飛散防止対策

　石綿含有建材が使用されている建築物等の解体等工事については、大気汚染防止法の適切な運用による飛散防止対策の徹底はもとより、解体等工事の発注者、受注者等の関係者に対し、それぞれの役割に応じた適切な取組に関する普及啓発を進めます。また、建築物等の解体等工事における事前調査を行う建築物石綿含有建材調査者等を十分に確保するとともにその育成を進めます。さらに、災害に備え地方公共団体による建築物等における石綿使用状況の把握、データベースとしての整理、関係部署との共有体制の構築といった取組が進められるよう、地方公共団体への技術的支援を行います。

　石綿による大気汚染の状況を把握するため、大気中の石綿の濃度測定を実施するとともに、大気汚染防止法の施行状況を勘案しつつ必要な対策を検討します。

（2）水銀大気排出対策

　水銀に関する水俣条約を踏まえて改正された大気汚染防止法に基づく水銀大気排出規制を着実に実施するとともに、いわゆる5年後見直しの議論を踏まえ、必要な規制の見直しを行います。また、自主的取組の実施が求められる要排出抑制施設のフォローアップを引き続き行います。

（3）有害大気汚染物質対策等

　大気汚染防止法に基づく有害大気汚染物質対策を引き続き適切に実施し、排出削減を図るとともに、新たな情報の収集に努め、必要に応じて更なる対策について検討します。とりわけ、酸化エチレンについては地方公共団体等と連携して事業者による排出抑制対策を推進します。さらに、POPs等の化学物質も含め、有害大気汚染物質の健康影響、大気中濃度、抑制技術等に係る知見を引き続き収集し、環境目標値の設定・再評価や健康被害の未然防止に効果的な対策の在り方について検討します。

　また、事業者における排出抑制に向けた自主的取組の推進や地方公共団体における効率的なモニタリングを実施します。

3 　地域の生活環境保全に関する取組

(1) 騒音・振動対策

ア　自動車、新幹線鉄道、航空機等の騒音・振動対策

　自動車の電動化に伴うタイヤ騒音増加への影響等を含む国内の自動車の走行実態や国際基準への調和等を考慮した自動車単体騒音に係る許容限度（自動車単体騒音規制）の見直しについて検討を進めます。また、車両の低騒音化、道路構造対策、交通流対策等の対策や、住宅の防音工事等のばく露側対策に加え、状況把握や測定の精度向上、測定結果の情報提供等により、騒音・振動問題の未然防止を図ります。

イ　工場・事業場及び建設作業の騒音・振動対策

　騒音・振動対策について、最新の知見の収集・分析等を行います。また、従来の規制的手法による対策に加え、最新の技術動向等を踏まえ、情報的手法及び自主的取組手法を活用した発生源側の取組を促進します。

ウ　低周波音その他の対策

　従来の環境基準や規制を必ずしも適用できない新しい騒音問題について対策を検討するために必要な科学的知見を集積します。風力発電施設や省エネ型温水器等から発生する騒音・低周波音については、その発生・伝搬状況や周辺住民の健康影響との因果関係、わずらわしさを感じさせやすいと言われている純音性成分や風力発電施設が大型化した場合の影響や累積的な影響等、未解明な部分について引き続き調査を進めます。

(2) 悪臭対策

　悪臭対策について、知見の収集を行い、技術動向等を踏まえた測定方法の見直しを検討するとともに、地方公共団体等への技術的支援を進めます。

(3) 光害対策等

　屋外照明等の不適切かつ配慮に欠けた使用による悪影響（光害）への対策について、光害対策ガイドライン等を活用し、良好な光環境の形成に向け、普及啓発を図ります。また、星空観察の推進を図り、より一層大気環境保全に関心を深められるよう取組を推進します。

4 　アジアにおける大気汚染対策

　アジア地域における大気汚染の改善に向け、様々な二国間・多国間協力を通じて大気汚染対策を推進します。

(1) 二国間協力

　大気汚染の改善と温室効果ガス排出削減のコベネフィット・アプローチにより、我が国の技術導入の提案、実施、評価及び普及拡大等と対象国の環境改善に寄与します。

(2) 日中韓三カ国環境大臣会合（TEMM）の下の協力

　日中韓三カ国間の大気汚染に関する政策対話、モンゴルを含む「3＋X」による黄砂に関する共同研究等を推進し、三カ国の政策や技術の向上を図ります。

　国連環境計画（UNEP）、クリーン・エア・アジア（CAA）、国際応用システム分析研究所（IIASA）等と連携した大気汚染対策と気候変動対策のコベネフィット・アプローチの推進や、大気汚染物質全般に対象を拡大した東アジア酸性雨モニタリングネットワーク（EANET）、アジアEST地域フォーラム、JCM等の国際的な枠組み等を活用し、我が国の知見・経験の共有、技術移転、能力開発等の国際協力を推進します。

第6節　媒体横断的な対策

　持続可能な窒素及びリンの管理によって社会や地域に貢献する取組を推進します。具体的には、適正な施肥、家畜排泄物の適正管理、下水処理場の能動的運転管理、燃料アンモニア等の利用に当たってNOxの排出量を増加させない技術の活用等を進めます。

　また、我が国におけるインベントリの精緻化や科学的知見の集約を進めるとともに、持続可能な窒素管理の行動計画を策定します。さらに、我が国の知見を窒素の消費量の増加が著しいアジア地域の途上国等にも展開することなどにより、国際的な窒素管理にも貢献していきます。

第7節　良好な環境の創出

　豊かな水辺、星空等、地域特有の自然や文化の保全により、地域住民のウェルビーイングの向上と地域活性化を実現する取組、水道水源となる森や川から海に至るまで、OECMも活用した良好な環境の創出に取り組む地域を連結した流域一体的なモデルの構築、藻場・干潟の保全・再生・創出と地域資源の利活用との好循環を目指す里海づくり等を実施します。

　また、土壌が有する炭素貯留、水源の涵養といった多様な機能に関して、市街地等も対象にしつつ、情報収集等を行います。

第8節　水環境、土壌環境、海洋環境、大気環境の保全・再生に係る基盤的取組

1　デジタル技術の活用等による環境管理

　環境管理分野における測定・点検等に係る規制について、2021年12月にデジタル臨時行政調査会により策定されたデジタル原則に則り、リアルタイムモニタリング等、環境管理分野における人の介在を見直します。また、環境管理法令に係る行政手続をオンライン化し、国民・事業者の利便性向上を図ります。

2　分析技術の開発や精度管理

　環境測定分析機関（自治体、民間機関）の測定分析精度の維持・向上を図るとともに、分析用ヘリウムガスの供給不足や最新の技術動向等を踏まえて公定法を含む分析方法等の見直しを検討します。

3 災害対応

　自然災害等に起因する、水質汚濁や大気汚染等に係る事故の発生時には、水質汚濁防止法や大気汚染防止法等に基づき、自治体と連携した迅速な状況把握及び事故時の措置の徹底を行います。水道水質の安全対策の強化や災害時における石綿飛散防止対策の強化の観点から、必要な対策を講じます。

第5章 包括的な化学物質対策に関する取組

化学物質のライフサイクル全体を通じた環境リスクの最小化を目指すため、2023年9月に採択された「化学物質に関するグローバル枠組み（GFC）—化学物質や廃棄物の有害な影響から解放された世界へ」において合意された戦略的目的に沿って、国際的な観点に立った環境分野の化学物質管理を推進します。

第1節 ライフサイクル全体を通じた化学物質管理のための法的枠組み、制度的メカニズム及び能力構築

GFCの戦略目標Aでは、ライフサイクル全体を通じた化学物質管理のための法的枠組み、制度的メカニズム及び能力構築に取り組むことが掲げられています。この目標の達成のため、化学物質の製造から使用、循環利用、廃棄に至るライフサイクル全体を通じた環境リスクの最小化に向け、関係する法的枠組みや制度的メカニズムの構築に努めます。

化学物質の審査及び製造等の規制に関する法律（昭和48年法律第117号。以下「化学物質審査規制法」という。）に基づく一般化学物質等のスクリーニング評価及び優先評価化学物質のリスク評価を引き続き円滑に実施するとともに、関係省の合同審議会において、進捗状況の確認及び進行管理を適切に行います。

特定化学物質の環境への排出量の把握等及び管理の改善の促進に関する法律（平成11年法律第86号）に基づく化学物質排出移動量届出制度（PRTR制度）及び安全データシート制度（SDS制度）については、最新の科学的知見や国内外の動向を踏まえた見直し及び適切な運用を通じて、事業者による化学物質の自主的管理の改善を促進し、環境の保全上の支障の未然防止を図ります。

水銀に関する水俣条約に関して、国内では水銀による環境の汚染の防止に関する法律（平成27年法律第42号）に基づく措置を講じるとともに、条約の決議や法施行後5年を経て実施した法施行状況点検結果を踏まえた見直しを行います。また、途上国支援等を通じて条約の実施に貢献します。

農薬については、農薬取締法（昭和23年法律第82号）に基づき、生活環境動植物の被害防止及び水質汚濁に係る農薬登録基準の設定等を適切に実施します。また、既登録農薬の再評価について、円滑に評価を行うための事前相談に対応しつつ、国内使用量が多い農薬から順次評価を進めます。加えて、農薬登録制度における生態影響評価の充実を図るため、長期ばく露による影響を対象としたリスク評価の導入に向けた検討を行います。さらに、生態リスクが高いと考えられる農薬の河川水モニタリングを着実に進めます。

非意図的に生成されるダイオキシン類については、ダイオキシン類対策特別措置法（平成11年法律第105号）に基づく対策を引き続き適切に推進します。

事故等に関し、有害物質の排出・流出等により環境汚染等が生じないよう、有害物質に関する情報共有や、排出・流出時の監視・拡散防止等を的確に行うための各種施策を推進します。

あわせて、これらの諸制度を着実に実施し適正な化学物質管理を推進するための体制・能力構築のため、事業者への制度周知、化学物質アドバイザーを活用した人材育成支援、化管法の排出・移動量報告支援ツール提供等に取り組みます。

1 包括的なデータ・情報の共有促進、生成・公開及び教育、研修、意識啓発

GFCの戦略目標Bでは、情報に基づいた意思決定と行動を可能にするため、化学物質に関する包括的で十分なデータ・情報が作成され、利用可能な形でアクセスできることが掲げられています。これを受けて、我が国においても、上流から下流まで及び再生段階を含めたライフサイクル全体を通じた素材・製品中の化学物質に関する情報の共有の更なる促進や、化学物質の製造や化学物質の移動・排出データ、及び化学物質の人体中濃度、ばく露源、生物相や環境のモニタリングデータの収集・利用しやすい形での公開に努めます。

具体的には、バリューチェーン及びサプライチェーンを通じた情報の共有促進のため、chemSHERPA、GADSL、製品含有化学物質管理に関する各業界のガイダンス文書、J-Moss等の規格の整備及び活用を推進するほか、欧州のデジタルプロダクトパスポート（DPP）のように製品のサステナビリティ情報をライフサイクルを通じて確認できる枠組み・取組の中において、有害化学物質情報が併せて取り扱われるような仕組みの導入に向けた検討を進めます。

加えて、PRTR制度により得られる排出・移動量等のデータを、正確性や信頼性を確保しながら引き続き公表することなどにより、リスク評価等への活用を進め、それらの情報や環境モニタリングで得られたデータを活用することなどにより、災害時の被害の防止に係る平時からの備えを図ります。

さらには、国連GHS文書の改訂に係る情報の把握に努めつつ、GHS未分類の、または情報の更新が必要な化学物質について、引き続き環境有害性等の情報の収集を行った上で、民間が独自に保有する化学物質の危険有害性情報を活用し、関係府省と連携を取りつつGHS分類を実施します。

上記を含めたリスクコミュニケーションを促進し、意見交換を通じて意思疎通・意識啓発を図り、より合理的にリスクを管理し削減します。

2 リスク評価、廃棄物管理の指針、最良の慣行、標準化ツールの整備等

同じく目標Bの達成に向け、多様な主体による適切な化学物質管理が可能となるよう、化学物質対策に関する知見の集積のための取組として、特にリスク評価の効率化・高度化や未解明の問題の調査研究等の一層の推進を図り、環境リスクの詳細な把握とその低減につなげます。あわせて、化学物質に関する安全性や持続可能性、安全な代替品、化学物質や廃棄物のリスク削減の社会的なメリットに関する教育、研修、意識啓発プログラムの策定・実施を促進します。さらに、GHSの利用を引き続き促進します。

具体的な取組として、化学物質審査規制法では一般化学物質等を対象にスクリーニング評価を行い、その知見及びその製造・輸入等の状況からみて、リスクが無いとは言えない化学物質を絞り込んで優先評価化学物質に指定した上で段階的に詳細なリスク評価を進め、相当広範な地域において被害を生ずるおそれがあると認められるものを第二種特定化学物質に指定し、所要の処置を講じます。

加えて、化学物質に関する環境中の実態を考慮しつつ、ものの燃焼や化学物質の環境中での分解等に伴い非意図的に生成される物質、環境への排出経路や人へのばく露経路が明らかでない物質等について、人の健康や環境への影響が懸念される物質群の絞り込みを行い、文献情報、モニタリング結果等を用いた初期的なリスク評価を実施し、その結果を発信します。

これらのリスク評価の結果に基づき、ライフサイクルの各段階でのリスク管理方法について整合性を確保し、必要に応じてそれらの見直しを検討します。特に、リサイクル及び廃棄段階において、循環型社会形成推進基本計画を踏まえ、資源循環と化学物質管理の両立、拡大生産者責任の徹底、製品製造段

第5章

階からの環境配慮設計及び廃棄物データシート（WDS）の普及等による適切な情報伝達の更なる推進を図ります。

加えて、WDSの普及等の廃棄物処理法での対応と連携し、廃棄物の処理委託時に提供される情報を活用することなどにより、処理過程における事故の未然防止及び廃棄物の適正な処理を推進します。

3　ばく露モニタリング

同じく目標Bの達成に向け、化学物質の人体中濃度、ばく露源、生物相や環境のモニタリングデータの収集・利用しやすい形での公開に努めるとともに、各種モニタリング等の効率的な利用を図ります。具体的には、環境中の化学物質等の環境要因が子供の健康に与える影響を解明することにより、適切なリスク管理体制を構築し、安全・安心な子育て環境の実現につなげることを目指し、約10万組の親子を対象とした大規模かつ長期の出生コホート調査を着実に実施します。

さらには、地方公共団体の環境研究所も含めた研究機関等における化学物質対策に関する環境研究を推進するとともに、各種モニタリング等の環境に関係する調査の着実かつ効率的な実施並びに蓄積された調査データの体系的な整理及び管理を推進します。

化学物質関連施策を講じる上で必要となる各種環境調査・モニタリング等について、各施策の課題、分析法等の調査技術の向上を図りつつ、適宜、調査手法への反映や集積した調査結果の体系的整理等を図りながら、引き続き着実に実施します。

また、一般的な国民の化学物質へのばく露の状況を把握するために血液等の生体試料中の化学物質濃度調査の検討を進めます。

また、以上の項目で紹介した、ライフサイクル全体を通じた化学物質に関する情報や、リスク評価、モニタリングデータなど、データを通じた多様な主体（政府、政府間組織、市民社会、産業界、学術界等）間でのリスクコミュニケーションを促進します。

第3節　懸念課題への対応

GFCの戦略目標Cでは、懸念課題の特定、優先化、対応を順次進めていくことが掲げられています。この目標達成に向けた取組の一環として、人の健康の保護の観点から、その目標値や基準、管理の在り方等に関し国際的にも様々な科学的な議論が行われ、社会的に関心が高まっているPFASについては、引き続きエコチル調査において健康影響に関する知見を集めるとともに、一般的な国民への化学物質のばく露の状況を把握するための血中濃度調査の検討や環境モニタリングを実施します。得られた成果は必要に応じて関係省庁及び地方自治体等に周知・共有し、化学物質管理施策につなげられるよう連携を行います。

化学物質の内分泌かく乱作用については、EXTEND2022の下で、用いるべき試験法を完成させ、確立された新しい試験法を用いた試験・評価に乗り出すことも含め試験・評価の加速化を図ります。

欧米で研究が進む新たな評価手法（NAMs）について、我が国においても研究開発を推進し、各法令・制度における適切な活用方策を検討します。また、QSAR、トキシコゲノミクス等の新たな評価手法の開発・活用については、海外で検討が進んでいる有害性発現経路（AOP）も含め、OECDにおける取組に積極的に参加し、またその成果を活用しつつ、我が国においても、これら評価手法の開発・活用に向けた検討を引き続き精力的に推進します。

複数化学物質の影響評価（いわゆる「複合影響評価」）について、物質の構造の類似性や作用機序の同一性に着目しつつ、知見の収集及び試行的評価の実施を進め、環境行政として化学物質の複合影響評価を行う上でのガイダンスを作成します。複合影響評価の推進に向けて、これらの知見を既存のリスク

評価体系に提供します。

　ナノマテリアルについては、OECD等の取組に積極的に参加しつつ、その環境リスクに関する知見の集積を図り、OECDが取り上げたアドバンストマテリアル等の新たな懸念物質群についても、知見の充実に努めます。

　環境中に存在する医薬品等（PPCPs）については、環境中の生物に及ぼす影響に着目して生態毒性及び存在状況に関する知見を充実し、環境リスク評価を進めます。

　薬剤耐性（AMR）に関して、ワンヘルスの観点からG7札幌　気候・エネルギー環境大臣会合（2023年）の共同コミュニケにおいて知見の空白を埋める努力を続けることが明記されたことなどを踏まえ、環境中における抗微生物剤の残留状況に関する基礎情報の収集、人の健康及び環境中の生物に及ぼす影響に着目した調査を推進します。

　プラスチック添加剤等の化学物質による汚染については、プラスチック汚染に関する法的拘束力のある国際文書（条約）の策定に向けた政府間交渉委員会（INC）等の議論の動向を注視し、適宜適切に対応します。

第4節　製品のバリューチェーンにおいて、より安全な代替品と革新的で持続可能な解決策の整備を通じた環境リスクの予防・最小化

　GFCの戦略目標Dでは、製品のバリューチェーンにおいて、より安全な代替品と革新的で持続可能な解決策を整備することにより、人の健康と環境への利益を最大化し、リスクを予防するか最小化することが掲げられています。このため、民間部門において、民間企業におけるサステナブル・ケミストリーと資源効率性の進展に向けた取組や投資を推進し、財務管理やビジネスモデルへの適正管理の実施戦略等の統合及び国際的報告基準等の適用への取組が国際的に進められると期待されるところ、その観点から、製造から廃棄までのプロセスを通した化学物質の管理を目指して、環境配慮設計の促進、より環境に配慮した化学物質への代替促進、グリーン・サステナブルケミストリーの取組支援、リスク評価支援（循環利用時を含む曝露評価基盤の整備等）、化管法に基づく自主管理支援、市中に存在する在庫の適切な管理等を進め、関係する各主体の取組との連携の更なる向上を図ります。

　我が国では従来から、個々の企業における法令遵守と自主的取組を基に化学物質管理が行われてきました。近年、ESG投資等、機関投資家が企業の環境面への配慮を重要な投資判断の一つとして捉える動きが主流化しつつあり、化学物質管理においても先進的な取組を行う企業が適正に評価されるよう、評価指標の設定等、企業がよりよい方向性を目指すインセンティブとなるような枠組みの構築を進めます。

第5節　効果的な資源動員、パートナーシップ、協力、キャパシティビルディング及び関連する意思決定プロセスへの統合を通じた実施の強化

　GFCの戦略目標Eでは、化学物質管理に関連する全ての意思決定プロセスへの統合等を通じて実施を強化するため、国の策定する各種計画等において化学物質と廃棄物の適正な管理を主流化すること、パートナーシップやネットワークを強化し、適正管理に必要な資金の特定・動員、資金ギャップの特定、キャパシティビルディングの促進、適正管理に関する費用を内部化することが掲げられています。これを受けて、国民、事業者、行政等の関係者が化学物質のリスクと便益に係る正確な情報を共有しつつ意思疎通を図ります。具体的には、「化学物質と環境に関する政策対話」等を通じたパートナーシッ

プ、あらゆる主体への人材育成及び環境教育、化学物質と環境リスクに関する理解力の向上に向けた各主体の取組及び主体間連携等を推進します。

　新興国等における化学物質管理の強化や、国際的な化学物質管理の協調に向けて、我が国の化学物質管理に関する経験等の共有を含めた対応を引き続き推進していきます。

　特に、アジア地域においては、化学物質による環境汚染や健康被害の防止を図るため、各種のモニタリングネットワークや日中韓化学物質管理政策対話、環境と保健に関するアジア太平洋地域フォーラム等を活用した化学物質対策能力向上支援等の様々な枠組みにより、我が国の経験と技術を踏まえた積極的な情報発信、国際共同作業、技術支援等を行い、化学物質の適正管理の推進、そのための制度・手法の調和及び協力体制の構築を進めます。

　有効性評価等、水銀に関する水俣条約の実施を水銀対策先進国として積極的にリードし、我が国が持つ技術や知見を活用しつつ国際機関とも連携し、途上国を始めとする各国の条約実施に貢献します。

　さらには、子供の健康への化学物質の影響の解明に係る国際協力を推進します。

第6節　　負の遺産への対応等

　PCB廃棄物については、環境省として、一日も早く処理を完了させるため、引き続き保管事業者等に対する普及啓発活動等を推進するとともに、環境省、JESCO、都道府県市、経済産業省を始めとする関係省庁、事業者団体等の関係機関の更なる連携を図ります。

　また、2003年6月の閣議了解及び2003年12月の閣議決定を踏まえ、旧軍毒ガス弾等による被害の未然防止を図るための環境調査等を、関係省庁が連携して、地方公共団体の協力の下、着実に実施します。また、環境省に設置した毒ガス情報センターにおいて、継続的に情報収集し、集約した情報や一般的な留意事項の周知を図ります。

第6章 各種施策の基盤となる施策及び国際的取組に係る施策

第1節 政府の総合的な取組

1 環境基本計画

第六次環境基本計画（2024年5月閣議決定）では、環境保全を通じた「ウェルビーイング／高い生活の質」の実現を最上位の目的に掲げ、環境収容力を守り環境の質を上げることによって経済社会が成長・発展できる「循環共生型社会」（「環境・生命文明社会」）の構築を目指します。今後の環境政策の展開に当たっては、個別分野の環境政策、また環境以外の分野の政策と環境政策との統合により相乗効果（シナジー）を発揮させ、環境負荷の総量削減、「新たな成長」の視点を踏まえ、経済社会の構造的な課題の解決にも結びつけていきます。そのため、6つの重点戦略（経済、国土、地域、暮らし、科学技術・イノベーション、国際）を設定し、それらに位置付けられた施策を推進するとともに、環境リスク管理等の環境保全の取組は、個別分野の重点的施策として揺るぎなく着実に推進していきます。

2 環境保全経費

政府の予算のうち環境保全に関係する予算について、環境省において見積り方針の調整を図り、環境保全経費として取りまとめます。

第2節 グリーンな経済システムの構築

1 企業戦略における環境ビジネスの拡大・環境配慮の主流化

グリーンな経済システムを構築していくためには、企業戦略における環境配慮の主流化を後押ししていくことが必要です。具体的には、環境経営の促進、サービサイジング、シェアリングエコノミー等新たなビジネス形態の把握・促進、環境デュー・ディリジェンスの推進、グリーン購入・環境配慮契約の推進、グリーン製品・サービスの輸出の促進等を行います。

2 金融を通じたグリーンな経済システムの構築

環境・経済・社会が共に発展し、持続可能な経済成長を遂げるためには、長期的な投資環境を整備し、ESG金融を含むサステナブルファイナンスを促進していくことが重要です。このため、投資家を始めとする関係者に対しESG情報等の理解を促すとともに、企業価値の向上に向けて環境情報の開示に取り組む企業の拡大及び企業が開示する情報の質の向上を図ります。

具体的には、環境情報と企業価値に関する関連性に対する投資家の理解の向上や、金融機関が本業を通して環境等に配慮する旨をうたう「持続可能な社会の形成に向けた金融行動原則」に対する支援等に

取り組みます。

　また、産業と金融の建設的な対話を促進するため、気候関連財務情報開示タスクフォース（TCFD）に賛同する企業等により設立された「TCFDコンソーシアム」の活動の支援やシナリオ分析等を含めたTCFD報告書に基づく開示支援等を通じて、企業や金融機関の積極的な情報開示や投資家等による開示情報の適切な利活用を推進していくとともに、産業界と金融界のトップを集めた国際的な会合の継続的な開催を通じて我が国の取組を世界に発信していきます。

　また、金融・投資分野の各業界トップと国が連携し、ESG金融に関する意識と取組を高めていくための議論を行い、行動する場として「ESG金融ハイレベル・パネル」を定期的に開催するとともに、ESG金融に関する幅広い関係者を表彰する我が国初の大臣賞である「ESGファイナンス・アワード」を引き続き開催します。

　さらに、株式会社脱炭素化支援機構によるリスクマネーの供給を通じて民間投資の拡大を図るとともに、脱炭素機器のリース料の補助によるESGリースの促進、バリューチェーンの脱炭素化に資する融資に対する利子補給等により、再生可能エネルギー事業創出や省エネ設備導入に向けた取組を支援します。

　あわせて、グリーンボンド等の調達に要する費用に対する補助及び発行促進に向けたプッシュ型の支援の実施や、国内におけるグリーンファイナンスの実施状況等のESG金融に関する情報の一元的な発信（グリーンファイナンスポータル）、ガイドラインの内容充実化等の市場基盤整備等による資金調達・投資の促進、地域金融機関のESG金融への取組支援等を引き続き実施していきます。加えて、GX・金融コンソーシアム「Team Sapporo-Hokkaido」の枠組みに基づく取組を推進します。

　以上により、金融を通じて環境への配慮や環境プロジェクトの推進に適切なインセンティブを与え、金融のグリーン化を進めます。

3　グリーンな経済システムの基盤となる税制

　脱炭素や循環経済、自然再興に資する環境関連税制等のグリーン化を推進することは、企業や国民一人一人を含む多様な主体の行動に環境配慮を織り込み、環境保全のための行動を一層促進することにつながることをもって、グリーンな経済システムの基盤を構築する重要な施策です。こうした環境関連税制等による環境効果等について、諸外国の状況を含め、総合的・体系的に調査・分析を行い、引き続き税制全体のグリーン化を推進します。

　地球温暖化対策のための石油石炭税の税率の特例については、その税収を活用して、エネルギー起源CO_2排出抑制の諸施策を着実に実施します。

第3節　技術開発、調査研究、監視・観測等の充実等

1　科学技術・イノベーションの開発・実証と社会実装の施策

（1）総合的な環境研究・技術開発の推進

　脱炭素社会、循環型社会、自然共生社会の構築や、安全確保に資する研究開発等を実施します。加えて、国際的なニーズである環境収容力や国内や地域での需要側の暮らしのニーズを把握した上で、将来及び現在の国民の本質的なニーズを踏まえたイノベーションの創出を目指し、環境・経済・社会の統合的向上の具体化、ネット・ゼロ、循環経済、ネイチャーポジティブの各分野及び複数領域に関連する統合的な研究・技術開発や、安全・安心等に資する研究・技術開発、自然科学のみならず人文社会科学も含めた総合知の活用に資する研究・技術開発を実施します。

その際、特に以下のような研究・技術開発に重点的に取り組み、その成果を社会に適用します。

ネット・ゼロ、循環経済、ネイチャーポジティブを目指す中長期の社会像がどうあるべきかを不断に追究するため、環境と経済・社会の観点を踏まえた、統合的政策研究を推進します。

また、そのような社会の実現のために、国内外において新たな取組が求められている環境問題の諸課題について、「脱炭素」や「資源循環」、「自然共生」、「安全・安心」及びそれらを横断する観点から環境と経済の相互関係に関する研究、環境の価値の経済的な評価手法、規制や規制緩和、経済的手法の導入等による政策の経済学的な評価手法等を推進し、客観的な証拠に基づく政策の企画・立案・推進を行うための基盤を提供します。なお、この政策研究の成果を政策の企画立案等に反映するプロセスにおいては、各段階における関係研究者の参画を得て、政策形成にも携わる研究者人材の養成を進めます。

また、ネット・ゼロ、循環経済、ネイチャーポジティブといった複数の課題に同時に取り組むWin-Win型の技術開発や、複数の課題の同時解決の実現を妨げるような課題間のトレードオフを解決するための技術開発等、複数の領域にまたがる課題及び全領域に共通する課題も、コスト縮減や、研究開発成果の爆発的な社会への普及の観点から、重点を置いて推進します。また、AI、IoT等のデジタル技術、量子等の先端的な科学技術、先端材料技術やモニタリング技術、DX関連技術、経済安全保障に資する技術、分野横断的に必要とされる要素技術等については、技術自体を発展させるとともに、個別の研究開発への活用を積極的に促進します。

（2）環境研究・技術開発の効果的な推進方策

研究開発を確実かつ効果的に実施するため、以下の方策に沿った取組を実施します。

ア　各主体の連携による研究技術開発の推進

技術パッケージや経済社会システムの全体最適化を図っていくため、複数の研究技術開発領域にまたがるような研究開発を進めていくだけでなく、一領域の個別の研究開発についても、常に国内外の他の研究開発の動向を把握し、その研究開発がどのように社会に反映されるかを意識する必要があります。

このため、研究開発の各主体については、産学官、府省間、国と地方等の更なる連携や、同種のみならず異種の学問領域や業界・業種の間の連携等を推進し、また、アジア太平洋等との連携・国際的な枠組みづくりにも取り組みます。その際、国や地方公共団体は、関係研究機関を含め、自ら研究開発を行うだけでなく、研究機関の連携支援や、環境技術開発に取り組む民間企業や大学等の研究機関にインセンティブを与えるような研究開発支援を充実させます。

イ　環境技術普及のための取組の推進

研究開発の成果である優れた環境技術を社会実証・実装し、普及させていくために、新たな規制や規制緩和、経済的手法、自主的取組手法、特区の活用、シームレスな環境スタートアップ等の支援によるイノベーションの促進等、あらゆる政策手法を組み合わせ、環境負荷による社会的コスト（外部不経済）の内部化や、予防的見地から資源制約・環境制約等の将来的なリスクへの対応を促すことにより、現在及び将来の国民の本質的なニーズに基づいた研究開発を進めるとともに、環境技術に対する需要をも喚起します。また、技術評価の導入や信用の付与等、技術のシーズをひろい上げ、個別の技術の普及を支援するような取組を実施します。

ウ　成果の分かりやすい発信と市民参画

研究開発の成果が分かりやすくオープンに提供されることは、政策決定に関わる関係者にとって、環境問題の解決に資する政策形成の基礎となります。そのためには、「なぜその研究が必要だったのか」、「その成果がどうだったのか」、「どのように環境問題の解決に資するのか」に遡って分かりやすい情報発信を実施します。また、研究成果について、ウェブサイト、シンポジウム、広報誌、見学会等を積極的に活用しつつ、広く国民に発信したり関係者と対話したりすることを通じて成果の理解促進を更に強

化し、市民の環境政策への参画や持続可能なライフスタイルの実現に向けた意識変革・行動変容を実現します。

エ　研究開発における評価の充実

　研究開発における評価においては、PDCAサイクルを確立し、政策、施策等の達成目標、計画、実施体制等を明確に設定した上で、その推進を図るとともに、研究開発の進捗状況や研究成果がどれだけ政策・施策に反映されたかについて、事前、中間、事後そして追跡評価等の適切な組合せを通じて適時、適切にフォローアップを行い、実績を踏まえた計画・政策等の見直しや資源配分、さらには新たな政策等の企画立案を行っていきます。

オ　デジタル・プラットフォーム構築等によるグローバルな環境ビジネスにおける優位性の確立

　データを基盤とするプラットフォームビジネスについては、データの質と量がその価値や競争優位性に直結し得ることから、環境ビジネスにおいても製造・輸送等のサプライチェーンの各段階で生まれる価値あるデータを最大限に活用するため、企業や業種の垣根を越えて国内の関係者がデータを連携し、流通させる仕組みを構築します。そして、利用者のニーズに対応し、事業者の市場アクセスや消費者の便益向上に貢献します。

カ　国際的な枠組みへの貢献・国際標準化（知的財産戦略）

　我が国が強みを有する環境技術の活用・普及等のため、国際的な枠組みへの貢献や多国間・二国間協力等を通じて、環境課題に関する国際連携を推進します。

　我が国の国際競争力強化に当たっては、知的財産に係る技術情報のオープン・クローズ戦略に留意します。とりわけ、我が国が強みを有する環境技術が活用され、普及していくためには、単に技術情報をオープンにするのみならず、技術を外部に打ち出して革新を起こすアウトバウンド型のオープンイノベーションを実現する手法としての標準化が重要です。環境技術に関連する国際標準化や国際的なルール形成の推進のためには、諸外国との協調が不可欠であり、科学的知見やデータの共有や政策対話等を通じて相手国・組織に応じた戦略的な連携や協力を行うとともに、途上国を始めとする各国の環境関連の条約の実施に貢献します。

2　官民における監視・観測等の効果的な実施

　監視・観測等については、個別法等に基づき、着実な実施を図ります。また、広域的・全球的な監視・観測等については、国際的な連携を図りながら実施します。このため、監視・観測等に係る科学技術の高度化に努めるとともに、実施体制の整備を行います。また、民間における調査・測定等の適正実施、信頼性向上のため、情報提供の充実や技術士（環境部門等）等の資格制度の活用等を進めます。

3　技術開発などに際しての環境配慮等

　新しい技術の開発や利用に伴う環境への影響のおそれが予見される場合には、環境に及ぼす影響について、技術開発の段階から十分検討し、未然防止の観点から必要な配慮がなされるよう、適切な施策を実施します。また、科学的知見の充実に伴って、環境に対する新たなリスクが明らかになった場合には、科学的根拠が不十分または不確実な場合においても、その時点で利用可能な最良の科学的知見に基づいて、未然防止原則や予防的取組の観点から必要な配慮がなされるよう、適切な施策を実施します。

1　地球環境保全等に関する国際協力の推進

(1) 質の高い環境インフラの普及

　「インフラシステム海外展開戦略2025」（令和5年6月追補版）に基づき、質の高い環境インフラの海外展開を進め、途上国の環境改善及び気候変動対策を促進するとともに、我が国の経済成長にも貢献します。

　また、環境インフラ海外展開プラットフォーム（JPRSI）を活用し、環境インフラのトータルソリューションを官民連携で海外に提供するとともに、脱炭素社会実現のための都市間連携に係る取組や二国間クレジット制度（JCM）を通じて、環境インフラの海外展開を一層強力に促進します。

　さらに、海外での案件においても適切な環境配慮がなされるよう、我が国の環境影響評価に関する知見を活かした諸外国への協力支援によって、環境問題が改善に向かうよう努めます。

(2) 地域／国際機関との連携・協力

　相手国・組織に応じた戦略的な連携や協力を行います。具体的には、各国と政策対話等を通じた連携・協力を深化させるとともに、G7、ASEAN、太平洋島嶼国、中央アジア、南アジア、アフリカ諸国等の気候変動・環境対策の各分野及びその統合的な実施において我が国からの貢献を行い、これらの国々、地域とのパートナーシップ強化にもつなげます。

　さらに、日ASEAN友好協力50周年を契機として発足した「日ASEAN気候環境戦略プログラム（SPACE）」を始め、日中韓、ASEAN、東アジア首脳会議（EAS）等の地域間枠組に基づく環境大臣会合に積極的に貢献するとともに、国連環境計画（UNEP）、経済協力開発機構（OECD）、国連気候変動枠組条約（UNFCCC）、生物多様性条約（CBD）、国際再生可能エネルギー機関（IRENA）、アジア開発銀行（ADB）、東アジア・アセアン経済研究センター（ERIA）、国際連合経済社会局（UNDESA）、アジア太平洋経済社会委員会（UNESCAP）等の国際機関等との連携を進めます。

(3) 多国間資金や民間資金の積極的活用

　多国間資金については、特に、緑の気候基金（GCF）及び地球環境ファシリティ（GEF）に対する貢献を行うほか、JCMプロジェクト形成のためのADBや国連工業開発機関（UNIDO）に対する拠出金を活用して、優れた脱炭素技術の普及支援を行います。また、民間資金の動員を拡大するため、国際開発金融機関等との連携強化や企業の透明性の向上など環境インフラやプロジェクトの投資促進に向けた取組を支援します。

(4) 国際的な各主体間のネットワークの充実・強化

ア　自治体間の連携

　我が国の自治体が国際的に行う自治体間連携の取組を支援し、自治体間の相互学習を通じた能力開発を促します。また、日本の自治体が有する経験・ノウハウを活用し、都市レベルでの脱炭素社会の構築に向けた制度構築支援や、二国間クレジット制度（JCM）による排出削減プロジェクトにつながる取組を支援します。

イ　市民レベルでの連携

　持続可能な社会を形成していくためには、国や企業だけではなくNGO・NPOを含む市民社会とのパートナーシップの構築が重要です。このため、市民社会が有する情報・知見を共有し発信するような取組や、NGO・NPO等の実施する環境保全活動に対する支援を引き続き実施します。

(5) 国際的な枠組みにおける主導的役割

JCMを含め、パリ協定第6条に沿った市場メカニズムによる「質の高い炭素市場」を構築するため、「パリ協定6条実施パートナーシップ」を通じ、パリ協定第6条を実施するための各国の理解や体制の構築を促進するとともに、各国の体制整備等を支援する目的でCOP28において公表したパッケージを通じ、世界の温室効果ガス排出の更なる削減に貢献します。

G20大阪サミットでの「大阪ブルー・オーシャン・ビジョン」の共有、G7広島サミットでの2040年までに追加的なプラスチック汚染をゼロにする野心の合意を主導した我が国として、プラスチック汚染に関する法的拘束力のある国際文書（条約）の策定に向けた政府間交渉委員会（INC）等の国際交渉において主導的な役割を果たしていきます。

この他、有効性評価等、水銀に関する水俣条約の実施を水銀対策先進国として積極的にリードし、我が国が持つ技術や知見を活用しつつ国際機関とも連携して、途上国を始めとする各国の条約実施に貢献するとともに、化学物質、廃棄物、汚染分野に係る科学・政策パネルの設立交渉において、合意形成への貢献を行います。

第5節　地域づくり・人づくりの推進

1　環境を軸とした地域づくりの推進

(1) 地域循環共生圏構築の展開

自立・分散型社会の実現のためには、地域が主体性を発揮して、自らの強みである自然資本を活かし、魅力ある地域づくりを進めること、すなわち地域循環共生圏の創造が重要です。その際、地域づくりを地域で担う人材の育成も必要不可欠であり、地域づくりと人づくりは両輪で取り組んでいく必要があります。

このため、自立した地域として、他の地域とネットワークを構築して支えあう地域プラットフォームづくりに向けて、地域プラットフォームの運営主体の育成や、そのための中間支援体制の構築を行うとともに、様々な地域のネットワーク構築を促進するための取組も行います。

また、地域循環共生圏が創造されることで、地域の環境・経済・社会にもたらすインパクトを測定・発信するとともに、各地における優れた取組を表彰・発信することで、より多くの地域が地域循環共生圏創造に取り組むよう働きかけていきます。その際、特に地域の経済循環構造を把握することが重要となるため、そのためのツールの運営・更新を行います。

さらに、持続可能な社会へ移行する過程で、経済社会構造は大きく変化することが予想されることから、そのような地域を対象に、地域循環共生圏の考え方に基づき、経済社会構造の変化に伴う負の影響を最小限とし、環境を軸とした新規産業等を創出していくための地域プラットフォームの構築、ビジョンや事業構想の共有、新たな事業創出など、地域の主体的な取組を支援します。

(2) 地域脱炭素の加速化

地域脱炭素に向けた「先行地域づくり」として、地球温暖化対策計画に基づき、2050年カーボンニュートラルの実現に向けて、2025年度までに少なくとも100か所の脱炭素先行地域を選定し、各府省の支援策も活用しながら、2030年度までに民生部門（家庭部門及び業務その他部門）の電力消費に伴う二酸化炭素排出実質ゼロ又はマイナスを実現するとともに、地域の魅力と質を向上させる地方創生に資する地域脱炭素の実現の姿を示します。あわせて、エネルギーマネジメントシステムの導入による需給調整など、デジタル技術も活用しながら、産業、暮らし、インフラ、交通など様々な分野で脱炭素化に取り組むことが重要であることに鑑み、デジタル田園都市国家戦略等に基づき、デジタル技術の活

用によるDXとGXの施策間連携の取組を強化します。さらに、「デコ活」や市民参加型の政策形成支援等により、脱炭素先行地域を含む地域全体の住民・企業の取組の連携を促進します。

また、地域脱炭素の加速化に向けた「重点対策」として、政府による財政・技術・情報支援を通じて、地方公共団体は、公営企業を含む全ての事務及び事業について、地域脱炭素の基盤となる重点対策（地域共生・裨益型の再生可能エネルギー導入、公共施設等のZEB化、公用車における電動車の導入等）を率先して実施するとともに、企業・住民が主体となった資源循環の高度化を通じた循環経済への移行、コンパクトシティ・プラス・ネットワーク、食料・農林水産業の生産力向上と持続性の両立等の取組を更に加速します。

こうした脱炭素先行地域等の先行する取組の全国展開に当たっては、都道府県、地域金融機関、地域エネルギー会社、株式会社脱炭素化支援機構等と連携し、得られた成果の横展開を図ります。とりわけ、都道府県については、関係部局が連携し、政府による財政支援や地方財政措置も活用しながら、公営企業を含む都道府県による再エネ導入、地域の中核企業の脱炭素化支援、都市計画・交通分野の脱炭素化等を加速することが期待されます。例えば、地域脱炭素化促進事業制度も活用しながら、広域で再生可能エネルギー促進に向けたゾーニングを推進し、地域企業の脱炭素化支援を含めて地域主導で地域に貢献する地域共生型再エネ推進の主体となることが期待されており、国はこのために必要な支援を行います。

さらに、今後ますます激甚化が予想される災害やこれによる停電時に公共施設へのエネルギー供給等が可能な再エネ設備等の整備を推進するとともに、地方公共団体実行計画策定・管理等支援システム（LAPSS）を改修しつつ、その活用を一層促進することにより、地方公共団体の事務・事業の脱炭素化の取組が効果的に進むよう支援します。

加えて、地方自治体の職員等に対する、再生可能エネルギー導入等の脱炭素実現のメリットや手法等についての理解を深めるための官民研修を更に充実させます。とりわけ、令和5年度から開始した脱炭素まちづくりアドバイザー制度等の運用状況や、地方自治体を始めとする地域の脱炭素支援のニーズを踏まえつつ、地方環境事務所、都道府県、地球温暖化防止活動推進センターなど既存の組織に期待される役割・機能も検討した上で、地方自治体等に対して脱炭素型の地域づくりに向けた支援を行える中間支援体制の構築に向けた検討を行います。

地域に貢献する脱炭素事業の構築に向けては、事業可能性調査を含む地域脱炭素の計画づくり支援や、衛星情報など最新のデジタル技術も活用したREPOSとEADASの拡充・連携強化、自治体排出量カルテ・地域経済循環分析等の情報ツールの整備・拡充を行うなど、事業の構築を情報・技術面から支援します。

こうした脱炭素による持続可能な地域づくりを支えるため、地球温暖化対策の推進に関する法律（平成10年法律第117号）に基づく地方公共団体実行計画制度の下で地方公共団体が段階的に取組を強化するとともに、制度的対応として、2024年3月に閣議決定し、第213回国会に提出した、都道府県の関与強化による地域脱炭素化促進事業制度の拡充を含む「地域温暖化対策の推進に関する法律の一部を改正する法律案」も踏まえ、国は今後も、地方公共団体における再生可能エネルギーの導入計画策定や、再エネ促進区域の設定等に向けたゾーニング等を行う取組への支援等とともに促進事業に向けた事業者の支援を行い、地域共生型再エネ導入を推進していきます。

2 多様な主体の参加による国土管理の推進

（1）多様な主体による国土の管理と継承の考え方に基づく取組

国土形成計画その他の国土計画に関する法律に基づく計画を踏まえ、持続可能で自然と共生した国土管理に向けて、環境負荷を減らすのみならず、生物多様性等も保全されるような施策を進めていきます。例えば、生物多様性の保全や回復のための民間活動の促進、森林、農地、都市の緑地・水辺、河川、海等を有機的につなぐ広域的な生態系ネットワークの形成、森林の適切な整備・保全、集約型都市

構造の実現、環境的に持続可能な交通システムの構築、生活排水処理施設や廃棄物処理施設を始めとする環境保全のためのインフラの維持・管理の促進、脱炭素化に向けた対応等に取り組みます。

特に、管理の担い手不足が懸念される農山漁村においては、持続的な農林水産業等の確立に向け、鳥獣被害対策、農地・森林・漁場の適切な整備・保全を図りつつ、経営規模の拡大や効率的な生産・加工・流通体制の整備、多様な地域資源を活用して付加価値を創出する農山漁村発イノベーション、人材育成等の必要な環境整備、環境保全型農業の取組等を進めるとともに、森林、農地等における土地所有者等、NPO、事業者、コミュニティ等多様な主体に対して、環境負荷を減らすのみならず、生物多様性等も保全されるような国土管理への参画を促します。

ア　多様な主体による森林整備の促進

国、地方公共団体、森林所有者等の役割を明確化しつつ、地域が主導的役割を発揮でき、現場で使いやすく実効性の高い森林計画制度の定着を図り、適切な森林施業を確保します。なお、自然的・社会的条件が悪く林業に適さない場所に位置する森林については、公的主体による森林整備を推進します。さらに、多様な主体による森林づくり活動の促進に向け、企業・NPO・森林所有者等のネットワーク化等による連携・強化を推進します。

イ　環境保全型農業の推進

環境保全型農業を推進するため、土づくりや化学的に合成された肥料及び農薬の使用低減に資する技術、効率的、効果的な施肥や防除方法を普及するなどの取組を進めます。

(2) 国土管理の理念を浸透させるための意識啓発と参画の促進

国民全体が国土管理について自発的に考え、実践する社会を構築するため、ESDの理念に基づいた環境教育等の教育を促進し、国民、事業者、NPO、民間団体等における持続可能な社会づくりに向けた教育と実践の機会を充実させます。

また、地域住民（団塊の世代や若者を含む）やNPO、企業など多様な主体による国土管理への参画促進のため、市町村管理構想・地域管理構想の全国展開等による、「国土の国民的経営」の考え方の普及、地域活動の体験機会の提供のみならず、多様な主体間の情報共有のための環境整備、各主体の活動を支援する中間組織の育成環境の整備等を行います。

ア　森林づくり等への参画の促進

森林づくり活動のフィールドや技術等の提供等を通じて多様な主体による「国民参加の森林づくり」を促進するとともに、森林空間を活用して健康・観光・教育など多様な分野で体験プログラム等を提供する「森林サービス産業」の創出、地域の森林資源の活用や森林の適切な整備・保全につながる「木づかい運動」等を推進します。

イ　公園緑地等における意識啓発

公園緑地等において緑地の保全及び緑化に関する普及啓発の取組を展開します。

3　持続可能な地域づくりのための地域資源の活用と地域間の交流等の促進

(1) 地域資源の活用と環境負荷の少ない社会資本の整備・維持管理

地方公共団体、事業者や地域住民が連携・協働して、地域の特性を的確に把握し、それを踏まえながら、地域に存在する資源を持続的に保全、活用する取組を促進します。また、こうした取組を通じ、地域のグリーン・イノベーションを加速化し、環境の保全管理による新たな産業の創出や都市の再生、地域の活性化も進めます。

ア　地域資源の保全・活用と地域間の交流等の促進

　社会活動の基盤であるエネルギーの確保については、東日本大震災を経て自立・分散型エネルギーシステムの有効性が認識されたことを踏まえ、モデル事業の実施等を通じて、地域に賦存する再生可能エネルギーの活用、資源の循環利用を進めます。なお、これらの再生可能エネルギーの導入に当たっては、景観や生態系、温泉等の自然資本への影響を回避・低減した上で、地域における円滑な合意形成が必要となるため、科学的データの収集・調査等を通じた地域共生型の資源・エネルギーの活用を推進します。

　都市基盤や交通ネットワーク、住宅を含む社会資本のストックについては、高い環境性能等を備えた良質なストックの形成を図るとともに、長期にわたって活用できるよう適切な維持・更新を推進します。緑地の保全及び緑化の推進について、行政機関が定める「緑の基本計画」等に基づく地域の各主体の取組を引き続き支援していきます。

　また、農山漁村が有する食料供給や国土保全の機能を損なわないような適切な土地・資源利用を確保しながら地域主導で再生可能エネルギーを供給する取組を推進するほか、持続可能な森林経営、木質バイオマス等の森林資源の多様な利活用、農業者や地域住民が共同で農地・農業用水等の資源の保全管理を行う取組を支援します。

　さらに、地域の文化・歴史や森林、景観など農林水産物以外の多様な地域資源も活用し、農林漁業者はもちろん、地元の企業等も含めた多様な主体の参画によって付加価値の創出を図る農山漁村発イノベーションやエコツーリズム等、地域の文化、自然とふれあい、保全・活用する機会を増やすための取組を進めるとともに、都市と農山漁村等、地域間での交流や広域的なネットワークづくりも促進していきます。

イ　地域資源の保全・活用の促進のための基盤整備

　これらの施策を推進するため、情報提供、制度整備、人材育成等の基盤整備にも取り組んでいきます。情報提供に関しては、多様な受け手のニーズに応じた技術情報、先進事例情報、地域情報等を分析・提供し、他省庁とも連携し、取組の展開を図ります。制度整備に関しては、地域の計画策定促進のための基盤整備により、地域内の各主体に期待される役割の明確化、主体間の連携強化を推進するとともに、持続可能な地域づくりへの取組に伴って発生する制度的な課題の解決を図ります。また、地域の脱炭素化事業への投融資を促進するため、株式会社脱炭素化支援機構によるリスクマネーの供給を通じて民間投資の拡大を図るとともに、グリーンボンド等を活用した資金調達・投資の促進等を引き続き行っていきます。人材育成に関しては、学校や社会におけるESDの理念に基づいた環境教育等の教育を通じて、持続可能な地域づくりに対する地域社会の意識の向上を図ります。また、NPO等の組織基盤の強化を図るとともに、地域づくりの政策立案の場への地域の専門家の登用、NPO等の参画促進、地域の大学など研究機関との連携強化等により、実行力ある担い手の確保を促進します。

ウ　森林資源の活用と人材育成

　中大規模建築物等の木造化、住宅や公共建築物等への地域材の利活用、木質バイオマス資源の活用等による環境負荷の少ないまちづくりを推進します。また、地域の森林・林業を牽引する森林総合監理士、持続的な経営プランを立て、循環型林業を目指し実践する森林経営プランナー、施業集約化に向けた合意形成を図る森林施業プランナー、伐採や再造林、路網作設等を適切に行える現場技能者を育成します。

エ　災害に強い森林づくりの推進

　豪雨や地震等により被災した荒廃山地の復旧・予防対策や海岸防災林等の整備強化による津波・風害の防備など、災害に強い森林づくりの推進により、地域の自然環境等を活用した生活環境の保全や社会資本の維持に貢献します。

オ　景観保全

　景観に関する規制誘導策等の各種制度の連携・活用や、各種の施設整備の機会等の活用により、各地域の特性に応じ、自然環境との調和に配慮した良好な景観の保全や、個性豊かな景観形成を推進します。

カ　歴史的環境の保全・活用

　古都保存、史跡名勝天然記念物、重要文化的景観、風致地区、歴史的風致維持向上計画等の各種制度を活用し、歴史的なまちなみや自然環境と一体をなしている歴史的環境の保全・活用を図ります。

4　環境教育・ESD及び協働取組の推進

（1）あらゆる年齢階層に対するあらゆる場・機会を通じた環境教育及びESDの推進

　持続可能な社会づくりの担い手育成は、全ての大人や子供に対して、あらゆる場において、個人の変容と社会や組織の変革を連動的に支え促すことを目的に推進することが重要です。このため、環境教育等による環境保全の取組の促進に関する法律（平成15年法律第130号）及び同法により国が定める基本方針（2024年5月閣議決定）のほか、「我が国における『持続可能な開発のための教育（ESD）』に関する実施計画（第2期ESD国内実施計画）」（2021年5月決定）等を踏まえ、環境教育及びESDを推進します。

　学校においては、学習指導要領等に基づき、持続可能な社会づくりの担い手として必要な資質・能力等を育成するため、環境教育等の取組を推進します。また、ユネスコスクールによるネットワークを活用した交流等の促進や、学校施設が環境教育の教材としても活用されるよう、環境を考慮した学校施設（エコスクール）の整備を推進します。さらに、学校全体として、発達段階に応じて教科等横断的な実践が可能となるよう、関係省庁が連携して、教員等に対する研修や教材等の提供等に取り組みます。加えて、家庭、地域、職場等においては、関係府省が連携して、自然体験活動その他の多様な体験活動への参加の機会の拡充を図ります。

　環境教育の推進に当たっては、体験活動を通じた学びに加え、ICTの活用、多様な主体同士の対話や協働を通じた学びの充実を図ります。また、「体験の機会の場」等を通じた質の高い環境学習拠点の充実や幅広い場での環境教育の推進を図るほか、表彰制度や研修の機会の提供等を通じて自発的な取組を促進していくとともに、ウェブサイト等により優良事例を積極的に発信します。

　また、これらの取組を推進するために、ESD活動支援センター等の中間支援機能の充実を図り、その活用を促進します。

　このほか、国連大学が実施する世界各地でのESDの地域拠点（RCE）の認定、アジア太平洋地域における高等教育機関のネットワーク（ProSPER.Net）構築、また、国連大学大学院学位プログラム「パリ協定専攻」におけるカリキュラムの開発・実施への支援を通して、引き続き、ESDの提唱国として、持続可能な社会の創り手を育成するESDを推進していきます。

（2）持続可能な地域づくりに向けた対話を通じた協働取組の推進

　多様な主体の参加によるパートナーシップを前提とした効果的な協働取組を通じて主体同士が学び合うことにより、地域コミュニティの対応力や課題解決力を高めていくことが可能です。すなわち、パートナーシップの充実・強化は、人づくり、地域づくりにも資するものであり、持続可能な地域づくりのためには、住民、民間団体、事業者、行政等による対話を通じた協働取組が重要です。

　このため、地球環境パートナーシッププラザや地方環境パートナーシップオフィスを拠点とし、先進事例の紹介や各主体間の連携促進のための意見交換会の開催のほか、民間団体等の政策形成機能の強化や、自立した地域づくりへの伴走支援等に努め、世代や立場、分野を超えた環境教育や協働取組の促進を行います。また、これらの組織で培った中間支援機能に関する豊富な知見や経験を、地域等で中間支

援組織となり得る様々な組織・団体に共有することを促すことにより、地域等の特性に合った協働取組を通じた地域づくり、人づくりを促進します。

第6節　環境情報の整備と提供・広報の充実

1　EBPM推進のための環境情報の整備

　政府（国、地方公共団体等）、市場（企業等）、国民（市民社会、地域コミュニティを含む。）の共進化には、環境情報の充実、公開が基盤となります。このため、企業の経営や活動に関する環境情報（例：気候変動や自然関連の財務情報、サプライチェーン全体でのGHG排出量）や、地域計画・国土利用に関する環境情報（例：再生可能エネルギー導入ポテンシャル・生態系情報）等について、見える化し、各主体が利用可能な形に整備します。また、これらの環境情報に加え、環境関連の統計情報については、「統計改革推進会議最終取りまとめ」（2017年5月統計改革推進会議決定）及び「公的統計の整備に関する基本的な計画」（2023年3月閣議決定）等に基づき、客観的な証拠に基づく政策の立案（EBPM）に資するよう、環境行政の政策立案に必要な統計データ等の着実な整備を進めるとともに、統計ユーザー等にとってアクセスしやすく、利便性の高いものとなるよう、ユーザー視点に立った統計データの改善・充実を進めます。

2　利用者ニーズに応じた情報の提供

　国、地方公共団体、事業者等が保有する官民データの相互の利活用を促進するため、「オープンデータ基本指針」（2017年5月高度情報通信ネットワーク社会推進戦略本部・官民データ活用推進戦略会議決定　2021年6月改正）等に基づき、環境情報に関するオープンデータの取組を強化します。また、各主体のパートナーシップを充実・強化し、市民の環境政策への参画や持続可能なライフスタイルへの転換等を促進するため、情報の信頼性や正確性を確保しつつ、SNSやAI等のデジタル技術を活用しながら、いつでも、どこでも、分かりやすい形で環境情報を入手できるよう、利用者のニーズに応じて適時に利用できる情報の提供を進めます。加えて、「デコ活」による脱炭素型の製品・サービスに関する情報提供等を通じ、消費者の行動変容を促します。

3　利用可能な最良の客観的な証拠に基づく政策立案の実施

　政策立案の根拠としては、ランダム化比較試験等の頑健な効果検証の手法により得られた、因果関係の確からしい科学的知見等の客観的な証拠を参照することが望ましいです。上記の環境情報の整備や提供に当たっては、証拠としての質（エビデンスレベル）に留意することとします。一方で、常に質の高い証拠が得られるとは限らないため、そのような場合においては、根拠が得られた諸条件や内的及び外的妥当性等に留意しつつ、その時点で得られる最良の客観的な証拠（Best Available Evidence）を踏まえるとともに、「予防的な取組方法」の考え方に基づいて政策を立案することが重要です。

1　環境影響評価の在り方に関する検討

　事業に係る環境配慮が適正に確保されるよう、地方公共団体の環境影響評価条例と連携し環境影響評価法（平成9年法律第81号）を適正に施行するとともに、事業者の自主的な取組を推進し、環境影響評価制度の適正な運用に努めます。また、環境影響評価の実効性を確保するため、報告書手続等を活用し、環境大臣意見を述べた事業等について適切なフォローアップを行います。環境影響評価法の対象外の事業についても情報収集に努め、適正な環境配慮を確保するための必要な措置について検討します。また、環境情報基盤の整備を図るなどの観点から、環境アセスメント図書の継続公開の制度化について、法的な課題も踏まえ検討していきます。

　洋上風力発電事業については、2023年度に第213回国会に提出された「海洋再生可能エネルギー発電設備の整備に係る海域の利用の促進に関する法律の一部を改正する法律案」を踏まえ、新制度に関する具体的な運用等の検討を進めます。また、陸上風力発電についても、2022年度に取りまとめた新制度の大きな枠組みを基礎とし、適正な環境配慮を確保しつつ、地域共生型の事業を推進する観点から、地域の環境特性を踏まえた効率的・効果的な環境影響評価が可能となるよう、環境影響の程度に応じて必要な環境影響評価手続を振り分けることなどを可能とする新たな制度の検討を進めます。

2　質の高い適切な環境影響評価制度の施行に資する取組の展開

　環境影響評価法に基づき、規模が大きく環境影響の程度が著しいものとなるおそれがある事業について適切な審査の実施を通じた環境保全上の配慮の徹底を図ります。

　環境影響評価の信頼性の確保や質の向上に資することを目的として、引き続き、調査・予測等に係る技術手法の情報収集・普及や必要な人材育成に取り組むとともに、国・地方公共団体等の環境影響評価事例や制度等の情報収集・提供を行います。また、「環境アセスメントデータベース"EADAS（イーダス）"」を通じた地域の環境情報の提供等に取り組みます。

1　リスクコミュニケーションを通じた放射線に係る住民の健康管理・健康不安対策

　原子力災害に起因した放射線に関する健康管理・健康上の不安のケアについては、被ばく線量の把握・評価、放射線の健康影響調査研究、福島県の県民健康調査とその対象者の支援及び放射線リスクコミュニケーション相談員支援センターによる支援等の取組を継続して実施するとともに、放射線の健康影響に関する誤解から生じる差別を無くすための情報発信を積極的に行います。特に、特定復興再生拠点区域の避難指示解除により帰還者等が増加する中、帰還者等が地域で主体的に行う取組との連携を進め、対話を通じて得られる参加者の意見を今後の放射線健康不安対策に活かす取組を進めます。

（1）被害者の救済

ア　公害健康被害補償

　公害健康被害の補償等に関する法律（昭和48年法律第111号）に基づき、汚染者負担の原則を踏まえつつ、認定患者に対する補償給付や公害保健福祉事業を安定的に行い、その迅速かつ公正な救済を図ります。

イ　水俣病対策の推進

　水俣病対策については、水俣病被害者の救済及び水俣病問題の解決に関する特別措置法（平成21年法律第81号）等を踏まえ、全ての被害者の方々や地域の方々が安心して暮らしていけるよう、関係地方公共団体等と協力して、補償や医療・福祉対策、地域の再生・融和等を進めていきます。

ウ　石綿健康被害の救済

　石綿による健康被害の救済に関する法律（平成18年法律第4号）に基づき、石綿による健康被害に係る被害者等の迅速な救済を図ります。また、2023年6月に取りまとめられた中央環境審議会環境保健部会石綿健康被害救済小委員会の報告書を踏まえ、石綿健康被害救済制度の運用に必要な調査や更なる制度周知等の措置を講じていきます。

（2）被害等の予防

　大気汚染による健康被害の未然防止を図るため、環境保健サーベイランス調査を実施します。また、独立行政法人環境再生保全機構に設けられた基金により、調査研究等の公害健康被害予防事業を実施します。

　環境を経由した健康影響を防止・軽減するため、花粉症、熱中症、黄砂、電磁界、紫外線等について、予防方法等の情報提供及び普及啓発を実施します。

　熱中症対策については、「熱中症環境保健マニュアル」等、熱中症対策に関する各種ガイドライン、普及啓発資料の作成・周知、熱中症予防情報サイト等による各種情報発信を通じて、地方公共団体、事業者、国民の熱中症予防行動の促進・強化に取り組みます。

　花粉症については、令和5年5月の花粉症に関する関係閣僚会議で決定された「花粉症対策の全体像」に基づき、政府一体で取組を進めます。

第9節　公害紛争処理等及び環境犯罪対策

1　公害紛争処理等

（1）公害紛争処理

　近年の公害紛争の多様化・増加に鑑み、公害に係る紛争の一層の迅速かつ適正な解決に努めるため、公害紛争処理法（昭和45年法律第108号）に基づき、あっせん、調停、仲裁及び裁定を適切に実施します。

（2）公害苦情処理

　住民の生活環境を保全し、将来の公害紛争を未然に防止するため、公害紛争処理法に基づく地方公共団体の公害苦情処理が適切に運営されるよう、適切な処理のための指導や情報提供を行います。

2 環境犯罪対策

　産業廃棄物の不法投棄を始めとする環境犯罪に対する適切な取締りに努めるとともに、社会情勢の変化に応じて法令の見直しを図るほか、環境犯罪を事前に抑止するための施策を推進します。

資料

2023/24

参考文献（第1部）

「第1部　総合的な施策等に関する報告」を読み進める上で参考となる文献等の一覧を以下のとおり掲載します。

■第1章
- 環境省ウェブサイト「第六次環境基本計画（令和6年5月閣議決定）」
  <https://www.env.go.jp/council/content/i_01/000224779.pdf>
- 外務省ウェブサイト「パリ協定」
  <https://www.mofa.go.jp/mofaj/ila/et/page24_000810.html>
- 気象庁ウェブサイト「世界の異常気象」
  <https://www.data.jma.go.jp/gmd/cpd/monitor/extreme_world/>
- 気象庁ウェブサイト「日本の異常気象」
  <https://www.data.jma.go.jp/gmd/cpd/longfcst/extreme_japan/index.html>
- 外務省ウェブサイト「G7広島サミット（概要）」
  <https://www.mofa.go.jp/mofaj/ecm/ec/page4_005920.html>
- UNEPウェブサイト「Emissions Gap Report 2023」
  <https://www.unep.org/resources/emissions-gap-report-2023>
- 環境省ウェブサイト「気候変動適応計画（令和3年10月閣議決定）
  （令和5年5月30日一部変更　閣議決定）」
  <https://www.env.go.jp/content/000138042.pdf>
- 環境省ウェブサイト「気候変動影響評価報告書総説（2020年12月公表）」
  <https://www.env.go.jp/press/108790.html>
- 環境省ウェブサイト「気候変動に関する政府間パネル（IPCC）第6次評価報告書（AR6）サイクル」
  <https://www.env.go.jp/earth/ipcc/6th/index.html>
- 防衛省・自衛隊ウェブサイト「防衛省気候変動タスクフォース」
  <https://www.mod.go.jp/j/policy/agenda/meeting/kikouhendou/index.html>
- 内閣官房ウェブサイト「国家安全保障戦略について」
  <https://www.cas.go.jp/jp/siryou/221216anzenhoshou.html>
- 環境省ウェブサイト「科学と政策の統合（IPBES）」
  <https://www.biodic.go.jp/biodiversity/about/ipbes/index.html>
- OECDウェブサイト「How`s Life in Japan?」
  <https://www.oecd.org/statistics/Better-Life-Initiative-country-note-Japan-in-Japanese.pdf>

■第2章
- 環境省ウェブサイト「地球温暖化対策計画（令和3年10月閣議決定）」
  <http://www.env.go.jp/earth/ondanka/keikaku/211022.html>
- 環境省ウェブサイト「日本のNDC（国が決定する貢献）（令和3年10月地球温暖化対策推進本部決定）」
  <https://www.env.go.jp/earth/earth/ondanka/ndc.html>
- 環境省ウェブサイト「温室効果ガス排出・吸収量算定結果」
  <https://www.env.go.jp/earth/ondanka/ghg-mrv/emissions/>
- 環境省ウェブサイト「ブルーカーボンに関する取組み」
  <https://www.env.go.jp/earth/ondanka/blue-carbon-jp.html>
- 環境省ウェブサイト「国連気候変動枠組条約第28回締約国会議（COP28）」
  <https://www.env.go.jp/earth/cop28cmp18cma501213.html>

- 環境省ウェブサイト「生物多様性国家戦略」
  <https://www.biodic.go.jp/biodiversity/about/initiatives/index.html>
- 環境省ウェブサイト「昆明・モントリオール生物多様性枠組」
  <https://www.biodic.go.jp/biodiversity/about/treaty/gbf/kmgbf.html>
- 環境省ウェブサイト「30by30」
  <https://policies.env.go.jp/nature/biodiversity/30by30alliance/index.html>
- 環境省ウェブサイト「要緊急対処特定外来生物ヒアリに関する情報」
  <https://www.env.go.jp/nature/intro/2outline/attention/hiari.html>
- 環境省ウェブサイト「2023年6月1日よりアカミミガメ・アメリカザリガニの規制が始まります！」
  <https://www.env.go.jp/nature/intro/2outline/regulation/jokentsuki.html>
- 環境省ウェブサイト「IPBES総会第10回会合の結果について」
  <https://www.env.go.jp/press/press_02103.html>
- 環境省ウェブサイト「ネイチャーポジティブ経済移行戦略について」
  <https://www.env.go.jp/page_01353.html>
- 環境省ウェブサイト「2050年カーボンニュートラルの実現に向けて」
  <https://www.env.go.jp/earth/2050carbon_neutral.html>
- 経済産業省ウェブサイト「脱炭素成長型経済構造への円滑な移行の推進に関する法律案（令和5年2月閣議決定）」
  <https://www.meti.go.jp/press/2022/02/20230210004/20230210004.html>
- 経済産業省ウェブサイト「脱炭素成長型経済構造移行推進戦略（令和5年7月閣議決定）」
  <https://www.meti.go.jp/press/2023/07/20230728002/20230728002.html>
- 国・地方脱炭素実現会議「地域脱炭素ロードマップ（令和3年6月決定）」
  <https://www.cas.go.jp/jp/seisaku/datsutanso/pdf/20210609_chiiki_roadmap.pdf>
- 環境省ウェブサイト「脱炭素地域づくり支援サイト」
  <https://policies.env.go.jp/policy/roadmap/>
- 環境省ウェブサイト「地方公共団体実行計画策定・実施支援サイト」
  <https://www.env.go.jp/policy/local_keikaku/index.html>
- 環境省ウェブサイト「地域脱炭素を推進するための地方公共団体実行計画制度等に関する検討会」
  <https://www.env.go.jp/policy/council/51ontai-sekou/yoshi51_00001.html>
- 環境省ウェブサイト「株式会社脱炭素化支援機構」
  <https://www.env.go.jp/policy/roadmapcontents/post_167.html>
- 環境省ウェブサイト「脱炭素アドバイザー資格制度」
  <https://www.env.go.jp/page_00362.html>
- 環境省ウェブサイト「グリーンファイナンスに関する検討会・グリーンリストに関するワーキンググループ」
  <https://www.env.go.jp/policy/greenbond/gb/conf/conf_r31216.html>
- 国土交通省「持続可能な都市モビリティ計画（SUMP）の概念及び展開状況」
  <https://www.mlit.go.jp/pri/kouenkai/syousai/pdf/221026_01.pdf>
- 環境省ウェブサイト「環境影響評価情報支援ネットワーク」
  <http://assess.env.go.jp/>
- 環境省ウェブサイト「グリーン・バリューチェーンプラットフォーム」
  <https://www.env.go.jp/earth/ondanka/supply_chain/gvc/index.html>
- 環境省ウェブサイト「二国間クレジット制度（JCM）」
  <https://www.env.go.jp/earth/jcm/index.html>
- 経済産業省ウェブサイト「成長志向型の資源自律経済戦略」
  <https://www.meti.go.jp/press/2022/03/20230331010/20230331010.html>

- 環境省ウェブサイト「第四次循環型社会形成推進基本計画の第2回点検及び循環経済工程表の策定」
  <https://www.env.go.jp/press/press_00518.html>
- 環境省ウェブサイト「プラスチック汚染に関する法的拘束力のある国際文書（条約）の策定に向けた政府間交渉委員会（INC）」
  <https://www.env.go.jp/water/inc.html>

■第3章
- 環境省ウェブサイト「環境省ローカルSDGs-地域循環共生圏」
  <http://chiikijunkan.env.go.jp/>
- 環境省ウェブサイト「グッドライフアワード」
  <http://www.env.go.jp/policy/kihon_keikaku/goodlifeaward/index.html>
- 環境省ウェブサイト「ESG地域金融実践ガイド3.0」
  <https://www.env.go.jp/content/000212808.pdf>
- 環境省ウェブサイト「食とくらしの「グリーンライフ・ポイント」推進事業」
  <https://ondankataisaku.env.go.jp/coolchoice/greenlifepoint/>
- 環境省ウェブサイト「デコ活（脱炭素につながる新しい豊かな暮らしを創る国民運動）」
  <https://ondankataisaku.env.go.jp/decokatsu/>
- 環境省ウェブサイト「ゼロカーボン・ドライブ」
  <https://www.env.go.jp/air/zero_carbon_drive/>
- 環境省ウェブサイト「サステナブルファッション」
  <https://www.env.go.jp/policy/sustainable_fashion/>
- 消費者庁ウェブサイト「サステナブルファッションの推進に向けた関係省庁連携会議」
  <https://www.caa.go.jp/policies/policy/consumer_education/meeting_materials/review_meeting_005/025287.html>
- 環境省熱中症予防情報サイト「熱中症対策実行計画」
  <https://www.wbgt.env.go.jp/heatillness_rma_ap.php>
- 環境省ウェブサイト「ペットの災害対策」
  <https://www.env.go.jp/nature/dobutsu/aigo/1_law/disaster.html/>

■第4章
- 環境省ウェブサイト「除染情報サイト」
  <http://josen.env.go.jp/>
- 環境省ウェブサイト「中間貯蔵施設情報サイト」
  <http://josen.env.go.jp/chukanchozou/>
- 環境省ウェブサイト「福島、その先の環境へ。」
  <https://kankyosaisei.env.go.jp/next/>
- 環境省ウェブサイト「福島再生・未来志向プロジェクト」
  <https://fukushima-mirai.env.go.jp/>
- 環境省ウェブサイト「環境再生プラザ」
  <http://josen.env.go.jp/plaza/>
- 資源エネルギー庁ウェブサイト「ALPS処理水の処分」
  <https://www.meti.go.jp/earthquake/nuclear/hairo_osensui/alps.html>
- 環境省ウェブサイト「ALPS処理水に係る海域モニタリング情報」
  <https://shorisui-monitoring.env.go.jp/>

- 原子力規制委員会ウェブサイト「総合モニタリング計画」
  <https://radioactivity.nra.go.jp/ja/plan>
- 環境省ウェブサイト「ぐぐるプロジェクト公式ホームページ」
  <https://www.env.go.jp/chemi/rhm/portal/communicate/>
- 復興庁ウェブサイト「原子力災害による風評被害を含む影響への対策タスクフォース」
  <https://www.reconstruction.go.jp/topics/main-cat1/sub-cat1-4/20131121192410.html>

ネイチャーポジティブ経済移行戦略～自然資本に立脚した企業価値の創造～

令和6年3月
環境省、農林水産省
経済産業省、国土交通省

ネイチャーポジティブ経済への移行の必要性　～社会経済途絶リスクからの脱却～

経済活動の自然資本への依存とその損失は、社会経済の持続可能性上の明確なリスク

社会経済活動を持続可能とするため**ネイチャーポジティブ経営への移行が必要**。
　　　　　　　　　　　＝自然資本の保全の概念をマテリアリティとして位置づけた経営
　　　　　　CSR的取組から一段踏み込み、自然資本への依存・影響の低減を本業に組み込む

不適切な水資源利用や化学物質の放出等の結果、株価の下落等の財務的損失を被った企業も生じている
出所：When the Bee Stings（BloombergNEF2023）

本戦略の狙い　～単なるコストアップではなくオポチュニティでもあることを示す～

ネイチャーポジティブ経済：**個々の企業がネイチャーポジティブ経営に移行**し、バリューチェーンにおける負荷の最小化と製品・サービスを通じた自然への貢献の最大化が図られ、**そうした企業の取組を消費者や市場等が評価する社会**へと変化することを通じ、**自然への配慮や評価が組み込まれる**とともに、行政や市民も含めた多様な主体による取組があいまって、**資金の流れの変革等**がなされた経済。

本戦略では①企業の価値創造プロセスとビジネス機会の具体例　　　　を示し、個々の企業の行動変容を可能とし、その総
　　　　②ネイチャーポジティブ経営への移行に当たり企業が押えるべき要素　体としてのネイチャーポジティブ経済への移行を実現。
　　　　③国の施策によるバックアップ

①企業の価値創造プロセスとビジネス機会の具体例

TNFD等の情報開示を通じた企業価値向上
情報開示を意識したリスク対応等（それによるレジリエンス・持続可能性向上）で、それが市場や社会に評価されることで民の資金を呼び込み、企業価値向上に結びつける。

ビジネス機会の具体例と市場規模（環境省推計）
脱炭素や資源循環、自然資本の活用等、様々な切り口から機会創出。

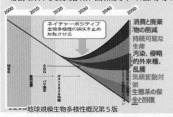

（ビジネス機会の具体例）
配合餌への転換や効率的な給餌等の環境配慮型養殖技術
（市場規模：年約864億円）

②ネイチャーポジティブ経営への移行に当たって企業が押えるべき要素

まずは足元の負荷の低減を
自然資本への負荷の回避・低減を検討した上で、自然資本にポジティブな影響を与える取組を検討（ミティゲーション・ヒエラルキー）

総体的な負荷削減に向けた一歩ずつの取組も奨励
総体的な把握・削減を目指す。同時に自然資本との関係を踏まえつつ、事業の一部分から着手することも奨励

損失のスピードダウンの取組にも価値
負荷の最小化と貢献の最大化を同時に図ることで、自然資本の回復力も含めたネイチャーポジティブを実現

消費者ニーズの創出・充足
消費者ニーズを適切に把握するとともに創出し、ネイチャーポジティブに資する製品・サービスを市場に提供

地域価値の向上にも貢献
ネイチャーポジティブ経営が地域の生物多様性保全と地域課題の解決に寄与

セクター別の取組内容・取組事例等については、「生物多様性民間参画ガイドライン（第3版）」（2023.4公表）参照。

移行後の絵姿（2030年）～自然資本に立脚した、GDPを超えた豊かな社会の礎に～

大企業の5割※はネイチャーポジティブ経営に
※取締役会や経営会議で生物多様性に関する報告や決定がある企業会員の割合（環境省推計）。現状30%(2022年度、経団連アンケート調査より)。

ネイチャーポジティブ宣言※の団体数を1,000団体に
※ 2030生物多様性枠組実現日本会議（J-GBF、会長：十倉経団連会長）が呼びかけ中。現状28団体。中小企業、自治体、NGO団体含め宣言が発出されることで、取組機運の維持、市場確保に繋がる。

③国の施策によるバックアップ（ネイチャーポジティブ経営への移行に伴う 企業の価値創造プロセスと対応する国の施策）

価値創造プロセスの各ステップを関係省庁連携で支援
※各種施策のうち環境問題に特化し、かつ比較的多くの業種・分野に共通するものを例示。

リスク・機会の認識
・TNFD等開示支援
・消費者の行動変容に関するマーケットにおける検証

リスクの特定
・TNFD等開示支援
・フットプリント等の環境負荷把握手法の普及

機会の特定
・生物多様性増進活動促進法案による取組の価値評価推進
・代替素材、バイオミミクリー等に係る技術開発・実証

リスクへの対応
・**データ活用・事例共有等による目標設定支援**
・**互助・協業プラットフォームの創設**
・NbSの推進

新規事業開発
・互助・協業プラットフォームの創設（再）
・グリーンファイナンス案件の創出
・**補助先に最低限行うべき環境負荷低減の取組の実践を義務化（クロスコンプライアンス等）**

レジリエンス・持続可能性向上

開示・対話を通じた資金呼び込み
・自然共生サイト等の支援証明書の財務関連情報（負荷削減等）としての活用

継続的な対話によるリスク・機会探索
・生物多様性地域戦略を活用した企業との協業促進

プロセスを支える基盤

DXの進展/科学的知見の充実/国際社会における適切な評価/消費者を含む取組機運醸成・維持
・企業のリスク特定、情報開示等に必要な**自然関連の国際データに係るネットワークを形成**しつつ、日本を含むアジアモンスーン地域からの**国際ルール形成**に貢献
・国土の自然関連情報等の**データ基盤整備**
・地域の自然資本や生態系サービスを定量化し、**地方創生や地域課題解決へ活用**する方策の検討
・リモートセンシングやAI技術等を用いた**データ利活用ビジネスの推進**
・**互助・協業プラットフォームの創設、産官学民プラットフォームの運営**

ネイチャーポジティブ経済移行戦略の詳細はコチラ

日本の国立公園

　日本の国立公園は、日本を代表する自然の風景地として、自然公園法に基づき環境大臣の指定を受け、管理されています。国立公園は、全国で34か所が指定されており、58か所ある国定公園、300か所を超える都道府県立自然公園とともに、日本の自然公園のネットワークをつくり、その中心となっています。国立公園の面積は合計約220万haで、日本の国土面積の約5.8％を占めています。国立公園は開発の波から自然を守り、自然とのふれあいの場として誰もが利用できるところで、年間約4億人が訪れています。

1. 利尻礼文サロベツ国立公園
指定：昭和49年9月20日　面積：2万4,512ha

日本最北端に位置する国立公園で、海からそそり立つような利尻山や高山植物が咲き乱れる礼文島、湿原植物が豊かなサロベツ原野や稚咲内の砂丘林など変化に富んだ景観が楽しめます。

2. 知床国立公園
指定：昭和39年6月1日　面積：3万8,954ha

原始性の高い自然を有する国立公園で、オジロワシやシマフクロウ、ヒグマが生息しています。森に囲まれた知床五湖から眺める知床連山の眺めは絶景で、海域は冬に流氷で閉ざされます。世界自然遺産に登録されています。

3. 阿寒摩周国立公園
指定：昭和9年12月4日　面積：9万1,413ha

雌阿寒岳をはじめ複数の火山があります。深い森に囲まれ、マリモが生育する阿寒湖、世界有数の透明度を誇る摩周湖、周囲に強酸性の温泉群のある屈斜路湖などの湖沼の景観が美しい国立公園です。

4. 釧路湿原国立公園
指定：昭和62年7月31日　面積：2万8,788ha

釧路湿原は日本最大の湿原です。周辺の展望台からは、広大な湿原とともに、蛇行する釧路川を見ることができます。タンチョウの繁殖地で、湿原の東側には塘路湖、シラルトロ湖などの湖沼があります。

5. 大雪山国立公園
指定：昭和9年12月4日　面積：22万6,764ha

北海道の屋根と言われる山岳地帯を含む日本一大きな国立公園です。北海道最高峰の旭岳、十勝岳などの火山群や、石狩岳の雄大な山並みと高山植物が特徴で、ナキウサギの生息地でもあります。

国立公園

6. 支笏洞爺国立公園

指定：昭和24年5月16日　面積：9万9,473ha

支笏湖、洞爺湖の二大湖に、羊蹄山や有珠山、昭和新山や樽前山のような新しい火山があり、活発な火山活動で形成された個性的な山岳景観を見ることができます。支笏湖は北限の不凍湖としても有名です。

7. 十和田八幡平国立公園

指定：昭和11年2月1日　面積：8万5,534ha

雄大な十和田湖や奥入瀬、八幡平一帯に広がるアオモリトドマツの森林や湿原等、水と緑の豊かな景観を有する国立公園です。古くからの湯治場も点在し、登山と温泉が楽しめます。

8. 三陸復興国立公園

指定：昭和30年5月2日　面積：2万8,539ha

青森県の八戸から宮城県の牡鹿半島までの延長約250kmの海岸から成る国立公園です。我が国最大級の海食崖にリアス海岸が連続した豪壮かつ優美な自然景観が楽しめます。これまで以上に地域振興に力を入れ、東日本大震災からの復興に貢献します。

9. 磐梯朝日国立公園

指定：昭和25年9月5日　面積：18万6,375ha

山岳信仰の地として名高い出羽三山、奥深い朝日・飯豊連峰の山々、磐梯山と猪苗代湖をはじめとする大小多数の湖沼がある山と森と湖に恵まれた国立公園です。カモシカやツキノワグマなどが生息しています。

10. 日光国立公園

指定：昭和9年12月4日　面積：11万4,908ha

日光東照宮の歴史的建築物、山上の避暑地中禅寺湖畔や戦場ヶ原に代表される奥日光、鬼怒川、塩原の渓谷や那須岳山麓の高原など、多様な表情を併せ持つ国立公園です。

11. 尾瀬国立公園

指定：平成19年8月30日　面積：3万7,222ha

ミズバショウなどの湿原植物が豊かな尾瀬ヶ原や田代山山頂に代表される湿原景観、燧ヶ岳や会津駒ヶ岳に代表されるオオシラビソやブナ、ダケカンバといった森林景観が見られます。平成19年に日光国立公園尾瀬地域とその周辺地域を併せ、新たな国立公園として指定されました。

12. 上信越高原国立公園

指定：昭和24年9月7日　面積：14万8,194ha

群馬、長野、新潟県にまたがる山と高原の公園です。谷川岳など2,000m級の険しい山々や、浅間山、草津白根山などの火山が多く、また一方で、志賀高原、菅平高原など広々とした高原が所々に見られます。

13. 秩父多摩甲斐国立公園

指定：昭和25年7月10日　面積：12万6,259ha

雲取山、御岳山など古い地層の山が多く、コメツガやシラビソの自然林が見られます。荒川、千曲川、多摩川の源流域には自然豊かな森林と渓谷があり、絶好の野外レクリエーションの場となっています。御岳山、三峰山は古くからの山岳信仰の地でもあります。

14. 小笠原国立公園

指定：昭和47年10月16日　面積：6,629ha

東京の南方、1,000km〜1,200kmに浮かぶ小笠原諸島のうち、父島、母島などの大小30余りの島々から成る国立公園です。海洋に囲まれているため、オガサワラオオコウモリ、ムニンノボタンなど、固有の動植物が多いことが特徴です。

15. 富士箱根伊豆国立公園

指定：昭和11年2月1日　面積：12万1,755ha

日本の最高峰である富士山とその裾野の富士五湖や青木ヶ原樹海の雄大な景観が特徴で、神山、駒ヶ岳の火山と仙石原、芦ノ湖がつくる箱庭のような景観や伊豆半島の山々と海岸から成る景観も優れています。また、伊豆七島は各島特有の自然と景観に恵まれています。

16. 中部山岳国立公園

指定：昭和9年12月4日　面積：17万4,323ha

北アルプスの白馬岳、立山、槍ヶ岳、穂高岳、乗鞍岳など、日本を代表する3,000m級の山々が南北に連なる国立公園です。黒部川や梓川などの河川がつくる渓谷や渓流が美しく、弥陀ヶ原、五色ヶ原など所々にお花畑があり、高山植物が咲き乱れます。ライチョウの重要な生息地でもあります。

17. 妙高戸隠連山国立公園

指定：平成27年3月27日　面積：3万9,772ha

妙高山などの火山と戸隠山などの非火山が連なり、多様な山々が密集した公園です。堰止湖である野尻湖はナウマンゾウの化石発掘でも有名です。天岩戸伝説の戸隠神社など文化的にも興味深い地域です。

18. 白山国立公園

指定：昭和37年11月12日　面積：4万9,900ha

白山は、昔から信仰の山として登山が行なわれ、富士山、立山と並んで日本三霊山の一つに数えられます。高山植物の宝庫として、植物研究の歴史も古く、白山にちなんだ名前を持つ植物が多くあります。

19. 南アルプス国立公園

指定：昭和39年6月1日　面積：3万5,752ha

山梨、長野、静岡の3県にまたがり、北岳を筆頭に3,000m級の山々が連なる国立公園です。北岳や仙丈ヶ岳には、高山植物のお花畑が見られ、ここにしかない貴重な植物が生育しています。

20. 伊勢志摩国立公園

指定：昭和21年11月20日　面積：5万5,544ha

鳥羽湾から的矢湾、英虞湾、五ヶ所湾、贄湾と続く複雑な海岸線と周辺の島々がつくる景観が優美な国立公園です。伊勢神宮は日本の信仰、歴史、文化の上で重要な地であり、神宮の奥山の神宮林には、シイ類とスギ、アカマツが混在する自然林が広がっています。

21. 吉野熊野国立公園

指定：昭和11年2月1日　面積：6万1,977ha

原生的な自然が残る大峰や大台ヶ原等の山岳域、そこから深い渓谷を刻み蛇行して流れ下る北山川や熊野川、海岸線が変化に富む熊野灘や枯木灘等、紀伊半島の山・川・海のつながりを感じられる国立公園です。吉野・熊野等の文化的景観、熱帯性の色鮮やかな海中景観も見所です。

22. 山陰海岸国立公園

指定：昭和38年7月15日　面積：8,783ha

奥丹後半島の網野海岸から鳥取砂丘まで、延長約75kmの国立公園で、海水などの浸蝕でつくられた洞門、洞窟が美しい景観を形成しています。鳥取砂丘は起伏量が100mにも達していることが特徴で、絶えず砂が移動する厳しい環境に適応した砂丘独特の動植物が見られます。

23. 瀬戸内海国立公園

指定：昭和9年3月16日　面積：6万7,308ha

瀬戸内海の島々は、小さなものまで数えると約3,000にもなると言われ、鷲羽山から眺める備讃諸島など、静かな海と密集する島々から成る景観が特徴です。渋川海岸や慶野松原など砂浜と松が織りなす景観、段々畑など人の生活と自然が一体となった景観も美しい国立公園です。

24. 大山隠岐国立公園

指定：昭和11年2月1日　面積：3万5,097ha

中国山地最高峰の大山から蒜山までの山岳地帯と隠岐諸島、島根半島海岸部、三瓶山一帯から成る国立公園です。山頂部東側が大きく崩れて荒々しい岩壁となっている大山と、海水などの浸蝕によってできた断崖が連なる隠岐島の景観が代表的です。

国立公園

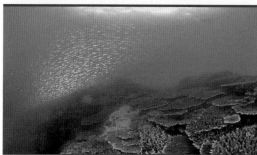

25. 足摺宇和海国立公園

指定：昭和47年11月10日　面積：1万1,345ha

四国の西南端、愛媛県から高知県に位置する国立公園です。南部の足摺岬はスケールの大きな断崖が連なり、北部の宇和海は細かく出入りする海岸線と島々がつくる景観が特徴で、竜串ではサンゴや熱帯魚など色彩豊かな海中景観も楽しめます。

26. 西海国立公園

指定：昭和30年3月16日　面積：2万4,646ha

佐世保の九十九島から平戸島、五島列島を含む国立公園です。大小400に及ぶ島々が特徴で、多数の小島が密集する九十九島や若松瀬戸の景観が代表的です。また、島々には断崖地形が多く、福江島には珍しい火山地形があります。

27. 雲仙天草国立公園

指定：昭和9年3月16日　面積：2万8,279ha

島原半島の中央にある雲仙岳周辺と、天草諸島から成る国立公園です。雲仙地域は平成2年に噴火した普賢岳や雲仙温泉地を中心とする避暑地の一つで、天草地域は有明海や八代海に浮かぶ大小120の島々が美しい所です。

28. 阿蘇くじゅう国立公園

指定：昭和9年12月4日　面積：7万3,017ha

周囲約100kmに及ぶ世界最大級のカルデラや火山活動でできた多数の山々を持つ国立公園です。阿蘇地域は今も噴煙を上げる中岳などの阿蘇五岳と草原がつくる雄大な景観が特徴で、くじゅう地域は久住連山、由布岳などの景観が優れています。

29. 霧島錦江湾国立公園

指定：昭和9年3月16日　面積：3万6,605ha

霧島地域には韓国岳をはじめ、20を超える火山があり、山麓はシイ、カシ、アカマツなどの自然林が広がっています。また、錦江湾地域は活火山である桜島の景観が代表的です。

30. 屋久島国立公園
指定：平成24年3月16日　面積：2万4,566ha

平成5年12月に世界自然遺産に登録され、海岸から九州最高峰の宮之浦岳（1,936m）までの植生の垂直分布や樹齢1,000年を越える屋久杉を含む原生的な天然林で知られています。

31. 奄美群島国立公園
指定：平成29年3月7日　面積：4万2,196ha

奄美群島国立公園は、特徴の異なる8つの島々で構成されており、世界的にも数少なく国内では最大規模の亜熱帯照葉樹林、アマミノクロウサギなどの固有又は希少な動植物、琉球石灰岩の海食崖や世界的北限に位置するサンゴ礁、マングローブや干潟など多様な自然環境を有しています。

32. やんばる国立公園
指定：平成28年9月15日　面積：1万7,352ha

沖縄島最高峰である与那覇岳を有する沖縄島北部に位置する国立公園です。亜熱帯照葉樹林が広がり、琉球列島の形成過程を反映して形成された島々の地史を背景に、ヤンバルクイナなど多種多様な固有動植物や希少動植物が生息・生育しています。

33. 慶良間諸島国立公園
指定：平成26年3月5日　面積：3,520ha

沖縄県那覇市の西約40kmに位置し、大小30ほどの島々と多くの岩礁からなります。「ケラマブルー」と呼ばれる透明度の高い海、遠浅の白い砂浜、多様なサンゴなど豊かな生態系が見られます。ザトウクジラが繁殖する海でもあり、海域7kmを公園区域とした初めての例です。

34. 西表石垣国立公園
指定：昭和47年5月15日　面積：4万658ha

日本列島西南端の西表島と石垣島、その間に挟まれた海域から成る国立公園です。西表島は80％が亜熱帯林に覆われ、イリオモテヤマネコなど希少な野生動物も多く生息しています。また、石西礁湖には広大なサンゴ礁が広がっています。

国立公園カレンダー

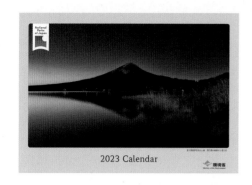

国内外の方に日本の国立公園の四季に応じて変化する美しい自然を知っていただくとともに、実際に国立公園を訪れるきっかけになればという思いから、毎年「国立公園カレンダー」を作成しています。

国立公園に、行ってみよう！サイト

全国34箇所。日本の国立公園は多様な自然風景に加えて、地域独自の生活・文化・歴史が感じられる物語を持っています。行ってみよう！と思えるような物語やコンテンツを多数紹介しておりますので、国立公園巡りの際には是非ご活用ください。

国立公園めぐりスタンプラリー

皆さんに国立公園を楽しんで巡っていただくツールとして、様々な見どころや各地のビジターセンターを訪れるとスタンプがもらえる、デジタルスタンプラリーを展開中です。

国立公園公式 SNS（Facebook、Instagram）

国立公園の雄大な自然景観や動植物、文化、人々の暮らし、食、行事等の様子を写真と共に紹介し、全世界に国立公園の魅力を発信する公式 Facebook 及び公式 Instagram アカウントを、日本語版、英語版のそれぞれで運営しています。

国立公園 カレンダー	国立公園に、 行ってみよう！ サイト	国立公園めぐり スタンプラリー	国立公園公式 Facebook	国立公園公式 Instagram

日本の世界自然遺産

　将来の世代に引き継ぐべき人類共通のかけがえのない財産として世界遺産条約に基づく世界遺産一覧表に記載された資産が「世界遺産」です。世界遺産には、文化遺産、自然遺産、複合遺産があり、自然遺産として記載されるためには、世界遺産の評価基準のうち、(vii)自然美、(viii)地形・地質、(ix)生態系、(x)生物多様性のいずれかを満たす必要があります。

　日本では「知床」、「白神山地」、「小笠原諸島」、「屋久島」「奄美大島、徳之島、沖縄島北部及び西表島」が自然遺産として記載されています。

1. 知床

登録：平成17年7月　適合基準：(ix)(x)　面積：7万1,103ha

流氷の形成に伴う豊富な栄養のため、生産性の極めて高い生態系が存在します。海と陸の生態系の相互関係の優れた見本であるとともに、絶滅のおそれのある海鳥、渡り鳥、トドや鯨類など多くの海の動物にとって重要な地域です。

2. 白神山地

登録：平成5年12月　適合基準：(ix)　面積：1万6,971ha

かつて北日本の山地や丘陵に広く分布していた冷温帯性のブナ林が、原生的な状態を保って広く分布する最後の地域です。様々な群落型、更新のステージを示しており、進行中の生態学的なプロセスの顕著な見本です。

3. 小笠原諸島

登録：平成23年6月　推薦基準：(ix)　面積：7,940ha

島が成立してから一度も大陸と陸続きになっていない隔離された海洋島であり、隔離された環境における特有の生物進化の様子が顕著に見られます。陸産貝類や維管束植物を中心に固有種の多い特異な島嶼生態系を有しています。

4. 屋久島

登録：平成5年12月　適合基準：(vii)(ix)　面積：1万747ha

樹齢千年を越えるスギの巨木をはじめ、亜種を含めて約1,900種もの植物が生育するなど豊かな生物相を有します。また、海岸部から亜高山帯に及ぶ植生の典型的な垂直分布が見られます。

5. 奄美大島、徳之島、沖縄島北部及び西表島

登録：令和3年7月　適合基準：(x)　面積：4万2,698ha

島々が分離・結合を繰り返す過程で多くの進化系統に種分化が生じ、この地域だけに残された遺存固有種が分布しています。遺存固有種を含む多くの国際的な希少種の生息・生育地として、世界的な生物多様性保全の上で重要な地域となっています。

日本の国立・国定公園と世界自然遺産

国立公園
1. 利尻礼文サロベツ
2. 知床
3. 阿寒摩周
4. 釧路湿原
5. 大雪山
6. 支笏洞爺
7. 十和田八幡平
8. 三陸復興
9. 磐梯朝日
10. 日光
11. 尾瀬
12. 上信越高原
13. 秩父多摩甲斐
14. 小笠原
15. 富士箱根伊豆
16. 中部山岳
17. 妙高戸隠連山
18. 白山
19. 南アルプス
20. 伊勢志摩
21. 吉野熊野
22. 山陰海岸
23. 瀬戸内海
24. 大山隠岐
25. 足摺宇和海
26. 西海
27. 雲仙天草
28. 阿蘇くじゅう
29. 霧島錦江湾
30. 屋久島
31. 奄美群島
32. やんばる
33. 慶良間諸島
34. 西表石垣

国定公園
1. 暑寒別天売焼尻
2. 網走
3. ニセコ積丹小樽海岸
4. 厚岸霧多布昆布森
5. 日高山脈襟裳
6. 大沼
7. 下北半島
8. 津軽
9. 早池峰
10. 栗駒
11. 蔵王
12. 男鹿
13. 鳥海
14. 越後三山只見
15. 水郷筑波
16. 妙義荒船佐久高原
17. 南房総
18. 明治の森高尾
19. 丹沢大山
20. 佐渡弥彦米山
21. 能登半島
22. 越前加賀海岸
23. 若狭湾
24. 八ヶ岳中信高原
25. 中央アルプス
26. 天竜奥三河
27. 揖斐関ヶ原養老
28. 飛騨木曽川
29. 愛知高原
30. 三河湾
31. 鈴鹿
32. 室生赤目青山
33. 琵琶湖
34. 丹後天橋立大江山
35. 京都丹波高原
36. 明治の森箕面
37. 金剛生駒紀泉
38. 氷ノ山後山那岐山
39. 大和青垣
40. 高野龍神
41. 比婆道後帝釈
42. 西中国山地
43. 北長門海岸
44. 秋吉台
45. 剣山
46. 室戸阿南海岸
47. 石鎚
48. 北九州
49. 玄海
50. 耶馬日田英彦山
51. 壱岐対馬
52. 九州中央山地
53. 日豊海岸
54. 祖母傾
55. 日南海岸
56. 甑島
57. 沖縄海岸
58. 沖縄戦跡

原生自然環境保全地域
1. 遠音別岳
2. 十勝川源流部
3. 南硫黄島
4. 大井川源流部
5. 屋久島

自然環境保全地域
1. 大平山
2. 白神山地
3. 和賀岳
4. 早池峰
5. 大佐飛山
6. 利根川源流部
7. 笹ヶ峰
8. 白髪岳
9. 稲尾岳
10. 崎山湾・網取湾

世界自然遺産
1. 知床
2. 白神山地
3. 小笠原諸島
4. 屋久島
5. 奄美大島、徳之島、沖縄島北部及び西表島

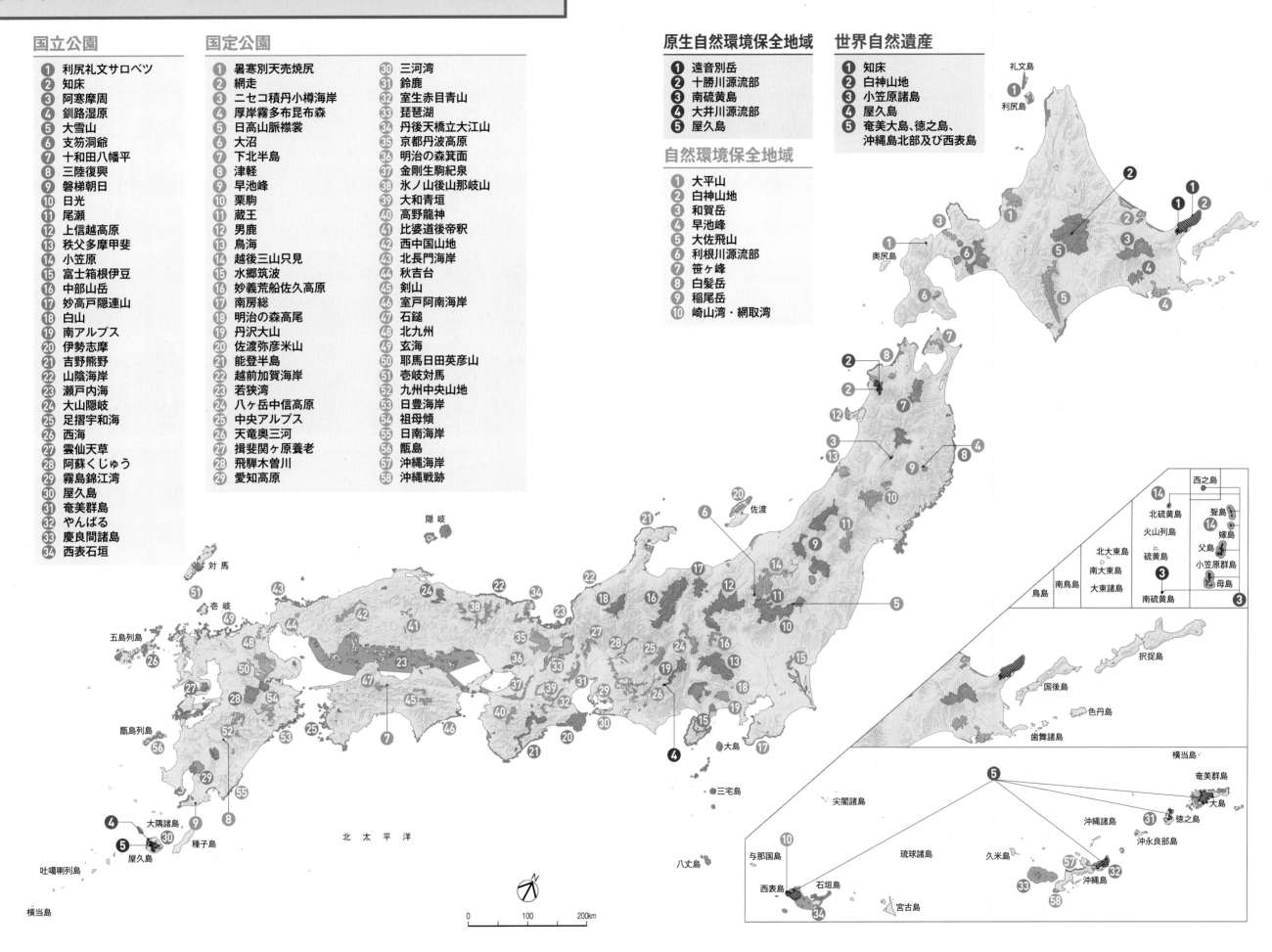

日本で問題となっている外来種

海外から日本に持ち込まれた外来種により、生態系や農林水産業等への深刻な被害が発生しています。これらの被害を防止するため、我が国は外来生物法に基づいて「特定外来生物」を指定し、輸入、飼育、運搬、譲渡等を規制しています。さらに、特定外来生物のうち既に野外に定着している種については、防除等の必要な対策を推進しています。

海外から日本に持ち込まれた外来種は 2,000 種類以上あると言われており、そのうち 157 種類（令和 5 年 6 月時点）が特定外来生物に指定されています。特定外来生物のうち、カミツキガメとアメリカザリガニについては、「輸入／放出／販売又は頒布を目的とした飼育等／販売・購入又は頒布を目的とした譲渡し等」に限り規制される通称「条件付特定外来生物」として指定されています。

一方で、特定外来生物に指定されていない外来種であっても生態系への被害を発生させる可能性があります。新たな外来種問題を発生させないため、外来種被害予防三原則（「入れない」、「捨てない」、「拡げない」）の徹底が必要です。

ここでは、生態系等への被害を発生させる可能性のある外来種の一部を紹介します。

特定外来生物　フイリマングース
原産地　南西アジア
日本に持ち込まれたわけ　ペットとして輸入されたり、逃げ出したものが定着した。
日本での分布　沖縄本島や奄美大島でネズミやハブ駆除の目的で放たれた。
影響　絶滅危惧種を含む在来種を捕食し、希少動植物への大きな影響を及ぼす。養殖や農作物への被害もある。

特定外来生物　アライグマ
原産地　北アメリカ
日本に持ち込まれたわけ　ペットとして輸入されたり、逃げ出したものが定着した。
日本での分布　全国各地で分布拡大中
影響　トウモロコシなど農作物の食害、おもちゃや希少種を含む在来種の捕食。天井に穴を開けたりもする。

特定外来生物　クリハラリス（タイワンリス）
原産地　アジア全域（中国）からマレー半島
日本に持ち込まれたわけ　動物園等で飼育されていた個体が逃げ出したり、放たれたりした。
日本での分布　東京都伊豆大島、神奈川県、長崎県壱岐、熊本県、大分県など
影響　樹皮を剥いだり、果樹や農作物をかじったりする。ニホンリスと餌やすみかをめぐって競合するおそれも。

特定外来生物　カミツキガメ
原産地　北アメリカから南アメリカ
日本に持ち込まれたわけ　ペットとして輸入されたものが捨てられるなどして定着。
日本での分布　千葉県印旛沼など。その他の地域でもたびたび発見されている。
影響　在来の魚類など様々な生物にかみつくことなどにより人にけがをさせるおそれがある人

特定外来生物　グリーンアノール
原産地　アメリカ合衆国南東部
日本に持ち込まれたわけ　グァムの貨物に紛れて持ち込まれたか、ペットが捨てられて定着した。
日本での分布　小笠原の父島、母島、兄島と沖縄本島など
影響　昆虫類の捕食による影響、小笠原の固有種オガサワラシジミは絶滅した可能性も。

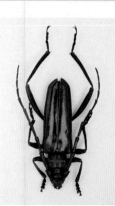

特定外来生物　オオヒキガエル
原産地　アメリカ合衆国南端から中央アメリカ、南アメリカ北部
日本に持ち込まれたわけ　害虫駆除のために導入されたのが最初。小笠原諸島、大東諸島、八重山諸島、西表島で定着、大東諸島、八重山諸島など
影響　おもちゃや希少種を含む在来種の食害。上位捕食者であるリュウキュウマルバネクワガタなどが大きな影響が及ぶおそれがある。

特定外来生物　オオクチバス・ブルーギル
原産地　北アメリカ
日本に持ち込まれたわけ　養殖用として導入。釣り対象魚としても人気があり、意図的に各地に放流も。拡大した。
日本での分布　全国
影響　捕食、在来の魚との餌などをめぐる競合による影響、漁業に被害を与える。

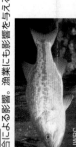

特定外来生物　アルゼンチンアリ
原産地　南アメリカ
日本に持ち込まれたわけ　貨物などに付着して持ち込まれ、定着したと考えられる。
日本での分布　東京都、愛知県、岐阜県、大阪府、兵庫県、広島県、山口県など
影響　競合による在来のさまざまな昆虫類を減少させる。人家に入り込んで食品に害を及ぼすおそれ。

特定外来生物　ヒアリ
原産地　南アメリカ
日本に持ち込まれたわけ　貨物などに紛れて持ち込まれた。
日本での分布　平成29年に初めて国内で初確認されたが定着は確認されていない。
影響　海外では、毒針による人体への被害、食害による農業被害、捕食・競合による在来生態系被害など、さまざまな影響を与えることが報告されている。

特定外来生物　クビアカツヤカミキリ
原産地　東アジア
日本に持ち込まれたわけ　貨物などに紛れて持ち込まれた。
日本での分布　関東・東海・近畿地方で分布拡大がみられる。
影響　サクラやモモ、ウメなど樹木にバラ科の樹木の内部を食い荒らす。街路樹など果樹園などで被害が発生している。

特定外来生物（国内由来の外来生物）　セイヨウオオマルハナバチ
原産地　ヨーロッパ
日本に持ち込まれたわけ　トマト等の農作物の授粉用に広く利用され、野外に定着した。
日本での分布　北海道
影響　在来のマルハナバチが餌や巣をめぐる競合で減少する、植物の繁殖に影響を及ぼすおそれ。

特定外来生物　セアカゴケグモ
原産地　オーストラリア
日本に持ち込まれたわけ　貨物などに紛れて持ち込まれた。
日本での分布　西日本を中心に、全国各地に分布を拡大している。
影響　メスは毒を持つため、咬まれることがある。

条件付特定外来生物　アメリカザリガニ
原産地　北アメリカ南東部
日本に持ち込まれたわけ　食用のウシガエルの餌として持ち込まれた。
日本での分布　全国
影響　水草の切断や捕食による水生植物帯の破壊や、水生昆虫や魚類など、在来生態系に影響を及ぼす。希少種の地域絶滅例も。

条件付特定外来生物　アカミミガメ
原産地　アメリカ南部
日本に持ち込まれたわけ　ペットとして輸入されたものが捨てられるなどして定着した。
日本での分布　全国
影響　在来のカメ類と競合、捕食による在来の水生植物、魚類、貝類、甲殻類等に影響を与えるおそれ。

特定外来生物　オオハンゴンソウ
原産地　北アメリカ
日本に持ち込まれたわけ　観賞用に持ち込まれ、野生化した。
日本での分布　全国
影響　温帯などで貴重な在来植物と競合する。

特定外来生物　オオキンケイギク
原産地　北アメリカ
日本に持ち込まれたわけ　緑化の材料などとして利用され、野生化した。
日本での分布　全国
影響　河川敷などで貴重な在来植物の生育に影響を与える。

表紙等の紹介

| 表 紙 | 裏表紙 |

第26回　全国小中学校
児童・生徒環境絵画コンクール
小学生の部
環境大臣賞

兵庫県神戸市
駒ヶ林小学校
3年生（当時）

にしかわ　しんたろう
西川　慎太朗

受賞者のコメント

いつか海の中のプラスチックゴミが全部なくなって、色あ
ざやかなサンゴにもどって、クジラたちが楽しくくらせる
にぎやかな海になったらいいなと思ってえがきました。

第26回　全国小中学校
児童・生徒環境絵画コンクール
中学生の部
環境大臣賞

香川県高松市
桜町中学校
1年生（当時）

ひかわ　あやの
樋川　彩乃

受賞者のコメント

海ごみの自由研究で、私たちの豊かさと引き替えに生き
物が苦しんでいることを知りました。全ての生き物たち
が共生していける世界を想像して描きました。

注：受賞者名は敬称略

環境白書／循環型社会白書／生物多様性白書　（令和6年版）

令和6年6月13日　初版発行　　　　定価は表紙に表示してあります。

編　集　　環境省
　　　　　大臣官房総合政策課環境計画室
　　　　　環境再生・資源循環局総務課循環型社会推進室
　　　　　自然環境局自然環境計画課生物多様性戦略推進室
　　　　　〒100-8975
　　　　　東京都千代田区霞が関1-2-2
　　　　　TEL 03（3581）3351（代）
　　　　　（環境計画室：内線6206）
　　　　　（循環型社会推進室：内線6808）
　　　　　（生物多様性戦略推進室：内線6664）

発　行　　日経印刷株式会社
　　　　　〒102-0072
　　　　　東京都千代田区飯田橋2-15-5
　　　　　TEL 03（6758）1011

発　売　　全国官報販売協同組合
　　　　　〒100-0013
　　　　　東京都千代田区霞が関1-4-1
　　　　　TEL 03（5512）7400

ISBN978-4-86579-414-4

政 府 刊 行 物 販 売 所 一 覧

政府刊行物のお求めは、下記の政府刊行物サービス・ステーション（官報販売所）
または、政府刊行物センターをご利用ください。

（令和5年3月1日現在）

◎政府刊行物サービス・ステーション（官報販売所）

	〈名　称〉	〈電話番号〉	〈FAX番号〉		〈名　称〉	〈電話番号〉	〈FAX番号〉
札　幌	北海道官報販売所 （北海道官書普及）	011-231-0975	271-0904	名古屋駅前	愛知県第二官報販売所 （共同新聞販売）	052-561-3578	571-7450
青　森	青森県官報販売所 （成田本店）	017-723-2431	723-2438	津	三重県官報販売所 （別所書店）	059-226-0200	253-4478
盛　岡	岩手県官報販売所	019-622-2984	622-2990	大　津	滋賀県官報販売所 （澤五車堂）	077-524-2683	525-3789
仙　台	宮城県官報販売所 （仙台政府刊行物センター内）	022-261-8320	261-8321	京　都	京都府官報販売所 （大垣書店）	075-746-2211	746-2288
秋　田	秋田県官報販売所 （石川書店）	018-862-2129	862-2178	大　阪	大阪府官報販売所 （かんぽう）	06-6443-2171	6443-2175
山　形	山形県官報販売所 （八文字屋）	023-622-2150	622-6736	神　戸	兵庫県官報販売所	078-341-0637	382-1275
福　島	福島県官報販売所 （西沢書店）	024-522-0161	522-4139	奈　良	奈良県官報販売所 （啓林堂書店）	0742-20-8001	20-8002
水　戸	茨城県官報販売所	029-291-5676	302-3885	和歌山	和歌山県官報販売所 （宮井平安堂内）	073-431-1331	431-7938
宇都宮	栃木県官報販売所 （亀田書店）	028-651-0050	651-0051	鳥　取	鳥取県官報販売所 （鳥取今井書店）	0857-51-1950	53-4395
前　橋	群馬県官報販売所 （煥乎堂）	027-235-8111	235-9119	松　江	島根県官報販売所 （今井書店）	0852-24-2230	27-8191
さいたま	埼玉県官報販売所 （須原屋）	048-822-5321	822-5328	岡　山	岡山県官報販売所 （有文堂）	086-222-2646	225-7704
千　葉	千葉県官報販売所	043-222-7635	222-6045	広　島	広島県官報販売所	082-962-3590	511-1590
横　浜	神奈川県官報販売所 （横浜日経社）	045-681-2661	664-6736	山　口	山口県官報販売所 （文栄堂）	083-922-5611	922-5658
東　京	東京都官報販売所 （東京官書普及）	03-3292-3701	3292-1604	徳　島	徳島県官報販売所 （小山助学館）	088-654-2135	623-3744
新　潟	新潟県官報販売所 （北越書館）	025-271-2188	271-1990	高　松	香川県官報販売所	087-851-6055	851-6059
富　山	富山県官報販売所 （Booksなかだ掛尾本店）	076-492-1192	492-1195	松　山	愛媛県官報販売所	089-941-7879	941-3969
金　沢	石川県官報販売所 （うつのみや）	076-234-8111	234-8131	高　知	高知県官報販売所	088-872-5866	872-6813
福　井	福井県官報販売所 （勝木書店）	0776-27-4678	27-3133	福　岡	福岡県官報販売所 ・福岡県庁内 ・福岡市役所内	092-721-4846 092-641-7838 092-722-4861	751-0385 641-7838 722-4861
甲　府	山梨県官報販売所 （柳正堂書店）	055-268-2213	268-2214	佐　賀	佐賀県官報販売所	0952-23-3722	23-3733
長　野	長野県官報販売所 （長野西沢書店）	026-233-3187	233-3186	長　崎	長崎県官報販売所	095-822-1413	822-1749
岐　阜	岐阜県官報販売所 （郁文堂書店）	058-262-9897	262-9895	熊　本	熊本県官報販売所	096-354-5963	352-5665
静　岡	静岡県官報販売所	054-253-2661	255-6311	大　分	大分県官報販売所 （大分図書）	097-532-4308 097-553-1220	536-3416 551-0711
名古屋	愛知県第一官報販売所	052-961-9011	961-9022	宮　崎	宮崎県官報販売所 （田中書店）	0985-24-0386	22-9056
豊　橋	・豊川堂内	0532-54-6688	54-6691	鹿児島	鹿児島県官報販売所	099-285-0015	285-0017
				那　覇	沖縄県官報販売所 （リウボウ）	098-867-1726	869-4831

◎政府刊行物センター（全国官報販売協同組合）

	〈電話番号〉	〈FAX番号〉
霞が関	03-3504-3885	3504-3889
仙　台	022-261-8320	261-8321

各販売所の所在地は、コチラから→ https://www.gov-book.or.jp/portal/shop/